国际河流水资源利用与管理
（下）

冯　彦　王文玲　著

科学出版社
北　京

内 容 简 介

本书在《国际河流水资源利用与管理(上)》相关理论基础上，以国际河流水资源的不同利用目标为脉络，从非消耗性用水管理、水电开发管理、水分配管理、水环境管理到生态系统管理的发展状况、基本原则、合作管理模式和相关案例分析，为国际河流水资源的利用与管理建立起一个从理论到实践的完整体系。

本书可作为社会各界关注国际河流问题的人士，参与、涉及国际河流水资源开发、保护与管理的管理者、工程项目设计者、学者等，资源环境、生态、地理、资源环境国际法、国际关系、地缘政治等领域的研究人员等，以及相关高校师生的参考学习材料。

图书在版编目(CIP)数据

国际河流水资源利用与管理. 下 / 冯彦，王文玲著. —北京：科学出版社，2024.5

ISBN 978-7-03-078439-1

Ⅰ. ①国… Ⅱ. ①冯… ②王… Ⅲ. ①国际河流－水资源利用 ②国际河流－水资源管理 Ⅳ. ①TV213

中国国家版本馆 CIP 数据核字(2024)第 083914 号

责任编辑：郑述方 李小锐 / 责任校对：王萌萌
责任印制：罗 科 / 封面设计：墨创文化

科学出版社 出版
北京东黄城根北街 16 号
邮政编码：100717
http://www.sciencep.com
成都锦瑞印刷有限责任公司 印刷
科学出版社发行 各地新华书店经销
*
2024 年 5 月第 一 版 开本：720 × 1000 1/16
2024 年 5 月第一次印刷 印张：17
字数：342 000

定价：168.00 元

(如有印装质量问题，我社负责调换)

前　言

2019 年，美国俄勒冈州立大学的研究人员将联合国环境规划署等机构于 2016 年发布的国际河流数量(286 条)更新为 310 条，其覆盖了 47.1%的全球陆地面积，涉及 156 个国家和地区、约全球 52%的人口。随着全球人口的不断增长、全球气候变化对水资源时空分布的不确定性影响，水资源开发利用与管理中存在的问题将日渐显著。

本书在《国际河流水资源利用与管理》(上)相关理论基础上，完成了大致以时间为序列的国际河流水资源不同的利用和管理目标，从非消耗性用水管理、水电开发管理、水分配管理、水环境管理到生态系统管理的发展状况、基本原则、合作管理模式和相关案例分析，为国际河流水资源的利用与管理建立起一个从理论到实践的完整体系。本书第一章国际河流非消耗性用水管理，围绕国际河流最先发展起来的管理目标发展概况，包括航行、渔业资源利用与边界管理，分析相关利用目标实践中产生的管理规则及发展趋势，以多瑙河的航运发展、芬兰与挪威间的塔纳河的渔业管理为案例就相关管理问题进行详细阐述。第二章国际河流水电开发管理，梳理了 1937～2010 年全球 32 个国际河流水电开发案例的基本特征，揭示了水电开发的投资-效益分配模式，并详细阐述了鸭绿江、哥伦比亚河水电合作开发案例的发展历程和成本-利益分配。第三章国际河流水分配管理，从 1857～2002 年以解决水量问题为主的 114 个国际条约中梳理、统计出有量化分水指标的国际条约 49 个，揭示水分配的主要指标，选择印度河，对其水分配原则、指标及监督实施政策进行解读。第四章国际河流水环境管理，针对国际河流先开发后出现的水污染问题，选择欧洲先污染后治理的莱茵河案例和南美洲拉普拉塔河因水污染跨境造成国家间纠纷的案例(由美国迈阿密大学 Suman Daniel 教授完成英文稿，作者完成翻译并补充)，分析、总结国际河流水污染管理的经验与教训。第五章国际河流生态系统管理，分析了 1978 年以来国际河流以生态系统为管理目标的发展特征，并对美国与加拿大对大湖流域的管理成效进行了分析。由此，本册内容与上册形成了有机统一，实现上下册内容从理论到实践的结合，以及内容和结构上的完整。

本书的完成得到“十三五”国家重点研发计划“跨境水资源科学调控与利益共享研究”(2016YFA0601601)、国家自然科学基金“澜沧江-湄公河流域水文干旱驱动因素量化解析”(4206703)、云南省基础研究计划项目“水-能源-粮食纽带关系下的云南省国际河流区跨界水合作效益研究”(202101AT070185)和云南省专业学位研究生教学案例库建设项目“跨境水资源管理教学案例库”的资助。

作　者

2024年5月

目　　录

第一章　国际河流非消耗性用水管理

第一节　非消耗性用水管理目标发展概况

一、国际河流涉水目标管理发展回顾

利用美国俄勒冈州立大学(Oregon State University)的《跨境淡水条约》(1820～2007年)数据库、俄勒冈大学(University of Oregon)的《国际环境条约》数据库(2002～2015年)和联合国粮食及农业组织(简称联合国粮农组织)(Food and Agriculture Organization of the United Nations，FAO)等机构联合构建的《环境法》数据库(ECOLEX)的相关信息，整理出1820～2015年全球涉水条约566个。依据条约所涉及的核心目标，将其分为6类，即边界、航行、捕鱼、水量调控(水电开发、水量分配、防洪)、合作管理(联合管理、合作)与水质/水环境。其中，水量调控目标具体包括水电开发、水量分配及防洪设施建设的水量调控；合作管理则具体包括联合管理时的机构及制度建设内容，以及合作领域与方式的设置等，主要涉及国际河流管理机制建设目标，与具体的跨境水资源开发与利用方式、投资-效益核算与分配之间存在明显差异。

结合《国际河流水资源利用与管理(上)》第二章中对这些国际涉水条约在时间、数量和涉水目标管理的变化情况的分析，认为国际河流水资源利用与管理目标有以下变化特征(表1-1)：①边界、航行及捕鱼问题，虽然是流域国之间最早着手解决的利用与管理问题，但发展到目前这类问题或者已经基本解决，或者在区域上发生变化，甚至已经融入其他相关问题中被一并解决。截至目前这类问题已经不再是国际河流的重要问题。②水量调控所附带的供水(居民用水和灌溉用水)、水电开发、防洪乃至部分水道航行问题，自1957年至今一直是国际河流水资源利用与管理的关键问题，并且其重心已经从欧洲和北美洲向亚洲和非洲转移。③流域水质/水环境问题是第二次世界大战(简称二战)后才受到关注的，并在欧洲和北美洲地区扩大，且在20世纪80年代后影响到亚洲和非洲地区。从其发展速度和增长的数量上看，该问题已经成为当前国际河流的重要问题。④合作管理包括基础性合作和在专门机构推动下的联合管理，与水量问题一样，经历了长期的发展历程，实现了国际河流水资源单一利用目标合作向多目标管理与协同的发展，并于80年代之后超越水量和水质问题成为国际河流的核心问题。

表 1-1 国际河流不同涉水目标国际条约数量(1820～2015 年) （单位：个）

Table 1-1 International treaties on water cooperative objectives (1820—2015) (unit：number)

目标	1820～1849 年	1850～1899 年	1900～1919 年	1920～1939 年	1940～1959 年	1960～1979 年	1980～1999 年	2000～2015 年
边界	2	7	12	14	7	9	2	
航行		6	2	6	5	4	3	1
捕鱼		1	1	3	3	0	2	
水量调控		12	15	21	67	48	44	6
水质/水环境					3	17	37	8
合作管理		2	3	6	23	47	63	37

二、非消耗性用水目标类型与发展变化

从以上国际条约中产生的 6 类利用和管理目标看，除了合作管理的目标宽泛外，其余 5 类的合作目标更为具体和明确，且在此基础上可以进一步划分为两大类：一是对水资源本身不会产生明显消耗的合作目标，即非消耗性用水目标，包括边界划分、水道航行利用及捕鱼 3 种目标；二是或多或少会对水资源在质或量上产生一定影响的合作目标，即消耗性用水目标，包括水电开发、水量分配、水污染控制及水环境保护/改善/维护 3 种目标。

从以上 3 种非消耗性用水目标的长期发展情况看：①1820～2015 年，为在国际河流上的流域国间的边界而专门签订国际条约的数量呈现先增加后减少的特征。产生边界条约数量最多的时间段是 1920～1939 年。②国际水道的自由航行问题是一个被持续关注的国际河流水利用问题，但从相关条约的签订数量上看其却是一个持续减少的主题。航行条约产生最为集中的时间段是 1920～1979 年。③国际河流/湖泊内流域国间对渔业资源的利用、捕鱼活动的管理也是河流管理的一个主要领域。从相关国际条约的签订情况看，捕鱼条约整体数量最少，但长期以来时有发生，其中在 1920～1959 年签订的条约数量明显多于其他时间段的条约数量。

从 3 种非消耗性用水合作的区域分布情况(表 1-2)看：①1820～2015 年，国际河流/水域上的边界管理条约共 53 个，其中非洲和欧洲所签订的条约数量最多，各有 15 个。其次是北美洲及中美洲和亚洲，分别为 10 个和 9 个。这类条约最少的是南美洲，仅有 4 个。②国际上在国际河流/湖泊上签订的捕鱼条约共 11 个。其中，欧洲拥有这类条约最多，有 8 个；其余非洲有 2 个，南美洲有 1 个，而北美洲及中美洲和亚洲则没有。③国际水道的航行条约共有 27 个。除产生了一

个自由航行公约外，欧洲的相关条约数量最多，为 14 个；其次是北美洲及中美洲，签有此类条约 6 个，其他 3 个大洲各有 2 个此类条约。④整体上，国际河流上的非消耗性用水条约主要出现于欧洲；非洲和亚洲分布有较多的划界条约；北美洲及中美洲拥有较多的划界和航行条约；南美洲的相关条约相对较少。

表 1-2　国际河流非消耗性用水合作条约数量的区域分布　（单位：个）

Table 1-2　Regional distribution of cooperation treaties number on non-consumption water utilization in international rivers (unit：number)

项目	北美洲及中美洲	非洲	南美洲	欧洲	亚洲	全球公约	合计
边界	10	15	4	15	9	0	53
捕鱼	0	2	1	8	0	0	11
航行	6	2	2	14	2	1	27

第二节　非消耗性用水管理特征与趋势

一、国际河流边界问题及管理

基于上述 53 个涉及边界问题的国际条约信息，利用美国俄勒冈州立大学的《跨境淡水条约》(1820～2007 年)数据库、俄勒冈大学的《国际环境条约》数据库(2002～2015 年)和联合国粮食及农业组织(FAO)等机构联合构建的《环境法》数据库(ECOLEX)的相关信息，以国家边界、河流为关键词，开展国际条约文本(中文及英文)及其外延信息进行搜寻。截至 2019 年 6 月底，共查询到涉及国际河流的边界条约 44 个，包括中文条约文本、英文文本及英文翻译文本(部分与全文)(附表 1)。

基于这些条约文本，依据其中的条款内容，认识相关国家在解决边界问题时对所涉及国际河流事项的解决方案，分析其中的共性、差异性及发展特征，主要结果如下(附表 1 和表 1-3)。

表 1-3　国际条约中的边界水域划界规定及应用情况

Table 1-3　Demarcation provisions of the border waters and the application in international treaties

类型	亚类	国界线	条约数/个	条约实例
河流/河段	河道	(1)河道深泓线/最深线	10	1975 年伊拉克与伊朗《关于边界及关系条约》
		(2)常规/最深/主/中间河道、河床、河流中心线	9	1884 年美国与墨西哥《关于国际边界沿科罗拉多河延伸的公约》

续表

类型	亚类	国界线	条约数/个	条约实例
河流/河段	河道	(3) 主河道、最深河道	2	1862年奥地利与德国《关于波希米亚和巴伐利亚边境制度和其他领土关系的条约》
		(4) 河道河床	1	1933年巴西与乌拉圭《关于确定边界法律地位的公约》
		(5) 河道轴线	1	1936年海地与多米尼加《定界协定附加议定书》
	可通航	主航道中心线/深泓线	7	1999年《中华人民共和国和越南社会主义共和国陆地边界条约》
	不可通航	(1) 河流/干流/主河道中心线	10	1963年匈牙利与罗马尼亚《关于边界制度与边界合作事务的条约》
		(2) 河床中心线	1	1963年《中华人民共和国政府和巴基斯坦政府关于中国新疆和由巴基斯坦实际控制其防务的各个地区相接壤的边界的协定》
		(3) 水道正常水位中线	1	1926年德国与波兰《关于定界问题的条约》
		(4) 平均水位线上的两岸间中心线	1	2004年德国与波兰《关于确定和维持陆地和水体共同边界、建立波兰-德国常设委员会协定》
	人工河道	(1) 河道轴线或最深线	1	1933年美国与墨西哥《关于校正格兰德河在埃尔帕索-华雷斯河谷段的公约》
		(2) 河道中心线	1	1963年美国与墨西哥《边界化学品问题决议》
	分汊、有岛屿河道	(1) 干流/主河汊中心线	2	1962年《中华人民共和国和蒙古人民共和国边界条约》
		(2) 分属不同国家的岛屿与河岸间河汊深泓线	1	1937年英国与葡萄牙《关于坦噶尼喀和莫桑比克-里斯本之间边界协定的换文》
		(3) 河道或距一国河岸最近河汊深泓线	1	1946年泰国与法国(代表老挝)《关于边界问题解决的协定》
河口段		水流流向至两岸端点连线的交点	2	1973年阿根廷与乌拉圭《关于拉普拉塔河及相关海域边界条约》
湖泊		(1) 中心线	1	1920年苏俄[①]与拉脱维亚《和平条约》
		(2) 经纬线	1	1929年海地与多米尼加《定界协定》
		(3) 出入湖河流水流中心点间直线	1	1991年《中华人民共和国和苏维埃社会主义共和国联盟关于中苏国界东段的协定》
水库		水库水面面积平分线	1	1970年伊朗与苏联《关于新边界通过阿拉克塞斯河水利工程综合设施和米尔穆甘(Mil-Mugan)导流大坝走向条约》

资料来源：UN-Treaty Collection，https://treaties. un. org/；中国条约数据库. https: //treaty.maf.gov.cn/.

① 本书中1721～1917年称俄罗斯帝国(简称俄国)；1917～1922年称苏俄；1922～1991年称苏联；1991年后称俄罗斯。

(1) 44 个条约产生于 1884～2004 年，其中 1900 年以前的条约有 4 个，1900～1950 年的边界条约有 16 个，1951～1980 年共 15 个，1980 年之后仅 9 个。一定程度上表明，在 20 世纪 80 年代前国家间通过边界条约签订的方式基本解决了边界地区国际河流的划界问题，而之后的条约多为就所涉及的相关问题进行细化和补充。但至今仍然有相邻国家对以前的划界存在争议，处于协商之中，如泰国与老挝之间的湄公河干流界河段边界划分问题(Bangkok Post，2013)。

(2) 44 个涉及界河或界河段问题的国际条约分布于除大洋洲之外的其他各个地区。其中，北美洲 3 个、欧洲 5 个、亚洲 19 个、南美洲 5 个和非洲 12 个。非洲 12 个条约中仅有 3 个是非洲国家自己签订的，其余 9 个均是欧洲国家为确立其势力范围而签订的。二战结束后，许多非洲国家独立后继续沿用了之前的条约。从以上条约的区域分布看，目前统计的条约数量明显少于实际数量，特别是对欧洲地区相关条约的查找，但是目前欧洲地区的 5 个条约，以及欧洲国家在非洲地区所签订的条约可基本揭示欧洲国家在处理边界河流问题上的主要方式。在亚洲查找到的条约数量多，且远多于美国俄勒冈州立大学及联合国粮农组织所提供的信息。其中，中国与邻国间签订的边界条约均涉及界河段划界问题，其来源为外交部所建立的中国条约数据库。

(3) 44 个条约涉及河流/河段、河口段、湖泊和水库的划界问题(表 1-3)。对表 1-3 和附表 1 进行统计分析，发现在界河、界湖的划界中有以下主要结果：①在条约中没有明确边界河流是否可通航的情况下，出现两个高频率的划界标准，分别是以河道深泓线/最深线为界和以常规/最深/主/中间河道、河床、河流中心线为界。②在条约中明确了边界河流或河段特征后，也出现了两个发生频率很高的划界标准，即在不可通航河流/河段上以河道/干流/主河道中心线为界和在通航河流/河段上以主航道中心线/深泓线为界。③比较在条约中没有对河道特征分类就进行划界的签约时间，发现以河道、河床及河道轴线为标准进行划界的条约签订时间较以中心线和深泓线为划界标准的条约签订时间更早，均在 1936 年之前。④比较所有条约产生的划界标准，发现除了河口段和水库上的界线外，其余划界标准均集中在两个方面，即深泓线/最深线和中心线为界。这两个划界标准的具体应用体现了签订条约国家对边界河流特征的不断认识，包括对河流/河段可否通航，相关河流/河段是单一河道还是分汊河道，河道中固定岛屿、沙洲及其归属问题，河流/河段属于小型溪流、季节性河流还是人工河道，河流水位变幅、岸线是否明晰，河道是否改道等的评估，以此划界时在深泓线或中心线之前确定相应的定语，包括主河道、干流、常规河道、平均水位线以上河道，等等。⑤两个涉及河口段的划界条约确定了以水流主流方向直线为界；在涉及湖泊和水库划界的 4 个条约中没有产生有偏好性的划界方式，但其中以中心线为界的方式与河流划界方式趋同。

(4) 在水力作用下河流河道会产生较陆地表面更快、更频繁的自然变化，进而影响国家间以河流为界的边界稳定性。以上条约中仅有少量条约的签订国家关注到此问题，并在条约或协定中给予了明确说明，包括：边界将随河道的自然变化而变化，如2004年德国与波兰签订的《关于确定和维持陆地和水体共同边界、建立波兰-德国常设委员会协定》、1994年以色列与约旦签订的《和平条约》；河道产生变化，原界线维持不变，除非另有协议外，如1962年《中华人民共和国和蒙古人民共和国边界条约》。

(5)44个条约中，有8个条约在划定边界线之后初步提出了边界河流的水资源利用问题，包括自由航行、捕鱼、取用水、取沙等，也有条约对界河维护、管理及成本分配进行了规定，或者提出对专门问题另行规定和签订新条约。这些问题将放入本书相关章节另行分析。

综上所述，经过长期发展，相关国家在国际河流/湖泊上进行国界线划定时，形成了较为一致的划界标准，即不可通航河流/河段，以河流、主河道、最深河道的中心线为界；可通航河流/河段，以主航道中心线(中国通常称其为深泓线或中泓线)为界；河口段，以水流主流方向直线延伸至河流两岸端点连线的交叉点为界。

二、国际河流的航行问题

基于上文三个国际条约数据库所给出的1820～2015年涉及国际河流航行管理的条约27个，根据数据库所提供这些航行条约的基本信息，对条约文本及其外延信息进行搜寻，并结合上文边界条约含有航行管理的情况，截至2019年6月底，共搜索到1815～2001年涉及国际河流航行问题的国际条约36个，其中确定了航行规则的条约有32个(附表2和表1-4)。

表1-4 国际河流航行条约区域分布及规定的可自由航行国家

Table 1-4 Regional distribution of the international treaties on navigation and the nations allowed to free navigation on international rivers

条约类型	缔约国是否流域国	条约数/个	缔约国/河流所在区域	条约数/个	可自由航行国家和条约数/个	涉及的其他用水与条约数/个
公约	是	1	全球	1	缔约国(1)	无
双边	是	18	欧洲	10	缔约国(10)	取用水(1)、捕鱼(6)、划界(2)、防止污染(3)
			亚洲	2	缔约国(2)	无
			北美洲	3	缔约国(3)	取用水(1)
			南美洲	3	缔约国(3)	取用水(1)

续表

条约类型	缔约国是否流域国	条约数/个	缔约国/河流所在区域	条约数/个	可自由航行国家和条约数/个	涉及的其他用水与条约数/个
双边	否	3	欧洲/非洲	2	缔约国(1)、所有国家(1)	捕鱼(1)
			欧洲/南美洲	1	缔约国(1)	无
多边	是	9	欧洲	7	所有缔约方(6)、缔约国和获准国家(1)	无
			亚洲	1	缔约国(1)	无
			非洲	1	缔约国(1)	无
	否	1	欧洲/非洲	1	所有国家(1)	无

分析以上 32 个国际条约确定的航行规则、涉及河流及区域分布等基本特征，主要结果如下：

(1)经过约 200 年的发展，国际河流可通航河段/河道上的航行原则/制度被确定为：向相关国家以商业为目的的船只开放，实行自由航行；各航段内的管理由该河段主权国家实施。

(2)从条约授权在国际河流可通航河段上自由航行的国家情况来看，被允许通行“相关国家”包括三种情况：一是各条约的缔约国，即某一条约的缔约国可在条约所确定的国际河流可通航河段/河道/水域上自由航行。二是所有国家，作者认为在不同的条约中“所有国家”包含范围可能存在差异，如 1815 年《维也纳大会最后规约》第 CIX 条[①]中对“any one”和“all nations”的规定，1921 年欧洲 11 国《关于多瑙河最后地位的公约》(Convention Instituting the Definitive Statute of the Danube)中第一条[②]对“all flags”“any Power”和“the riparian State”的规定，1885 年欧美 14 国《柏林大会总议定书》“关于刚果河和尼日尔河航行、自由贸

---

① 原文“ART. CIX. The navigation of the rivers，along their whole course，refered to in the preceding Article，from the point where each of them becomes navigable，to its mouth，shall be entirely free，and shall not，in respect to commerce，be prohibited to **any one**；it being understood that the regulations established with regard to the police of this navigation，shall be respected；as they will be framed alike for all，and as favourable as possible to the commerce of **all nations**.”

② 原文“Article 1. Navigation on the Danube is unrestricted and open to **all flags** on a footing of complete equality over the whole navigable course of the river，that is to say，between Ulm and the Black Sea，and over all the internationalised river system as defined in the succeeding article，so that no distinction is made，to the detriment of the subjects，goods and flag of **any Power**，between them and the subjects，goods and flag of the **riparian State** itself or of the State of which the subjects，goods and flag enjoy the most favoured treatment.”

易等法令”第 13 条[①]中对“all nations”的规定。作者认为前两个条约是欧洲各国就多瑙河、莱茵河等欧洲国际河流航行的条约，考虑到条约签订时期国际上各国的航行发展水平，认为两个条约中所指的“所有国家”实际上是该条约的所有缔约国。而第三个条约则是欧美国家针对非洲两条国际河流上航行问题的条约，缔约国不是流域国，而是一些流域外国家，因此，该条约所指的“所有国家”才可能是面对世界各国的。三是除缔约国之外的，被缔约国或流域机构认可的或在缔约国注册并获授权或批准的其他国家的船只，即表 1-4 中的“获准国家”。从以上三种“相关国家”在条约中被允许的数量上看，有 24 个条约规定缔约国可在国际河流上通行，其数量最多、占比最高。其中，有 1 个条约规定缔约国和获准国家船只可通行；其次，有 8 个条约规定在相关河流上所有国家商船可通行。表明国际上普遍认可，在具体国际河流上，由缔约国确定可通行的国家，包括船只类型、货物、乘客及航行区域与路线等。

(3) 从条约的时间分布来看，航行规则产生与维持的时间集中于两个时间段：其一为 1866～1922 年，共签订了 14 个确定航行规则的国际条约，占比接近 44%，表现出在第一次世界大战前后，欧洲国家在 1815 年《维也纳大会最后规约》中确定多瑙河、莱茵河等多条河流向所有国家商船开放，在自由航行的基础上，通过不断的势力竞争与扩张，不仅对欧洲的国际河流建立了自由航行原则/制度，而且相继对非洲和南美洲的一些国际河流建立了自由航行制度，推进了《关于可通航水道制度的国际公约》(International Convention Concerning the Regime of Navigable Waterways of International Concern) 的产生，其是 1921 年由 39 个国家签订的一项专门的，也是唯一针对国际河流可通航河道航行问题的国际公约（中国为缔约国之一）。其二为 1947～1978 年，有 14 个含航行规则的国际条约签订，占比接近 44%，表现出二战后，随着国际新秩序的建立和一些非洲国家的独立，在一些新的地区和河流上由流域国共同确立的国际河流航行规则得到了发展，特别是在亚洲和南美洲。

(4) 从条约区域分布情况看，首先，32 个条约中有 21 个在欧洲国家之间签订，且第一个涉及国际河流航行问题的多边国际条约——1815 年《维也纳大会最后规约》也产生于欧洲，可见，国际河流航行问题的条约源于欧洲，且主要产生于欧洲。其次，以上的 21 个条约中有 4 个条约由欧洲国家之间签订，但涉及的国际河流却位于非洲和南美洲，体现出国际河流“自由航行”原则从欧洲地区向外扩展的过程，且集中发生于欧洲殖民扩张时期。最后，结合条约签订的时间序列看，国际河流自由航行原则与航行制度的发展路径表现为从欧洲向

---

① 原文“The navigation of the Congo，without excepting any of its branches or outlets，is，and shall remain，free for the merchant ships of **all nations** equally，whether carrying cargo or ballast，for the transport of goods or passengers.”

非洲、到北美洲和南美洲，最后到亚洲。

(5) 从条约所涉及的主题内容看，32 个条约中有 21 个没有涉及国际河流其他利用和管理问题，有 11 个条约除航行问题之外涉及了其他问题，主要包括捕鱼、划界、取用水和防止水污染 4 类，由此发现，有不少国际河流国际条约中会涉及多个取用水目标或问题，需要在未来的研究中不断跟进并相互佐证。20 世纪中期，欧洲一些国家已经开始关注国际河流的水污染问题；本节讨论的航行问题条约中有 7 个条约涉及缔约国在相关河流上的捕鱼问题，需要将其纳入下节进行具体研究。

综上所述，从 1815 年开始，国际河流的航行问题经过约 200 年的发展已经基本形成了一个被普遍认可和采用的自由航行规则或制度，即在国际河流可航行河段/河道乃至连接这些自然可通航河道的人工河道、运河等上，条约缔约国、流域国(通常是通航河段内的流域国)以商业为目的的船只可以在河道上自由航行。

三、国际河流、湖泊等水域的捕鱼管理

基于美国俄勒冈州立大学的《跨境淡水条约》(1820～2007 年)数据库、俄勒冈大学的《国际环境条约》数据库(2002～2016 年)和联合国粮食及农业组织(FAO)等机构联合构建的《环境法》数据库(ECOLEX)所列的国际条约信息：1820～2015 年，涉及国际河流、湖泊等相关水域开展捕鱼活动的条约仅 11 个。根据数据库所提供的基本信息，对条约文本及其外延信息进行搜寻，特别是对《联合国条约库》(United Nations Treaty Collection)(United Nations，2019)进行了查询和确认，并结合上文边界、航行条约中含有捕鱼规定的条约情况进行具体条约数量的确定。

截至 2019 年 7 月底，共搜索到：1866～2003 年关于协调和管理国际河流、湖泊等水域捕鱼问题的国际条约 46 个(附表 3)。分析以上条约的基本特征，整体上表现为：①46 个涉及国家间捕鱼问题国际条约中，仅有一个为多边条约，其余均为双边条约，表明国际河流、湖泊上的捕鱼问题基本以双边规则解决。②46 个条约所涉及水体均为国家间的界河/界河段、界湖以及界河河口水域，即通常可称为“边界水域”，其中涉及界河、界河段的条约 35 个，数量最多。③46 个条约中 19 个条约规定的捕鱼原则是包含在两国间的边界条约中的，为此，其捕鱼规则较为笼统或简单，而其余 27 个以捕鱼和渔业资源开发为主题的条约，其相应的规则更为明确和详细。④如果以条约缔约国判识其区域分布特征的话，则 46 个条约分布于北美洲、南美洲、亚洲和欧洲 4 个地区，其中 39 个产生于欧洲国家之间(占该条约数量的近 85%)；如果以条约所涉及水体位置确定其区域分布情况，则条约涉及北美洲、南美洲、亚洲、非洲(殖民时期欧洲国家在非洲国际河流上签订的条约)和欧洲 5 个地区，其中仍以欧洲区域的条约数量最多，为 36 个；从条约缔结

时间在各区域的分布情况看，最早产生的10个捕鱼条约中8个产生于欧洲国家之间。综合以上3种情况，可以说捕鱼条约主要产生于欧洲国家及其之间的边界水域上，特别是界河或界河段上，之后逐步辐射、影响或发展到其他地区。

为了明确国际河流、湖泊等水域上相关流域国间所确立的捕鱼规则，对46个国际条约中相关捕鱼条款进行了梳理，认为：通过140多年的发展，流域国家间在国际河流，特别是在界河、界湖等边界水域上形成和发展了许多捕鱼原则或规则，其中一些原则具有一定的普遍意义(表1-5)。

表1-5 国际条约中的相关捕鱼规定

Table 1-5 The provisions of fishing involved in international treaties

内容	相关条款规定	涉及条约/个	条约举例
捕鱼权	平等权利	5	1866年葡萄牙与西班牙《边界条约附加规则》
捕鱼者	当地居民、渔民	6	1913年法国与英国《关于塞拉利昂与法属几内亚边界的协定》
	缔约方公民、公司等	42	1938年芬兰与挪威《关于在帕斯维克河捕鱼新规则的公约》
	外籍人员	1	1971年芬兰与瑞典《边界河流协定》
	持证捕/钓鱼	15	1930年美国与加拿大《关于保护、维持与扩大弗雷泽河流系统鲑鱼渔业资源的公约》
捕鱼区	依边界线划分	16	1988年中国与苏联《渔业合作协定》
	按河段划分	2	1956年法国与德国《关于解决萨尔河问题的条约》
	按区域划分	12	1959年法国与西班牙《关于比达索河及费及耶海湾捕鱼的公约》
	未明确界线或共同捕鱼区	16	1973年阿根廷与乌拉圭《拉普拉塔河及其入海口条约》
	允许跨境捕/钓鱼	8	1953年芬兰与挪威《关于塔纳河捕鱼区捕鱼规则的协定》
捕鱼规则	规定渔具规格	17	1931年拉脱维亚与立陶宛《关于边界水域捕鱼的公约及渔业委员会机构及行动的规则》
	规定捕鱼方式	23	1934年芬兰与苏联《关于拉多加湖捕鱼和海豹的公约》
	限定捕鱼时间	17	1980年法国与瑞士《关于日内瓦湖捕鱼的协定》
	限定捕捞种类	9	1957年南斯拉夫与阿尔巴尼亚《关于边界河流与湖泊捕鱼的法令》
	限定捕捞尺寸	15	1980年葡萄牙与西班牙《适用于米尼奥河国际边界段的捕鱼规则》
	限定捕捞量	8	1991年法国与瑞士《关于杜河边界段捕鱼与保护水生生境的协定》

续表

内容	相关条款规定	涉及条约/个	条约举例
管理措施	规定禁/休渔期	25	1934年匈牙利与捷克斯洛伐克《关于确定边界水道统一休渔期和批准夜间捕鱼的协定》
	划定禁渔区/段和建立保护区	17	1922年芬兰与苏联《关于两国边界河道捕鱼和维护河道的公约》
	建立/维持过鱼廊道/通道、河宽、水流/水深等	11	1964年苏联与芬兰《边界河道协定》(附换文)
	防止水污染	7	1928年波兰与捷克斯洛伐克《关于保护和发展边界水域鱼和渔业资源的条约》
	禁止引入外来物种	3	1958年保加利亚、罗马尼亚等4国《关于多瑙河水域捕鱼的公约》
	维持/恢复资源量	3	1996年阿根廷与巴拉圭《关于保护和开发巴拉那河与巴拉圭河边界河段渔业资源的协定》
	建立联合管理机构	3	1935年玻利维亚与秘鲁《的的喀喀湖渔业开发的初步公约》
	其他(另订协定等)	6	1948年苏联与芬兰《关于苏联-芬兰边界制度的条约》

(1)在捕鱼权及其使用者方面。46个条约中，42个条约(占91.3%)规定条约缔约各方的公民、渔业公司、渔船有权在边界水域开展捕鱼活动；15个条约规定持有缔约国相关管理机构发放的许可证方有权在相关水域开展捕鱼活动，包括商业或自用捕鱼以及娱乐钓鱼活动，其中4个条约规定双方缔约国政府发放捕鱼/钓鱼许可证时按标准收费，并平分所收取的费用用于边界水域渔业管理；有6个条约规定边界水域两侧或捕鱼区的当地居民和渔民拥有捕鱼权或优先捕鱼权；有5个边界条约中笼统地规定了缔约国各方在边界水域上拥有平等的捕鱼权；仅有1个条约明确允许非缔约国公民进入缔约方的边界水域钓鱼。

(2)在边界水域的捕鱼区划分方面。46个条约中，有30个条约(占65.2%)明确缔约国各自的捕鱼区，具体包括按边界线、河段和区域3种方式划分，其中最为方便可行的划界方式是以缔约国之间确定的边界线作为各自的捕鱼区，其次将边界水域划分不同的捕鱼区之后分配给缔约国，在以上两种较为普遍的捕鱼区划分方式之外，有两个条约采用将流域国之间的界河划分为不同河段，由不同流域国在不同河段上开展捕鱼活动。有16个条约没有明确划分各缔约国的捕鱼区，或者将边界水域确定为缔约国共同的捕鱼区，分析其条约特征及内容，发现存在以下情况：一是一些条约为缔约国之间边界条约，或者是它们之间渔业合作的初步协定，未来的捕鱼细则有待进一步细化完善；二是虽然多数条约没有明确缔约国各自捕鱼区，但确定了不同的捕鱼时间、捕捞量以及共同的禁渔区等，以补充缔约国的捕鱼权责。有8个条约允许缔约国公民和边界水域当地居民及渔民进行跨境捕鱼或钓鱼，此处的“跨境”是指在划分了缔约国各自捕鱼区的基础上，允许持捕鱼证人员在规定时间内到对方捕鱼区进行捕鱼或钓鱼，其中多数是非商业性钓鱼。

(3)在具体的捕鱼规则方面。46个条约中，有31个条约(占67.4%)或多或少地规定了明确的捕鱼规则。其中，详细规定捕鱼方式的条约数量最多，具体内容包括捕鱼设施的布置(固定设置、流动设施等)、强光下捕鱼、距水利设施的距离、排水捕鱼和毒鱼炸鱼等。此外，较多的条约对捕鱼时使用的渔具、捕捞时间及捕捞尺寸进行了限定，渔具方面包括渔网网眼的大小、渔网类型、渔网间的密度及间隔、渔线上的鱼钩数量及类型和捕鱼船只的数量等，捕鱼时间方面包括禁止夜间捕鱼、夜间捕鱼的船只数量及批准程序和人员资格等，捕捞尺寸方面主要是对水域内不同鱼种制定了不同的捕捞最小尺寸，以保证资源的恢复能力和维持量。部分条约还规定了允许或不允许捕捞的种类、限定了水域的捕捞量，其中，捕捞量通过确定年度总捕捞量之后确定两国间平分捕捞份额、捕捞期内各捕捞区的船只数量、钓鱼人每次的渔线和鱼钩数量以及每人每天最多的钓鱼数量等。另外，从31个条约对上述6种捕鱼规则规定的情况看，同时规定3种捕鱼规则的条约数量最多，为14个；其次是规定2种和4种捕鱼规则的条约数量，分别是8个和6个；同时规定5种和1种捕鱼规则的数量很少，分别是1个和2个；但31个条约对捕鱼规则的规定在时间序列上不存在明显的变化趋势。综上可见，较为完善的捕鱼条约或多或少地明确了一些具体的捕鱼规则，其中具有一定普遍意义的捕鱼规则包括规定具体的允许或不允许的捕鱼方式和使用的渔具、限定捕鱼时间及捕捞尺寸。

(4)在实施的管理措施方面。通过对46个条约管理措施的理解与归纳，发现相关流域国家为了维持和保护边界水域的鱼类资源，同时支持渔业资源的开发，采取了多种管理措施，包括确定禁渔期、划定禁渔区和建立鱼类保护区、建立或维护过鱼通道、防止水污染和禁止引入外来物种等。从条约对各类管理措施的应用情况看，46个条约中有34个条约(近74%)或多或少地规定了各自的边界水域捕鱼的管理措施，其中确立水域的禁渔期是形成时间最早和使用最为普遍的一项管理措施。与此同时，与确立禁渔期同时产生的划定禁渔区和建立鱼类保护区、建立或维护过鱼通道的2项措施也有较高的采用率，具有一定的普遍性；防止水污染和禁止引入外来物种2项措施虽然采用率不高，但它们最早都产生于1928年波兰与捷克斯洛伐克《关于保护和发展边界水域鱼和渔业资源的条约》。从各条约制定管理措施的具体程度看，34个条约采用1～6项管理措施，其中，多数规定1～3项管理措施，而采用1项管理措施的条约数量最多，为14个；从时间序列上看，条约规定管理措施项数随着时间的推移呈逐渐增加趋势，表明捕鱼条约的相关规定从简要、概括向精确、详尽方向发展。

综上所述，流域国通过签订国际条约来解决界河、界湖等边界水域上的捕鱼问题始于19世纪后半叶，发起于欧洲并逐步向其他地区扩展。经过140多年的发展，捕鱼条约内容逐步得到完善，形成了一些具有普遍意义的原则与规则，如边界水域流域国(缔约国)之间拥有平等的捕鱼权利，而有权使用此项权利的人员主要为流域国公民、公司及企业等；流域国在各自的捕鱼区内开展捕鱼活动；对捕鱼活动制订限制规则，包括捕鱼方式、渔具使用、捕鱼时间等，为有效保护和利用边界水域的鱼类资源，制定相应的管理措施，包括规定禁渔期、划定禁渔区等；产生了一些前瞻性原则，如防止污染、禁止引入外来物种等。

第三节　非消耗性用水管理案例

一、多瑙河国际航道开发与发展

(一)流域水文与社会经济发展概况

多瑙河(Danube)是欧洲中东部一条著名的国际河流，发源于德国西南部的黑森林山(Black Forest)，流域涉及德国、瑞士、奥地利、斯洛文尼亚、克罗地亚、波兰、意大利、北马其顿、阿尔巴尼亚、捷克、斯洛伐克、波黑、黑山、匈牙利、塞尔维亚、保加利亚、罗马尼亚、摩尔多瓦和乌克兰等19个国家(指全部流域国)，其中，干流流经德国、奥地利、斯洛文尼亚和匈牙利等10国，流经4个国家首都：奥地利的维也纳、匈牙利的布达佩斯、塞尔维亚的贝尔格莱德以及斯洛伐克的布拉迪斯拉发(Bratislava)，在罗马尼亚和乌克兰交界处注入黑海，是世界上干流流经国家最多的河流(Baltalunga and Dumitrescu，2008)。

多瑙河干流全长约2857km，是仅次于伏尔加河的欧洲第二长河，并在其沿程中先后成为奥地利与斯洛伐克、斯洛伐克与匈牙利、塞尔维亚与罗马尼亚以及保加利亚与罗马尼亚的界河。流域面积约为81.7万km^2，大小支流约300条，流域内多年平均年降水量为792mm，多瑙河三角洲入口处伊斯梅尔监测站的年平均径流为6550m^3/s，其中最大径流为15540m^3/s，最小径流为1610m^3/s，多年平均径流量2218亿m^3(Wanninger，1999)。

多瑙河径流的时空分布受流域内自然环境差异影响明显，其上中下游河段及三角洲区域水情基本情况如下。

(1)多瑙河上游段从源头至奥地利阿尔卑斯山和西喀尔巴阡山间被称为“匈牙利门”的峡谷，两条源头河流布里加赫河(Brigach)与布雷格河(Brag)汇合成多瑙河干流，由此至斯洛伐克的布拉迪斯拉发为上游，干流河长约988km，流域控制面积约 13.1 万 km^2，平均径流为 $2020m^3/s$。该区域右岸发育了较多的入河支流，为干流补充了大量径流量，左岸最重要的一条支流是摩拉瓦河(Morava)，流经捷克、斯洛伐克后，在奥地利汇入干流。上游区域径流量的季节变化与发源于阿尔卑斯山支流径流量季节变化相同，即受阿尔卑斯山冰雪融化影响(气温)每年 6 月河流径流量出现峰值、冬季出现低值。受流域地形地貌及区域降水差异影响，多瑙河流域 50%乃至 2/3 以上的径流发源于阿尔卑斯山及其他山地的右岸支流。

(2)中游段从匈牙利门峡谷至罗马尼亚南部喀尔巴阡山的铁门峡谷，接纳了左右岸众多支流。干流从布拉迪斯拉发至奥尔绍瓦(Orsova)的干流河长 914km，奥尔绍瓦水文监测站的流域控制面积为 57.6 万 km^2，平均径流为 $5699m^3/s$。其间因流经了喀尔巴阡山脉和巴尔干山脉之间长 117km 的峡谷，是该流域水电开发和航道整治的重点区域。每年 4～7 月为区域丰水期，4～6 月为峰值期。其中，6 月的峰值水量源于上游河段，最大值产生时间为上游峰值 10～15 天之后；4 月的径流峰值水量源于河段内平原区的积雪融水和早春时段的低地、低山区降水。枯水期始于 10 月，反映了流域低地平原区夏秋两季降水较少的特征。

(3)下游段及三角洲地区为从铁门峡谷至黑海入海口。其中，中下游两个干流水文监测站(奥尔绍瓦和伊斯梅尔)间干流河长 883km 为下游段，伊斯梅尔水文监测点处的流域控制面积为 80.7 万 km^2，平均径流为 $6550m^3/s$。下游河段区间由罗马尼亚-保加利亚低地及其周边山地构成，而且从蒂莫克河(Timok)汇合口至保加利亚的锡利斯特拉(Silistra)构成了罗马尼亚与保加利亚之间的界河。该河段水面开阔、水流缓慢，形成发育良好的冲积河谷，相对而言，左岸罗马尼亚一侧更为开阔，易于开发利用，而右岸的保加利亚一侧河谷较为狭窄，河岸较为陡峭。三角洲地区为伊斯梅尔至入海口约 72km，面积大约 $6000km^2$。河流在三角洲地区分为三支分别入海。三角洲地区因海拔低每年约 2/3 的区域会出现季节性淹没。整个三角洲的罗马尼亚部分在 1990 年被列入生物圈保护区，按照《关于特别是作为水禽栖息地的国际重要湿地公约》(简称《拉姆萨尔公约》)被列为“国际重要保护湿地”，超过 50%的地区被列入世界遗产地。此前，乌克兰境内 $1500km^2$ 三角洲面积中的 10%受到保护，其余用于农业。总体上，河流下游和三角洲地区的水流基本不受高山区冰雪融水影响，径流最大值产生于每年 4 月，最小值出现于每年 9～10 月。

(4)河流水温主要受沿程气候条件的影响，如上游段夏季水流主要来自阿尔卑斯山的冰雪融水，整体水温较低；冬季虽气温、水温较低，但受河流落差大、水流湍急影响，自林茨(奥地利)以下河段不会完全封冻。河流中下游段夏季水温平均在 22～24℃，冬季水温则受区域气温影响近岸及表层水温均在零度以下，在极端情况下会出现河段封冻现象；每年 12 月至次年 3 月，随着气温逐步上升，浮冰漂移与春季冰雪融水相叠加，造成河道水流下泄不畅、浮冰阻塞河道、水位提高，特别是分汊、岛屿河段，进而引发春季洪水(Pinka and Pencev，2019)。

流域社会经济发展情况方面。利用前人的数据成果(Wanninger，1999)、世界银行的经济统计数据以及欧洲理事会统计网数据，计算得到主要流域国 20 世纪 90 年代至 2018 年的社会经济发展基本情况(表 1-6)。从以上简单的统计信息，可以概略地了解到多瑙河 13 个主要流域国的基本情况：①这 13 个流域国境内流域面积占全流域面积的 98%，是流域主体部分，其中在流域内国土面积较大的国家(从大到小)主要是罗马尼亚、匈牙利、塞尔维亚、奥地利、德国和保加利亚等。②比较 20 世纪 90 年代 13 个流域国总人口、流域内人口和 2018 年流域国总人口可知，其一，20 世纪末流域内人口约为 8100 万；其二，流域国总人口整体上呈减少趋势，因此流域内人口也应该呈减少趋势，如果按照 1997 年流域各国流域内人口占总人口比例概算 2018 年流域内人口，则流域内人口约为 7500 万；其三，从流域各国总人口的变化情况看，13 个流域国中仅 5 个流域国在 1997～2018 年呈增长趋势，并分布于上游和少量中游国家，8 个流域国人口呈减少趋势，均是中下游国家，其中，塞尔维亚、乌克兰、罗马尼亚和保加利亚 4 个国家的人口减少明显。③比较 1997 年与 2018 年流域国人均 GDP 及其变化，可以发现几个特征：其一，整体上无论是 1997 年还是 2018 年，流域国从上游、中游到下游的经济发展水平存在明显差异，即上游国经济发展水平明显高于中游国和下游国，中游国经济发展水平也普遍高于下游国，特别是 1997 年这一现象十分明显；其二，经过 20 多年的发展，流域上下游国家的经济发展水平差异有所减小，但差距仍然明显，如 1997 年时德国人均 GDP(最大值)是摩尔多瓦人均 GDP(最小值)的 50.8 倍，2018 年奥地利人均 GDP(最大值)是乌克兰人均 GDP(最小值)的 16.6 倍；其三，国家局势持续动荡严重影响国家的经济发展，这一情况在乌克兰表现最为突出。

表 1-6　多瑙河主要流域国社会经济发展基本情况

Table 1-6　Social economic development situation among the riparian countries of the Danube River basin

地理位置	国家(地区)	流域内面积*	1997 年*					2018 年**	
			年份	总人口	流域内人口及占比		人均 GDP	人口	人均 GDP
		万 km²		百万人	百万人	%	美元	百万人	美元
上游	德国	5.62	1997	82.1	9.1	11	25606	82.8	48195
	奥地利	8.05	1997	8.1	7.7	95	24691	8.8	51512

续表

地理位置	国家(地区)	流域内面积*	1997 年*						2018 年**	
			年份	总人口	流域内人口及占比		人均 GDP		人口	人均 GDP
		万 km^2		百万人	百万人	%	美元		百万人	美元
中游	捷克	2.11	1995	10.3	2.8	27	5050		10.6	22973
	斯洛伐克	4.43	1997	5.4	5.2	96	3624		5.4	19546
	匈牙利	9.30	1997	10.2	10.2	100	4462		9.8	15938
	斯洛文尼亚	1.75	1996	2	1.7	85	9101		2.1	26234
	克罗地亚	3.44	1997	4.8	3.2	67	4267		4.1	14869
	波黑	3.73	1997	3.8	2.9	76	1087		3.5	5951
	塞尔维亚(南斯拉夫)	8.89	1991	10.4	9	87	1462		7.0	7234
下游	保加利亚	4.70	1996	8.3	3.9	47	1227		7.05	9272
	乌克兰	3.24	1997	50.9	3.1	6	976		42.4	3095
	摩尔多瓦	1.20	1997	4.3	1.1	26	504		3.6	3189
	罗马尼亚	23.74	1996	22.6	21.2	94	1549		19.5	12301
流域		80.2		223.2	81.2				206.7	

资料来源：* Wanninger，1999；**https://data.worldbank.org/，https://ec.europa.eu/。

注：由于部分国家(地区)1997 年数据缺失使用其他年份数据；二战后塞尔维亚、克罗地亚、斯洛文尼亚、波黑、黑山、马其顿成为南斯拉夫社会主义联邦共和国的六个共和国。1991 年南斯拉夫开始解体。

(二)多瑙河国际航运发展历程

1. 发展历程

多瑙河流域约 300 条大小支流中，有 39 条河流具有可通航能力，通航里程从德国的乌尔姆镇至罗马尼亚的苏利纳港近 2600km。在多瑙河的国际航行发展过程中，为扩大、改善该河的航运能力，以及打通东西欧国家间及北海与黑海的联系，人工开凿了系列运河，其中较为重要的有多瑙河—黑海运河(即苏利纳运河)，该运河的开通使从多瑙河三角洲至黑海的航运通道更为便利且通航能力增强；美因河—多瑙河运河(也称欧洲运河)完工于 1992 年，实现了多瑙河与莱茵河、北海连通，也实现了黑海与北海的连通。从上文的国际河流航运开发中可以发现，多瑙河是最早推进国际航运开发与管理的河流，它通过流域国间签订国际条约的方式不断地完善着该河流系统航道的通行、维护与管理规则，是国际河流航运发展的典型范例。

根据对相关文献资料的梳理，多瑙河航运开发历程如下。

(1)19世纪之前：1616年，奥地利与奥斯曼帝国(今土耳其)签订一项条约，条约授权奥地利人可在奥斯曼帝国控制下的多瑙河中下游河段航行。1774年，俄国结束与奥斯曼帝国之间的战争，与其签订条约，被允许利用多瑙河下游河段(航行)(Danube Watch，2014)。

(2)1815年：欧洲5国(英国、俄国、普鲁士、奥地利和法国)达成《维也纳大会最后规约》，在欧洲几条可通航河流(包括多瑙河)上初步确立了各国商船可自由航行的原则。

(3)1838年和1840年：奥地利分别与英国和俄国签订双边条约，推动了多瑙河可通航河段自由航行的实践(Encyclopaedia Britannica，2019)。

(4)1856年：欧洲5国(英国、法国、奥斯曼帝国、撒丁王国和俄国)签署《巴黎条约》(也称《巴黎和平条约》)，条约主要解决克里米亚战争之后的国土重新划分问题，在多瑙河可通航河段上沿用1815年所确立的航行规则，并建立常设的河流委员会(River Commission)替代"多瑙河欧洲委员会"担负国际航道的维护与管理职责。

(5)1921年：由欧洲11国(比利时、奥地利、法国、英国、德国、希腊、意大利、罗马尼亚、克罗地亚、捷克斯洛伐克和塞尔维亚)于1921年签订、1924年生效的《关于多瑙河最后地位的公约》，明确了多瑙河干流从乌尔姆镇至黑海以及其他所有国际化河流的可通航河道向所有国家公平地、无限制地开放，即自由航行；规定多瑙河的自由航行与公平待遇相关事务分属两个委员会管理。

(6)1948年：二战期间，多瑙河自由航行中断。二战结束后，流域中下游7国(罗马尼亚、捷克斯洛伐克、苏联、保加利亚、南斯拉夫、匈牙利和乌克兰)外交部部长及其代表于1946年底开始就达成一个新的多瑙河航行公约进行协商，以恢复该河的正常航行，并最终于1948年达成一致，签订《多瑙河航行制度公约》(Convention Regarding the Regime of Navigation on the Danube)(简称《贝尔格莱德公约》或《多瑙河公约》，Belgrade Convention/Danube Convention)。在签订公约和批准公约期间，奥地利与以上国家就公约条款达成一致，并在国内批准了该公约，使得奥地利在该公约1949年5月生效时成为缔约国之一。从该公约当时的缔约国组成看，缔约国均是流域国，位于上游河段的德国没有加入，很大程度上是因为德国是二战的战败国，被排斥在公约之外；受到后期德国统一、南斯拉夫解体的影响，目前公约的缔约国共11个。该公约重新规定了多瑙河航行的基本规则，建立了多瑙河委员会(Danube Commission)和两个河流特别行政管理局(Special River Administration)，并明确了其航行管理职责。

(7) 1994 年：《多瑙河保护与可持续利用合作公约》(Convention on Cooperation for the Protection and Sustainable Use of the Danube River) (简称《保护多瑙河公约》) 是 1994 年签订、1998 年生效的一项区域性公约，目前该公约缔约方包括境内流域面积超过 2000km^2 的流域国和欧盟共 15 个。该公约的核心目标是实现多瑙河流域地表和地下水资源的持续和公平的管理与利用，控制危险物质对河流水体、洪水和冰害事故所造成的危害。受 20 世纪 90 年代初至 2000 年南斯拉夫解体、区域冲突及其之后经济恢复缓慢等的综合影响，南斯拉夫涉及航道难以得到良好维护，影响了多瑙河国际航行的发展。

(8) 2007 年：保护多瑙河国际委员会(International Commission for the Protection of the Danube River，ICPDR)、多瑙河委员会和萨瓦河(多瑙河支流)流域国际委员会先后联合发布《多瑙河流域内陆航运与环境可持续性的联合声明》(Joint Statement on Inland Navigation and Environmental Sustainability in the Danube River Basin) 和《多瑙河内陆航运发展与环境保护的指导原则联合声明》(Joint Statement on Guiding Principles for the Development of Inland Navigation and Environmental Protection in the Danube River Basin) (ICPDR，2019b；ICPDR et al.，2019)。前一个声明的目的是支持多瑙河可持续和环境友好的航运发展与改善，后一个声明则旨在为处理内河航运和环境可持续性的决策者，制订河流环境和航运计划、方案和项目的水管理者提供指导。声明的发表与实施标志着多瑙河流域水资源多目标利用的协调与管理，包括国际航运发展与地表水和地下水利用、污染控制、流域生态完整性的维持、可持续性水电的开发等目标间的协调(Mair，2015)。

从以上信息可以看出多瑙河国际航行发展的基本脉络：从 15 世纪早期开始，流域国之间就开始讨论解决相关国家船只在多瑙河航行的问题；1815 年，多瑙河可通航河段向所有国家商船实行自由航行制度；1856 年，在多瑙河上沿用自由航行制度，并建立专门的河流委员会负责航道的维护与管理；1921 年，欧洲 11 国，包括流域国和非流域国，通过《关于多瑙河最后地位的公约》规定多瑙河可通航河道上所有国家商船可自由航行，但成立了两个委员会分别管理内陆航道段和河口至黑海段；1948 年，《多瑙河航行制度公约》替代了 1921 年的《关于多瑙河最后地位的公约》，新的多瑙河委员会成立，多瑙河航道实施的分段管理，实际航运效率较低；1994 年，受到南斯拉夫的解体与区域冲突的影响，多瑙河国际航行发展受阻；2007 年之后，三个流域机构、欧盟等正在推动多瑙河航运目标与其他目标的结合、欧洲内陆航道网络的建设，也在讨论建立新的多瑙河公约，多瑙河目前的航行制度有可能再次发生变化。

2. 航行规则变化

从以上多瑙河国际航运的发展历程可见其发展历史悠长，从天然可通航河段的航行，到碍航河段的整治、运河开发，再到与莱茵河的连通，实现了东西欧国家、北海与黑海的航运连接。依据各条约所涉多瑙河国际航道的航行基本原则、实行范围及涉及国家，可将其航行规则的发展分为以下三个阶段。

(1) 1815 年以前。多瑙河流域国与流域内外国家通过签订国际条约的方式，允许其他国家在多瑙河可通航的中下游河段航行。这一时期没有形成一个普遍性的跨国家边界的航行制度，还未考虑流域内外国家在天然可通道河段上航行的权利差异。

(2) 1815～1948 年。从《维也纳大会最后规约》到《巴黎条约》《关于多瑙河最后地位的公约》，直至《多瑙河航行制度公约》签订，多瑙河的国际航行制度逐步建立，并建立了专门的河流委员会负责执行这一制度。这一制度的核心是多瑙河在平等的基础上，对所有国家国民、商业船只和货物自由开放；各航段的航行应按照各段主管当局或流域国制订的航行规则进行。禁止任何非多瑙河流域国的军舰在多瑙河航行(附表 2)。从这个阶段各关键条约的缔约国组成情况可以看出，各条约均有流域外国家(如当时的航运强国英国和法国)参加到多瑙河航行制度的建立与航道的管理中，可以说，此时所谓的“所有国家”商船可在多瑙河上航行，其实质是维护欧洲国家在多瑙河上贸易与航行，而且多瑙河的航运发展与管理受到流域外势力控制或者直接干预。

(3) 1949 年之后。《多瑙河航行制度公约》于 1949 年 5 月生效后，则 1921 年《关于多瑙河最后地位的公约》失效，由此建立了至今的该河国际航行制度。《多瑙河航行制度公约》确定的“自由航行”制度包括：在沿河港口使用税/入港税、通航税、商船航行条件等平等的基础上，多瑙河上的航行向所有国家国民、商业船只和货物自由开放，但此条款不适用于同一国家港口之间的运输(第 1 条)；实行该航行制度的河段从乌尔姆，经苏利纳汊流、苏利纳运河至黑海入海口(第 2 条)；各相关流域国负责维持各自境内多瑙河航段的通航条件，包括实施必需的工程(第 3 条)；多瑙河下游和铁门段的航行，应按照各段管理当局(流域委员会、流域国)制定的航行条例执行，界河段航行应按照相关国家间协议规定执行(23 条)；禁止任何非多瑙河流域国的军舰在多瑙河航行，而流域国军舰在河上航行时不得跨越其国家边界(第 30 条)。从以上主要航行规则看，截至目前多瑙河的航行制度是向所有国家的商业性航运船只开放，但相比于 1815 年和 1921 年的航行制度，航道的维护与航行的管理从流域外国家参与或干预下的管理改变为流域国或单独或联合管理。在公约的后期实际实施过程中出现了因航段的分段管理造成航行不畅、效率低以及难以实现所有国家商业船只通行的现实问题。近 30 年来，从 1994 年《多瑙河保护与可持续利用合作公约》到 2007 年《多瑙河流域内陆航运与环境可持续性的联合声明》，以及莱茵河与多瑙河连通、欧洲一体化进程推进，多瑙河航运制度可能会再次发生改变。

3. 流域机构建设

17世纪中叶至今，从多瑙河国际航行的发展、水电开发到近年来的多目标开发与环境保护协调发展，流域内先后建立了一些流域合作机构，推动了流域内不同合作目标的发展。主要的流域机构及其职能概括如下。

(1)1856年《巴黎条约》中约定：为实施自由航行，将建立一个由英国、奥地利、法国、普鲁士、俄国、撒丁王国和奥斯曼帝国各一名代表组成的河流委员会，负责执行必要的、维持航道最佳航行状态工程，并且为了确保必要工程的实施、保证航道安全的设施建设及维持所需的费用，该委员会可以以多数同意的方式决定向航行船只征收固定税率的固定关税，条件是所有国家船只应当在完全平等的基础上执行(第16条)。该委员会为常设委员会，负责制定航行规则及航道治安条例、清除各种航道内的航行障碍、维持航道的通航状态、规定并督促实施整个航道内必要工程等(第17条)。

(2)1921年《关于多瑙河最后地位的公约》：规定维持多瑙河的自由航行与公平待遇相关事务分属两个委员会管理(第3条)。多瑙河国际委员会(International Commission of the Danube)，由德国两个通航河段州的两个代表、其他沿岸国和非沿岸国各一名代表组成，负责所谓“河流多瑙河”(Fluvial Danube)，即从乌尔姆至布莱拉多瑙河干流，以及公约第2条所界定的国际河流系统的航行管理(第9条)；该委员会的主要职责包括，确保多瑙河航道上不会因一个或多个国家的行动而造成任何航行障碍；保证所有国家的国民及货物在进入和使用港口及其设备方面受到完全平等的待遇；保证条约赋予多瑙河水系的国际性质不受任何损害(第10条)；负责在各国提交的航道整治规划的基础上拟定多瑙河航道系统改善重大工程中长期规划等(第11条)；确定和公布航行费并控制费用的征收和使用情况(第18条)。多瑙河欧洲委员会由法国、英国、意大利和罗马尼亚各一名代表组成(第4条)，负责所谓“海上多瑙河”(Maritime Danube)部分的管理，即从河口到布莱拉河段(第6条)，保留其战（指第一次世界大战）前所拥有的权力(第5条)。对于航道的沿岸国来说，沿岸国有权对在其港口或岸边装卸的货物征收关税、通行费和其他税，但不应差别对待和以妨碍航行的方式征收(第19条)。通过公约的授权，两个委员会成为一个拥有广泛权力的国际机构，包括制订与发布从乌尔姆到黑海的航行规则，为维持航道及航行设施良好运行状态进行航道整治、规则制订与管理的权力，为维持委员会和航道运行而进行征税的权力等。

(3)1948年《多瑙河航行制度公约》：规定由多瑙河委员会和两个河流特别行政管理局负责不同航道的航行规则实施与航道维护和整治规划等。其中，委员会的组成和职责主要是由多瑙河流域国家各一位代表作为成员构建委员会(第5条)，从委员会成员中选举产生主席、副主席及秘书长各一名，任期三年（第6条)；委员会的管辖范围为公约确定的多瑙河可通航河段；监督公约各条款的执行；基于多瑙河流域国和河流特别行政管理局提出的规划和项目，拟定一个满足航行发展需求的主要工程的总体规划及其总预算；就航道上相关工程的实施，在适当考虑各国技术和经济利益、计划可能性的基础上，与多瑙河国家协商并向它们提出建议；建立统一的交通规章制度，并制定多瑙河航行管理的基本规定等(第 8 条)；委员会决定需由出席会议的成员多数通过，预算决议需全体成员多数同意，并由流域国每年平均负担(第 10 条和第 11 条)。河流特别行政管理局的组成与主要职责：一是由罗马尼亚与苏联代表组建的多瑙河下游管理局，负责苏利纳运河河口至罗马尼亚布来拉(包含)河段内水利工程和航行管理，管理局将根据成员国政府之间的协议采取行动(第 20 条)；二是由罗马尼亚和南斯拉夫代表组建的多瑙河铁门段管理局，负责多瑙河铁门段［右岸从维塞到科斯托勒(Kostol)，左岸从摩尔多瓦维克(Veche)至图尔努塞维林纳(Turnu severin)］河段内水利工程和航行管理，管理局将根据成员国政府之间的协议采取行动(第 21 条)。多瑙河国际委员会(1921 年建立的)的资产转交 1948 年公约建立的多瑙河委员会、多瑙河下游管理局和铁门段管理局。多瑙河下游段和铁门段的航行按照各段管理局制定的航行规则实行；多瑙河的其他河段，如在不同流域国所属河段上航行按照各流域国制定的规则执行，在河流两岸分属不同流域国的河段上航行则按照相关国家之间的协议规定执行，多瑙河各国和以上河段管理局在制定航行规则时应考虑由委员会制定的航行基本规则(第23 条)。流域国的相关权利，多瑙河上的海关、卫生和治安管理受航道所在地流域国规章管理，但相关规章不应造成碍航，且各国颁布的相关管理条例应提交河流委员会，以便委员会促进相关规章的统一和协调(第 26 条)；为支付航行维护费用，流域国在经河流委员会同意后可征收船舶航行费(第 35 条)。从以上公约相关条款的规定看，多瑙河的航行管理由流域内的公约缔约国建立了河流委员会及其下的河段管理局以及各河段所在流域国负责，将流域外国家排除在多瑙河航行管理之外。

(4) 1994 年《多瑙河保护与可持续利用合作公约》：签订此公约的目标是实现多瑙河流域地表和地下水资源的可持续和公平地管理与利用，并成立保护多瑙河国际委员会(以下简称“委员会”)。委员会的基本职能主要包括：推动公约实施；作为缔约国间协调实施公约行动与评价公约实施进展的平台；推动多瑙河流域国家与黑海地区国家在相关事务中的合作；与其他国际组织合作应对与水管理有关的新挑战(如适应气候变化)。在 2000 年《欧盟水框架指令》(Water Framework Directive)和 2007 年《欧盟洪水指令》生效后，委员会作为多瑙河流域国家合作机构，推动所有缔约国在全流域内实施以上两个指令，无论缔约国是否为欧盟成员国。委员会的四大目标为：①保证可持续水资源的管理；②保证对地表和地下水的保护、改善和合理利用；③控制污染并减少营养物质和有害物质的输入；④控制洪水和冰雪灾害(ICPDR，2019a)。该公约附件 4 委员会规章详细规定了其组织结构和工作程序，主要内容包括：委员会由缔约国任命的代表团组成，每个代表团最多由 5 名代表组成，可配备处理具体问题的专家并将名字通报该委员会秘书处(第 1 条)。委员会主席由缔约国按英文字母顺序轮流担任，任期 1 年，担任轮值主席的缔约国需推荐其代表团一名成员担任委员会主席(第 2 条)。委员会各代表团拥有一票投票权，委员会的法定人数为至少有 2/3 的代表团出席，委员会的决定和建议应由代表团协商一致通过产生(第 4 条和第 5 条)。委员会设立一个常设专家组，并在某些工作领域和具体问题设立常设或特别专家组(第 6 条)，目前委员会下设有 7 个常设专家组和 1 个特别战略专家组(图 1-1)(https://www.icpdr.org/)。委员会建立一个常设秘书处，任命执行秘书及其他工作人员。由执行秘书负责完成执行本公约、委员会工作以及委员会根据其《议事规则》和《财务条例》交付的其他任务(第 7 条)。目前秘书处有 8 名固定工作人员以及其他短期项目工作人员，秘书处作为常设机构，是缔约国代表团、专家组和其他国际机构之间合作的沟通渠道。委员会向所有缔约国提交其年度工作报告以及根据需要提交的其他报告，特别是流域水资源监测评估结果报告(第 9 条)。截至目前，如果所有缔约国的专家、观察员、顾问及代表团成员都考虑在内，共有 300 多人与委员会合作和为其工作。委员会目前的主要工作内容包括：评价多瑙河流域地表水和地下水状况；采取措施，保护或者改善流域水域状况；收集有关活动的实施情况和进展信息；支持各缔约国或其他相关团体实施上述行动。由此可见，委员会是一个综合性、政府间的协调机构，是流域国之间合作的重要平台，其工作职能涉及领域广泛，且随着流域及区域内水问题的发展变化，其工作内容与重点也随之发生变化，机构在流域水资源利用与管理的作用主要体现在其技术支撑、信息交流与合作方面，其决策作用有限。

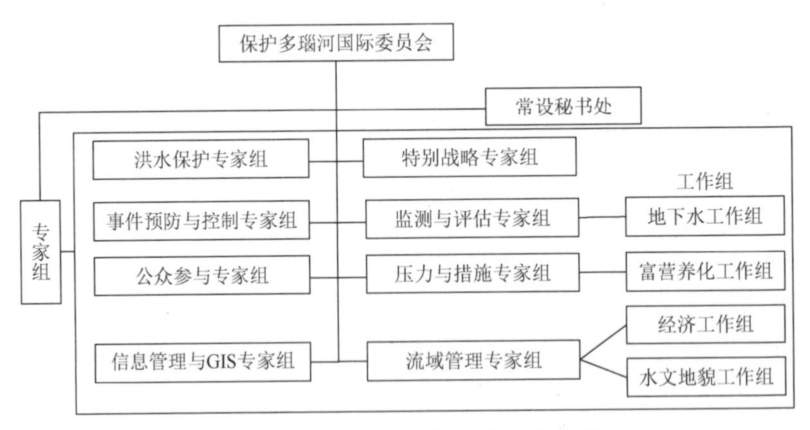

图 1-1 保护多瑙河国际委员会结构图

Fig. 1-1 Structure of the International Commission for the Protection of the Danube River

从多瑙河流域机构的建设与发展的角度看，流域机构的职能构建与各个时期多瑙河的水资源开发目标密切相关。本小节重点梳理了多瑙河航运开发历程中流域机构的组织机构建设、职能及变化特征，体现出流域机构从欧洲强国间势力博弈下的航运管理机构，到可通航河段上流域国间组建的航运协调管理机构，再到以流域国为主体的流域多目标协调机构的转变；机构的管理能力从流域外势力干预下的拥有较强管理与决策能力的单一目标管理机构，到流域国间合作管理国际航运与独立管理相结合的并拥有一定决策能力的单一目标协调管理机构，再到流域国和区域性国际机构参与的多目标协调与决策支持为主的综合性流域机构的发展。

经过长期发展，多瑙河流域内目前拥有多个涉水国际机构、流域机构，如多瑙河委员会、保护多瑙河国际委员会，也有区域性机构，如欧盟，甚至还有支流流域机构，如萨瓦河流域国际委员会。这些机构之间有不同的合作尺度和合作目标，如以航运管理为核心目标的多瑙河委员会，以水资源利用与保护为核心目标的保护多瑙河国际委员会和萨瓦河流域国际委员会，以区域经济发展为核心目标的欧盟。为此，未来流域内水资源利用与管理协调面临着多机构并存、职能重叠、能力差异以及国家间差异等问题，虽然多种合作机制可以实现流域管理不同领域间的相互补充，但如果机制间协调不好，也可能影响各机构的实际工作效率以及流域水资源利用与管理的成效。

（三）多瑙河其他水资源利用与保护问题

多瑙河干支流水资源丰富，对流域各国具有重要的社会、经济及生态环境价值。长期以来，除了航运开发之外，流域水资源为流域国，特别是干流沿岸各国提供发电、工业用水、居民用水、灌溉和渔业用水服务。总体上，多瑙河的水资源开发表现为流域干支流上游山区集中开发了大量的蓄水工程，如水电大坝和供水水源的水库，而河流中下游低地区则主要开发为航道及通航运河、防洪堤坝与灌溉系统（UNDP and GEF，2019）。

1. 水电开发

多瑙河水能资源丰富，理论蕴藏量达 500 亿 kW·h，水电开发是多瑙河的主要开发目标之一（刘宁等，2010）。多瑙河水电开发始于 20 世纪 20 年代。1927 年，德国修建了多瑙河流域的第一座水电站，开启了流域水电开发历史。截至 2012 年，多瑙河流域大中小型水电站有 8300 余座，总装机容量为 2920 万 kW，其中约 300 座大型水电站（装机容量大于 1 万 kW）的发电量约占流域水电总发电量的 90%，8000 多座为中小型电站（中型电站装机容量 0.1 万～1 万 kW，小型电站装机容量小于 0.1 万 kW），水能资源开发利用率达 65%以上，其发电量仅为水电总发电量的

10%(Mair，2015)。流域内已开发水电站集中分布于上游的干支流河段，并逐步向下游支流扩展。多瑙河流域国在边界附近或界河段进行了较多的双边合作水电开发，如德国与奥地利合作开发的约亨施泰因(Jochenstein)水电站，罗马尼亚和南斯拉夫(现塞尔维亚与黑山)合作开发的铁门(Iron Gate)水电站，保加利亚和罗马尼亚合作开发的图姆尼科(Turmu Maguree Nicopol)水电站，以及匈牙利和捷克斯洛伐克[①](现斯洛伐克)合作开发的加布奇科沃-大毛罗什(Gabcikovo-Nagymaras)水电站等。

铁门水利枢纽是流域内最大的水电工程，也是欧洲最大的径流式水电站，由南斯拉夫与罗马尼亚在干流中游界河段进行联合开发，工程包括捷尔达普(Djerdap)高坝(坝高 60.6m)、两个发电厂(铁门电站 I 和铁门电站 II)和两座船闸等。铁门水电站是两国政府在 1963 年签订的《关于多瑙河铁门水电站及航运枢纽建设和运行的协定》的基础上，共同开发的两国间多瑙河界河河段上建立的，为此成立了铁门联合委员会。铁门枢纽工程坝址距里海 940km，流域控制面积 56 万 km^2，平均流量 5520m^3/s，年输沙量 4000 万 t，水库总库容 25.5 亿 m^3，工程所在位置河流宽约 1000m，工程在界河两岸对称布置，两岸各设 1 座船闸、1 座电站。电站总装机容量 228 万 kW，电站每年可发电 110 亿 kW·h，安装有 12 台发电机组，两岸的两座电站厂房内各安装 6 台单机容量 19 万 kW 的水轮发电机组，即 6 台发电机在塞尔维亚一侧，另外 6 台在罗马尼亚一侧，分别以 220kV 和 400kV 电压同两国的电网连接，实现了两国平均分配电能。两国各自对本国境内工程拥有所有权，并负责其运行。铁门一级水利枢纽于 1964 年开工，1969 年 8 月船闸建成通航，1970 年 7 月第 1 台机组发电，1972 年 5 月竣工，全部工程历时 7 年 8 个多月，工程总造价 4 亿美元。1977 年两国在铁门一级电站下游 29km 处建立铁门二级水电站，并于 1984 年成功建成发电。铁门二级水电站对铁门一级水电站调峰运行进行反调节。1999 年 10 月初罗马尼亚和塞尔维亚两国签署了一份关于铁门电站维修合作的协议。电站维修后，发电量进一步提高，电站的运行寿命可延长 30 年。该电站是两国最重要的能源来源，占现塞尔维亚全国发电量的 35%，占罗马尼亚的 25%。铁门水利枢纽的建成，通过对水流的调节，解决了多瑙河航运的困难，降低了运费，缩短了水运时间。

加布奇科沃-大毛罗什水电站是多瑙河上第二大水电工程。该工程是匈牙利和捷克斯洛伐克(现斯洛伐克)依据 1977 年签订的《关于加布奇科沃-大毛罗什水利工程系统的建设和运行协定》而共同修建的水资源多目标利用的枢纽工程，主要用于发电、防洪和航运。协定规定该工程 1978 年开工，1992 年投入运营，工程建设费用由两国共同承担，电站的装机容量及发电量也由两国共同分享。该工程主要由加布奇科沃水电站、大毛罗什水电站和发电引水渠等组成，其中，加布奇科沃工程位

① 1993 年捷克斯洛伐克解体，捷克和斯洛伐克分别独立。

于斯洛伐克境内的多瑙基利蒂(Dunakilit)，由拦河坝、电站、船闸和溢洪道等组成，电站装机容量 72 万 kW，设计年发电量 30 亿 kW·h；大毛罗什工程位于匈牙利境内的维舍格勒(Visegrad)，作为一个反调节设施，由船闸、防洪堤和发电站等组成，电站装机容量 15.8 万 kW，设计年发电量 10 亿 kW·h。在工程建设过程中，由于该工程建设可能产生环境问题以及之后匈牙利财政、政府换届等，工程被迫延期，双方在多次协商无果的情况下，匈牙利单方面终止合作条约并停建工程，斯洛伐克被迫单方面调整开发方案并于 1992 年底将其境内加布奇科沃电站投入运营，由此导致双方长达近 20 年的多瑙河水利用国际争端。1997 年 9 月 25 日，国际法庭(International Court of Justice，ICJ)对双方在该工程项目开发过程中的行为进行了裁决，要求双方可在欧盟的调解和支持下寻求补救方案。1998 年，斯洛伐克曾经向国际法庭申请重新裁决，虽未获准，但两国的冲突似乎有所平息，不过也没有得到最终解决(Heiko Furst，2004)。

2. 工农业生活供水

长期以来，多瑙河为流域居民、工业和农业提供生活、生产用水，是流域内传统供水来源。随着流域各国社会经济的发展，流域内各类用水量不断增加。

居民生活用水方面。2006 年流域内集中供水 61 亿 m^3，各流域国的人均生活用水量存在较大差异，如保加利亚和罗马尼亚的人均用水量分别为 439L/d 和 409L/d，而匈牙利和乌克兰的人均用水量仅为 147L/d 和 172L/d(刘宁等，2010)。由此平均可得到流域内 2006 年人均生活用水量约 250L/d，结合 1997 年各流域国及各国流域内人口、2018 年流域各国人口(表 1-6)情况，可以得到流域目前生活用水总量，约为 68.6 亿 m^3，流域内居民生活用水量整体呈增长趋势，但流域国间居民用水的增减情况存在差异。

工业用水方面。主要分布于流域中上游工业较为发达的区域。据 UNDP 和 GEF(2007)实施的“多瑙河区域项目”结果，多瑙河流域 2006 年左右的年总取水量为 1270 亿 m^3，其中，工业和矿业用水量占 62%，即流域内工业及矿业用水量约为 787.4 亿 m^3。

农业用水方面。据记载(Cseko and Hayde，2004)，12 世纪奥地利建于莱塔河(Leitha)的灌溉水渠被称为科尔渠(Kehrbach)，德国在多瑙河一支流河谷上实施草原灌溉的时间可追溯到 16 世纪，流域内记录有灌溉管理文件的最早时间是 1584 年，可见多瑙河流域农业用水开发历史悠久。1990 年，流域内灌溉用水量约 170 亿 m^3，灌溉面积超过 750 万 hm^2，其中，罗马尼亚 250 万 hm^2，保加利亚 200 万 hm^2，匈牙利、捷克斯洛伐克和南斯拉夫共约 200 万 hm^2，即流域内的灌溉区集中于分布中下游流域国，至 2000 年，流域内灌溉用水增加到 345 亿 m^3(刘宁等，2010)。但是依据 FAO 的“全球水与农业信息系统”(FAO’s Global Information

System on Water and Agriculture)(http:// www.fao.org/aquastat/)对 147 个国家用水信息的统计(各国数据更新程度不同，数据库以各国最新数据进行统计)，对流域 12 个主要国家(缺摩尔多瓦信息)分行业用水及灌溉面积进行计算和比较，其结果为：①从拥有灌溉设施的耕地面积和实际灌溉面积看，流域国 12 国中除波黑的数据为 2000 年外，其余各国数据为 2010～2014 年，简单合计所得的耕地面积为 317.8 万 hm^2，实际灌溉面积为 111.7 万 hm^2。另外，小计了上文所说的中下游 5 国(现为 6 国)灌溉面积，装配了灌溉设施的耕地面积和实际灌溉面积分别为 75.64 万 hm^2 和 36.92 万 hm^2。②流域各国的农业用水数据为 2010～2015 年，其中，2010 年和 2013 年的数据较多，简单合计，流域 11 国(无波黑数据)的农业用水总量为 72.24 亿 m^3。比较以上几个结果与上文文献的结果，发现两个数据源的结果差异较大。为了大致比较数据的可信度，利用上文中居民生活用水和工业用水数据与 FAO 的数据进行对比，其结果为：①对流域 12 国 1997～2015 年(其中 2013 年数据较多)的居民生活用水进行简单合计，其用水量为 141.59 亿 m^3；再利用表 1-6 中各国流域内人口占其总人口比例与流域各国总的居民用水量进行折算，2010 年左右流域内居民生活用水量约 51.54 亿 m^3，与上文文献中 2006 年 61 亿 m^3 和本书简单测算的 2018 年流域内居民生活用水 68.6 亿 m^3 相近。②对流域 12 国 1997～2015 年(其中 2012 年和 2013 年数据较多)的工业用水量进行简单合计，流域各国工业总用水量为 576.44 亿 m^3，与上文“多瑙河区域项目”所得 2006 年工业及矿业用水约 787.4 亿 m^3 有些差异。可见，利用 FAO 数据库测算出的流域各国居民和工业用水量与其他文献的数据差异不太大，由此，可以大致推断出 FAO 所统计的农业灌溉用水量应该与流域各国的情况更为接近，即流域 12 国在 2010 年前后总的实际灌溉面积约为 111.7 万 hm^2，灌溉总用水量约为 72.24 亿 m^3。

3. 水资源保护

多瑙河流域水资源是流域国几千万人的饮用水水源地，但是干支流沿岸及近岸人口、城市、工业及农业等人类活动影响着流域自然环境的演变、入河及入海(黑海)水流特征。经过长期开发，多瑙河干支流上建有大量的水电站、堤坝、船闸及其他水利设施，这些水利设施在满足人类发展需求的同时，也对河流系统的生物多样性及其功能造成了一定的损害，对水流格局产生了一些不利影响，如泥沙输运能力减小、堤坝下游河岸侵蚀增加和自净能力下降等。

多瑙河水污染是目前该流域面临的最为严重的一个问题，其中，来自农业回水、家庭生活废水及城市污水的大量营养物质是造成黑海水质危机的主要原因。此外，采矿区泄漏水及突发山洪将有毒物质冲入河道也是一个重要威胁因素。湿地退化是该流域面临的另一个问题。多瑙河及其支流拥有丰富的物种，是大约 2000 种高等植物和 5000 多种动物的独特栖息地。19 世纪末以来，流域内 80%的湿地和洪泛区已经丧失，三角洲的鹈鹕、下游的鲟鱼、上游的河狸和其他物种的栖息地受到威胁。目前，仅剩余少量的洪泛区保持着近自然状态，包括主要位于多瑙河三角洲，萨瓦河中游，普鲁特河(Prut)、穆拉河(Mura)和德拉瓦河(Drava)下游，伊萨尔河(Isar)河口，以及维也纳、布拉迪斯拉发和捷克东南部之间的多瑙河—摩拉瓦河—迪耶河河漫滩等区域。

为了保护多瑙河，1994 年 6 月流域 11 个国家和组织(奥地利、保加利亚、克罗地亚、捷克、德国、匈牙利、摩尔多瓦、罗马尼亚、斯洛伐克、斯洛文尼亚、欧盟和乌克兰)在保加利亚首都索非亚签订《多瑙河保护与可持续利用合作公约》，并于 1998 年 10 月因获得 9 国批准而生效，目前公约缔约方 15 个。该公约的主要目标是保护多瑙河流域的地表水和地下水，使其得到可持续和公平的管理与利用。这一目标包括三方面内容：一是保护、改善和合理利用地表水和地下水；二是采取预防性措施控制因洪水、冰情或危险物质等突发事件产生的危险；三是减少多瑙河流域污染物进入黑海。为实现公约目标，公约缔约国同意就基本的水管理问题进行合作，包括采取“所有适当的法律、行政和技术措施，至少尽可能地保持和改善当前多瑙河和流域内水体的水质和环境状况，并尽量预防和减少造成或可能引起的不利影响和变化。”为了公约的执行，公约缔约方之间设立了 ICPDR，其作为一个跨国机构由公约所有缔约方的代表团组成，也为其他组织的加入构建了一个框架，并设有一个永久性秘书处(设在奥地利维也纳联合国办事处)(ICPDR，2020)。

由 ICPDR 的专家工作组和 ICPDR(2019b)完成的《2018 年度报告》(ICPDR Annual Report 2018)来看，委员会围绕流域管理，针对流域内面临的主要问题，开展包括洪水风险管理、突发事件预防与控制、联合监测、地下水监测与评估、流域气候变化适应战略、流域水文地貌与河流恢复计划、洄游鱼类水生生物廊道管理与恢复、有害物质排放与污染控制、可持续水电开发、共同农业政策制定和外来入侵物种控制等工作。

(四) 小结

长期以来，多瑙河在欧洲具有极为重要的地缘政治价值。主要原因是多瑙河河口及下游河段是从黑海到中东地区最为便捷的通道，因而其成为河流周边强国竞相争夺的战略要地，特别是在 19～20 世纪，谁获得以上区域的控制权就意味着谁是区域霸主。随着多瑙河—黑海运河、莱茵河—美因河—多瑙河运河的建成通航，加上多瑙河通过莱茵河、罗讷河、奥得河和易北河将欧洲内部众多地区连接在一起，多瑙河成为连接欧洲东西部两大港口(罗马尼亚康斯坦察和荷兰鹿特丹)以及连接欧洲与非洲、中东的关键国际航道。为此，多瑙河是世界上开发国际航运、跨国航道建设与制度化管理最早的国际河流之一。

但是从前文分析可以看到，多瑙河的航运制度与莱茵河存在差异，多瑙河在各国河段上的管理制度是不一样的，特别是在边境税和航道费方面，即流域国负责其境内航段的管理，而在莱茵河上则实行统一管理和统一的收费标准。这些因素可以被视为多瑙河自由航行发展在法律、经济和基础设施建设上的缺陷，影响多瑙河航运业的发展与振兴。反观多瑙河现在的航行制度建设历史以及受20世纪90年代末地区冲突的影响，对多瑙河航运发展的现状人们是可以理解的。

Schwetz(2007)研究认为，如果多瑙河沿岸的东欧国家能够逐步解决其中大部分的航行制度与法律问题缺陷，多瑙河的运输量平均每年可以增加3%。为了充分利用和发挥多瑙河作为一个具有经济有效和生态可持续的欧洲主要运输通道的作用，2001年欧洲11国交通部部长签订了《泛欧运输走廊Ⅶ——多瑙河备忘录》，希望加强多瑙河流域11国（指当时参会的流域国）与黑海间的连接，并提出为达到这一目标需采取的一系列行动。在此之后，“将多瑙河发展成欧洲的一条交通动脉”先后成为2002年、2004年和2007年“多瑙河合作进程”部长级会议的一项中心议题。多瑙河的未来是值得期待的。

二、芬兰与挪威的边界水域渔业资源开发与保护

(一)芬兰与挪威国际河流及捕鱼协定分布情况

基于联合国环境规划署(United Nations Environment Programme，UNEP)、全球环境基金(Global Environment Facility，GEF)等机构2016年联合发布的世界国际河流信息，可以查询到芬兰与挪威之间以及两国与其他国家(俄罗斯和瑞典)之间共有国际河流5条，分别是凯米河(Kemi)、莫诺河(Naatamo/Deiden)、帕斯维克河(Pasvik)、塔纳河(Tana/Teno)和托尔尼奥河(Torne/Tornealven)(UNEP and GEF，2016)，其中，莫诺河与塔纳河是芬兰与挪威两国之间的国际河流，凯米河和帕斯维克河是芬兰、挪威与俄罗斯三国间的国际河流，而托尔尼奥河则是芬兰、挪威与瑞典之间的国际河流(表1-7)。

表1-7 芬兰与挪威三条主要国际河流基本特征

Table 1-7 Basic characteristics of three international rivers between Finland and Norway

国家	河流	支流		湖泊		地下水	
		数量/条	长度/km	数量/个	水面面积/km^2	数量/个	汇水面积/km^2
挪威	塔纳河	506	14193	156	248	31	231
	帕斯维克河	116	2677	89	186	7	18
	莫诺河	85	2764	55	73	2	8

续表

国家	河流	支流		湖泊		地下水	
		数量/条	长度/km	数量/个	水面面积/km^2	数量/个	汇水面积/km^2
芬兰	塔纳河	39	967	46	63		
	帕斯维克河	66	1475	184	1550	397	304
	莫诺河	18	234	76	176		
合计		830	22310	606	2296	437	561

资料来源：ELY-Centre of Lapland and Finnmark County Council，2016。

两国间国际河流流域面积共约 4.8 万 km^2，其中约 2/3 的面积位于芬兰，1/3 的面积位于挪威。流域内人口稀少，芬兰一侧人口大约 8000 人，人口密度仅为 0.3 人/km^2；挪威一侧人口略多，约 2 万人。因此，规模小而少的人类活动对流域内绝大多数水体的影响较小，绝大多数流域区生态状况较好。除帕斯维克河外，其他河流的水体环境仍处于贫营养化且透明度高，水体中几乎不含有机物。各河流的自然环境、土壤和动植物种类丰富，有鱼类、鸟类和哺乳动物，是大西洋鲑鱼重要的产卵区。目前，流域内建有多个国家公园和自然保护区。流域内丰富的自然资源为农业、林业、渔业、狩猎和工业以及休闲活动提供了发展基础，同时对当地居民，特别是世居的萨米人的生计及文化传承非常重要(ELY-Centre of Lapland and Finnmark County Council，2016)。

依据本章第二节及附表 3 的内容，可以了解到 1866～2003 年的 100 多年间涉及国际河流、湖泊等水域捕鱼问题的 46 个国际条约中有 36 个条约产生于欧洲，而欧洲产生的条约中又有 9 个(占 25%)产生于芬兰与挪威(表 1-8)。首先，芬兰与挪威在界河或者界河段上实现渔业资源管理及养护具有较长的历史，拥有较为丰富的共同管理与实践经验。其次，芬兰与挪威之间的 5 条国际河流中有 3 条河流签订了捕鱼条约，但这 3 条河流较剩余 2 条河流的流域面积要小很多，这可能是流域小便于管理而成功签订国际条约的原因之一。此外，3 条河流中有 2 条属两国间

表 1-8 芬兰与挪威国际河流及捕鱼条约分布情况

Table 1-8 Distributions of the international rivers and the treaties related to fishing between Finland and Norway

河流	流域国	流域面积/万 km^2	捕鱼条约名称	签约时间
莫诺河	芬兰、挪威	0.07	《关于在莫诺河水道捕鱼区捕鱼的协定》	1964 年
			《关于莫诺河捕鱼区联合捕鱼规则的协定》(附捕鱼规则)	1977 年
帕斯维克河	芬兰、苏联、挪威	1.80	《关于在帕斯维克河捕鱼新规则的公约》	1938 年

续表

河流	流域国	流域面积/万 km²	捕鱼条约名称	签约时间
塔纳河	芬兰、挪威	1.69	《关于塔纳河捕鱼区捕鱼新规则的公约》	1938 年
			《关于对塔纳河捕鱼区捕鱼新规则公约第 4 条进行补充达成协定的换文》	1949 年
			《关于塔纳河捕鱼区捕鱼规则的协定》	1953 年
			《关于塔纳河捕鱼区捕鱼新规则的协定》	1960 年
			《关于塔纳河捕鱼区联合捕鱼规则的协定》(附捕鱼规则)	1972 年
			《关于修改和补充上个协定（1972 年）的换文》(附捕鱼规则)	1979 年
			《关于塔纳河捕鱼区联合捕鱼规则的协定》(附捕鱼规则)	1989 年
凯米河	芬兰、俄罗斯、挪威	5.39	无	
托尔尼奥河	瑞典、芬兰、挪威	4.08	无	

河流，不涉及第三方，也是问题易于协调、签订条约的原因。最后，芬兰与挪威自 1938 年起就开始在界河上推动了渔业资源管理合作，并对 2 条仅为两国间的国际河流的捕鱼规则进行了条约修订与补充，如两国对塔纳河的捕鱼协定已经进行了 5 次延期和修订。

由于芬兰与挪威 1938～1989 年的 50 多年在塔纳河上前后共签订捕鱼规则协定 5 个和 2 个换文，本节将重点对两国间的塔纳河捕鱼规则进行分析，充分认识捕鱼规则的发展与变化，揭示其基本特征，以期为我国未来国际河流的渔业资源管理与保护提供可资借鉴的经验，如原则、实施规则等。

2014 年两国为了履行《欧盟水框架指令》，签订了一个新的合作协定，该协议的目的是建立一个共同框架，将塔纳河、莫诺河及其支流蒙克尔瓦河(Munkelva/ Uutuanjoki)和帕斯维克河 3 个流域划定为一个国际流域区，由挪威的芬马克县理事会和芬兰拉普兰区伊尔中心(ELY-Center)共同成立流域管理局，以加强两国在国际流域区上的合作和协调，包括流域管理计划和措施的制订和实施。两国在协定签订的基础上还就协定的执行程序签订了一个备忘录，其中规定为实现《欧盟水框架指令》要求，双方须制订一个国际河流区管理目标及实施路线图。

(二)芬兰、挪威经济发展情况

因芬兰与挪威签订的捕鱼协定大致在 1938～1989 年，考虑到协定签订时期的两国经济发展，特别是农业、渔业及外交关系可能对协定产生重大影响。为此，在此部分内容中尽力增加了一些当时两国经济发展状况作为背景信息，以支撑对捕鱼协定内容的分析结果。

1. 芬兰

1）概况与现状

芬兰位于欧洲北部，北欧五国之一，国土面积33.8万km^2，其中1/3的国土面积位于北极圈内，东、北及西北分别与俄罗斯、挪威和瑞典接壤，南、西分别濒临芬兰湾、波的尼亚湾，海岸线长1100km。地势北高南低，内陆水域面积占全国国土面积的10%，湖泊约18.8万个，岛屿约17.9万个，国名有“千湖之国”之意。芬兰属温带海洋性气候，平均气温：冬季−14～3℃，夏季13～17℃，年均降水量600mm。森林覆盖率约80%，约2282万hm^2，木材储积量21.89亿m^3。2018年总人口551.8万，GDP 2344亿欧元（1欧元＝7.802元人民币），人均GDP 4.53万欧元，GDP年增长率2.2%，在2018～2019年世界经济论坛年度竞争力排名中位居第十一。芬兰林业发达，农畜产品自给有余。芬兰工业在20世纪90年代得到快速发展，从劳动、资金密集型转变为技术密集型。其中，建立在森林基础上的木材加工、造纸和林业机械制造业为经济支柱，并具有世界领先水平。森林工业产量占世界总产量的5%，是世界第二大纸张、纸板出口国（占世界出口量25%）及世界第四大纸浆出口国。2018年，芬兰外贸总额约为1302.7亿欧元，其中，进口665.9亿欧元，出口636.8亿欧元。出口商品主要有金属、纸张纸板和化工产品等；进口商品主要有金属、原油等。主要贸易对象有德国、瑞典、俄罗斯、荷兰和中国等（外交部，2019b）。

2）发展历程

芬兰银行1989年研究分析了《1860～1985年芬兰经济：增长与结构变化》（Hjerppe，1989），简要结果如下。

经济增长方面：19世纪60年代，芬兰人均GDP较欧洲平均水平低25%，二战结束后，通过几十年的发展，芬兰人均GDP与欧洲经济发达国家（如英国、瑞典等）的差距不断缩小，20世纪70年代芬兰人均GDP位居欧洲第十位，即1860～1985年芬兰的GDP增长呈轻微而明显的加速，从一个相对贫困的欧洲国家发展成为世界上最发达的福利国家之一。从各产业及经济活动对经济增长的贡献看，1860～1890年第一产业是GDP增长的最重要贡献者，第二产业是两次世界大战期间和20世纪50年代经济增长的主要加速因素，而20世纪60年代以来，第三产业增长是GDP增长的主要因素。

产业结构变化方面：19世纪60年代第一产业增加值占GDP的60%以上，是芬兰的主导产业，其中，种植业占37%，林业占19%，渔猎约占6%。19世纪

60 年代至第一次世界大战(1914～1918 年)，第一产业在 GDP 中的占比从 60%下降至约 50%。20 世纪 20 年代末至整个 30 年代，第三产业(即服务业)第一次成为最大产业，第一产业和第二产业的 GDP 占比相当(表 1-9)。二战至 20 世纪 50 年代初，第二产业增加值超过第一产业和第三产业增加值，实现了产业结构的转型，从农业国转变为工业国;第一产业地位从 20 世纪 50 年代初开始快速下降,在 GDP 中的比重下降至约 26%。1985 年，第一产业增加值在 GDP 中的比重约 8%，劳动力的从业比例仅为 11%；第二产业(工业)的增加值占比上升至 40%左右，第三产业的增加值及从业人口比例同时上升，并超过 50%。

表 1-9 1900～1985 年芬兰 GDP 三次产业(%)

Table 1-9 The structures and changes of the three industries of gross domestic product in Finland in 1900—1985(%)

年份	第一产业		第二产业		第三产业	
	A	B	A	B	A	B
1900	48.7	32	23.2	39.9	28.2	28.2
1910	43.1	28.5	23.9	38.5	33	33
1918	52.4	42.9	19.3	28.8	28.3	28.3
1930	29.4	18.8	28.9	39.5	41.7	41.7
1938	30.2	16	30	42.2	39.8	39.8
1945	41.8	25	27.5	44.3	30.7	30.7
1950	25.6	16.4	39.9	49.1	34.5	34.5
1960	19.5	11.2	39.4	47.7	41.1	41.1
1970	9.9	5.9	39.8	43.8	50.3	50.3
1980	9.6	4.8	39.4	44.2	51	51
1985	8.1	4.4	36.7	40.4	55.2	55.2

A：林业包括在第一产业中的计算结果；B：林业包含于第二产业中的计算结果。

资料来源：Hjerppe，1989。

农业生产方面(表 1-10)：如果将林业及林产品制造业纳入工业领域进行考虑的话，芬兰 20 世纪以前，农业总产值中畜牧养殖业与粮食种植业间的比重相当，差异不大；进入 20 世纪之后，粮食种植业产出比重明显降低，而养殖业比重大幅提高，并在农业总产值中的占比稳定在 70%左右，是该国农业发展的核心；渔业在内的其他行业的产值所占比重很小，即使在 1938 年前后，其产值虽然有所提高，但也没有超过 10%。结合上文中芬兰的产业结构发展情况可见，芬兰的渔业生产及产值对其经济的发展贡献不大，并非该国的重要产业。

表 1-10　不同年份芬兰农业总产值分布情况(%)

Table 1-10　Distribution of Finland's gross agricultural production for selected years(%)

项目	1860～1862 年	1912～1914 年	1936～1938 年	1858～1960 年	1982 年
养殖业	45	71	65	75	70
种植业	50	23	26	18	21
其他	5	6	9	7	9
合计	100	100	100	100	100

从以上芬兰经济发展历史及现状看：芬兰 20 世纪开始进入工业化发展阶段；从 20 世纪 70 年代开始，其农业总产值在 GDP 中的占比下降到 10%以下，其渔业对 GDP 的贡献极为有限；在 20 世纪 70 年代之后，从工业化发展向服务业发展过渡。现在芬兰已经发展成为一个工业发达、经济富裕的发达国家。也就是说，芬兰虽邻海区域和内陆水域广阔，渔业资源丰富，但其经济发展对渔业的依赖性极小，可能影响芬兰与邻国间在国际河流鱼类利用与保护中的基本态度，如因开发需求小，因此力求保护。

2. 挪威

1) 概况与现状

挪威，全称“挪威王国”，国名“Norway”意为“通往北方的路”“北方航道”，也为北欧五国之一。挪威位于欧洲北部的斯堪的纳维亚半岛西部，国土面积 38.5 万 km^2(包括斯瓦尔巴群岛和扬马延岛等属地)，其中近 1/3 的国土面积位于北极圈内。挪威东邻瑞典，东北与芬兰(斯堪的纳维亚半岛北部)和俄罗斯接壤，南与丹麦隔北海相望，西濒临大西洋的挪威海，海岸线长 2.1 万 km(包括峡湾)。挪威南北狭长，海岸线曲折而漫长，沿海岛屿众多，被称为“万岛之国”。挪威大部分地区属温带海洋性气候，年平均气温 5.7℃，年均降水量 763mm(外交部，2019c)。受西风环流影响，挪威降水量丰富，全国 65000 个湖泊，其中 50%以上位于海拔 500m 以上的地区，水能资源丰富，其中，可开发的水电资源约 2140 亿度/a，已开发 62%，几乎满足了挪威所有电力消费需求。21 世纪初，挪威人均水电发电量全球最高。2018 年，挪威总人口 531.4 万人，GDP 4341.7 亿美元，人均 GDP 为 8.17 万美元(World Bank Group，2019b)。

挪威油气、水力、森林、渔业资源丰富。2017 年，挪威三次产业(农业、工业、服务业)对 GDP 贡献分别为 2.3%、33.7%、64%(Central Intelligence Agency World Factbook，2019)。第一产业：挪威虽然仅有不到 5%的土地为农业用地，却有超过 1/3 的土地为生产性林地。这些林地不仅成为该国发展木材加工业的基地，而且成为 50%以上小农场的第二收入来源，也是挪威商品出口中的重要组成部分。

农业以畜牧业为主，蛋奶制品基本自给，但粮食、水果和蔬菜依赖进口。挪威拥有漫长的海岸线、宽阔的水域和良好的气候条件，其渔业在过去40年中稳步增长，北部沿海是世界著名渔场，渔业是重要的传统产业，目前以人工养殖三文鱼和近海捕捞为主，渔产品出口量较大。挪威约90%的渔获量来自与其他国家共享水域。海产品是挪威仅次于石油和天然气产业的第二大国民经济支柱产业，2017年挪威成为世界第二大海产品出口国。沿海地区的渔业既是挪威鱼类加工业的基础，也为许多农民提供季节性就业机会，是当地延续了几百年的传统。维持此产业的关键问题是如何在维持捕捞量的同时避免过多消耗渔业资源。工业：从20世纪90年代中期到21世纪早期挪威一直是全球最重要的石油出口国，21世纪的头十年油气收入约占政府总收入的20%，是世界第三大天然气和第八大石油出口国，近海石油工业成为该国国民经济重要支柱；采矿、冶金及制造业也是挪威工业的重要组成部分，其中采矿与制造业赚取了挪威20%～25%的出口收入。第三产业：在20世纪最后的20年，挪威服务业产值在GDP中的占比超过60%(Joys et al., 2020)。挪威外贸在其经济中占有重要地位，主要出口原油、天然气、焦炭与精炼石油制品、渔产品等，主要进口机动车、电子光学产品、化学原料及制品、食品等(外交部，2019c)。2019年对外出口额9040亿挪威克朗(1挪威克朗=0.6989元人民币)，主要产品及占比结构为：矿物燃料及相关材料占出口总额的56%，其中石油及其产品占34%，天然气占21%；鱼类及其制品占12%；机械和运输设备占10%等(Trading Economics，2020a)。

2)发展历程

Grytten(2008)分析了挪威的经济发展历史，认为(表1-11)：1830～2003年，挪威经济总体呈稳定增长态势，但个别年份有明显波动；经济持续增长始于19世纪40年代，但在19世纪的最后30年里，其增长速度减缓；1914～1945年受两次世界大战影响经济发展不稳定；1945～1970年中期，经济实现较高而稳定的增长；1973～2003年经济增长减缓。2003年受伊拉克战争爆发的影响，石油价格下跌，2004年国际原油价格不断攀升，即2003～2007年经济得到较快的增长；受2008年美国次贷危机蔓延为全球经济危机的影响，石油价格大跌，2008～2009年经济下滑至负增长；从2009年中开始，全球经济逐步摆脱危机，石油价格回升，经济逐渐恢复，2011年之后逐步实现平衡发展(World Bank Group，2019b)。

表1-11 1830～2019年挪威GDP增长情况(%)

Table 1-11 Growths of gross domestic product of Norway in 1830—2019(%)

年份	GDP	人均GDP
1830～1843	1.91	0.86
1843～1875	2.68	1.59

续表

年份	GDP	人均 GDP
1875～1914	2.02	1.21
1914～1945	2.28	1.55
1945～1973	4.73	3.81
1973～2003	3.28	2.79
2003～2019*	1.62	0.63

资料来源：Grytten，2008；*World Bank Group，2019b。

在世界经济论坛发布的《2018 年全球竞争力报告》中，挪威是 17 个最具竞争力的国家之一(Trading Economics，2020b)。挪威借助于自然资源的开发，特别是近 40 年北海油气资源的开发，已成为世界上最富有的经济体之一。尽管近年来经济增长放缓，挪威财政和贸易仍旧维持盈余，国民人均收入保持高位，在欧洲名列前茅。目前，石油产业成为挪威最为重要的产业，挪威是一个基于自然资源开发的工业化国家，但维持了传统产业的可持续发展(如渔业)。

(三)塔纳河

塔纳河位于斯堪的纳维亚半岛北端，河流的两大源流阿纳约卡河(Anarjohka/Inarijorki)和卡拉斯河(Karasjohka/Kaarasjoki)主要位于挪威境内，流经挪威东北部的芬马克郡和芬兰北部的拉普兰地区，最终注入北冰洋巴伦支海。全长 361km，其中河流中段约 283km，为挪威与芬兰间界河，河流下游段位于挪威境内。流域面积大约 1.6 万 km^2(表 1-12)，年径流量约为 119 亿 m^3，每年从 10 月到次年 5 月底冰封。塔纳河三角洲是欧洲最大、未受破坏的河流三角洲之一，对湿地鸟类具有重要意义。

表 1-12　塔纳河流域基本情况

Table 1-12　The general station of the Tana River basin

流域国	境内流域面积/km^2	流域面积占比/%	年径流量/亿 m^3	流域人口/人	人口密度/(人/km^2)
挪威	11314	69	62.26*	31680	2.8
芬兰	5133	31	56.72	1300	0.25
合计	16447	100	119	32980	

*地表径流量。

资料来源：Economic and Social Council of UNECE，2011。

塔纳河是欧洲鲑鱼产量最大的河流之一，也是欧洲最好的鲑鱼产区，超过 800km 的干支流河道有鲑鱼分布，每年的鲑鱼捕获量在 70～250t，占欧洲鲑鱼总捕获量的 15%～20%。为防止过度捕捞，芬兰制定了专门的塔纳河捕鱼的法律制度，以约束捕鱼方式和捕捞量，如海鳟的捕捞季节为每年的 7 月 15 日～8 月 30 日(Tikkanen，2020；World Atlas，2020)；长期监测发现挪威一侧存在大西洋鲑鱼过度捕捞的现象，为减少过度捕捞，挪威禁止在几条塔纳河支流河道上开发水电，并建立了保护鲑鱼种群的特别保护制度。在芬兰和挪威之间的国际河流上长期开展了共同水监测活动。几十年来，芬兰和挪威一直在合作监测塔纳河的水质，从共同监测水体的化学参数，发展到近年来增加的生物监测(ELY-Centre of Lapland and Finnmark County Council，2016)。

塔纳河可航行河段，从河口可上溯至上游芬兰乌卢萨拉(Uuluusala)镇，为此，河流目前主要的利用目标为航行和捕鱼。

塔纳河在或多或少的人类活动影响下，面临一些环境问题和压力，包括以下几个方面：

(1)营养物质输入，主要源于流域内的林地、家庭和城市废水排放、农业及其他来源。虽然该问题存在，但总体上因区内人口稀少、人类活动强度小，营养物质排放量较小，对生态影响小而受关注少。

(2)水环境污染，包括点源和面源污染，主要涉及居民点生活废水，工矿企业、垃圾填埋场、废弃工业区等的浸出液，也有海岸沿线港口固体废弃物的排放。

(3)外来物种入侵，欧洲牛头鱼于 20 世纪 70 年代在塔纳河流域出现，并已在塔纳河干流部分河段及其支流乌茨约基河繁殖、发展。由于其生境和鲑鱼鱼苗生境相似，造成种间竞争进而影响鲑鱼生存与繁育。粉红鲑鱼是另一种引进的外来物种，目前已在多个流域发现。

(四)芬兰与挪威之间塔纳河捕鱼协定的发展特征

利用网络信息资源查找到 1938～1989 年芬兰与挪威在塔纳河上前后共签订了 5 个捕鱼公约和协定、2 个外交换文［1949 年《关于对塔纳河捕鱼区捕鱼新规则公约第 4 条进行补充达成协定的换文》和 1979 年《关于修改和补充上个协定（1972 年）的换文》(附捕鱼规则)］。从 1938 年条约的名称《关于塔纳河捕鱼区捕鱼新规则的公约》(Convention Between Finland and Norway Regarding New Regulations for Fishing in the Tana River/Tanaelva)上看，两国在此之前可能签订有类似条约，或者各自制定有自己的捕鱼规则，但从两个国家在同一条河流上连续几十年签订条约，通过约束和管理两国间界河的捕鱼活动，实现该河渔业资源的保护与利用，可见该河的重要性。

通过对 7 个双方公约、协定和换文及其附件(挪威和芬兰捕鱼规则)条款的仔细阅读与分析，可以了解和认识到两国在该河流上围绕捕鱼问题所达成的基本原则和主要管理措施，以及一些原则的发展与变化。

1. 双边协定的发展与变化

从双方签订条约的形式和主体内容上看，有几个方面维持不变或逐步发展：

(1) 在形式上，双方所签订的条约(除换文外)均包括两部分：第一部分是双方签订的条约相当于一个概要性总则，被称为“公约”(convention)或“协定”(agreement)，主要涉及 3～4 个方面的内容：明确条约的生效时间、条约补充、修改或终止时间的约定；条约执行机构及人员的授权、职责等；确定条约适用的捕鱼区，以及捕/钓鱼证(人员及船只)发放及收费标准。第二部分是以条约附件形式发布的捕鱼规则，其分为以挪威文发布的、在挪威捕鱼区内或者说在挪威境内实施的捕鱼规则和以芬兰文发布的、在芬兰捕鱼区实施的捕鱼规则，即两个规则，两个规则基本内容一致，但个别规则存在差异，实质上是条约的实施细则。可见，两国的合作协定从签订到实施是同时实现的，解决了条例签订后实施滞后问题。

(2) 从条约所包含的条款数量上看，1938 年的公约仅有 5 项条款，1953 年的协定有 6 项，1960 年的有 10 项，1972 年的有 11 项，1979 年的有 14 项，1989 年的有 15 项，表现出双方间协定得到发展，条款内容在不断细化。

(3) 从条款内容上看，在 6 个条约中始终保持内容一致的是，两个国家应同时颁布捕鱼条约，挪威用挪威文、芬兰用芬兰文颁布；在塔纳河捕鱼区的两国界河段用鱼竿和/或手绳钓鱼需要从两国捕鱼区主管机构处申请并缴费获得许可证；如果两国货币间的汇率发生变化，双方主管机构在每年 4 月底前可就捕鱼许可证收费标准做出相应调整。如果一方希望对条约进行补充、修改或终止需要提前一年通知另一方。从 1972 年的协定开始，确定了分歧解决方案，即通过外交渠道解决分歧，并可成立一个联合委员会处理相关事项。

通过比较条款内容，发现条约间逐步明显增加和细化的内容，主要包括：

(1) 捕/钓鱼许可证持有人差异。在两国共同划定的塔纳河捕鱼区开展商业捕捞和仅鱼竿、手线进行垂钓娱乐的个人，被要求从两国指定的主管机构获得捕鱼许可证，拥有许可证意味着相关人员获得了一定的捕鱼权。从协定对不同参与捕/钓鱼人需要和必须获得许可证的具体条款规定来看(表 1-13)：1938 年公约和 1949 年换文规定许可证持有人仅分为两类，即捕鱼区内的当地人和其他人；1953 年协定将前期协定中的当地人细分为有资格从事捕鱼且在渔区附近长期居住的人、无资格从事捕鱼但长期居住在渔区河谷内和居住在波尔马克(Polmak)等 3 个社区的人两类。1960～1979 年的 3 个协定将 1953 年协定中第二类人范围扩大为无捕鱼资格但永久居住在渔区内及附近 5 个社区的人，将 1953 年以前 3 个协定中的其他人细分为其他挪威和芬兰公民及其他国家公民。因此，1960～1979 年协定中的许可证持有人分为 4 类。1989 年的协定以及挪威和芬兰捕鱼条例对可获得许可证的人员分类进行了简化，挪威分为两类、芬兰分为三类，但主体是两类，即捕鱼区内的永久居民和非永久居民。此外，自 1953 年的协定开始，要求参与捕/钓鱼船只的主人或水手要持有许可证。

表 1-13 芬兰-挪威协定对塔纳河捕鱼区捕/钓鱼许可证人员、收费及有效期的规定

Table 1-13 The rules on holders，fees and durations of fishing licence in the agreements between Finland and Norway

<table>
<tr><th>条约及时间</th><th>捕/钓鱼许可证持证人</th><th>收费标准</th><th>有效时间</th></tr>
<tr><td rowspan="2">1938 年《关于塔纳河捕鱼区捕鱼新规则的公约》</td><td>永久居住在渔区河谷内和波尔马克等 3 个社区的人</td><td>2 克朗(挪威)、23 马克(芬兰)</td><td>年</td></tr>
<tr><td>其他人</td><td>6 克朗或 50 克朗、23 马克或 575 马克</td><td>天、年</td></tr>
<tr><td rowspan="2">1949 年《关于对塔纳河捕鱼区捕鱼新规则公约第 4 条进行补充达成协定的换文》</td><td>长期居住渔区河谷内和波尔马克等 3 个社区的人</td><td>2 克朗、55 马克</td><td>年</td></tr>
<tr><td>其他人</td><td>6 克朗、165 马克</td><td>天，每年最多 7 天</td></tr>
<tr><td rowspan="3">1953 年《关于塔纳河捕鱼区捕鱼规则的协定》</td><td>有资格从事捕鱼且在渔区附近长期居住的人，为了获得在边界另一侧捕鱼的权利</td><td>2 克朗、65 马克</td><td rowspan="2">年</td></tr>
<tr><td>无资格从事捕鱼但长期居住渔区河谷内和居住在波尔马克等 3 个社区的人</td><td>4 克朗、130 马克</td></tr>
<tr><td>其他人，包括有两国签证外国人</td><td>12 克朗、390 马克</td><td>天，每年最多 7 天</td></tr>
<tr><td rowspan="4">1960 年《关于塔纳河捕鱼区捕鱼新规则的协定》</td><td>有资格从事捕鱼且在渔区长期居住的人</td><td>2 克朗、100 马克</td><td rowspan="2">年</td></tr>
<tr><td>无捕鱼资格但永久居住在渔区河谷内波尔马克等 5 个社区的人和渔业检查员</td><td>4 克朗、200 马克</td></tr>
<tr><td>其他挪威和芬兰公民</td><td>20 克朗、1000 马克</td><td rowspan="2">天，每年最多 10 天，可分两次</td></tr>
<tr><td>其他国家公民</td><td>30 克朗、1500 马克</td></tr>
<tr><td rowspan="4">1972 年《关于塔纳河捕鱼区联合捕鱼规则的协定》(附捕鱼规则)</td><td>永久居住在渔区内并有资格从事渔业的人</td><td>1.2 马克、2 克朗</td><td rowspan="2">年</td></tr>
<tr><td>无资格从事渔业但永久居住在渔区河谷内波尔马克和卡拉绍克等 5 个社区的人，渔业检查员</td><td>2.4 马克、4 克朗</td></tr>
<tr><td>其他挪威和芬兰公民</td><td>12 马克、20 克朗</td><td rowspan="2">天，每年最多 10 天，可分两次</td></tr>
<tr><td>其他国家公民</td><td>18 马克、30 克朗</td></tr>
<tr><td rowspan="4">1979 年《关于修改和补充上个协定(1972 年)的换文》(附捕鱼规则)</td><td>长期居住在渔区内，有捕鱼权的人</td><td rowspan="2">8 马克</td><td rowspan="2">年</td></tr>
<tr><td>长期居住在渔区内，但没有捕鱼权的人</td></tr>
<tr><td>其他芬兰和挪威公民</td><td>40 马克</td><td rowspan="2">天，每年最多 10 天，可分两次</td></tr>
<tr><td>其他国家公民</td><td>80 马克</td></tr>
<tr><td rowspan="3">1989 年《关于塔纳河捕鱼区联合捕鱼规则的协定》(附捕鱼规则)</td><td>塔纳河水系河谷的永久居民</td><td>30 马克、50 克朗</td><td>年</td></tr>
<tr><td>塔纳河水系河谷的非永久居民</td><td>80 马克、120 克朗</td><td>天</td></tr>
<tr><td>非河谷永久居民，但继承了永久居民捕鱼权的人(芬兰)</td><td>30 马克</td><td>年</td></tr>
</table>

(2) 不同许可证间的收费标准差异(表 1-13)。从协定条款规定看，国籍、永久居住地以及是否有捕鱼资格决定每个人可能获得的不同许可证，而不同的许可证之间所需缴纳的捕/钓鱼费用存在明显差异，而且具体的收费标准会随着两国货币汇率的变化、个人经济收入的增加以及河流鱼类种群数量的维护需求变化而变化。1938 年公约和 1949 年换文的两类许可证之间的收费标准相差 20 多倍(以年费计)；1953 年协定对 3 种许可证规定了不同的收费标准，其中两类当地人之间费用虽然只有 1 倍之差，但也出现了差异；对其他人(包括其他地区的挪威和芬兰国民，以及其他国籍的人员)的收费仅按天计，表现出对流域内人员到渔区开展钓鱼活动进行限制。1960 年和 1972 年协定中的 4 类捕/钓鱼许可证之间，对前两类许可证的收费类似于 1953 年的收费，有差异但较小。同时，对两国公民与其他国籍人员进行差异性收费，尽管两者差异不大，但在一定程度上体现了不一样的国民待遇。1979 年虽然对当地人在获得许可证方面进行了区别划分，但在收费上却实现了无差别对待，对后两类人员实行以天为单位征收许可证费用，而且其收费标准大大高于前两者。1989 年协定似乎回到了最开始合作时的收费标准。此外，1960 年和 1972 年协定中还明确规定了由政府委派的、协定执行人——渔业检查员也需要获得许可证并且交费，自 1960 年协定开始，对参与捕鱼活动的捕/钓鱼船只收取相关管理费用。1979 年协定之后，捕/钓鱼人在缴纳许可证费用后，进行捕/钓鱼活动时需要依照捕鱼区所在地两国法规额外缴纳渔业保险税(挪威)或渔业管理费(芬兰)。

(3) 不同许可证持有人的捕鱼有效时间或捕鱼权差异。从表 1-13 所列许可证有效时间可见，从 1938 年公约到 1989 年协定，不同持证人之间不仅所交费用不同，而且所获得的捕鱼时间，可以说捕鱼权也是存在明显差异的。首先，对于长期居住在渔区河谷内的人，无论其是否在协定签订前拥有所有国政府认可的捕鱼从业资格，以及是否是 1949 年换文和 1953 年协定中增加的 3 个社区、1960 年协定之后又增加的 2 个社区和渔业检查员，他们所获得的捕鱼许可证是按年交费的，即许可证有效期为一年，捕鱼权也为一年。其次，对于协定中所说的其他人或者其他挪威和芬兰公民以及其他国家公民，除了 1938 年公约规定他们既可按年也可按日交费获得捕鱼权(即持证人的捕鱼时间既可以天计，也可以年计)外，其他协定，如 1949 年换文和 1953 年协定均将此项规定更改为以天为捕鱼时间计量单位，一年最长 7 天的有效期或捕鱼权；1960～1979 年的 3 个协定给予其他人的捕鱼时间为一年最多 10 天，可分两次使用，收费标准也以天数进行计算。1989 年协定批准给捕鱼区非永久居民捕鱼权仍旧以天为计算单位，但没有限定天数。由此可见，不同捕/钓鱼许可证持证人获得的捕鱼权是有明显差别的，在捕鱼权上是明确倾向于捕鱼区永久居民。

(4) 协定的执行机构。1938 年芬兰与挪威《关于塔纳河捕鱼区捕鱼新规则的公约》第三条授权：挪威和芬兰相应地区的行政长官(the competent Norwegian and Finnish district bailiffs)就界河段上发生的违反捕鱼条例事件进行直接沟通等，即公约的执行由“捕鱼区所在地的地方长官”负责。在此基础上，公约下由两国分别制订的渔业条例中均提到由各自政府授权的“渔业巡视员”的法律地位问题，可见，公约的执行机构和人员包括公约涉及区域的地方当局乃至其行政长官和两国授权的渔业巡视员。从此，之后的协定确定的执行机构和人员基本固定为当地政府(挪威的芬马克郡和芬兰的拉普兰省)及其行政长官/县长和渔业巡查员。只是1960年之后两国建立了一个联合巡逻队，由两国各一名人员组成，每年(捕鱼季)在河道上巡逻次数等由地方政府/县长决定。可见，两国塔纳河捕鱼协定的直接执行者虽说在1960年以后为当地政府、县长和联合巡逻队，但实质仍为当地政府和渔业巡查员。

(5)协定执行机构的主要职责及变化。表1-14将每个协定授权给执行机构的职责分3种情况(职责、修订职责和新增职责)进行梳理，其中，“职责”是前期协定确定的职责，以及后期协定规定与前期协定一致的职责；“修订职责”是前后协定间有类似条款，但后期条款较前期条款在内容或细节上有差异的职责规定；“新增职责”则为后期协定在前期协定的基础上，根据流域内新问题而新增职责与规定。因此，从每个协定授权给执行机构的职责看，随着两国协定条款数量的增加，即涉及内容的增加，执行机构的相应职责明显增多，从其中一些修订和新增的职责中可以看到两国对该流域渔业关注点的变化。其一，捕/钓鱼许可证收费、分配与使用问题，两国从最开始的地方政府只负责向在渔区进行捕鱼活动的不同人员收费，到之后向相关人员和参与捕鱼的船只收费；从只负责收费，到负责收费、调整收费标准、在两国间平均分配收费收入，再到收费、分配和限定收入的主要用途，这个过程表现出管理不断精细化。其二，对于完全位于一国境内的支流捕鱼区的管理，1960年协定规定由支流所在国负责支流捕鱼条例的制订与实施，其目标是促进渔区渔业的发展；1972年协定之后将该条款的目标修改为“改善渔业区内的鱼类种群数量”，在某些程度上表现出对河流鱼类种群的保护意识出现，不只是为了经济利益。此外，在1979年之后进一步要求两国各自制订的支流渔业条例各项规定或标准不得低于两国共同制定(干流)的捕鱼条例相关规定或标准，在避免地方保护主义的同时，保证协定总目标的实现。其三，从1979年开始，授权协定执行机构承担控制危害河道内鱼类和渔业发展的干支流水污染，包括禁止向水体倾倒废弃物和控制污水排放，这是在1972年捕鱼条例措施实践的基础上发展起来的，并在1989年协定中细化为“禁止可能对鱼类种群和渔业生产造成危害的水污染，并合作采取措施监测、维护和改善水体状况”，可见，自1972年起，两国已经关注到水污染对河流水生生物的影响，并开始采取措施减少其影响。其四，自1979年开始，协定要求执行机构合作调查河流内鱼类种群数量和每年的捕捞量，必要时采取措施限制渔区外人员的捕捞量和提高部分渔区的收费标准，维护水道内鱼类种群数量，防止过度捕捞。其五，1989 年协定增加和修订了有史以来最多的执行机构职能条款，特别是授权了相关机构“采取措施，确保对在其他水系使用过的渔具、船只等进行消毒处理，防止鱼病、寄生虫和新鱼种向塔纳河扩散”，从中可以看到两个关键问题被关注：一是关注外来物种的入侵问题；二是关注鱼病及寄生虫的传播问题，而这些问题与人类活动，特别是人工养殖业的发展密切相关。

表 1-14　芬兰-挪威塔纳河捕鱼区捕鱼规则公约/协定的执行机构职责授权

Table 1-14　The agencies' responsibilities to implement the agreements between Finland and Norway on fishing regulations concerning the fishing area of the Tana River

年份	职责	修订职责	新增职责
1938	沟通、通报违反捕鱼条例事件；制订、发放捕鱼许可证的细则		
1953	沟通、通报违反捕鱼条例事件；制订发放捕鱼许可证的细则		调整许可证收费标准；签发捕鱼许可证(姓名与有效期)；平均分配许可证收入，通报年度收费情况；划定、标示与修改可使用围网捕鱼区域(界河段和各境内段)
1960	沟通、通报违反捕鱼条例事件；签发捕鱼许可证；平均分配许可证收入；划定、标示与修改可使用围网捕鱼区域	调整许可证和渔船捕捞费收取标准；通报年度许可证(姓名和住址)和船费收费情况	界河段捕鱼检查；提供捕鱼季签发的许可证和船费收入报表；各自制订境内支流捕鱼条例和措施促进渔业发展；确保捕鱼条例得到遵守；制订协定执行条例
1972	沟通、通报违反捕鱼条例事件；平均分配许可证收入，调整许可证和渔船费标准；提供、通报年度签发许可证和船费收入报表；界河段巡查；划定、标示与修改可使用围网区域；确保捕鱼条例得到遵守；制订协定执行条例	制订各自境内支流捕鱼区捕鱼条例和措施改善鱼类数量	
1979	沟通、通报违反捕鱼条例事件；平均分配许可证收入，调整许可证和渔船费标准；划定、标示与修改可使用围网区域；各自制订支流捕鱼条例和措施改善鱼类数量；确保捕鱼条例得到遵守；制订协定执行条例	联合对界河段进行管理和监督；通报、提供年度签发许可证(含姓名和住址)及收入情况及报表	非界河段芬兰检查员可作为观察员参与挪威的巡查，并制订协定；许可证收入主要用于协定的执行；支流渔业条例不低于本条例标准；干支流禁止水污染；必要时规定区外人员捕鱼量和特定渔区差异收费；调查水道鱼类数量和捕获量，可达成协定
1989	沟通、通报违反捕鱼条例事件；平均分配许可证收入，收入主要用途，调整许可证收费标准；划定、标示与修改可使用围网区域；制订支流条例和措施改善鱼类数量，支流条例规定不低于本条例标准；确保捕鱼条例得到遵守；制订协定执行条例	监督界河段捕鱼活动；界河段与河口段，芬兰检查员可作为观察员参与挪威的巡查，详细讨论具体方式。据渔区鱼类数量或捕捞情况，尽快决定河谷外人员界河段捕鱼(区域、时间和方法)活动	属于挪威、非界河下游区，当地政府决定对捕鱼活动的调整。调查鱼类数量和捕获量，维持鱼类数量；禁止水污染，采取措施监测、维护和改善水体状况；确保对在其他水系使用过的渔具、船只等消毒；采取措施，防止鱼病、寄生虫和新鱼种向塔纳河扩散

总体来说，合作协定是两国政府间签订的，但具体的执行由协定涉及区域的地方政府承担，从两国政府授权给执行机构的职责看，随着历史的发展和关注点的变化，执行机构的职责及权限不断增强；水污染控制以及对外来物种控制在这个流域内得到比较早的关注，体现了欧洲环境问题的早出现、早关注。

2. 捕鱼条例主要内容及其发展

由上文可知，为实施两国签订的合作公约与协定，两国分别用各自官方语言制定了条款与内容基本相同的捕鱼条例，并在各自管辖的捕鱼区内执行。因此，可以预测捕鱼条例的条款必定会随着双边协定内容的调整、修改与发展而进行相应的改进，但也有一些条款规定始终保持一致，体现了条例的相对稳定性和延续性。

以下对双方各期捕鱼协定和换文主要内容进行梳理与归纳，充分认识和理解其主要内容、基本条款及其发展和变化。

(1)塔纳河捕鱼区范围维持不变，明确支流和河口段捕鱼区管理职责。自1938年两国签订捕鱼公约及条例以来，两国确定的捕鱼区范围一直包括两个部分，即挪威捕鱼区和芬兰捕鱼区。其中，挪威捕鱼区为斯基茨詹姆河(Skietshamjoki/Skiellanjohka)、阿纳约卡河(Inarijoki/Anarjohka)和塔纳河界河段挪威一侧，以及塔纳河河口和挪威境内汇入以上河流、有鲑鱼洄游上溯的支流；芬兰捕鱼区为斯基茨詹姆河、阿纳约卡河和塔纳河界河段芬兰一侧，以及芬兰境内汇入上述河流、有鲑鱼洄游上溯的支流。1938～1960年的捕鱼协定中将以上捕鱼区范围描述得更为详细，而1972～1989年捕鱼协定中则描述得更为简略。以1979年的换文为例，捕鱼区规定为芬兰和挪威两侧塔纳河干流水道及其支流，其中，干流水道指塔纳河自河口至阿纳约卡河和斯基茨詹姆河的界河段。对于支流捕鱼区的管理，1938年和1953年的捕鱼协定中没有明确支流捕鱼区与干流或者说与干流界河段捕鱼区管理间的区别，1960年之后的协定则对完全位于一国境内的支流捕鱼区的管理进行明确规定，即由支流主权国负责制订管理规定并执行。对于塔纳河河口段的捕鱼，由上文的捕鱼区范围划定可知，河口段属于挪威捕鱼区，由挪威地方当局实施管理和条约的监督执行，1979年和1989年协定中虽然规定“芬兰检查员可作为观察员参与挪威的巡查”，但实际管理仍由挪威承担。以上规定既体现了主权国家对领土范围内事务的绝对管辖权，又体现了特定事务管理中合作的必要性。

(2)通过对不同捕鱼区的禁渔期明确规定，在维持流域天然鱼类种群的基础上，维持和促进区内捕鱼业与垂钓娱乐业的发展。自1938年的捕鱼公约以来，为了保护流域内鱼类资源的可持续利用及维持鱼类种群，各期捕鱼条例中均规定了两个时间段的禁渔期：一是年度内禁渔期，以月为单位进行规定；二是在捕鱼期内再规定周禁渔期，以天和小时(两国之间存在1小时时差)为单位进行规定。从上文了解到塔纳河捕鱼区主要分为完全位于挪威的河口段、两国间的界河段以及有鲑鱼上溯、位于两国各自境内的支流 3 个部分，按照两国公约/协定及捕鱼条例规定，各渔区的实际管理由所在渔区主权国负责。此外，捕鱼条例将渔区内可捕捞对象主要分为两种：一是保护种，1979 年以前的保护种包括鲑鱼、海鳟两种，1979 年之后保护种包括鲑鱼、海鳟和北极红鲑三种；二是其他鱼类，本书简单将其称为非保护种，主要包括淡水鳟鱼、小龙虾、淡水鲱鱼和淡水鳕鱼等。条例对渔区内不同鱼种的捕捞方式等进行了明确规定，为此，表 1-15 列出了不同禁渔期时间段所对应的不同渔区的禁捕对象、禁用渔具或捕鱼方式等信息。首先，从年禁渔期的时间、地点及禁渔对象看，每年的 9 月 1 日至次年的 4 月 30 日被绝大多数捕鱼协定(除 1989 年协定外)规定为界河段的保护种禁渔期，1989 年协定中做出在禁渔期内、指定区域中禁捕鲑鱼的规定。在河口段渔区，1960 年及其之前的 3 个协定/公约规定每年的 7 月 25 日(或 20 日)至次年的 4 月 30 日禁捕保护种；1979 年协定将这一时间更改为 9 月 1 日至次年 7 月 14 日；1989 年的协定又将其更改回接近于早期协定的禁渔开始时间，即 7 月 15 日～8 月 31 日，但禁渔种类从保护种扩展为禁渔所有鱼种，可以看到在这一禁渔期内条款中附加了一个条件，即 8 月甚至 8 月 31 日前允许以规定方式捕捞保护种的规定。结合河口段上游界河段禁渔期，可以看到河口段严格的禁渔期也是从每年的 9 月 1 日开始，与界河段的规定相同。此外，协定还规定了不同渔区和时间禁捕非保护种，如在禁渔期内、河湖出入口 200m 范围内禁捕非保护种等。其次，从周禁渔期的各项规定看，所有协定都规定不同渔区在捕鱼期内的周禁渔时间和禁渔种类，从最开始的每周周末的 1 天半(周六下午 6 时至周日午夜)到 3 天(周五下午 6 时到周一下午 6 时)和 4 天(周四下午 6 时到周一下午 6 时)，禁渔种类从保护种到非保护种再到所有种类，禁渔区从界河段、河口段到所有渔区以及特定地点，从不禁鱼竿和手线的娱乐钓鱼到禁止所有捕鱼方式，包括持鱼竿和手线娱乐钓鱼等。从禁渔期时间的相对固定与细节变化可见，该流域的鱼类保护力度不断增强。

(3)严格禁止的捕鱼行为。自 1938 年开始，各期捕鱼协定严格禁止了一些捕鱼方式和鱼种捕捞的最小规格。在捕鱼方式方面，1938～1979 年的 5 个协定禁止渔区内使用 5 种渔具之外的捕鱼工具，禁止使用石灰、有毒物质、炸药和电击进行捕鱼的行为。后一条款在 1989 年协定中被更为严格的禁止对水域环境和鱼类造成有害污染的条款所代替，并附加了对渔具上使用不同鱼饵料的规定。在为保护幼鱼而规定最小捕/钓鱼规格方面，从 1938 年的公约开始，6 个协定和换文均规定捕/钓鲑鱼和海鳟的最小规格为 25cm(从颚尖到尾尖)；前期的 3 个(1938 年、1953 年和 1960 年)协定规定捕钓淡水鳟、北极红鲑和淡水鲱鱼的最小规格为 20cm，而后期的 3 个协定和换文(1972 年、1979 年和 1989 年)中则将以上鱼类的

表 1-15 塔纳河各渔区的禁渔期及禁渔种类和方式

Table 1-15 Fishing close periods, the prohibited species, tackles and methods in different fishing areas within the Tana River

年份	年禁渔期				周禁渔期			
	时间	区域	禁捕对象	备注	时间(挪威)	区域	禁捕对象	备注
1938	7月25日至次年4月30日	河口段	保护种	8月可在指定区域用围网捕海鳟	周六下午6时至周日午夜	渔区	保护种	除鱼竿和手线外
	9月1日至次年4月30日	界河段	保护种					
	破冰至8月31日	界河段	非保护种	除鱼竿和手线外				
	8月1日至冰封	界河段	河鳟、白鲑	禁用超过4m的拦网				
1953	7月25日至次年4月30日	河口段	保护种	8月31日前可用鱼竿/手线、网孔30～45mm拦网捕海鳟	周六下午6时至周日午夜	河口段	保护种	除鱼竿和手线外
	9月1日至次年4月30日	界河段	保护种		周五下午6时至周一下午6时	界河段	保护种	除鱼竿和手线外
1960	7月20日至次年4月30日	河口段	保护种	8月31日前可用鱼竿和手线、规定拦网捕保护种	周六下午6时至周日下午6时	河口段	保护种	除鱼竿和手线外
	9月1日至次年4月30日	界河段	保护种		周五下午6时至周一下午6时	界河段	保护种	
		河湖出入口200m内	非保护种			河湖出入口200m内	非保护种	
	8月1日至次年4月30日	界河段	保护种	禁用围网				
	6月21日至次年5月9日			禁用漂网				
1972	9月1日至次年4月30日	界河段	保护种		周五下午6时至周一下午6时	渔区	保护种	除鱼竿和手线外
		河湖出入口200m内	非保护种			河湖出入口200m内	非保护种	
	8月1日至次年4月30日	界河段	保护种	禁用围网				
	6月21日至次年5月9日			禁用漂网				

续表

年份	年禁渔期				周禁渔期			
	时间	区域	禁捕对象	备注	时间(挪威)	区域	禁捕对象	备注
1979	9月1日至次年4月30日	界河段	保护种		周四下午6时至周一下午6时	渔区	保护种	除鱼竿和手线外
		河湖出入口200m内	非保护种			河湖出入口200m内	非保护种	
	8月1日至次年4月30日	界河段	保护种	禁用围网	周日下午6时至周一下午6时	渔区	保护种	包括鱼竿和手线
	6月16日至次年5月9日			禁用漂网				
	9月1日至次年7月14日	河口段	保护种	包括鱼竿和手线				
1989	5月20日～8月31日	支流	鲑鱼	禁用拦网	周四下午6时至周一下午6时	渔区	所有种	除鱼竿和手线外
	5月20日～6月15日	界河段	鲑鱼	或8月1日～8月31日禁用拦网	周日下午6时至周一下午6时	渔区	所有种	包括鱼竿和手线
	7月15日～8月31日	河口段	所有种	除鱼竿和手线外	一周	湖泊出入口200m外湖区	鲑鱼	

捕钓最小规格调整为25cm。对意外捕钓到不合规定尺寸的鱼时，首先，6个协定和换文均规定一旦捕捉到最小规格以下的小鱼，必须立刻放生。其次，规定在禁渔期内(年和周)、使用非允许的渔具(如鱼竿和手线)以及非合适时间等情形下，即使捕捉到的鱼大于最小规格也必须放生。最后，如果捕捉到的鲑鱼已经死亡，捕鱼者必须将鱼上交渔业管理机构处理，由其销售、收入记入公共账户。由此可见，欧洲地区的生物多样性或者资源可持续利用的相关理念和意识在比较早的时期就已产生，并得以充分的实施，是值得深思和学习的。

(4)对流域捕鱼渔具的管理。自1938年的捕鱼公约开始，两国将捕鱼区内捕钓的鱼类分为保护种和非保护种分别进行允许使用渔具的管理。对于重点保护的鱼类，捕鱼协定允许具有捕鱼资格的人使用5类渔具(鱼栅栏、漂网、围网、普通拦网、鱼竿/手线)、无捕鱼资格但获得捕/钓鱼许可证的人仅可使用鱼竿/手线进行钓鱼娱乐活动；对渔具的规格/尺寸进行了严格规定，如捕捞鲑鱼的渔网在浸湿状态下两个相邻网格中点绳结间间隔不小于58mm，捕捞海鳟和北极红点鲑的渔网网眼不得小于40～45mm。捕捞其他鱼类，协定依据水域(河、湖、距河湖口距离、瀑布、急流起点以及产卵场附近等)、时间(封冻期、解冻期、月份)和不同鱼类，对允许使用的捕捞渔具分别进行了规定，如在河流或湖泊出入口200m范围内，可使用没有挡浪板的拦网、鱼竿和手绳；200m以外区域可使用拦网、围网、捕鱼器和鱼线等渔具；河流封冻时，允许用钓钩和捕鱼器捕捞淡水鳕鱼，渔网在浸湿条件下的网孔应为30～45mm；允许在湖泊上捕捞白鳟鱼，渔网网孔不得小于20mm等。此外，各期协定还规定年和周禁渔期间的渔具管理，相关规定包括：所有渔网必须在年禁渔期开始时运上岸，辅助装备需在随后的两周内上岸；周禁渔期内，所有渔网渔具辅助装备均需出水和上岸；所有渔具、捕鱼设施的水下装置，如果因自然原因无法上岸的，必须在对应位置的水面上进行明确标示；妨碍鱼类活动的物件不得留置在水中或水面上等。其中，早期的协定将渔具及其辅助设施上岸的确切时间定为“9月1日前”和“9月15日前”，1960年之后的协定仅将时间确定为“年禁渔期开始时”；1989年协定在以上规定的基础上进行了补充，如果捕鱼者逾期未将渔具进行处理，渔业管理机构将对其渔具按规定从水中移出，相关费用由渔具所有者承担。

(5)不断明确和细化对捕捞方式的管理。捕鱼条例重点对流域内各渔区内“有捕鱼资格的人”(捕鱼业从业人员乃至家庭)在开展捕捞(保护种和非保护种)作业时所采用的捕捞方式进行严格规定。自1938年公约开始，对捕鱼人捕捞保护种时使用的渔具及使用方式形成了一些基本规定，包括：每人(1989年改为每个家庭)一次最多使用2个鱼栅栏；围网只能在规定并有明确标识的地点使用，下网与收网地点间距离不得超过250m，围网长度不得超过100m，使用的船只不能超过4

艘；漂网长度不得超过 45m，两网距离不得小于 200m，与鱼栅栏间距离不得小于 100m，漂网的移动距离不能超过 500m，只能使用一艘船；一张拦网的长度不得超过 30m。以上基本规定在发展过程中得到进一步细化，主要表现为，1972 年协定后将每人使用的渔具数量从“最多 2 个鱼栅栏”改为“最多 2 个栅栏或 2 张拦网或一样一个”；1979 年协定在“一张拦网的长度不得超过 30m”的基础上，补充了“两张或以上拦网总长度超过 30m 后不得连用，但如果在距湖泊出入口超过 200m 的湖区，捕捞非保护种时可使用此类渔网；不同渔民的拦网间距离不得小于 60m”；并增加“鱼栅栏总长度(包括其附带的钩网和连接网)不得超过 80m”的规定；1989 年协定在“围网长度不得超过 100m”的基础上，补充“两围网间的距离至少为 500m”的规定；等等。相较而言，各期协定对非保护种捕捞方式的规定没有对保护种捕捞的规定严格和详尽，主要规定包括：捕捞河鳟和白鲑的拦网长度不能超过 4m；捕鱼器和与其连在一起的渔网高度不得超过 1.5m；禁止在瀑布、急流起点或已知的产卵场周围 500m 范围内捕鱼；河湖出入口 200m 内仅允许用无挡浪板的拦网、鱼竿和手线捕/钓鱼；湖出入口 200m 以外的湖区可使用 30m 长、2m 高的拦网捕鱼等。协定除了分别对保护种和非保护种的捕捞进行规定外，还规定了一些通用规则，即捕捞保护种和非保护种均需遵循的规则。其中，各期条例都有的条款为：鱼栅栏或拦网不得固定在干流或支流或主汊道的深水道中线上；如果对岸和同侧河岸相邻之间有相同渔具时，渔网间应相距 120m；禁止使用金属线制成的渔网。不断细化的条款主要有 1960 年、1972 年和 1979 年协定将 1938 年和 1953 年规定的“渔网距河道中心不得小于 1/10 河宽”改为“至少保留 1/4 的无障碍(无捕鱼设施)河道，即两岸渔网与深水道中心线之间的距离各自不得小于 1/8 河宽”，1989 年又将此条款改为“各渔网距深水道中心线至少 50m”；1972 年、1979 年和 1989 年协定在前期条例规定的“渔网不得固定在河道中线上”之后，补充一项内容“鱼栅栏到对岸的距离不得小于 10m”；1960 年之后增加“在有鲑鱼上溯的支流上，鱼栅栏不得设置在干支流深水道中线、干支流交汇处、支流下游方向的 200m 内”；1979 年之后增加“不得使用非渔区永久居民渔船捕鱼”；1989 年修改和增加“同侧河岸上的栅栏间距离不得小于 120m，除非两个栅栏在不同渔区；一张拦网与一个栅栏或两张拦网间距离需超过 60m”等。渔网距河道中心线距离的增加、保留一定宽度无障碍河道、渔网间的间隔距离等，都体现了为鱼类保留生存空间的思想，这是实现可持续利用的路径。

根据以上分析对芬兰与挪威在塔纳河捕鱼区管理进行简要总结，如下：塔纳河是欧洲最为著名的鲑鱼产区；渔业是挪威最为重要的产业之一，但对芬兰的经济贡献有限。为此，双方合作开展对塔纳河捕鱼活动的管理时，芬兰出于对流域鱼类资源保护，协定中发展一定规模的垂钓娱乐的成分更多一些，而挪威则出于维持鱼类种群数量、可再生能力，进而在维持其渔业生产的成分上更多一些，这一点可以从 1949 年芬兰外交部部长率先致信挪威外交部部长，提出对 1938 年公约第 4 条(渔区内无捕鱼资格人员如何获得用鱼竿和手线钓鱼的权利)内容进行补充，在获得挪威外交部部长同意后形成两国间的政府换文得到一定的佐证。从 1938～1989 年两国签订的塔纳河公约/协定及其附加捕鱼条例的内容看，为了有效充分地实施公约/协定，两国不断完善管理制度、执行机制以及实施细则，仅从捕鱼公约/协定所涵盖内容看，其在许多领域上都是非常具有前瞻性的，如控制污染、防止外来物种入侵、年与周禁渔期的设定以及捕鱼规格要求等，值得未来国际河流资源环境合作管理实践借鉴。

参考文献

刘宁. 2010. 多瑙河利用保护与国际合作. 北京：中国水利水电出版社.

世界银行. 2019. 挪威. [2020-02-18]. https://data.worldbank.org.cn/country/NO.

外交部. 2019a. 中华人民共和国-条约数据库. [2019-01-10]. http://treaty.mfa.gov.cn/Treaty/web/index.jsp.

外交部. 2019b. 国家概况：芬兰国家概况. [2020-02-17]. https://www.fmprc.gov.cn/web/gjhdq_676201/gj_676203/oz_678770/1206_679210/1206x0_679212/.

外交部. 2019c. 国家概况：挪威国家概况. [2020-02-18]. https://www.fmprc.gov.cn/web/gjhdq_676201/gj_676203/oz_678770/1206_679546/1206x0_679548/.

Baltalunga A A，Dumitrescu D. 2008. The role of the Danube River as the main waterway of certral and Southeastern Europe：geopolitical and economic aspects. Romanian Review on Political Geography，1：57-66.

Bangkok Post. 2013. Thailand and Laos to Resume Border Talk. [2020-02-15]. http://www.bangkokpost.com/news/local/361655/thai-lao-border-talks-to-resume-after-6-year-break.

Central Intelligence Agency (CIA) World Factbook. 2019. Field Listing：GDP Composition by Sector of Origin. [2020-02-18]. https://www.cia.gov/library/publications/the-world-factbook/fields/214.html.

Cseko G，Hayde L. 2004. Danube Valley：history of irrigation，drainage and flood control. New Delhi (India)：International Commission on Irrigation and Drainage.

Danube Watch. 2014. The flow of Danube cooperation：a history of shared responsibility. https://icpdr.org/main/publications/flow-danube-cooperation-history-shared-responsibility.

Economic and Social Council of UNECE. 2011. Assessment of transboundary waters discharging into the White Sea，Barents Sea and Kara Sea. Geneva：Economic Commission for Europe Twelfth Meeting of the Parties to the Convention on the Protection and Use of Transboundary Watercourses and International Lakes.

ELY-Centre of Lapland & Finnmark County Council. 2016. Joint water management of the Finnish-Norwegian river basin distract(2016—2021). [2020-02-25]. https://ec.europa.eu/environment/water/pdf/Finnish_Norwegian_international_river_basin_district.pdf.

Encyclopaedia Britannica. 2019. Danube River. [2019-10-16]. https://www.britannica.com/place/Danube-River/Hydrology#ref34471.

FAO. 2019. AQUASTAT-FAO's Global Information System on Water and Agriculture. [2020-02-16]. http://www.fao.org/aquastat/en/countries-and-basins/country-profiles/.

Gonorway. 2020. Tana. [2020-02-23]. http://www.gonorway.no/norway/counties/finnmark/tana/76378bac2d975e0/index. html .

Grytten O. 2008. The Economic History of Norway. [2020-02-19]. http://eh.net/encyclopedia/the-economic-history-of-norway/.

Heiko Furst. 2004. The Hungarian-Slovakian Conflict over the Gabcikovo-Nagymaros Dams：An Analysis. [2019-11-14]. http://www.columbia.edu/cu/ece/research/intermarium/vol6no2/furst3.pdf.

Hjerppe R. 1989. The Finnish Economy 1860-1985：Growth and Structural Chang. Helsinki：Bank of Finland，Government Printing Center.

ICPDR（International Commission for the Protection of the Danube River）. 2019a. Contracting Parties. [2019-10-15]. https://www.icpdr.org/main/icpdr/contracting-parties.

ICPDR. 2019b. Joint Statement：Navigation & Environment. [2019-10-15]. https://www.icpdr.org/main/activities-projects/joint-statement-navigation-environment.

ICPDR. 2020. Danube River Protection Convention. [2020-01-17]. https://www.icpdr.org/main/icpdr/danube-river-protection-convention.

ICPDR，Danube Commission，International Sava River Basin Commission. 2019. Joint Statement on Guiding Principles for the Development of Inland Navigation and Environmental Protection in the Danube River Basin. [2019-10- 30]. https://www.icpdr.org/flowpaper/viewer/default/files/Joint_Statement_FINAL.pdf.

ICPDR-Permanent Secretariat. 2019. Shared waters，joint responsibilities：ICPDR annual report 2018. Vienna：ICPDR.

Joys C，Weibull J，Christensen J. 2020. Norway. [2020-02-21]. https://www.britannica.com/place/Norway.

Mair R. 2015. Inter-sectoral cooperation in the Danube Basin：joint statement inland navigation and guiding principles on sustainable hydropower. Brussels：JASPERS Networking Platform Workshop on the implementation of the Water Framework Directive in projects.

Pinka P G，Pencev P G. 2019. Danube River. [2019-09-15]. https://www.britannica.com/place/Danube-River.

River Teno-the most prolific salmon river in Europe. 2020. Fishing in Finland. [2020-02-25]. http://www.fishinginfinland.fi/river_teno.

Schwetz O. 2007. Facts and Perspectives of European Inland Waterway Transport-Focus on the Danube River Basin. Joint Statement on Inland Navigation and Environmental Sustainability in the Danube River Basin（April 25 –26，2007 Orth an der Donau，Austria）. [2019-09-18]. https://www.icpdr.org/main/sites/default/files/SCHWETZ_tina_navigation.pdf.

Tikkanen A. 2020. Tana River. [2020-02-23]. https://www.britannica.com/place/Tana-River-Norway.

Trading Economics. 2020a. Norway Exports. [2020-02-21]. https://tradingeconomics.com/norway/exports.

Trading Economics. 2020b. Norway Competitiveness Rank. [2020-02-21]. https://tradingeconomics.com/norway/competitiveness-rank.

UNDP，GEF. 2007. Industry and mining. [2019-11-15]. http://www.undp-drp.org/drp/danube_industry_and_ mining.html.

UNEP，GEF. 2016. TWAP RB Basin Factsheet：Data Sources. [2019-09-15]. http://TWAP_RB_BasinFactsheet_Danube%20（1）.pdf.

UNDP，GEF. 2019. Dams and reservoirs. [2019-06-11]. http://www.undp-drp.org/drp/danube_dams_and_ reservoirs.html.

United Nations. 2019. United Nations Treaty Collection. [2020-02-21]. https://treaties.un.org/.

Wanninger R. 1999. Socio-economic effects of water pollution in the Danbe River Basin（summary report）. Danube Pollution Reduction Programme（UNDP/GEF assistance）. [2019-09-20]. http://www.icpdr.org/main/sites/default/files/SOCIO-ECONOMIC_ANALYSIS-SUMMARY_REPORT.pdf.

World Bank Group. 2019a. GDP（current US$）：all countries and economies. [2019-09-02]. https://data. worldbank.org/indicator/NY.GDP.MKTP.CD.

World Bank Group. 2019b. GDP (current US$) -Norway. [2020-02-22]. https://data.worldbank.org/indicator/ NY.GDP. MKTP. CD?locations=NO.

World Atlas. 2020. World facts：longest rivers in Finland. [2020-02-22]. https://www.worldatlas.com/articles/ longest-rivers-in-finland.html.

第二章　国际河流水电开发管理

第一节　国际河流水电开发概况

国际河流水电合作开发是近几十年来流域国之间国际合作的主题之一（冯彦，2019）。近年来人们不断关注国内水电工程的社会及环境影响，同时国际河流水电开发的跨境效应或跨境影响也受到国际社会的广泛关注（Colorado River Commission of Nevada，2008；Blake，2003；Goh，2004；Markar，2004；Roberts，2001；何大明等，2009）。中国已经将西南地区几条国际河流的水电开发列入国家规划，一些水电开发企业也在境外承担一些国际河流的水电开发工程，有必要对国际河流水电合作开发的主要模式、投资-效益分配等基本状况进行综合梳理，为我国未来国际河流的水电开发与相关企业在外投资和承建水电工程提供借鉴。

关于国际河流水电开发及其影响方面的研究较为丰富，如国际河流水资源利用的利益共享的大部分案例为水电开发；水电开发是造成跨境水问题的 4 个根本原因之一；水资源共享、管理与水电项目始终是印度与其他国家的焦点问题；咸海流域最为重要的两条支流之一的阿姆河（Amu Darya），其下游国乌兹别克斯坦质询上游国独自开发水电项目的合法性和生态安全性；国际河流水资源开发时，补偿是解决国际河流分歧的一个普遍良方等（Halla，2008；UNEP and GEF，2006；Iram，2010；Dinara，2010；Shlomi，2008）。而中国科学家则集中于国际河流水电开发的跨境环境评价制度构建、国际河流水电合作案例介绍及其影响分析和界河水力资源开发方式分析等（舒旻和谭民，2008；张志会和贾金生，2012；张军民，2008；何大明等，2005；姬忠光和吴明官，2007；胡文俊等，2010；高虎，2008）。此外，还有大量水电效益分析的研究成果，如水电工程中各方利益核算与平衡、水电开发的利益分配机制中应充分惠及水电资源所在地、构建水电开发全成本测算要素体系和界河水力资源的开发方案研究等（高雪梅，2008；贾若祥，2007；张畅和强茂山，2012；周杰清，2005）。可见，对于国际河流水电开发及相关影响，国外科学家的研究主题更为具体，而国内科学家则侧重于宏观分析。

利用俄勒冈州立大学的《跨境淡水条约》数据库（1820～2007 年）和俄勒冈大学的《国际环境条约》数据库（2002～2015 年）（Mitchell and the IEA Database Project，2019）信息，梳理出 1820～2015 年全球共签订了 556 个跨境水条约，从中确认出涉及水电开发问题的国际条约有 79 个，时间跨度为 1913～1999 年，即全球跨境水条约中有 14.2%的合作目标与水电开发直接相关，表明水电开发仍然是一个受国际河流流域国密切关注的问题。79 个条约中有 73 个(占 92.4%)为两个国家间的双边条约，说明国际河流上双边水电合作开发具有明显的典型性。与此同时，通过查询国内学者及政府公开信息(宋恩来，2012；通化市人民政府，2010；朴键一，2011；鲁青，2008；《中国水利年鉴》编纂委员会，2006)，确认中国与朝鲜在 1937～2010 年持续开发鸭绿江水电资源的合作协定及其开发方案共 7 个。因此，作者共找到国际河流水电开发合作条约在 1913～2010 年有 86 个(表 2-1)。从水电合作条约的区域分布看，欧洲的合作数量最多、占比最大，其次是亚洲，五大洲中水电合作开发数量最少的是南美洲；从各区域水电合作条约签订时间看，欧洲是推进国际河流水电合作开发最早的地区；之后是亚洲和非洲开展了这一领域的合作，因许多非洲国家是二战结束才陆续独立的，其前期的国际河流水资源合作开发多由欧洲国家推动，因此，可以说国际河流上的水电合作起源于欧洲，之后逐步向亚洲、非洲推广；北美洲和南美洲的水电开发先后在二战之前和之后在流域国之间进行合作、推进，但北美洲的合作明显较南美洲推进得更快。

表 2-1 国际河流水电合作开发国际协定及其投资-效益分配案例的区域分布

Table 2-1 Regional distribution of the treaties and the cooperation cases with cost-benefit apportionment modes on hydro-power development on international rivers

区域	国际河流数[①]/条	水电合作协定[②]		确定水电开发投资-效益分配案例数、水电工程所在地河流属性及名称				
		数量/个	年份	界河/条	跨境河流/条	小计/条	河流数/条	河流名称
欧洲	88	32	1913～1976	10	2	12	5	瓜迪亚纳河、多瑙河、加伦河、莱茵河、帕斯维克河
北美洲	40	13	1940～1984	3	1	4	3	哥伦比亚河、圣劳伦斯河、格兰德河
亚洲	66	18	1920～2010	10	1	11	4	鸭绿江、约旦河、恒河、阿特拉克河
南美洲	88	9	1946～1988	2	0	2	1	拉普拉塔河
非洲	68	14	1926～1999	1	2	3	3	赞比西河、奥兰治河、科马蒂河
全球	310	86	1913～2010	26	6	32	16	

资料来源：①McCracken and Wolf，2019；②《跨境淡水条约》数据库、《国际环境条约》数据库与中朝鸭绿江水电开发合作条约之和。

第二节　国际河流水电合作开发模式

以上文所梳理出的水电合作协定为基础，通过查阅条约文本，删除两个没有实施方案的协定，获得 1937～2010 年含投资-效益分配模式的国际河流水电开发案例 32 个，涉及五大洲 16 条国际河流(表 2-1)。分析以上案例的分布状况，发现：①32 个案例中 26 个水电项目位于界河或界河河段上，占总数的 81.2%，表明界河水电开发具有普遍性；②32 个案例均以双边条约方式确定，表明国际河流上水电开发实践仍以两国合作为主体；③从所涉及的 16 条河流上看，仅有 2 条河(鸭绿江和格兰德河)主体上是界河，其余 14 条河则主体为跨境河流，且其中 10 条河为跨境多国河流，说明国际河流上水电局部开发特点显著。

鉴于跨境河流与界河之间在水资源权属、合作方式上等存在明显差异，本节将水电合作开发案例首先分为跨境河流和界河两类，分别进行讨论。

一、跨境河流水电开发模式与特征

通过分类统计，在 1949～1992 年跨境型国际河流上共产生水电开发并明确了投资-效益分配模式的案例有 6 个，除南美洲外，其他四大洲均有分布。分析 6 个案例的具体合作方式(表 2-2)，发现：①有 4 个案例(占 67%)明确了以投资比例作为其收益分配比例的开发模式(以下称等比分配模式)，以体现国际河流水资源的公平利用。②在效益源确认方面，从建于下游国的 4 个工程看，上游国均不必分担其建设投资，却能或多或少分享到下游工程的效益；而从建于上游国的 4 个水电工程看，下游国直接参与投资了 3 个工程，并以此获得相应工程的效益，说明上游国的来水贡献是其能够分享下游工程效益的必要条件，而下游国如果想谋求从上游受益，则必须参与投资建设或让上游国分享自己境内工程效益，以取得与上游国的合作。③从案例中形成的补偿措施看，有 4 个案例有明确的补偿措施，并且均为下游国向上游国提供不同方式的损失或效益补偿，不论是否是自己境内工程产生的影响或损失，这也从另一个方面显示出下游国通过向上游国提供补偿的方式推动上下游合作。④利用世界银行《世界发展指标》数据(1960～2018 年)中各国 GDP 和人均 GDP(世界银行，2020)，比较 6 个案例中合作国家间合作条约签订年的人均 GDP 和 GDP 情况(由于数据库最早年限为 1960 年，为此 1949 年意大利与瑞士合作案例的 GDP 采用的是两国 1960 年的值)，发现绝大多数下游国都比上游国更富裕(仅 1960 年时意大利 GDP 高于瑞士，但 1949 年二战刚结束不久作为战败国的意大利经济状况可能并没有 1960 年时那么好)。从合作方之间 GDP 差异情况看：一是发展中国家(南非与莱索托、印度与尼泊尔、南非与斯威士兰）比发达国家（美国与加拿大、西班牙与法国、意大利与瑞士）更有通过补偿推动合作的倾向；二是两国间 GDP 差异越大，采用补偿措施的趋势越明显。

表 2-2 跨境河流水电合作开发投资-效益分配情况

Table 2-2 Cost-benefit apportionments involved the hydropower development cooperation cases located on the relative cross-border rivers

年份	上游国	下游国	河流	工程位置	投资-效益分配	补偿
1949	意大利	瑞士	莱茵河	下游国	以提供发电用水量为投入，以获得发电收益；投资比例=收益比例=瑞士（70%）/意大利（30%）	无
1963	西班牙	法国	加仑河	下游国	以提供发电用水为投入，以获得发电量为收益；投入比例=收益比例=50%/50%	无
1986	莱索托	南非	奥兰治河	上游国	莱索托负责大坝建设；南非以水费方式负责输水工程；上下游国分获发电量和增加的供水量	下游向上游支付水费
1959	尼泊尔	印度	恒河	上游国	尼泊尔出土地，印度出资建设；尼、印各获电站 85%出力下发电量的 60%和 40%	下游补偿上游淹没损失
1992	斯威士兰	南非	因科马蒂河	上、下游国	马咕嘎电站位于上游，两国投资比例=收益比例；德瑞普电站位于下游，南非负责建设和补偿	下游补偿上游淹没损失
1961	加拿大	美国	哥伦比亚河	上、下游国	两国分别负责各自境内大坝；加拿大获得美国电站新增发电量的 50%	下游向上游支付防洪费和电费

总体而言，在跨境型国际河流水电合作开发案例中，水电合作开发的投资/成本分担与效益分配以等比分配模式为主；上游国来水量对下游水电站发电用水的贡献是上游国分享下游水电站效益的必要条件，且其分配模式得到了很大程度的认可；下游国通过向上游国提供补偿方式可能在较大程度上推动了跨境水电开发合作，特别是在上下游国家间经济发展水平差距较大时。

二、界河及界河河段水电合作开发

在梳理 26 个界河或界河河段水电合作开发案例时，对 6 个案例进行了两两合并，包括：①对 1937 年“伪满洲国”与朝鲜合作开发鸭绿江水丰电站和 1955 年中国与朝鲜协商确定该电站地位与水电分配模式的两个案例进行合并。②鉴于中国与朝鲜 2006 年《关于文岳电站建设合作协议书》和 2010 年《中朝建设鸭绿江望江楼(林土)和文岳(长川)电站第九次会议纪要》间实质内容相同，对两案例进行合并。③1950 年美国与加拿大在修订 1940 年《圣劳伦斯河水电开发协定》的基础上所签新条约，因两条约的水电合作开发方式一致而进行合并。最终将 26 个开发案例确定为 23 个开发方案。

在分析、对比各开发方案特征时，发现个案与个案在建设方案、投资成本核算及其比例分割及效益分配方面存在一定的差异，为判识出个案间的普遍性与差异性，将 23 个开发方案细分为 6 个类型(表 2-3)，各类型及类型之间的具体特征分别为：①Ⅰ型包括 3 个方案(占 23 个方案的 13%)，均是中国与朝鲜在鸭绿江上共同投资开发的水电站，其投资-效益分配模式的突出特点是：在双方分别投资 50%建设成本的基础上，将装机容量相同的发电机组平均分配给两国，实现无论电厂位于哪个国家，均“原则上实现发电量平均分配”。②Ⅱ型仅包括两个方案(占 8.7%)，产生于跨境河流的界河河段上，该类型产生了一个独特的投资-效益分配模式，即基于对资金与资源投入的共同认识，确定不同的效益分配模式。印度与尼泊尔的界河水电开发与跨境河流水电开发的投资-效益分配模式相同(表 2-3)，体现了在尼泊尔有资源而无资金，印度无资源有资金的情况下，印度通过投入资金、尼泊尔通过投入土地资源实现水能资源的共享，其间两国对资本投入的认识统一在了尼泊尔的土地投入近似等于印度的建设投入，为此两者的发电效益分配方案近似平均分配。约旦与叙利亚在约旦河一条重要支流耶尔穆克河(Yarmuk RiVer)的界河河段水电合作开发中，基于开发河段水资源全部源于叙利亚，形成了以资源投入为主、建设资金投入为辅的投资-效益分配模式。③Ⅲ型包括 8 个方案(占 34.8%)，是 6 个类型中占比最大的一类，其投资-效益分配最大特点在于投资比例等于收益比例，其中各投入 50%，则各收益也为 50%的分配模式成为基本定式。但个案之间在具体的投资与效益分配方式上存在一定差别，如有基于总投入的平均分担方式，有分别投资建设后形成一个整体系统的投资方式，还有各自在境内投资建设一个电站联合运行的投资方式，而效益分配包括了发电量、水量、装机容量及防洪效益等多个方面。总体体现了“大统一，小分异”的分配模式特征。④Ⅳ型包括 4 个方案(占 17.4%)，其分配模式特征表现为各自利用所平均获得的水和水能资源，在各自境内开发并受益。⑤Ⅴ型包括 3 个方案(占 13%)，其突出特征在于合作双方共同投资建立一个股份公司，由该公司负责水电开发与运行，而电站所产生的效益则依据各国投资入股比例进行分配，包括平均分配和差异分配模式。其效益分配与Ⅲ型的分配模式相同，区别在于投资方式不同。⑥Ⅵ型包括 3 个方案(占 13%)，形成了一个截然不同的投资-效益分配模式，即对开发河段可利用水头进行分配，包括平均或近似平均分配，以此基础，两国共同或各自开发和受益，将装机容量、发电量或者水头的分配比例确定为投资和效益比例。

表 2-3 界河/界河段水电合作开发投资-效益分配特征

Table 2-3 Cost-benefit apportionment in the hydropower development cooperation cases on the frontier rivers/reaches

类型	合作方	项目名称/目标	流域	投资-效益分配模式
I	中国-朝鲜	水丰	鸭绿江	共同投资；7 台机组，向中朝送电各 3 台，1 机组轮流使用(发电量分配原则上各 50%)
	中国-朝鲜	云峰	鸭绿江	各投资 50%，朝方部分由中方以长期贷款方式支付，后分 10 年以货物偿还；4 台机组，向中朝输电各 2 台
	中国-朝鲜	渭原、太平湾	鸭绿江	共同投资；分别有 6 台和 4 台机组，中朝各 3 台和各 2 台
II	印度-尼泊尔	科西河工程	恒河	印度投入资金、尼泊尔提供土地；尼泊尔获得最高 50%发电量
	约旦-叙利亚	马奇瑞	约旦河	约旦和叙利亚分别承担 95%和 5%投资；发电收益比例为叙利亚∶约旦=75∶25
III	南斯拉夫-罗马尼亚	铁门	多瑙河	各投资 50%；各获得 50%效益
	法国-德国	河段开发	莱茵河	各建一个大坝，视为各承担 50%投资；各获 50%发电量
	匈牙利-捷克斯洛伐克	加布奇科沃-大毛罗什	多瑙河	各承担 50%投资；各拥有 50%发电量及境内工程设施
	美国-墨西哥	水利用	格兰德河	各承担投资 50%；各获约 50%水量和发电量
	罗马尼亚-苏联	斯汀卡-克斯滕斯	多瑙河	各境内建一个电厂，各承担 50%投资；各拥有境内一侧设施，各获得 50%的调节水量和发电量
	奥地利-匈牙利	边界水	多瑙河	各 50%天然水量；无论工程位于何处，投入比=收益比
	乌拉圭-阿根廷	乌拉圭河急流	拉普拉塔河	投入比例=获装机容量比例，可包括各 50%或其他
	津巴布韦-赞比亚	河流利用	赞比西河	各 50%投入比例或实际投资比例=获发电和水量比例
IV	伊朗-苏联	灌溉、发电	阿特拉克河	各自在其境内开发利用；各获得 50%的水量与水能资源
	美国-加拿大	水利用	圣劳伦斯河	扣除景观用水及维持大湖水量，各获 50%发电用水量；开发后各自受益
	中国-朝鲜	长甸、100 号	鸭绿江	各自在境内投资修建相同装机容量电站；各自受益
	卢森堡-德国	绍尔河电站	莱茵河	卢森堡完全承担电站投资，并拥有其发电量
V	卢森堡-德国	乌尔河电站	莱茵河	德国、卢森堡以 90%、10%股份成立公司投资建设；以 90%∶10%分配发电量
	奥地利-德国	电站	多瑙河	各 50%股份建开发公司(投资各 50%)；发电量各获 50%
	巴西-巴拉圭	伊泰普	拉普拉塔河	各 50%进行投入建立共有实体；发电量各 50%，一国的份额另一国不能用
VI	中国-朝鲜	望江楼、文岳	鸭绿江	江段分两段开发，中方开发上段，朝方开发下段；各自受益境内电站，平均分配装机容量与发电量
	挪威-苏联	水能	帕斯维克	苏联开发上、下段，挪威开发中段，在分配河段内各自承担投资；各自获其开发效益
	西班牙-葡萄牙	支流开发	瓜的亚纳河	以水头差异确定投资与收益比例，投资比例=发电量收益比例=西班牙(79.5%)/葡萄牙(20.5%)

总体上，23 个界河/界河河段水电合作开发方案中(表 2-3)，18 个方案(占 78%)确定的投资-效益分配模式为平均分担投资建设成本(即各承担 50%的建设成本)和平均获得开发效益(即各获得 50%的发电量/装机容量/可发电用水量)，仅有 3 个方案(占 13%)有补偿措施，说明成本与收益平均分配基本模式得到普遍认可，而补偿措施很少被应用。

三、国际河流水电合作开发投资-效益分配特征

(一)水电合作开发中投资-效益分配方案应用情况

将以上跨境河流和界河/界河河段水电合作的 29 个方案以流域为单元，工程所在位置分为干流和支流两个类型，将投资-效益分配模式确定为平均分配、等比分配和差异分配 3 种，对含补偿措施的方案进行统计，分析投资-效益分配模式及补偿措施在干支流中的应用情况及其差异，结果表明(表 2-4)：①在 29 个方案中，超过 50%的方案采用了平均分配模式，具有一定的普遍性。②在 17 个干流开发方案中，有 14 个开发方案确定了平均分配模式，占有绝对优势；在 12 个支流开发方案中，差异分配和等比分配模式所占比例相同且具有明显优势，但平均分配模式仍有一定比例。③从补偿措施上看，总体上有近 1/4 的开发方案附加了补偿措施，且在干、支流开发方案中差异很小，结合上文来看，国家间进行效益/损失补偿得到一定程度的认可与应用。

表 2-4　国际河流水电合作开发投资-效益分配模式特征

Table 2-4　Cost-benefit apportionment modes adopted by the hydropower cooperative cases at different periods，developing levels and regions on the international rivers

类型		方案/个	平均分配/个	等比分配/个	差异分配/个	补偿措施/个
时间	1950 年以前	4	2	2	0	0
	1950～1989 年	23	13	3	7	6
	1990 年以后	2	1	1	0	1
经济发展水平	水平相当	10	5	3	2	1
	一定差距	9	8	1	0	2
	差距较大	10	3	2	5	4
地区	北美洲	3	3	0	0	1
	欧洲	12	6	3	3	1
	南美洲	2	1	1	0	0
	非洲	3	0	2	1	2

续表

类型		方案/个	平均分配/个	等比分配/个	差异分配/个	补偿措施/个
地区	亚洲	9	6	0	3	3
	发达地区	15	9	3	3	2
	欠发达地区	14	7	3	4	5
工程位置	干流	17	14	1	2	4
	支流	12	2	5	5	3
合计		29	16	6	7	7

(二)水电合作开发中投资-效益分配的时间演变特征

考虑 1937～2010 年世界经济发展进程中所经历的三个大时期：①1950 年以前世界政局动荡、战争及经济逐渐复苏阶段；②1950～1989 年世界经济快速发展时期；③1990 年以后世界经济多元化、国际关系复杂化和环境保护意识增强时期，将 32 个国际河流水电合作案例共 29 个方案分为 3 个时间段(表 2-4)，分析不同时段的投资-效益分配模式及其演变特征，结果为：①1950 年以前，共有 4 个开发方案，形成了两个分配模式，即平均分配和等比分配。②1950～1989 年产生的开发方案最多，其中应用平均分配模式所占比例最大(56.5%)，成为主要模式，而差异分配模式也从无到有，并得到较快的发展，且同期也产生了最多的补偿方案。③1990 年以后，合作案例很少，有国际关系复杂化的原因，也有全球环保意识不断增强的原因，并且回归到第一个时期中的平均分配和等比分配模式。

(三)水电合作开发投资-效益分配中合作方经济实力差异特征

有研究认为，流域国的经济发展水平会影响国际河流合作方式(Shlomi，2008)。为此，利用世界银行(2020)的《世界发展指标》数据(1960～2018 年)、朝鲜历年 GDP 及人均 GDP 一览数据(1970～2015 年)(华民，2017)(世界银行的数据库中缺失朝鲜的数据)中 29 个水电开发方案相关各国的 GDP，以水电合作方之间 GDP 比值(人均 GDP 高者/人均 GDP 低者)来表现合作国家间经济发展水平差距。其中，各国 GDP 选用合作条约签订年数据，如果条约签订于 1960 年以前，则 GDP 采用 1960 年数据；如果数据库缺失部分国家签约年数据，则选用合作双方均有且距签约年最近的年份数据代替，由于数据库中未列苏联和南斯拉夫的数据，本书用俄罗斯和塞尔维亚两国距签约时间最近年的数据代替。在计算合作方 GDP 比值结果的基础上，将合作案例相关方的经济发展水平分为三个层次：①当流域国之间 GDP 比值小于或等于 10.0 时，视为合作双方经济水平相当；②当 GDP 比值为 10.0～25.0 时，视为经济水平存在一定差距；③当该 GDP 比值大于 25.0 时，视为经济水平差距较大(表 2-4)。分析三个发展水平上的流域国水电效益与投资的分配模式特征(表 2-4)，结果为：①三个发展层次上产生的水电合作案例数量基本相当。其中，经济发展水平相当国家间的水电合作案例有 10 个，3 种投资-效益分配模式均有涉及，但案例数存在明显差异，采用平均分配模式的案例最多、占比最大(占 50%)，而差异分配的开发方式则相对较少；10 个案例中仅产生了 1 个有补偿措施的开发方案。②经济发展水平存在一定差距的国家间开发方案共 9 个，较经济发展水平相当和经济发展水平差距较大国家间的合作数量略少。采用了平均分配和等比分配两种模式，其中平均分配案例为 8 个，占绝对优势；有 2 个案例采取了补偿措施，占比 22.2%，有一定发展。③经济发展水平差距较大的国家间共产生了 10 个合作案例；采用差异分配模式的案例数(占比为 50%)明显多于其他两种开发模式，也明显多于其他两个经济发展层次上国家间合作案例；平均分配较等比分配模式的案例数的占比高；合作案例中产生了最多的、有补偿措施的合作方案(占 57%)。

综上可见，流域国之间的经济发展水平差异确实会影响国际河流的水电开发合作方式，在 3 种水电开发的投资-效益分配模式中，平均分配模式是主要开发模式，特别是在经济发展水平相当和存在一定差距的国家；等比分配模式更多地应用于经济发展水平相当和差距较大的国家之间；差异分配模式（占 71.4%）和有补偿措施的合作(占 57%)则主要应用于发展水平有明显差距的国家。

(四)水电合作开发投资-效益分配中的区域差异特征

比较不同地区之间开发方案中的投资-效益分配模式(表 2-4)，得出：①北美洲 3 个开发方案均为平均分配模式，其中 1 个方案(美国与墨西哥之间)有补偿措施；欧洲 12 个开发方案中 50%为平均分配模式，其他两种模式各占 25%，由于欧洲各国间经济发展水平差距不大，方案中很少有补偿措施；从欧洲和北美洲发达地区的 15 个方案来看，平均分配模式占主导(占 60%)，其他两种模式相当(各占 20%)，且较少有补偿措施(13.3%)。②非洲 3 个方案中 2 个为等比分配模式，1 个为差异分配模式；南美洲 2 个方案，平均分配和等比分配模式各 1 个；在亚洲 9 个方案中 2/3 为平均分配模式，另 1/3 为差异分配模式；从欠发达地区的 14 个方案看，50%为平均分配模式，21.4%和 28.6%分别为等比和差异分配模式，有一定比例(35.7%)的方案中有补偿措施。③总体上，开发方案主要发生于欧洲，其次是亚洲，其他 3 个洲合作均较少；发达地区与欠发达地区的方案数量相当，两地区的各类投资-效益分配模式数量也基本相同，只是发达地区的平均分配模式比例高于欠发达地区，但欠发达地区含有补偿措施的方案明显高于发达地区，这在经济发展水平差距较大国家开发方案中也得到了验证。

综上对跨境河流与界河/界河河段、干流与支流、不同发展时期、不同经济发展水平和不同地区的水电合作开发方案中的投资-效益分配模式特征的分析，主要结论如下。

(1) 1937～2010 年国际河流水电合作开发案例共 32 个，具体实施方案 29 个，涉及五大洲 16 条国际河流；从项目分布位置上看，界河水电开发比例更高；从合作开发范围看，则是以局部开发主导。

(2) 跨境型国际河流水电开发中，以等比分配模式占有明显优势，上游国可通过为下游提供发电用水量来分享发电效益，而下游国需向上游国提供补偿来推动合作；界河/界河河段水电合作开发中，平均分配是基本模式。

(3) 不同经济发展时期的主要分配模式不同，1950 年以前是平均分配和等比分配；1950～1989 年，平均分配成为普遍模式，补偿措施得到认可；1990 年以后，受国际关系复杂化等因素影响，国际河流水电合作实践很少。

(4) 经济发展水平相当的国家之间的合作以平均分配模式为主；存在一定差距和差距较大的国家之间则主要是等比分配和差异分配模式，并产生了 70%以上有补偿措施的方案；发达地区的平均分配模式比例高于欠发达地区，但欠发达地区采用补偿措施的方案明显高于发达地区。

本书所收集的国际河流水电合作开发方案，包括后期产生国际分歧的项目，因此结果并非正确的分配模式，但它们可以为未来实践提供借鉴。本书未涉及国际河流上由流域国单独开发的水电项目，因为它们不涉及投资-效益分配问题，不属于本研究范畴。20 多年来，国际河流上开展水电合作开发的案例很少，难以揭示国际河流公平合理利用原则及可持续发展理念下的水电合作开发新模式、新趋势，但结果仍能反映长期以来国际河流水电合作开发的基本特征。

第三节 主要跨境水资源公约对水电开发的影响

自 1913 年法国与瑞士通过双边协议对罗讷河(Rhône)进行联合水电开发开始，国际河流上水电开发合作逐渐增多。1923 年 12 月《关于涉及多国的水电开发公约》(Convention Relating to the Development of Hydraulic Power Affecting More than one State)在日内瓦会议上通过并发布后，一些国际法原则开始产生并逐步得到国际社会的认可。特别是二战之后，国际河流跨境水资源的多目标利用得到快速发展，一些重要的国际公约和国际习惯法的产生，如 1966 年国际法协会的《关于国际河流水利用的赫尔辛基规则》(简称《赫尔辛基规则》)、1992 年联合国欧洲经济委员会的《跨境水道和国际湖泊保护与利用公约》(Convention on the Protection and Use of Transboundary Watercourses and International Lakes)、1997 年联合国的《国际水道非航行使用法公约》等，形成了一些跨境水资源利用的基本原则。作者选择与国际河流水电开发管理直接相关的国际和区域性公约、国际行业标准或规范，分析其对国际河流水电开发的可能影响。

一、《关于涉及多国的水电开发公约》

《关于涉及多国的水电开发公约》(简称《水电开发公约》)是 1923 年 12 月参加国际联盟大会的 16 个国家通过并产生的公约。截至目前，该公约签约国共有 18 个(原签约国为 19 个，后因南斯拉夫解体，签约国变为 18 个)(表 2-5)。该公约由 22 项条款及一个备忘录组成，主要目标是促进河流水电开发和增加发电量(https://iea.uoregon.edu/)。

表 2-5 对国际河流水电开发可能产生重要影响的公约及其缔约国/方分布

Table 2-5 Conventions having possible important impacts on hydropower development on international rivers and their parties

公约	欧洲	亚洲	非洲	北美洲	南美洲	大洋洲
《关于涉及多国的水电开发公约》	奥地利、比利时、保加利亚、丹麦、法国、希腊、匈牙利、意大利、立陶宛、波兰、英国	伊拉克、泰国	埃及	巴拿马	智利、乌拉圭	新西兰
《国际水道非航行使用法公约》	匈牙利、卢森堡、黑山、西班牙、丹麦、瑞典、荷兰、德国、芬兰、法国、英国、意大利、挪威、爱尔兰、希腊、葡萄牙	巴勒斯坦、乌兹别克斯坦、卡塔尔、伊拉克、约旦、黎巴嫩、叙利亚、越南	乍得、利比亚、尼日尔、布基纳法索、摩洛哥、突尼斯、纳米比亚、南非、贝宁、几内亚比绍、尼日利亚、科特迪瓦	无	无	无
《跨境水道和国际湖泊保护与利用公约》	阿尔巴尼亚、奥地利、白俄罗斯、比利时、波黑、保加利亚、克罗地亚、捷克、丹麦、爱沙尼亚、欧盟、芬兰、法国、德国、希腊、匈牙利、意大利、拉脱维亚、列支敦士登、立陶宛、卢森堡、黑山、荷兰、挪威、波兰、葡萄牙、摩尔多瓦、罗马尼亚、俄罗斯、塞尔维亚、斯洛伐克、斯洛文尼亚、西班牙、瑞典、瑞士、马其顿、乌克兰	阿塞拜疆、哈萨克斯坦、土库曼斯坦、乌兹别克斯坦	无	无	无	无

续表

公约	欧洲	亚洲	非洲	北美洲	南美洲	大洋洲
《跨境环境影响评估公约》	阿尔巴尼亚、奥地利、白俄罗斯、比利时、波黑、保加利亚、克罗地亚、捷克、丹麦、爱沙尼亚、欧盟、芬兰、法国、德国、希腊、匈牙利、爱尔兰、意大利、拉脱维亚、列支敦士登、立陶宛、卢森堡、马耳他、黑山、荷兰、挪威、波兰、葡萄牙、摩尔多瓦、罗马尼亚、塞尔维亚、斯洛伐克、斯洛文尼亚、西班牙、瑞典、瑞士、马其顿、乌克兰、英国	亚美尼亚、阿塞拜疆、塞浦路斯、哈萨克斯坦、吉尔吉斯斯坦	无	加拿大	无	无

针对水电开发影响范围超过一个国家时可能产生的一系列管辖、协商及分歧解决等，《水电开发公约》中包括了以下主要条款：①公约不影响在国际法范围内各国在其境内为开发水电而采取任何措施的权力(第一条)。②若合理开发水电需要进行国际调查，有关缔约国在任何一国提出此项要求后，应同意进行联合调查，以求制订对所有国家最有利的方案(第二条)。③若某缔约国的水电开发工程部分在其境内，部分在另一缔约国境内或会影响某一缔约国的领土，则有关国家之间应举行谈判以达成施工协议(第三条)。④若某一缔约国计划修建的水电工程有可能对其他缔约国造成重大损害，则有关国家应举行谈判以达成施工协议(第四条)。⑤条款适用范围包括：工程建设、维护和运行的一般条件；工程建设费用、风险、损失和维护费用在有关国家之间的公平分摊；财政合作问题的解决；技术监督和公共安全实施方法；场地保护；水流量调节；第三方利益的保护；解释和实施协议所引起的争端的解决方法(第六条)。⑥缔约国对本公约的实施或解释有争议时，如不能由双方直接解决或采用其他友好方式解决，当事国可向国际联盟在交通运输方面设立的咨询和技术机构提出咨询意见，除非当事国已决定或将决定采用其他咨询、仲裁或司法程序解决(第十二条)。

对于以上条款，各国在开发或参与开发国际河流水能资源时，需要关注以下几个关键问题：①公约不影响各国在其领土内开发水电资源的主权权力的实施。②为保证水电资源的合理开发，相关国家应该在“任何一国”的要求下同意进行联合调查。但条款本身无法确定该“任何一国”的范围，是相关流域国，还是受水电开发的影响国，或者是任何一个非相关国家。③水电工程开发影响其他国家领土，或对其他国家造成重大损害等问题时，需要相关国家之间直接进行谈判，并达成相关协议。④公约的实施或解释产生争议时，其解决途径不仅包括向国际联盟相关机构申请咨询意见，还包括相关方通过协商寻求解决方案。

二、《国际水道非航行使用法公约》

从1970年联合国大会建议国际法委员会研究、编纂“国际水道非航行使用法”至1997年联合国大会表决通过《国际水道非航行使用法公约》(简称《非航行使用法公约》)(Convention on the Law of the Non-navigational Uses of International Watercourses)(United Nations，2014)，共耗时27年，再至2014年得到35个联合国成员国的批准，于2014年5月19日正式生效，又经历了18年。该公约是至今为止唯一的全球性国际河流框架公约，将对未来国际河流水资源的开发利用产生重大影响。截至目前，该公约的缔约方数量为36个(表2-5)。

(一)《非航行使用法公约》的框架与内容简况

《非航行使用法公约》共包括7个部分37项条款。第一部分“导言”共包括4项条款。该公约是在认识到国际航运问题在国际水法中已得到充分发展的情况下，将国际河流水资源航行以外的利用目标作为重点进行国际法的编纂，因此第1条就规定了公约条款的适用范围，即“适用于航行以外目的使用国际水道及其水，以及同使用这些水道及其水有关的养护和管理措施”。第2条对“国际水道”“水道”“水道国”用语进行了定义，其中，“水道”是“指地表水和地下水的系统”，该条款强调的是水及由水的流动性产生的一个连续系统，避免可能过多涉及的“领土”问题。第3条规定水道国间可根据某一特定国际水道或其一部分的特征，以公约为指导缔结专门的“水道协定”或进行协商。第4条规定每一水道国有权参加任何有关水道协定的谈判及协商。

第二部分“一般原则”共6项条款，是公约的核心内容。第5条“公平合理的利用和参与”是《赫尔辛基规则》中“公平利用原则”的再发展，明确了水道国有利用水资源的权利，也有为保护和利用河流水资源与其他流域国进行合作的义务。第6条“与公平合理利用有关的因素”中列出8项因素。第7条“不造成重大损害的义务”，规定各国需做出适当的努力，以不对其他水道国造成重大损害，以及如果对他国造成重大损害，造成损害的国家应同受害国就合理使用的限度及补偿问题进行磋商。这一条款是对水利用造成“水污染”损害时需要进行协调行为的发展。第8条“一般合作的义务”，是对第5、6条中“合作义务”的明确化和具体化，使之成为正式条款而在执行中具有约束力。第9条“定期交换数据和资料”，必要的数据和资料是实现水资源公平合理利用的基础，同时也是“一般合作义务”的具体应用。第10条“各种使用之间的关系”，规定任何水使用对其他使用不具有固有的优先地位，但如各种使用产生冲突时，应顾及维持生命所必需的人的需求。以上原则及条款规定构成了公约的法律基础，是确立水道国之间跨境水资源利用关系的基本原则。

第三部分“计划措施”共9条，主要对各国水利用计划/规划相关资料信息的交换与协商、通知可能受计划实施影响的国家、被通知国对通知的答复期限、通知国在答复期限内的义务等进行了规定，目的是推动各国间的协商与合作以避免分歧与冲突。第四部分“保护、保全和管理”共7条，核心内容是保护与维护国际水道的生态系统，是国际社会在认识到国际河流生态系统的平衡与良性循环受人类活动影响日趋严重的情形下做出的决定。第20条“保护和保全生态系统”规定各水道国有责任单独或共同保护与保全国际水道的生态系统，突出环境保护意识。第21条“预防、减少和控制污染”，将水污染问题作为水环境维护与管理的一部分，是在《赫尔辛基规则》基础上的发展，条款在对“污染”进行定义后，规定了预防、减少和控制可能造成重大损害的污染义务，包括为预防损害而做出适当努力的义务，最后还规定了为控制污染与其他水道国进行协商的义务。这些条款是第7条“不造成重大损害的义务”的具体应用。第22～26条主要涉及外来或新物种可能对国际水道生态造成重大损害，保护和保全受国际水道影响的海洋环境，关于建立专门联合管理机构等水道管理方式、国际水道内水流调节和其他重大设施的维护与管理问题。

第五部分“有害状况和紧急情况”共2条。第27条“预防和减轻有害状况”规定各国应单独或共同采取一切适当措施，预防或减轻无论天然或人为原因损害他国的情况。第28条在定义“紧急情势”之后，规定各国有向可能受紧急情势影响的他国迅速通报的义务，以及酌情采取必要措施与合作的义务。第六部分“杂项规定”共5条，规定了包括武装冲突期间国际水道及水道设施的保护原则、国家间间接合作、争端解决等事项；其中较为重要的是第33条“争端的解决”，规定各国在争端解决中应进行协商与谈判，也可通过已建立的联合河流管理机构、调解委员会、国际仲裁或司法解决。第七部分“最后条款”共4项条款，主要规定了可加入公约对象以及公约生效的条件与时间。

(二)《非航行使用法公约》关键条款

虽然该公约存在一些缺陷与不足，但其最终生效达到了所需国家及区域组织的认可数量，继而在未来必将会对国际河流水资源的开发利用产生重要影响，包括水电开发。其中需要重点关注的是公约第二部分“一般原则”和其他一些重要条款，包括：

(1)公平合理的利用和参与(第5条)。原则包括两个方面的规定：一是水道国应在其各自领土内公平合理地利用国际水道。特别是，水道国使用和开发某一国际水道时，应着眼于实现与充分保护与该水道相一致的最佳利用和利益。二是水道国应公平合理地参与国际水道的使用、开发和保护。这种参与包括本公约所规定的利用水道的权利和对其加以保护、开发进行合作的义务。该原则明确了一个核心概念，即各相关水道国有公平合理地使用跨境水资源并从中获益的权利，同时也需适当考虑其他水道国所拥有的相同权利和保护水道最佳利用的义务。

(2)不造成重大损害的义务(第7条)。条款规定：①水道国在利用国际水道时，应采取适当措施和努力防止对其他水道国造成重大损害；②如对另一水道国造成重大损害，而双方又无关于这种使用的协定时，其使用造成损害的国家应同受影响国磋商，适当考虑第5条和第6条的规定，采取适当措施消除或减轻这种损害，并在适当情况下讨论赔偿的问题。可见，该原则给水道国规定了相对的行为义务，而非绝对的结果义务，要求水道国采取一切适当措施和努力避免对其他水道国造成重大损害。同时，该原则还对水道国所承担的损害义务明确了一个标准，即重大的损害，以及该义务原则与公平合理利用原则之间的关系，即水道国在履行不造成重大损害义务时应考虑公平合理利用原则，这一关系为两个原则之间优先关系建立了一个模糊边界。

(3)一般合作的义务(第8条)。原则要求水道国应在主权平等、领土完整和互利的基础上进行合作，实现国际水道的最佳利用和充分保护。合作是实现公平合理利用跨境水资源和受益的重要基础，也是公约有关计划、措施、信息互换、管理等各项规定得以顺利实施的重要保障。

(4)定期交换数据和资料(第9条)。为实现国际水道的最佳利用和充分保护，规定要求水道国之间相互交换必要的数据和资料，这是实现“一般合作义务”的最低要求。条款细则中对所需交换的数据资料类型、可获性及交换方式进行了规定。总体上，水道国之间定期交换水道相关状况的数据与资料，对水道国之间实现公平合理利用、防止重大损害、实施水道利用与保护相关计划措施等具有至关重要的作用。

(5)计划采取的措施(第三部分)。针对水道国拟采取的开发利用措施或计划均可能对水道状况、其他水道国造成不利影响甚至重大损害，可能引发水道国之间在水道利用上权利、利益与需求的分歧与冲突而规定的预防性原则。其9项条款规定了与计划实施国与可能受影响国之间的权利和义务关系及具体事务，其中：第11条和第17条规定了计划实施国向其他水道国提供资料、与相关国家进行协商和谈判的义务，以及相关水道国间进行协商和谈判的具体程序和事项；第12～16条分别规定了计划通告国与被通告国在通知期限内的权利与义务；第

18条则规定了水道国之间就是否需对计划采取的措施进行通告存在争议的情况下，相关当事方可采取的程序、各自的权利与义务；第19条则对需要紧急执行的计划措施进行了相关事项的规定，包括相关方在此情形下如何通告、如何协商和谈判等。

(6)管理(第24条)。条款要求水道国就国际水道的管理问题进行协商，包括建立联合管理机构问题，并对“管理”进行了特别界定：其一是指规划国际水道的可持续发展，并对所通过的任何计划的执行做出规定；其二是以其他方式促进对水道的合理与最佳利用、保护和控制。可见，公约建议了国际水道的“管理”方式，即通过协商，建立包括联合机构在内的常设机制，以实现对国际水道的可持续规划、合理与最佳利用、保护和控制。但确切地说，该条款未强制要求水道国之间设立正式的联合管理机构。

(7)争端的解决(第33条)。该条款包括了10条细款，为水道国提供了尽可能多的和平解决跨境水利用与保护争端的方案和程序。其中，第1款是后面各项款的前提条件，或者说是基本原则，即公约的缔约方若无专门协定，应依照该条规定解决争议和争端；第2款规定了争议的具体方法，包括谈判、斡旋、调停或调解、联合机构或协议将争端提交仲裁或提交国际法院；第3～9款规定了事实调查程序；第10款是最有争议的一项条款，其规定了强制性解决争端的两种方式，一是将争议提交国际仲裁，二是除非争议各方另有协议，按照本公约规定的程序设立和运作的仲裁庭进行仲裁。

自该公约在联合国大会通过之后，许多学者对公约争端解决方法、生效影响等开展了研究，主要结论：该公约生效使得和平解决水争端成为主流，但强制性争端解决方法有侵犯国家主权和扭曲《联合国宪章》之嫌，有违公约的目的和宗旨；该公约对中国没有法律效力，但会影响我国的国际形象以及与邻国跨境水资源合作方式；该公约未能妥善平衡上下游国家、先后开发国等之间的利益诉求，但仍是对当前国际法最权威的编纂和发展；该公约在“公平合理利用原则”与“不造成重大损害原则”的关系问题、偏袒下游国利益而对上游国设定过多义务问题、“争议解决程序”以及“计划采取措施的事前通知程序”等上产生了争议；上游国认为被施加了比下游国更多的义务，而下游国认为其行为不会对上游国有害；公约的一些条款未能妥善平衡各类国家之间的利害关系，影响了各国是否加入公约的立场，以及公约在实际适用中的效力(孔令杰和田向荣，2011；郝少英，2013；张晓京，2010；Zhong et al.，2016)。

从以上公约原则看，对未来我国水电开发利用和我国企业在境外参与国际河流水电开发有较大挑战的条款主要是开发计划的通告与协商、数据与资料的定期交换、争端解决三个方面。

三、《跨境水道和国际湖泊保护与利用公约》

(一)公约概况

《跨境水道和国际湖泊保护与利用公约》(简称《赫尔辛基公约》)是联合国欧洲经济委员会(the United Nations Economic Commission for Europe, UNECE)于 1992 年在赫尔辛基通过的，经过联合国欧洲经济委员会成员国及其磋商国和欧盟批准、加入等程序后于 1996 年生效。该公约是早于以上联合国公约的一个具有国际影响力的区域性公约。最初适用于联合国欧洲经济委员会成员国的跨境水道管理，试图为欧洲地区所有跨境水体的利用和保护提供一套普遍适用的原则、规则和方法的法律框架，成为以后多瑙河及其他欧洲地区河流制订公约和协定的典范。该公约重点关注国际河流及湖泊开发造成的跨境环境影响，特别是跨境污染问题，为此要求公约缔约方采取适当措施，保证合理利用、管理和控制水污染。2003 年该公约经过修订，允许 UNECE 地区以外的国家加入，邀请世界上其他地区国家使用该公约的法律框架，2009 年开始有非欧洲经济委员会成员方签约，目前有 41 个缔约方(表 2-5)。可见，该公约的缔约方数量较上述的《非航行使用法公约》的缔约方数量还多，即该公约的适用范围更广，更具有普遍意义。

(二)主要条款及实施机制

《赫尔辛基公约》在序言部分表达了该公约制定的主体目标：①加强合作，实现跨境水道和国际湖泊的保护和利用；②加强国内和国际措施，防止、控制和减少有害物质进入水体环境、海洋以及沿海地区水体而造成水体富营养化和酸化。该公约正文包括三个部分 28 项条款，第一部分是一系列普遍性义务；第二部分对跨境河流及湖泊的流域/沿岸缔约方进行了相关义务规定；第三部分就管理机制建设、争端解决等事项进行了规定。主要原则包括：

(1)采取所有适当措施的义务(第 2 条)。该条款包含 8 条细则，涉及措施类型、拟采取措施的指导原则以及与缔约方现行措施的关系等。其中，在采取的措施中明确了 4 个类型的措施：防止、控制和减少水污染的措施，对生态无害的和合理的水管理、水资源养护及环境保护措施，公平合理使用跨境水体的措施和保护河流生态系统养护及恢复的措施；明确了拟采取措施的指导原则，预防原则、谁污染谁治理原则和可持续管理原则；对于公约的措施规定与各缔约方单独或共同措施关系，公约将其明确为允许缔约方采取比公约更为严格的措施，即公约规定的措施是缔约各方应保证的最低标准。

(2)防止、控制和削减措施(第3条)。该条款要求：各缔约方为防止控制和减少跨境影响，应制定、接受、执行并协调有关法律、行政、经济及技术等措施，具体措施特别包括12项：应用不产废物或少产废物的技术，应用排放特许、监测和控制方法，应用限制排放技术、环境影响评估方法、基于生态系统管理的水资源管理措施等。要求各方在适当时候制定和接受统一的水质标准，部分或全体禁止缔约方生产或使用对水体会产生负面影响的有害物质。

(3)合作义务(第9条)。该条款包括5条细则，规定了跨境河流沿岸国/沿岸缔约方间合作方式、共同机构建立及机构的工作内容。其中，将合作方式规定为订立双边或多边协议或其他。对共同机构的工作规定为：为确定跨境影响的污染源，搜集、整理并评估数据；制定水质与水量的联合监测规划；制定废水排放限额、共同的水质目标和标准；制定点源和面源污染控制的共同行动计划等10项。

(4)信息交换(第13条)。该条款是公约第9条合作义务的基本条件。该条款与上述《非航行使用法公约》规定的“定期交换数据和资料”有相似之处，但《赫尔辛基公约》所指的信息交换集中于水质状况及污染源方面，具体包括水体环境状况、污染物排放及监测数据、已采取和计划的管理措施及各方已发布的废水排放许可或规章等。

(5)公开信息(第16条)。该公约专门规定了向公众公开的信息，以利于公众对管理措施及其成效进行监督与参与。公开信息包括3方面内容：水体状况、采取和计划采取的措施以及措施执行的有效性信息，具体为水质目标、发放的排放许可证及要求满足的条件、水及排放物监测和评估结果，以及是否符合水质目标或许可排放条件的检查结果。

(6)争端的解决(第22条)。与《非航行使用法公约》类似，该公约规定了强制解决缔约方之间的争端程序。包括3项细则，分别是缔约方间通过谈判或各方接受的其他方式解决争端；两种强制性解决方法，一是将争端提交国际法院，二是根据公约附件4规定的程序进行仲裁；如果各方接受强制性解决方法，则仅将争端提交国际法院。

从《赫尔辛基公约》的目标及主要条款上看，该公约要求缔约方针对跨境河流及湖泊利用中可能产生的跨境环境问题，应承担3项重要义务：①预防、控制和减少跨境影响义务；②确保合理和公平地利用跨境水资源的义务；③在使用和管理跨境水资源中开展合作的义务。其中，公约将“跨境影响”界定为，人类活动引起的跨境水体状况的改变，对某缔约方的管辖区内环境产生重大的负面影响，而活动的源头全部或部分位于另一缔约方管辖区内。环境的影响包括对人类健康和安全、植物、动物、土壤、空气、水、气候、景观和历史纪念物或其他物质结构的影响，以及这些因素的相互作用，也包括上述因素的变化对文化遗产或社会经济状况的影响。

该公约的实施是在欧洲经济委员会常设秘书处的支持下，设立缔约方会议作为公约实施的机制，负责审查和监督公约的执行。缔约方会议通过签订议定书的形式进行，要求流域国进行水环境监测数据的科学采集及共享，如1999年通过的《水与健康议定书》(2005年生效)；2003年通过的《工业事故对跨境水域的跨境影响所致损害的民事责任与赔偿议定书》；针对水质评价、水环境监测、地下水监测及评估，分别于1993年、1996年、1999年和2000年出台了一系列技术规范等推进公约的实施。

《赫尔辛基公约》的生效促进了欧洲多项国际河流协议签订，如《多瑙河公约》《莱茵河保护公约》《佩普希湖协议》等。其中，2000年生效的《欧盟水框架指令》(EU Water Framework Directive)，在强调以流域为单元的合作和流域综合管理(包括河流所有支流、地下水和近海水域)的同时，专门对国际河流问题进行规定："如果一个国际河流流域超过欧盟边界，成员国应努力制定一个单一的流域管理规划"，实现了《欧盟水框架指令》与《赫尔辛基公约》的相互支撑。另外，在《欧盟水框架指令》生效后，《多瑙河公约》《莱茵河保护公约》等虽未进行立即修订，但相应的两个流域机构分别建立了协调委员会，来推进建立流域内实施《欧盟水框架指令》的联系机制。

四、《跨境环境影响评估公约》

《跨境环境影响评估公约》(Convention on Environmental Impact Assessment in a Transboundary Context)(简称《埃斯波公约》)是联合国欧洲经济委员会于1991年在芬兰埃斯波(Espoo)通过的。经联合国欧洲经济委员会成员方、磋商国和欧盟批准、加入等程序后，该公约于1997年生效。该公约的目标是基于制订预防性政策以及防止、减轻和监测一般性显著环境影响，尤其是跨境显著不利环境影响的必要性与重要性的认识，而在跨境环境影响评价方面促进国际合作。该公约对可能产生跨境影响的活动制定了程序性管理规则，包括编制跨境环境影响评价报告等。截至目前，该公约缔约方数量已达到45个(表2-5)。该公约由正文的20项条款及7个附件组成。其核心内容包括以下几个方面。

(1)对"跨境影响"的定义及可能产生跨境影响"行为或活动"的说明。公约第1条第8款将跨境影响定义为"全部或部分发生于一个缔约方辖区内的拟议活动在另一个缔约方辖区内造成的任何影响，不仅仅是全局性影响。"其中，"拟议活动"是"指由主管部门根据适用国家程序而决定开展的任何活动或对已有活动的任何重大改变"(第1条第5款)。同时，公约附件1"活动清单"中明确了可能产生跨境影响的活动类型，"大坝和水库"被列为第11类活动；公约附件3中列举了附件1中未列举、但可能产生显著跨境影响的活动，包括"位于国际边界附近的拟议活动，以及离国际边界比较远，但会造成传播较远的显著跨境影响的拟议活动。”

(2)对可能造成跨境影响的活动者的要求。公约第 2 条“一般条款”10 项细则和第 3 条“通知”的 8 项细则中，对公约缔约方的活动者规定了行为规范，包括采取适当和有效措施的义务，如法律、行政或其他措施；开展环境影响评价的义务，并明确公约的环境影响评价内容(附件 2)是对缔约方的最低要求，支持缔约方采取更加严格的措施；通知、通告与磋商义务，包括对行为方与受影响方之间的通告与回复内容及时间的规定，以及如果相关方对活动是否会产生严重负面影响有分歧时，则要求实施调查程序等。

(3)对活动方开展环境影响评价的具体要求。公约第 4、5 条及附件 2 分别对活动方所需完成的环境影响评价报告进行了规定，包括环境影响评价报告的应有内容，向受影响方及其公众提供报告以及与受影响方进行磋商的内容，如可替代的方案、可行的互助措施、联合机构等。以上要求均为程序性原则，具有明确的可操作性，即公约所指可能产生环境影响的活动，或者更明确地说是公约对开发项目持严格限制及非常谨慎的态度。

(4)对公约缔约方规定了合作义务。公约第 8 条和附件 6 就相关方的合作方式、内容及程序进行了规定，如“合作”即是相关方之间达成双边或多边的协议或其他安排。“协议或其他安排”应该包括：建立一个专门的联合机构，或者对已有机构的权限与职能的扩展；协调各方有关环境保护的政策和措施；开发和/或改善环境质量间可比资料的搜集、分析、储存和及时发布的方法和计划；协调环境影响的识别、测量、预测和评价方法；设定计划活动的地点、性质或规模的阈值和具体标准；依据公约规定的环境影响评价，确定跨境污染的临界负荷；开展联合环境影响评价、制订联合监测计划。

(5)对公约实施机制的安排。公约第 13 条明确了联合国欧洲经济委员会是公约的执行秘书处；第 17 条规定了因公约解释或应用出现争端时的解决程序，包括通过谈判或各方都能接受的任何其他方法和两种强制性解决方式，其一是将争端提交给国际法院，其二是根据附件 7 的规定程序进行仲裁。

综上可见，该公约虽然不是直接针对国际河流水资源问题的，但包括在大坝与水库建设及运行的水电开发显然也是该公约关注的重要对象。该公约对可能产生跨境环境影响的计划行动，要求开发方承担系列行为原则，这些原则不仅包括义务性原则，也有程序性原则；还要求开发方进行严格的环境影响评价，以及要求行为方和受影响方进行广泛的合作等。此外，该公约虽然形成于欧洲，但从当前该公约的缔约方的区域分布看，其影响和实施范围已经从欧洲向其他地区推广。因此，今后我国开发或参与开发境内外河流水资源及水电开发项目时，特别是当项目位于公约缔约方，或者项目影响区涉及公约缔约方时，有必要对该公约的各项规定进行详细研究，关注该公约要求的环境影响评价内容与中国环境评价法之间存在差异的方面。

第四节 国际河流水电合作开发案例

一、鸭绿江水电合作开发

(一)鸭绿江流域及水资源概况

鸭绿江为中国与朝鲜民主主义人民共和国(简称朝鲜)的界河。发源于长白山主峰南麓海拔 2300m 处，沿中朝边界向南、向西、向西北和向西南流，最终经辽宁省丹东市，在东沟分为两支注入黄海，河流干流全长 795km，流域总面积 6.19 万 km^2(何大明和汤奇成，2000；李景玉，2008)。其中，中国境内流域面积 3.25 万 km^2，占流域总面积的 52.5%(中国国家地理，2017)。鸭绿江流经中国吉林和辽宁两省，以及朝鲜的两江道、慈江道和平安北道。

鸭绿江干流地势由东向西南逐渐降低，上游河谷呈“V”形，坡陡流急，河谷宽 50～150m；中游从临江以下河谷逐步开阔，呈“U”形，河谷宽 200～2000m；下游自水丰以下河谷开阔，两岸有低山丘陵和狭窄冲积平原，江心多沙洲，岛屿近 200 个，部分河段凹岸为陡峻山体、凸岸有阶地(李景玉，2008)。干流两岸地表结构由高山、中山、低山、火山熔岩台地和河谷地组成，其中，上游河源至十三道沟河口(长津江)以上两岸地表结构主要由高山和中山构成，地形起伏较大，河谷深切，两岸最陡处可达 70°～80°，相对高度多在 500m 以上，长白水文站以上河道平均比降在 9.0‰以上。鸭绿江流域水质状况良好，中上游流域水质基本达到中国地表水环境质量II类标准，下游区域也达III类水质标准。

中国一侧主要支流有(表 2-6)浑江、蒲石河、瑷河、二十三道沟、十九道沟和八道沟等，其中浑江是鸭绿江的最大支流，全长 446.5km，流域面积约 1.5 万 km^2；朝鲜一侧主要支流有虚川江、长津江、厚昌江、秃鲁江、渭原江和忠满江等，其中，秃鲁江是朝鲜一侧最大支流，全长 238.5km，流域面积 5200km^2(中国国家地理，2017)。

表 2-6 鸭绿江中国一侧主要支流概况

Table 2-6 Overview of the major tributaries of the Yalu River on the Chinese side

河流	流经地区	流域面积/km^2	河流长/km	河流落差/‰
二十三道沟	吉林	68.4	46.7	15.7
十九道沟	吉林	455	51.0	12.1

续表

河流	流经地区	流域面积/km^2	河流长/km	河流落差/‰
八道沟	吉林	717	75.5	7.9
七道沟	吉林	281	68.0	8.4
五道沟	吉林	511	103	56.9
三道沟	吉林	682	81.7	5.9
二道沟	吉林	287	40.6	9.3
通沟河	吉林	398	49.1	66.4
浑江	吉林、辽宁	15381	446.5	
蒲石河	辽宁	1206	100.4	
安平河	辽宁	225	56.8	
瑷河	辽宁	5902	188.9	
赵氏沟河	辽宁	381	52.5	

资料来源：王子臣和冯天琼，1983。

鸭绿江流域位于温带湿润区，属大陆性气候区，受夏季太平洋季风和东北—西南向长白山山脉等因素影响，流域多年平均年降水量在 870mm 左右，从上游向下游逐步增加，上游长白一带的多年平均降水量仅为 600mm 左右，下游荒沟一带的多年平均降水量可达 1200mm；每年降水集中于 6～9 月，占全年降水量的 70%左右，7～8 月是流域主汛期；每年 4～5 月受气温升高影响，冰雪融化补给流量形成春汛；每年 11 月中下旬至次年 3 月，降水量仅为全年的 4%～8%，为枯水期。河流流程不长，但水量却很丰富，多年平均径流量是 327.6 亿 m^3，其中，丰水年径流量可达 370 亿 m^3，最枯水年径流量也可达 130 亿 m^3；中国一侧多年平均年径流量为 167 亿 m^3。从流域的单位面积年产水量看，鸭绿江流域平均水量可达 41 万 m^3/km^2，是中国东北和华北地区产水量最大的河流(中国国家地理，2017；宋树东和付卫东，2008；王子臣和冯天琼，1983)。据《2017 年松辽流域水资源公报》(松辽水利委员会，2018)信息，2017 年鸭绿江(中国一侧)水资源总量为 79.65 亿 m^3，总用水量为 9.11 亿 m^3，水资源开发利用率为 11.4%，其中，第一产业、第二产业、第三产业及居民生活用水占比分别为 48%、25%、3%及 21%，可见，中国境内流域内用水仍旧以农业用水占比最大。

从《中国生态环境状况公报》中淡水环境状况看(中华人民共和国生态环境部，2020)，近 10 年鸭绿江流域水质整体良好，具体表现为：2009～2011 年，公报中辽河水系水质状况图显示，鸭绿江干流水质均为Ⅱ类，说明该河水质优良；2012～2014 年，在辽河水系水质一节中单列出鸭绿江的水质状况，结果为 14 个断面中Ⅰ～Ⅲ类水的断面所占比例为 100%，整体水质定性为优；2015～

2018年，辽河水系水质部分列出鸭绿江各类水质断面数占水系总监测断面数的比例，其中，2015年的监测断面为14个（表2-7），而2016～2018年的监测断面均为13个，水质监测结果为，2015～2017年该河流Ⅰ类和Ⅲ类水质断面占比增加，但Ⅱ类水质断面占比减小，整体所有断面水质均为Ⅰ～Ⅲ类，水质为优；2018年Ⅰ类水质断面与2017年情况一致，Ⅱ类水质断面占比比2017年有所提高，仅从Ⅰ类和Ⅱ类水质占监测断面比例看，似乎是四年中很好的，但也可以看到2018年13个监测断面中有1个断面的水质为Ⅳ类水，近10年第一次出现此类状况，值得关注（表2-7）。

表2-7 2015～2018年鸭绿江水系水质状况

Table 2-7 Status of water quality along the Yalu River system in 2015—2018

年份	断面数/个	各水质断面数占水系总监测断面数的比例/%					
		Ⅰ类	Ⅱ类	Ⅲ类	Ⅳ类	Ⅴ类	劣Ⅴ类
2015	14	7.1	85.7	7.1	0	0	0
2016	13	7.7	84.6	7.7	0	0	0
2017	13	15.4	69.2	15.4	0	0	0
2018	13	15.4	76.9	0	7.7	0	0

资料来源：中华人民共和国生态环境部，2020。

（二）中国与朝鲜水电合作开发

鸭绿江总落差2400m以上，水能资源丰沛，水力资源理论蕴藏量312.8万kW，技术可开发量超过230万kW，年发电量可达147.32亿kW·h（何大明和汤奇成，2000）。截至2015年，鸭绿江中国境内支流上有中、小型水电站40座，总装机容量43.77万kW，年发电量18.90亿kW·h，总库容39.12亿m^3。

鸭绿江干流，中国与朝鲜双方共同规划进行12个梯级的开发，总装机容量253.3万kW，年发电量100亿kW·h。截至2022年，中国与朝鲜通过长期合作，在干流共同建成4个梯级共6个电站，在建2个（表2-8）。其中，已建电站分别为云峰电站、老虎哨（渭原）电站、水丰电站（共由3个电站组成，水丰水电站、中方长甸和朝方100号电站）、太平湾（新义州）电站，6个电站合计装机容量为188万kW。其中，老虎哨（渭原）电站、水丰电站和水丰100号电站3个电站由朝方管理，装机容量共计115.5万kW；云峰电站、水丰长甸电站、太平湾电站由中方管理，合计装机容量72.5万kW。在建电站为中方管理的望江楼电站和朝方管理的文岳电站，装机容量均为4万kW。

表 2-8 中朝合作开发鸭绿江干流水电站基本情况

Table 2-8 General situation of the hydropower stations cooperated by China and the Democratic Peoplés Republic of Korea on the Yalu River

中国名	朝鲜名	位置	开工时间	发电时间	装机容量/万 kW	总库容/亿 m^3	年发电量/(亿 kW·h)	蓄水位/m	水头/m	管理者
云峰		中游	1959 年	1967 年	40	38.96	17.5	318.75	89	中国
老虎哨	渭原	中游	1980 年	1986 年	39	6.26	12	164	39	朝鲜
水丰		下游	1937 年	1941 年	63	147	41.3	123.3	77	日据朝鲜
长甸		下游	1985 年	1987 年	13.5					中国
	100 号	下游		1998 年	13.5					朝鲜
太平湾	新义州	下游	1982 年	1985 年	19	1.7	7.2	29.5	22.1	中国
望江楼	林土	中游	2015 年		4	0.16	1.54	208	10	中国
长川	文岳	中游	2015 年		4		1.54	198	9	朝鲜

注:“发电时间”为电站第一台机组开发发电时间;“年发电量”为设计年发电量;“蓄水位”为正常蓄水位;“水头”为平均水头。

根据水电站的建设时间对相关水电站的规划、开发、投资及电力分配进行简要介绍，以认识双方合作基本特征及其发展趋势。

1)水丰水电站

中朝界河鸭绿江上的第一座电站是位于干流下游的水丰水电站，距下游的太平湾水电站 29.6km，距丹东市 76km，距河口 90km。电站在中方一侧位于辽宁省宽甸满族自治县拉古哨村，在朝方一侧位于平安北道朔州郡水丰区，为此取朝鲜一侧地名“水丰”为电站名，即水丰电站(潘士明，1998；宋恩来，2003)。

1919 年，为满足殖民统治中国东北发展工业的电力需要，日本“东北电力设计所”讨论研究了关于扩大安东(现丹东)发电站的事项，并于 1929～1936 年时断时续地就干流水力发电资源进行调查、研究与规划；1937 年日据朝鲜与“伪满洲国”签订“关于鸭绿江水力发电事业备忘录”，建立了各自的鸭绿江水力发电公司双方共同承担建设成本、共同拥有资产、共同承担财产损失、共同分享盈利，即发电量在双方平均分配。因电站建设淹没了部分朝鲜土地，“伪满洲国”为此将鸭绿江上大部分岛屿划给日据朝鲜作为补偿。水丰水电站于 1937 年 12 月开工，1941 年蓄水、发电，因电站厂房位于坝后朝鲜一侧，由日据朝鲜运行管理(鲁青，2008)。1943 年大坝建成，准备安装 7 台水轮发电机组，至 1945 年日本投降前，共安装了 6 台发电机和 7 台水轮机。

1955 年中国与朝鲜双方代表就水丰电站的产权问题进行了谈判，最终双方签订《关于鸭绿江水丰水力发电厂的协议》和《关于中、朝鸭绿江水丰水力发电公司的议定书》。其中，协议规定水丰发电厂的全部资产为中朝两国共同所有，1945年8月16日(日本投降后第2天)以后单独投资的视为朝方资产；水丰发电厂所生产的电力，原则上按中朝各半的方式分配，但在不损害任何一方的权益下，可依照具体情况变更分配比例。关于电站的管理，规定设置“中朝鸭绿江水丰水力发电公司”(1985年改名为“中朝水力发电公司”，以推动图们江和鸭绿江的水力资源开发)，共同经营水丰水力发电公司，朝方负责公司工作人员的配备和日常业务的管理。此外，双方同意两国政府按“平权原则”派员组成理事会和监事会，代表政府领导并监察水丰水力发电公司。1958年电站进行复建和改建工程基本竣工，安装7台机组，总装机达到63万kW，3台50Hz机组向中国送电，3台60Hz机组向朝鲜送电，另外1台为可变频机组，可为双方送电(宋恩来，2003)。

1971年中朝鸭绿江水丰水力发电公司理事会和监事会会议决议决定对水丰电站扩建，双方利用水丰水库在自己境内各自投资、修建一座装机容量相同的地下电站，两个地下电站建成后不纳入公司财产。中方水丰扩建电站(长甸电站)于1985年开工、1990年发电，装2台混流式水轮发电机组，装机容量13.5万kW；朝方水丰扩建电站(100号电站)于1998建成，装机2台，总装机容量也为13.5万kW。至此，水丰电站共由3个电站组成，实现总装机容量90万kW，即双方合作坝后式水丰水电站63万kW，中方长甸电站13.5万kW，朝方100号电站13.5万kW，水库总库容达到147亿m^3，坝高104m，为一个不完全多年调节性水库。水丰水库是一个以发电为主，兼有防洪、提供城镇居民用水等多目标利用的工程。

2)云峰水电站

云峰水电站是鸭绿江上已建成4个梯级电站的第1级，位于鸭绿江干流中游，在中国吉林省集安市上游约50km处。电站于1942年开工建设，于1945年8月停工(中水东北勘测设计研究有限责任公司，2018)。

1958年中朝在水丰水电站相关事宜谈判协议的基础上，中朝鸭绿江水丰水力发电公司理事会讨论就共同投资、共同建设云峰水电站形成决定：中朝两国共同开发云峰水电站，成立“联合设计委员会”和“建设委员会”以协调设计和施工，朝方负责大坝建设，中方负责建设引水系统和厂房部分，朝方承担的一半建设费用，由中方提供长期贷款，朝方自1963年起分10年以货物偿还，因电站的发电厂房在我国境内，电站建成后由中方负责运行管理(李岩，1998)。

云峰水电站于1959年开工，1965年第一台机组正式发电，1967年4台机组全部投产，1971年底完成工程竣工验收，正式交由中方运行管理。电站发电后以220kV高压输电，其中1号、3号机组向中国输电，2号、4号机组向朝鲜输电。云峰电站装机容量40万kW，为引水式电站，设计年平均发电量为17.5亿kW·h，水库总库容接近39亿m^3，坝高13.75m，是一个不完全多年调节水库。电站是以发电为主，兼有防洪等效益的大II型水电站。

3)老虎哨(渭原)水电站与太平湾(新义州)水电站

老虎哨水电站(朝鲜称渭原水电站)，位于鸭绿江干流中游的中国吉林集安县老虎哨村和朝鲜慈江道渭原郡交界处。该水电站上游是云峰水电站，下游是水丰水电站。太平湾水电站(朝鲜称新义州水电站)，位于鸭绿江干流下游的中国辽宁省丹东市振安区太平湾街道和朝鲜的平安北道朔州郡方山里交界处，距水丰水电站 29.6km，距下游的丹东市 40km。

在云峰水电站建成后中朝双方决定进一步开发鸭绿江水能资源，1977 年确定了老虎哨(渭原)水电站和太平湾(新义州)水电站的坝址。两个电站仍旧由中朝两国共同投资。其中，老虎哨(渭原)水电站的设计、施工和运行管理由朝方负责，发电机组和机电设备由中方负责提供；电站共装 6 台混流式机组，单机容量 6.5 万 kW，总容量 39 万 kW；安装 50Hz 和 60Hz 两种频率的机组各 3 台，分别向中国和朝鲜供电，设计年发电量为 120 亿 kW·h。太平湾(新义州)水电站由中朝两国均等投资兴建并共同受益；由中国负责设计和施工，建成后由中方运行管理；电站总装机容量 19 万 kW，共装有 4 台机组，有 50Hz 和 60Hz 机组各 2 台，单机容量 4.75 万 kW，分别向中朝两国供电。

老虎哨(渭原)水电站于 1980 年开工建设，1986 年第一台机组发电，1991 年全部机组发电，装机容量 39 万 kW，坝高 55m，总库容为 6.26 亿 m^3，为日调节水库，工程总投资 2.45 亿元。太平湾(新义州)水电站于 1982 年开工，1985 年第一台机组发电，1987 年底全部机组并网发电，1996 年底由中国单方面组织对电站进行了内部竣工验收；电站总装机容量 19 万 kW，坝高 32m，总库容为 1.7 亿 m^3，为日调节水库，工程总投资 4.43 亿元。

老虎哨(渭原)和太平湾(新义州)水电站分别于 1991 年和 1987 年全部机组并网发电，但是双方直到 2007 年 5 月才召开竣工决算会议(东北电网公司，2007)。

4)望江楼(林土)水电站与长川(文岳)水电站

中朝水力发电公司理事会第 48 次会议决议批准通过了《中朝鸭绿江上中游水力资源开发规划会议纪要》，于 2004 年审查通过了望江楼(林土)水电站和长川(文岳)水电站的初步设计，两个电站将利用云峰-集安江段落差，平均分为两段进行开发，其中，中方开发上段，即望江楼(林土)电站；朝方开发下段，即长川(文岳)电站。

中朝双方于 2006 年签署《关于文岳电站建设合作协议书》，2010 年签署《中朝建设鸭绿江望江楼(林土)和长川(文岳)电站第九次会议纪要》，同意电站开工建设。其中，长川(文岳)电站计划投资 5 亿元，发电厂位于朝方一侧，总装机容量 4 万 kW，年发电量 1.54 亿 kW·h；由中方投资兴建并提供机电设备；朝方提供电站建设所需土地，并以电站生产的电力偿还中方投资(刘源源，2006)。望江楼(林土)电站，计划投资 6 亿元，发电厂位于中方一侧，总装机容量为 4 万 kW，设计年发电量 1.54 亿 kW·h，坝高 16m，正常蓄水位 208m，水库库容 1600 万 m^3，利用水头 10m(苑竞玮，2009)。

望江楼(林土)水电站位于鸭绿江干流中游的吉林省集安市境内，坝址位于集安市青石镇望江村，距集安市区 36km，距朝鲜的林土火车站 1.5km。电站于 2015 年底主体工程正式开工，2018 年底完成土建工程，2019 年 4 月进行发电机安装，2019 年底下闸蓄水，项目总投资 13.7 亿元(苑竞玮，2019)。

长川(文岳)水电站，坝址位于中国青石镇长川村，距集安市 24km，距朝鲜的林土火车站 5.5km；长川(文岳)水电站曾报道与望江楼(林土)水电站于 2010 年同时开工(丁陆阳，2010)，但望江楼(林土)水电站实际于 2015 年开工，之后没有见到关于长川(文岳)水电站建设的相关信息。但从上文望江楼(林土)电站的总投资额看，其比原来两个电站计划总投资(11 亿元)还高，加上长川(文岳)电站也是中国直接投资，因此，有可能两个电站是同时建设的，且目前接近完工。

(三)中国与朝鲜界河水电合作开发经验

中国与朝鲜在两国间界河鸭绿江上开展水电合作开发经历了不同的发展历程，在合作开发界河水力资源过程中形成了一些基本的合作定式，积累了丰富的合作经验，但也存在一些问题。

从合作的基本定式来看，中国与朝鲜在水丰水电站合作实践之后，中朝合作建设的云峰、太平湾、老虎哨(渭原)水电站，以及正在建设的望江楼(林土)和长川(文岳)水电站，都遵照电站发电厂房所在国家负责电站的运行管理的原则。此外，两国在鸭绿江干流水电开发上遵循共同投资、共有产权、共同管理、共同受益的原则，实行电站均等发送电、平均受益、年度结算的运行方式。

从合作的最终实践情况看，形成了如下一些值得未来借鉴的经验。

(1)双边合作协议成为水电合作开发的基础：中朝双方鸭绿江干流水电开发合作项目均分别签订了双边合作协议，实行一个电站一个协议、多个备忘录和多项理事会决议，以协调每个电站的设计、开发及运行。

(2)共同决策与监督机构保证了合作的顺利开展：依据中朝 1955 年签订的《关于鸭绿江水丰水力发电厂的协议》，中朝鸭绿江水丰水力发电公司(后来的“中朝水力发电公司”)成立，两国政府派员组建公司理事会和监事会，以领导和监察水丰水力发电公司的运行。按照平权原则，理事会代表中朝双方政府各设理事 6 名，并在理事中推选理事长、副理事长各 1 名，理事长由中朝双方轮换担任。理事会会议分为定期会议和临时会议，其中定期会议每年召开两次。监事会是公司的监察机构，由中朝双方各两名成员构成，设监事长和副监事长各 1 人，监事会每年定期召开两次会议。1971 年公司监事会取消，其原职能由公司理事会行使。1972 年中朝鸭绿江水丰水力发电公司通过了新的公司章程，规定理事会由中朝双方政府各自派出理事长 1 名和理事 3 名组成。理事会会议分定期会议和临时会议，定期会议每年召开1次，在北京、平壤轮流举行，由会议所在地一方的理事长主持。理事会议决定公司的有关重大问题，包括鸭绿江水资源开发的规划、电站设计、坝址选择、现有电站检修、扩容等事宜，而且理事会对公司内部相关事宜享有最高决策权。

(3)跨境水资源开发中的平等权利通过平均分配水电开发成本与效益体现，鸭绿江干流上中国与朝鲜合作开发电站，原则上均实行投资-运营-效益平均分摊和平均分配方式，包括：共同投资的电站资产为中、朝两国政府共有；按平权合股原则进行资金投入，各自承担50%；电厂的折旧基金和利润由中、朝双方平均分配，各自按时上缴两国政府；每个电厂生产的发电量，中朝各获得电站50%，分别售给中、朝双方用电部门；电站管理采取发电厂房的属地管理方式，即厂房布置在哪国境内就由该国负责管理，为此6个电站即采用平均分布方式进行厂房布置，即朝方管理水丰、渭原和文岳发电厂，中方管理云峰、太平湾和望江楼发电厂。

与此同时，也存在如下一些经验教训。

(1)电厂委托管理方式有缺陷：中朝水力发电公司是无实体机构，所属电厂分别委托单方负责管理。实际的电厂管理方会受到各自国内政策、体制、规章制度的影响，使得中朝水力发电公司理事会的决议时常难得到认真的贯彻执行，进而逐渐削弱理事会对公司、电厂的管理、决策及监督权，最终会影响合作双方利益分配和合作的对等原则。

(2)双方经济、技术实力差异造成电站实际产权产生差异：随着中朝两国经济发展水平差距不断增大，共同投资，但单方负责建设、管理和维护电厂的管理模式影响了合作电站的平权合股原则实施。例如，双方共同投资、各自建设的太平湾和渭原电站，中方负责太平湾电站，5年完成施工建设，而朝方负责的渭原电站建设期为11年，建成后发电机组及辅助设施不能正常运行，造成中方支付的50%投资不能如期见效(李岩，1998)，也使得双方在固定资产方面的股份不对等；中朝双方在资金投入量、技术水平上均有较大差距，在电厂设备维护、检修和更新改造方面没有统一的规程、规定，使得两方托管的电厂差距增大，设备完好率越来越低，严重影响电厂出力。例如，2009年中朝双方决定对水丰大坝及防洪设施进行改造，但改造工程由中方出资，具体由东北电网公司负责组织实施(中国水利水电建设集团公司，2011)。

(3)双方资金技术实力差距造成的不对等：仅从已建成运行的4座电站装机容量看，虽然是中朝两国各负责运行管理两个，但电站间装机容量不同，造成中方管理的两个电站(云峰和太平湾)和朝方管理的两个电站(水丰和渭原)装机容量相差43万kW。长甸电站入水口高于水丰电站和100号电站，在水丰水库水位低于92m后长甸电站便不能发电，而朝方经常使水丰电站在95m死水位以下运行，造成长甸电厂停产，影响中国利益。根据文献记载，长甸有运行记录的15个月来看，其中4.8个月处于停机状态，其原因就是朝方电力短缺持续放水(翟海燕，2007)。2011年长甸电站进行引水系统改造，工程完工后这一情况才得以改善。中朝双方对电站负荷、出力功能的要求不同，选择建设电站的参数也就不同，使得双方对渭原电站、太平湾电站的装机容量、运行方式、管理方法、建设方案都有不同的看法，多年谈判达不成协议(李岩，1998)。

(4)朝方的跨流域调水规划将影响鸭绿江的电站出力，朝方的虚川江、长津江、赴战江等存在跨流域引水，普天引水计划将引走全流域 19.3%的径流，对干流梯级发电指标影响很大，临江以上各水利枢纽发电量减少 44.7%～73.7%，中下游电站电量减少 7.7%～29.4%，是鸭绿江干流水力资源开发面临的一个较大问题(孙成海和范垂仁，1994)。

(5)朝鲜当前的电站运行方式可能增加中国的投资风险：中朝界河开发由双方各半投资，其中朝鲜投资一部分是用资源开采权进行交换的，但朝方当前的电站运行方式可能会加大中国投资方的投资风险。包括朝方负责建设的渭原电站，建成后机组及辅助设施不能正常运行，造成中方支付的一半投资不能如期见效，甚至朝方连贷款利息都无法偿还(李岩，1998)；太平湾和渭原水电站分别是 20 世纪 80 年代末和 90 年代初建成运行的，但两个电站的决算于 2007 年才完成，可见其中的投资成本计算之复杂。

中朝两国在鸭绿江上近一个世纪的时间内，连续合作开发了 6 个电站，总体电站运行正常，支持了两方电网覆盖区域内的社会经济发展，也为国际河流上的界河水电开发提供了合作模式、经验与案例。

二、哥伦比亚河

(一)流域概况

哥伦比亚河(Columbia River)地处 41°N～53°N、110°W～124°W，位于太平洋西海岸的北美洲西北部，发源于加拿大南部的落基山脉下的哥伦比亚湖，河流在向西北方向流动 305km 后折向南流，经 435km 后到达海拔约 390m 的加拿大与美国边界；河流进入美国华盛顿州后，受到东北—西南向哥伦比亚高原地形及其间熔岩台地等地形控制，蜿蜒穿越于华盛顿州中东部地区并形成一个“大拐弯”，在其最大的支流——蛇河/斯内克河(Snake River)汇入后，向西流大约 480km 后(其中约有 240km 为华盛顿州与俄勒冈州的河界)，最终在俄勒冈州西北端的阿斯托里亚市(Astoria)以西 16km 处注入太平洋。

哥伦比亚河流域地处北美洲大陆西部科迪勒拉山系北段和哥伦比亚高原上，流域从西向东平行分布有三列近南北向山脉，分别为海岸山脉、喀斯喀特山脉、落基山脉，其间分布有山间盆地、熔岩台地等。受盛行西风影响，西风环流携带太平洋及阿拉斯加暖流的湿润气流从西向东进入流域，但在以上南北向山脉的阻挡下，在各山脉形成地形雨，即迎风坡降水多、背风坡降水少，并阻挡了西风向东继续深入，流域从西向东降水量呈逐步减少的趋势，山区则是从河谷、山麓向上呈逐步增加的趋势，年降水量在水平方向自西向东从1000mm及以上向500mm、300mm至200mm逐步减少，流域大部分区域的年降水量为250～500mm。由于西风带势力在冬季较强，流域内冬季降水(多为降雪的形式)多于夏季，气候从温带海洋性向温带大陆性过渡。受到降水时空分布的影响，流域内地表径流时空分布特征表现为：春季和初夏气温上升，冰雪融水增加，形成春夏季径流量较大、秋冬径流量较少的特征，其中，加拿大境内上游的最大流量发生于每年的5～8月，最小流量发生于每年的12月至次年的2月，而美国境内中下游的最大与最小流量分别发生于4～6月和12月至次年的2月；沿海地区冬季雨量集中时，会发生洪水；河口平均流量7419m^3/s，最大流量35000m^3/s(1894年6月)，最小流量为1019m^3/s，多年年平均入海总水量约2340亿m^3。哥伦比亚河是美国西海岸径流量最大的河流；哥伦比亚河在加拿大干支流年平均流量为2196m^3/s(Province of British Columbia，2020)，占流域河口流量的29.6%，即美国境内年平均流量占流域年平均流量的70.4%。

哥伦比亚河的干支流流经加拿大的1个省(不列颠哥伦比亚省)和美国的7个州(俄勒冈州、华盛顿州、爱达荷州、蒙大拿州、怀俄明州、犹他州和内华达州)。河流干流全长2000多km，落差808m，干流平均比降约为0.4‰，其中，中游峡谷河段的比降大于1‰，流域面积66.1万km^2；上游加拿大境内干流长748km，落差415m，流域面积10.1万km^2，占全流域面积的15.3%；下游美国境内干流长约1230km，落差393m，流域面积56万km^2，占全流域面积的84.7%(US Department of the Interior/Geologic Survey，1981；水利部国际经济技术合作交流中心，2018；Marts，2020)。

哥伦比亚河径流量大、河谷比降大、基岩抗蚀性强、含沙量少，水能资源极为丰富且有利于开发。流域可开发水电站装机容量6380万kW，其中加拿大境内可开发装机容量871万kW，年发电量347亿kW·h；美国境内可开发装机容量5509万kW，年发电量2138亿kW·h，是世界上水力发电资源最丰富的河流之一，其干支流水力可开发潜力占全美国的1/3(Marts，2020)。至1991年底，全流域已装机3600万kW，年发电量1606亿kW·h，分别占可开发水能资源的65%和75%，其中，加拿大境内已装机540万kW，年发电量232亿kW·h；美国境内3060万kW，年发电量1374亿kW·h(US Energy Information Administration，2014)。至2017年，美国境内流域内建成装机容量100kW的水电大坝281个和200多个其他用水目标(如灌溉、防洪)的大坝，水电站总装机容量3431.8万kW，其年发电量占美国西北地区发电总量的55.7%(Northwest Power and Conservation Council，2020)，构成了世界上最大的水力发电系统之一。以上水库的蓄水总量达61.5亿m^3，用以满足流域内灌溉60万acre(英亩，1acre≈0.405hm^2)的耕地和其他用水目标的需求。

总体上，以流域面积算，哥伦比亚河是北美第六大河；以流量算，是北美第四大河；从径流补给来源看，哥伦比亚河是以冰雪融水和降水补给为主的河流，特别是上游高海拔地区；河流在其2000多千米的行程中切穿了多条山脉，汇合了10条主要支流，使得哥伦比亚河成为北美水能蕴藏量最为丰富的河流之一。

哥伦比亚河每年鲑鱼的洄游量曾经超过3000万尾，是世界上鲑鱼洄游量最大的一个流域，有7种太平洋鲑鱼在该河及其支流繁衍与洄游。随着干支流上众多大坝的建设及水体环境的变化，目前只有很小一部分鲑鱼能够实现洄游，近年来引起了美国多方关注，包括要求大坝修改运行方式、增加春季下泄流量、增加鱼道、改变电站涡轮机结构及拆除水坝的讨论(American Rivers，2019)。

(二)美国与加拿大水电开发合作

1)合作背景

19世纪中叶，海洋及内河航运的发展以及航道的开发、金矿的发现、商业捕鱼业的发展推动了哥伦比亚河流域工业化进程，也推动了流域内水力资源的开发。哥伦比亚河上建成的第一个水电站是位于一级支流斯波坎河(Spokane River)上的门罗街大坝(Monroe Street Dam)，该电站建成于1890年，位于华盛顿州境内，坝高7.3m，装机容量1.5万kW。斯波坎河是哥伦比亚河最早进行水电开发的支流，该河主要的7个水电站均建于1890～1933年，之后水电站建设开始在奇兰河(Chelan River)、亚基马河(Yakima River)、斯内克河(Snake River)和库特内河(Kootenay River)展开。

在此期间，美国国内对“谁有权对河流水道进行开发和控制”展开了争论，即关于是由代表公共权力的联邦或当地政府还是私人有权对水道进行开发的争论。1905～1920年《联邦水力法案》(the Federal Water Power Act)的通过，出于对涉及民生的电力发展被垄断以及河流多目标开发(如大坝建设)的综合考虑，美国国会关于水利立法的争论持续了15年。其间，1908年联邦内河航运委员会在向国会提交的一份《河流开发研究报告》中称“河流是人民的共同财产，河流不能进行垄断开发，河流应实现多目标开发”；1910年联邦《水坝法案》(the General Dam Acts)授权“联邦政府需对在可通航河流上修建水电大坝发放许可”，意味着水电开发成为国家议题(Northwest Power and Conservation Council，2020)。

1909年美国与加拿大就两国间诸多跨境河流与湖泊水资源的利用与管理问题签订《关于美国与加拿大之间的边界水域和问题的条约》(简称《边界水域条约》，The Boundary Waters Treaty)，该条约确定了7项用于解决未来用水分歧的原则，包括水资源利用的一般性原则和国际联合委员会(International Joint Commission，IJC)(为条约执行及跨境水合作而成立的专门国际机构)在解决分歧时可用的原则。一般性原则包括：相互保证可通航水域航行自由；如上游引水造成对下游的损害，下游有获得补偿的权利；禁止对边界或连接水体的污染，因其可能造成对另一方人员健康或财产的损害；禁止一方大坝或其他设施造成另一方境内水域水位上升，除非获得许可。该条约还明确了两国在边界水域拥有平等的权利，并确立了水资源利用的“优先顺序”，即居民生活及卫生用水、航行利用(包括以航行为目标的运河)、发电及灌溉用水(Johnson，1966)。

1926 年美国国会授权美国陆军工程兵团和联邦电力委员会联合对美国可通航河流及其支流的航道开发与整治、水电开发、防洪和灌溉用水开展综合调查，1927 年国会授权对哥伦比亚河潜在大坝坝址进行调查；调查报告于 1932 年完成，国会以“308 报告”作为法案名，提出在该河上建造多目标大坝的规划。此时美国正因股市崩盘，经济陷入大萧条，为使人们重返工作岗位、刺激经济复苏，1933 年政府批准了哥伦比亚河以水电、航运、灌溉和防洪为目标的基础设施建设计划，快速推进了该河的水电开发。虽然 1933 年由普吉特电力与照明公司建设完成的、干流中游上的第一个水电站——洛基岛/石岛大坝(Rock Island Dam)(装机容量 66 万 kW)是一个以水电开发为单一目标的项目，但之后的大坝项目以多目标开发为主，如 1938 年建成的邦纳维尔大坝和 1942 年建成的大古力大坝(图 2-1 和表 2-9)(The Oregon Encyclopedia，2019)。

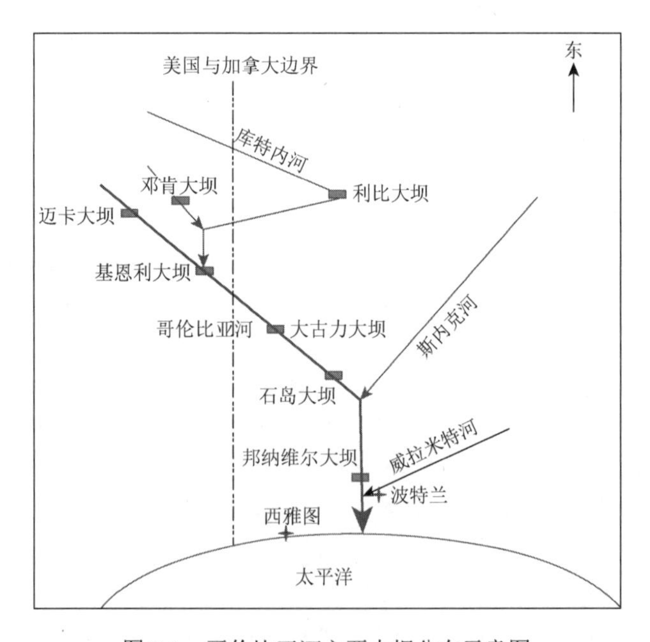

图 2-1　哥伦比亚河主要大坝分布示意图

Figure 2-1　Major dams in the Columbia River Basin

表 2-9　哥伦比亚河上主要水电站的主要指标

Table 2-9　Some main indicators of the major hydropower stations along the Columbia River

大坝名称		坝高/m	装机容量/万 kW	有效库容/亿 m^3	位置	建成时间
迈卡大坝	Mica	240	280.5	148	不列颠哥伦比亚省	1973 年
雷夫尔斯托克大坝	Revelstoke	175	248	87.6		1984 年
基恩利大坝	Keenleyside	52	18.5	88		1968 年
邓肯大坝	Duncan	39.6	0	17.7		1967 年
大古力大坝	Grand Coulee	170	662	64.99	华盛顿州	1942 年/1974 年
约瑟夫酋长坝	Chief Joseph	72	261.4	2.37		1955 年
韦尔斯大坝	Wells	49	77.4	1.21		1967 年
罗克利奇大坝	Rocky Reach	57	130	0.45		1961 年
洛基岛/石岛大坝	Rock Island	33	62.4	0.14		1933 年
万邦大坝	Wanapum	56	103.8	1.97		1963 年
拉皮兹神父大坝	Priest Rapids	54	95.6	0.55		1961 年
利比大坝	Libby	128	60	72.1	蒙大拿州	1972 年
麦克纳里大坝	McNary	56	99.1	2.28	华盛顿州与俄勒冈州边界	1954 年
约翰戴河大坝	John Day	56	216	6.6		1971 年
达尔斯大坝	The Dalles	79	180.7	0.65		1957 年
邦纳维尔大坝	Bonneville	60	106.7	1.75		1938 年

资料来源：Infogalactic，2015；Columbia Basin，2018；Chelan，2020。

哥伦比亚河干支流电站开发获得的廉价而充裕的电力不仅在二战期间吸引了众多工业企业，而且在战后也促进了流域内经济和人口的快速增长。但总体上，无论是联邦政府还是非联邦政府的大坝项目预留的防洪库容均较小，即防洪并不是当时美国的流域开发重要目标。与此同时，加拿大境内哥伦比亚河流域基本没有开发。

1927～1944 年，鉴于 1909 年《边界水域条约》的规定，IJC 先后收到 11 个涉及建设工程可能产生跨境影响的项目申请，IJC 在制订国际河流联合开发规定和解决可能分歧方面的作用开始逐步显现。1944 年，美国与加拿大为解决洪水问题和双方不断增长的电力需求问题，不仅各自形成了自己的开发目标，而且开始就协调双方的流域开发规划进行讨论。为此，两国要求 IJC 就哥伦比亚河合作开发的可行性进行调查、分析并向两国政府提出相关建议。IJC 为此专门成立“国际哥伦比亚河工程委员会”(The International Columbia River Engineering Board) 开展此项工作。

1948 年 4～5 月气温偏高、降水偏多导致冰雪快速消融、河水上涨迅速，5 月

23日～6月23日，从加拿大水源区到美国下游及支流各地，哥伦比亚河产生了该河历史有记录以来第二大洪水(历史最大洪水发生于1894年)。1948年5月25日，哥伦比亚河及其一级支流威拉米特河(Willamette River)的水位都接近6.9m，比洪水水位高出2.4m；洪水对河流沿岸区域造成经济和人员损失，如温哥华市的机场低洼区被淹、居民受困，波特兰北部铁路被淹、通信及供电设施受损；5月27日温哥华市和波特兰市2万多英亩区域被淹，喀斯喀特水闸和胡德河(Hood River)之间的高速公路被切断，华盛顿州约1500户居民被迫撤离；5月28日该河下游最后的干流大坝邦纳维尔大坝的下泄水量为正常水量的3.4倍；5月30日下午防洪堤决口，几个小时内摧毁了建于哥伦比亚河洪泛平原上的凡港市(Vanport)(当时俄勒冈州的第二大城市，人口约3.5万)，造成18人死亡，1.8万多人流离失所(Bryce，2011)；波特兰市(俄勒冈州的第一大城市)洪水水位分别在6月1日和6月14日达到和超过9m，且淹没期超过20天；洪水于6月底消退，仅美国境内就造成至少51人死亡，4.6万多人失去家园，1亿多美元的损失(不包括工厂、企业损失)(Ott，2013)。此次洪水造成的灾难影响，使得时任美国总统杜鲁门要求正在做哥伦比亚河流域开发规划的美国陆军工程兵团应充分考虑其中的防洪问题，之后1950年联邦政府“531号文件”中明确规定“哥伦比亚河及其支流斯内克河的大坝系统必须具有防洪、增加航行和发电的效益”。美国陆军工程兵团在此政策导向下调整了流域总体开发规划，其整体指导原则为：流域上下游、干支流水库联合开发和运行，在提高和增加水电发电效益的同时，提高流域防洪能力、降低洪水风险。该规划最终成为哥伦比亚河的开发基础。

2)《哥伦比亚河条约》从协商、签订到批准过程

1944～1959年，IJC在开展调查、达成一致性研究结果的过程中，委员会内部的两国委员之间就是否合作、如何合作以及合作效益共享等产生了激烈的争论。其间，1951年美国申请IJC批准其建设利比大坝(Libby Dam)。该大坝建在支流库特内河(Kootenay)的美国境内中游段，大坝建成蓄水后将使水位升高约45m，水库淹没区向上游延伸进入加拿大，并影响当地社区生活与交通。虽然美国愿意为此就土地淹没、公路铁路搬迁、移民安置对加拿大进行补偿，但其中未考虑利用45m高水头为美国当地及下游产生大量电量是否涉及加拿大的贡献。加拿大对此反应激烈且迅速，其联邦及省政府均坚持认为“加拿大有权分享利比电站利用不列颠哥伦比亚省自然资源所生产的电量。”两国在多次讨论未果之后，包括备选方案，美国撤回申请，由其陆军工程兵团重新修改和设计。1954年美国根据修改方案向IJC重新申请，但在“利用加拿大资源对其进行补偿”问题上的观点没有改变。此次，加拿大不仅仍旧坚持分享该电站发电量，而且要求分享由加拿大产生的水头对下游美国各级大坝所产生的效益。与此同时，更令美国人震惊的是：加拿大设想将库特内河的水直接调往哥伦比亚河干流，即将利比等电站的计划发

电用水直接调入干流，保证干流出加拿大国境前径流量维持不变。加拿大称调水计划的可行性研究已经开始，美国的利比大坝规划在其之后。双方在利益共享的法律依据(1909 年双边条约第 2 条)及其实际应用方面分歧明显，IJC 加拿大一方委员会主席对利比大坝建设规划称“美国想用一张金箔的价格得到我们的一块金表”。在利比电站申请之后，又有两个电站建设规划出现类似问题，加拿大对此针对性地提出跨流域调水方案，进而引发了两国对该流域联合开发的大量思考，如美国对位于下游可以“免费”获益的审视。加拿大议会担心不列颠哥伦比亚省政府不经联邦政府批准就直接与美国公司合作开展开发行动，于 1955 年通过了《国际河流改善法案》(International River Improvement Act)，该法案禁止未获得联邦政府许可就在国际河流上修建大坝或其他设施，由此杜绝了不列颠哥伦比亚省政府避开联邦政府与美国利益团体直接讨论流域开发项目的可能性等。

1956 年鉴于 IJC 美加双方委员会之间巨大的意见分歧，特别是双方委员会主席之间针锋相对的意见，两国准备将问题提升到政府层面直接进行解决。对美国来说，需要考虑的核心问题是加拿大是否有权在河流上游实施调水工程，以及调水工程对美国下游水电站的影响程度。20 世纪 50 年代中期双方围绕以上法律问题产生了持续争论，双方在法理上的争论已经陷入僵局，需要一个更明智的方式来解决问题，尽管加拿大的调水计划广受质疑，包括在加拿大自己国内，但也使得美国对拒绝加拿大要求分享下游效益的行为进行了三思。加拿大提出“皮斯河/和平河(Peace River)方案”来代替与美国合作开发哥伦比亚河以满足自身对能源的增长需求。虽然这一方案与前期的调水计划一样可能都是加拿大的一个战术策略，但是它真的改变了美国对哥伦比亚河开发的态度甚至是战略，打破了原来美国与加拿大讨价还价的优势地位，使得美国能够坐到谈判桌上就加拿大可以接受的利益问题进行协商。此时，美国的态度开始发生变化，开始同意“一些”效益应该进行回馈甚至是必需的，具体的分配比例成为双方讨论的重点。

1958 年 5 月～1959 年 12 月，双方向着利益平均分配(各 50%)的方向发展，1959 年 1 月，两国要求 IJC 就发电和防洪效益的分配给出“原则”建议。1959 年 3 月，IJC 工程委员会完成其调查报告并提交给 IJC，报告主要内容包括：因河流水流季节性变化大，美国径流式水电站难以充分发挥效益。其原因有：如果电站按最大年径流设计发电能力，则年内电站的开机率会大幅下降；如果电站以接近平均年径流进行设计，那么在高水位时，电站只能弃水。解决这一问题的办法是在河流上游建设蓄水型水库，通过蓄水水库调节水流，使得电站在充分发挥发电能力的同时，实现控制下泄水量、减小洪水威胁的目标，从而具有明显的经济和社会效益。而哥伦比亚河上可建这一类型水库的绝大多数好坝址都在加拿大境内。为此，报告建议两国对河流进行联合开发，即在河流上游(加拿大)建设和运行蓄水水库以调节水流，使美国下游水电站可以产生更多能源和更可靠的发电效率，在满足美国更大的电力需求的同时，利用水库的蓄水能力减少干支流春季(融雪)峰值流量，减少流域内的洪水威胁，特别是对下游美国的威胁。同时，基于工程、经济可行性以及最大限度地开发有效流量和水头，报告建议了 3 个开发方案，不仅每个方案在流域内产生的总效益几乎相等，而且每个方案都将发电和防洪作为流域水资源开发最明确的目标，提出将水电、防洪和航运作为合作开发最为重要的领域，应允许尽可能地予以利用。但是，这一建议成功与否的关键在于加拿大是否愿意在其境内建设大型水坝，或授权建设会给美国带来巨大效益的大坝。

1959 年 12 月，IJC 发布《关于哥伦比亚河系统内电力互通与蓄水合作利用效益的确定与分配的原则报告》，并提交双方政府决策。报告在明确了合作开发成本明显低于各自开发成本的基础上，提出的“原则”建议主要有两条：一是加拿大的蓄水在美国产生的电力和防洪效益应在两国间平均分配，即各 50%；二是每个国家应承担自己境内相应设施的建设成本，大坝和电站建设应按照效益-成本比率大小顺序逐步完成。其间，虽然委员会内有人对 50%的分配比例，或者说对成本-效益核算方式提出过质疑，但因各种原因无法达成一致而最终维持了平均分配这一基础原则(Johnson，1966)。

IJC 工程委员会由双方各 2 名工程师组成，历时 15 年的调查报告最终成为双方政府条约谈判的基础文件。1960 年初，加拿大和美国双方代表开始就流域内可调节性水库的选址、大坝建设和共同利用等具体项目及目标进行谈判。1960 年 9 月，双方谈判代表共同对外发布了一个“联合进展报告”，谈判结果于当年 10 月被双方政府接受。1961 年 1 月时任加拿大总理与美国总统签署了《关于合作开发哥伦比亚河流域水资源的条约》(简称《哥伦比亚河条约》，Columbia River Treaty)，1964 年 9 月 16 日由两国批准《哥伦比亚河条约》及其议定书，在对《哥伦比亚河条约》的某些条款进行了补充和澄清之后该条约正式生效。

《哥伦比亚河条约》从 1961 年两国签订到 1964 年批准生效，前后经过了 3 年多的时间，说明该条约在两国国内相关利益方之间存在一些分歧，特别是在加拿大。条约签订后，加拿大国内的反应不一，支持和反对的意见对立明显，致使其批准时间比美国晚了近两年。主要问题是：加拿大的联邦政府与省政府对水资源开发管理权几乎相当，那么，国家间条约签订后，谁负责修建加拿大境内水利设施，不列颠哥伦比亚省如何执行条约、如何获得下游利益？从中可见，虽然两国都是联邦制国家，但联邦政府的权力在两国之间存在明显差异，如 1867 年《英属北美法》(The British North America Act)(也称《加拿大宪法法案》)，授权各省对其境内自然资源包括河流的所有权，但是，一方面联邦政府对资源的某些使用拥有管辖权，包括对可通航河流、国际水域和跨省水域行使管辖的权力，对外签订条约的权力，但是其执行条约的权力在省级管辖范围内受到限制；另一方面，省政府如果要在国际河流上建坝，需要得到联邦政府的许可。因此，加拿大省级政府和联邦政府在水资源开发管理中的权力相当，要推进条约的实施，两级政府间的和解至关重要。而在美国，联邦政府较州政府拥有绝对的权力，这个权力来源于美国宪法以及联邦政府在美国西部拥有大面积土地，这使得联邦政府对河流开发拥有控制权，包括水政策存在冲突的邦之间，如果邦要调整其水政策需要通过其议员和代表去游说联邦政府。此外，加拿大与美国相比，加拿大只有 10 个省，而美国有 50 个州，加拿大省政府的相对权力就较大，且不列颠哥伦比亚省是加拿大面积较大、经济地位较为重要的一个省，其政治地位相对更为突出和重要；加上联邦制国家的邦或省较为独立的立法权，即邦或省可以通过其政策制订以对抗与联邦政府有冲突的计划来获得更为重要的法律权力。因此，美国与加拿大签订的条约要得以最终实施，需要加拿大联邦政府与其省政府就条约实施达成一致，这一过程使得条约的被批准时间在条约签订时间之后延迟了 3 年多，最终以加拿大与美国之间达成一个补充条例(议定书)为结果得以生效。

(三)《哥伦比亚河条约》的核心内容

《哥伦比亚河条约》的核心条款及内容如下。

(1)加拿大同意在其不列颠哥伦比亚省建设 3 个蓄水性水库(图 2-1)，为下游美国水利设施发挥发电与防洪效益提供 1550 万英亩英尺(约 191 亿 m^3)的蓄水库容，其中计划用于防洪的共库容量为 850 万英亩英尺，计划建设的 3 个大坝，即干流上迈卡(Mica)大坝、基恩利(Keenleyside)大坝以及支流库特内河上邓肯(Duncan)大坝提供的蓄水库容分别为 700 万英亩英尺、710 万英亩英尺和 140 万英亩英尺(第 2 条)(表 2-9)。

(2)美国为最有效地利用加拿大所提供的蓄水量，同意联合运行干流和支流上的 24 座电站和今后建设的电站(第 3 条)。

(3)基于美国与加拿大同意以 50%对 50%分配下游电站效益的方式，加拿大获得了美国哥伦比亚河水电站因上游加拿大水库对水流的调节而估计增加的发电量的一半(第 5 条)。美国基于利用 104.22 亿 m^3 蓄水库容所产生的防洪效益，向加拿大预付 60 年(1964～2024 年)、共 6440 万美元的防洪效益费用(第 6 条)。

(4)加拿大同意在发生紧急情况时为美国提供额外的防洪蓄水容量，每提出一次增加防洪蓄水要求，美国应支付加拿大的水库运营成本并补偿电站发电损失。与此对应的是，加拿大应建的基恩利大坝和邓肯大坝必须在条约生效后的 5 年内建成，逾期每月罚款将分别为 192100 美元和 40800 美元，迈卡大坝必须在 9 年内建成，逾期每月罚款 4500 美元(第 4 条)。

(5)美国可在 5 年内修建利比大坝，大坝蓄水将淹没加拿大境内土地，预计损失 1300 万美元，利比电站产生的电力不与加拿大共享，而利比大坝通过调节水流使加拿大西库特奈电站增加发电量也不与美国共享，为下游加拿大产生的防洪效益不要求补偿(第 12 条)，以此大致平衡抵消了该大坝建设运行后在两国之间产生的成本与效益差。因此，从表面上看利比大坝似乎没有遵循该条约对半分享利益原则。

(6)每个国家要指定代表各自国家执行条约条款的“运行实体”，其中美国指定邦纳维尔电力管理局(Bonneville Power Administration，BPA)和陆军工程兵团分别负责水力发电和防洪事务，加拿大则指定不列颠哥伦比亚水电公司(British Columbia Hydro，BCH)和电力管理局为其条约实施实体；两国还设立了一个由 4 名成员(每个国家两名)组成的常设工程委员会，负责一系列的调查、监督和报告职责，其目标是促进解决两国运行实体之间产生的分歧。任何一国均可将条约产生的分歧提交 IJC，如果 IJC 在三个月内未做出决定，任何一国均可将分歧提交仲裁(第 16 条)。

(7)条约有效期为 60 年，在此之后，任何一方如果想终止条约应提前十年通知另一方，即该条约可在 2024 年之后的任何时候终止，但至少提前 10 年通知，如果想让条约于 2025 年终止，提出终止的通知应不迟于 2014 年(第 19 条)。

1964 年《哥伦比亚河条约》议定书中补充条款主要确定了加拿大将其获得的电量出售给美国的规定。1964 年 10 月，美国一次支付给加拿大 2.544 亿美元的条约前 30 年的发电效益费用以及 6440 万美元的防洪效益费。这些资金用于加拿大建设 3 个大坝和购买迈卡电站发电机 50%的费用。允许加拿大利用河流水资源用于灌溉、居民生活和工业用水(1961 年条约里没有明确规定)，即允许加拿大在流域内引水利用。这些条款使加拿大对自己的蓄水设施具有了控制权，且规定美国只能在紧急情况下(如在华盛顿州达尔斯大坝流量超过 $16990m^3/s$ 时)要求加拿大动用增加防洪库容条款。此外，也表明不列颠哥伦比亚省承担、分享了条约中加拿大的大部分职责、利益，而美国则由联邦机构负责条约的实施。

(四)合作成果及合作发展近况

从以上哥伦比亚河水资源的开发历程看，大规模的开发活动始于 19 世纪末的美国，从支流水电、干流航运向干流水电、适宜区域的灌溉以及干支流可通航航道的开发发展。20 世纪初，美国通过立法明确规定河流水资源应实现多目标开发，美国与加拿大签订《边界水域条约》，确定两国对边界水域水资源拥有平等的开发利用权，以及河流水资源的开发利用“优先顺序”，即居民生活与卫生用水、可通航河道的航运开发、发电及灌溉用水。1944 年，两国委托 IJC 就哥伦比亚河合作开发的可能性进行调查研究，推动了两国合作开发哥伦比亚河的进程。

在 IJC 开展相关调查研究期间，双方在该流域开发的权利及工程效益上产生分歧，争论的焦点为美国是否应该分享上游加拿大调节水流在下游产生的利益。1951～1961 年，双方的观点从对立最终达成了一致，即下游与上游需要共享工程效益。其历程简要为：1951 年美国向 IJC 申请批准其建设利比大坝，加拿大表示反对，提出分享下游利益；1953～1954 年美国凯撒铝业与化学公司同加拿大不列颠哥伦比亚省和联邦政府协商建设阿罗湖大坝(后来称基恩利大坝)，加拿大联邦政府出台法律规定跨境河流水电开发需获得联邦政府许可，即省政府没有直接决策权；1955 年，美国意识到加拿大蓄水可能给美国带来的巨大利益，反之，如果加拿大不与其合作，独自开发境内水资源，美国可能会遭受损失，为此，美国认识到分享利益的必要性；1958～1959 年，分配效益原则被双方接受，并最终确定了平均分配原则。

1960 年，双方达成一系列指导原则。1961 年签订《哥伦比亚河条约》，但加拿大联邦政府和不列颠哥伦比亚省之间关于谁来支付这些设施的费用以及加拿大的下游电力开发和管理的权利究竟该如何处理未达成一致。1961～1964 年，加拿大内部达成一致，同意将下游电力效益出售给美国，随之美国联邦、州之间协商电力市场、电力输送及输电线问题。1964 年补充条例达成，条约生效。

从哥伦比亚河上主要的干流及条约涉及的大坝和电站建设情况看(表 2-9)：①条约中所规定的、要求加拿大修建的 3 个蓄水水库均在规定时间内完成，且实际的有效库容量大于条约规定，体现了加拿大所建大坝及电站除可为美国提供效益之外，也能为自己所用。②美国境内大坝及电站，仅有两个水库拥有较大库容，大坝建设的主要目标是发电，防洪效益有限，沿河的防洪效益在很大程度上依赖于加拿大水库的调节能力。

鉴于《哥伦比亚河条约》生效期至 2024 年以及如果终止该条约需任何一方提前 10 年提出的规定，2014 年初两国分别邀请公众及相关利益团体对条约成效以及 2024 年之后条约的未来进行评估。2014 年 3 月，加拿大不列颠哥伦比亚省决定继续执行《哥伦比亚河条约》，并在现有框架内寻求改进，这一决定得到加拿大联邦政府的支持。2013 年底美国的条约执行机构向美国内政部提交最终建议，2016 年秋美国内政部完成对最终建议的评估，决定与加拿大就现条约的修订进行谈判。2018 年 5 月底，加拿大与美国就《哥伦比亚河条约》延期或修订正式开始进入谈判进程(Government of Canada，2020)，明确条约修订的目标是持续、谨慎地管理洪水风险，保证可靠、经济的电力供应，改善生态系统，为此双方谈判聚焦于“条约涉及工程(基恩利大坝、邓肯大坝、迈卡大坝和利比大坝 4 个大坝)产生的跨境水流”问题(US Department of State，2020)。2020 年 3 月，加拿大与美国进行了第 9 轮谈判，谈判双方围绕洪水风险管理、发电和生态系统功能等优先事项进行了讨论(British Columbia，2020)。可见，哥伦比亚河新条约的合作目标甚至是合作目标优先顺序可能会出现变化，以前没有被关注的生态问题，即在流域内进行洄游的鲑鱼和鳟鱼种群数量及生境的恢复问题已经被关注到，而且被列入重要的谈判内容。

2019 年 7 月，加拿大联邦政府、不列颠哥伦比亚省与三个流域内原住民团体签订了一项《将鲑鱼重新引入哥伦比亚河流域的协定》。协定中的哥伦比亚河流域是指位于加拿大境内的河流上游区，目标是通过五方的共同努力在河流上游区逐步恢复已经消失的、从太平洋溯河产卵的鲑鱼种群，以满足当地原住民饮食习惯、社会及文化传承的需求。加拿大希望这种合作成果能够成为两国间正在进行的条约谈判内容的一种补充(Okanagan Nation Alliance，2019)。从加拿大境内合作协定可以看到，鲑鱼不仅作为河流系统的组成部分受到关注，而且鲑鱼还与当地原住民的资源权利甚至文化传承相关。因此，鲑鱼问题或者说以鲑鱼为代表的流域生态系统功能问题将是未来新条约谈判的重要内容之一，这从另一方面说明新条约的谈判面临着不少的挑战。

1973 年美国发布《濒危物种法案》(The Endangered Species Act)，规定对法案中所列物种进行保护和恢复。1992 年哥伦比亚河下游的 4 种鲑鱼被列入濒危物种名录，1998 年该河内所有鲑鱼被列入名录，自此联邦政府、华盛顿州和俄勒冈州先后出台了各自的鲑鱼管理政策。例如，2013 年美国国家海洋和大气管理局(National Oceanic and Atmospheric Administration，NOAA)渔业部门(Fisheries)与联邦、州、部落和当地合作伙伴，共同发布了一项恢复计划《哥伦比亚河下游 4 种鲑鱼恢复计划》；华盛顿州 2013 年出台《哥伦比亚河鲑鱼管理政策》(2013～2017 年)(Tweit et al.，2018)，2010 年俄勒冈州发布《哥伦比亚河下游俄勒冈州鲑鱼种群保护和恢复计划》；2013 年华盛顿州和俄勒冈州联合发布《重建邦纳维尔大坝以下的哥伦比亚河休闲和商业捕捞鲑鱼计划》，该计划提出了一个恢复两州哥伦比亚河下游及支流中产卵和繁殖 4 种鲑鱼的路线图(NOAA Fisheries，2020)。2020 年 2 月中，美国哥伦比亚河最下游的华盛顿州和俄勒冈州的鱼及野生生物部门间达成《关于 2020 年哥伦比亚河鲑鱼捕捞份额及允许的捕鱼渔具的协定》，该协定统一了两州 2020 年在该河下游鲑鱼捕捞季节的商业、娱乐及原住民的捕捞份额(Washington Department of Fish and Wildlife，2020)。此外，美国联邦最高法院自 1968 年起在“美国诉俄勒冈州”案的判决中确认在哥伦比亚河流域的俄勒冈州、华盛顿州和爱达荷州的各保留地的捕鱼权，并由联邦法院监督相关州的执行。目前，依据现行流域内渔场和孵化计划框架，执行“2018～2027 年美国诉俄勒冈州管理协定”，其目标是保证流域内的原住民部落拥有相当比例的、在保留地内河流中的渔获量(West Coast Regional Office of NOAA Fisheries，2020)。

从以上美国和加拿大对哥伦比亚河太平洋洄游鲑鱼的关注，以及正在努力恢复鲑鱼种群及生境的政策和措施上看，美国和加拿大是存在谈判基点的，但是实现这一目标所面临的问题却是非常复杂的：一是如果要恢复鲑鱼的生境，需要重新调节水流特征，可能损害目前的灌溉、发电等功能发挥，而且相关要素之间的相互关系并没有得到充分的认识；二是1961年《哥伦比亚河条约》的重点是上游开发对下游产生的发电和防洪效益在两国共享的问题，即美国补偿给加拿大，现在的鲑鱼生境恢复将是下游采用措施打通鲑鱼洄游通道，而受益者将包括甚至主要是上游的加拿大，加拿大是否需要反过来对美国的恢复措施和设施投入进行补偿值得关注。

参考文献

丁陆阳. 2010. 中朝合作建设的望江楼和文岳电站正式开工. [2020-05-02]. http://www.chinadaily.com.cn/dfpd/jl/2010-04/04/content_9685498.htm.

东北电网公司. 2007. 中朝合作的渭原、太平湾电站竣工决算会议在沈阳召开. [2020-04-30]. http://power.in-en.com/html/power-94490.shtml.

冯彦. 2019. 国际河流水资源利用与管理(上). 北京：科学出版社.

高虎. 2008. 我国跨境河流水能开发的思考. 中国能源，30(3)：11-13.

高雪梅. 2008. 水电开发效益分享机理研究.安徽农业科学，36(17)：7376-7377.

郝少英. 2013.《国际水道非航行利用法公约》争端解决方法评析. 清华法治论衡(3)：215-228.

何大明，汤奇成，等. 2000. 中国国际河流. 北京：科学出版社.

何大明，冯彦，陈丽晖，等. 2005. 跨境水资源的分配模式、原则和指标体系研究. 水科学进展，16(2)：255-262.

何大明，柳江，胡金明，等. 2009. 纵向岭谷区跨境生态安全与综合调控体系. 北京：科学出版社.

胡文俊，杨建基，黄河清. 2010. 西亚两河流域水资源开发引起国际纠纷的经验教训及启示.资源科学，32(1)：19-27.

华民. 2017. 中外经济：朝鲜历年 GDP及人均GDP一览(1970—2015). [2020-04-14]. http://www.360doc.com/content/17/0509/ 15/642066_652415065.shtml.

姬忠光，吴明官. 2007. 黑龙江国境界河水电开发与可持续发展. 黑龙江水利科技，35(2)：1-5.

贾若祥. 2007. 西部地区水电资源开发利用的利益分配机制研究. 中国能源，29(6)：5-11.

孔令杰，田向荣. 2011. 国际涉水条法研究. 北京：中国水利水电出版社.

李景玉. 2008. 丹东地区鸭绿江有关水文数据. 丹东海工，12：18.

李岩. 1998. 中朝水力发电公司关于鸭绿江界河电站的合作与管理. 大坝与安全，12(3)：9-14.

刘源源，2006. 集安全力打造中朝鸭绿江贸易桥头堡. [2020-05-02]. http://www.cnr.cn/caijing/gncj/200609/t20060908_504286568.html.

鲁青. 2008. 利用外文档案发掘电站历史——东北地区水丰水电站建设初期始末. 水利技术监督，16(4)：55-57.

潘士明. 1998. 水丰水电站概述. 大坝与安全(3)：2-8.

朴键一. 2011. 承前启后的中朝关系//李向阳. 亚太地区发展报告：亚洲与中国经济模式调整. 北京：社会科学文献出版社.

世界银行. 2020. GDP(现价美元). https://data.worldbank.org.cn/indicator/NY.GDP.MKTP.CD.

舒旻，谭民. 2008. 多国河流水电资源开发的越境环境影响评价制度分析——以澜沧江-湄公河为例. 武汉：2008 全国博士生学术论坛(国际法)论文集.

水利部国际经济技术合作交流中心. 2018. 跨境水合作与发展. 北京：社会科学文献出版社.

松辽水利委员会. 2018. 2017年松辽流域水资源公报. [2020-04-26]. https://wenku.baidu.com/view/fefc5fce302b3169a-45177232f60ddccda38e6ea.html.

宋恩来. 2003. 水丰水电站运行状况及其效益综述. 东北电力技术，24(4)：5-9.
宋恩来. 1998. 水丰水电站的运行情况分析.大坝与安全(3)：45-48，72.
宋树东，付卫东. 2008. 鸭绿江流域中上游区水资源分析. 吉林水利，310(3)：15-17.
孙成海，范垂仁. 1994. 云峰水电站长期水文预报方法的研究. 吉林水利，10：17-20.
通化市人民政府. 2010. 重点项目：望江楼、文岳电站建设工程正式开工. http://www.tonghua.gov.cn/ content_n.jsp?nid=8960.
王子臣，冯天琼. 1983. 鸭绿江流域的水文概况. 水文，3(1)：47-51.
苑竞玮. 2019. 中朝合作重点项目集安市望江楼水电站项目建设进展顺利. [2020-05-02]. https://baijiahao.baidu.com/s?id=1632223663326826356&wfr=spider&for=pc.
张畅，强茂山. 2012. 水电资源开发的投入要素分析. 水力发电学报，31(6)：294-299.
张军民. 2008. 伊犁河流域综合开发的国际合作. 经济地理，28(2)：247-249.
张晓京. 2010.《国际水道非航行使用法公约》争端解决条款评析. 求索(12)：155-157.
张志会，贾金生. 2012. 水电开发国际合作的典范——伊泰普水电站. 中国三峡，2：69-78.
翟海燕. 2007. 太平湾发电厂长甸电站扩建工程的技术与经济分析. 北京：华北电力大学.
中国国家地理. 2017. 鸭绿江流域：吉林地势最险峻的土地. [2020-04-16]. http://www.dili360.com/cng/article/p5912ddfcdcb1a02. htm.
中国水利水电建设集团公司. 2011. 中国水电承建的水丰水电站防洪设施改造工程移交朝方. [2020-05-03]. http://www.sasac.gov. cn/n2588025/n2588124/c4055651/content.html.
《中国水利年鉴》编纂委员会. 2006. 中国水利年鉴 2006. 北京：中国水利水电出版社.
中华人民共和国生态环境部. 2020. 中国生态环境状况公报. [2020-04-25]. http://www.mee.gov.cn/hjzl/sthjzk/zghjzkgb/ index.shtml.
中水东北勘测设计研究有限责任公司. 2018. 云峰水电站. [2020-04-29]. http://neidri.com.cn/engineering_view.aspx?id=199.
周杰清. 2005. 界河及跨界河流水力资源分摊及开发方式探讨. 水电站设计，21(3)：53-55.
American Rivers. 2019. Columbia River. [2020-05-11]. https://www.americanrivers.org/river/columbia-river/.
Blake D. 2003. Proposed Mekong Dam scheme in China threatens millions in downstream countries. World Rivers Review，16(3)：4-5.
British Columbia. 2020. Columbia River Treaty. [2020-06-01]. https://engage.gov.bc.ca/columbiarivertreaty/.
Bryce H. 2011. "Dikes are Safe at Present"：The 1948 Columbia River Flood and the Destruction of Vanport. [2020-05-15]. https://exhibits.library.pdx.edu/exhibits/show/-dikes-are-safe-at-present---t/about.html.
Chelan P U D. 2020. The Mid Columbia Projects. [2020-05-28]. https://www.chelanpud.org/docs/default-source/licensing-and- complience/51200-rocky-reach-reservoir-flow-and-storage-characteristics.pdf.
Colorado River Commission of Nevada. 2008. World's major rivers：an introduction to international water law with case studies，56-65. [2020-02-18]. http://crc.nv.gov.
Columbia Basin. 2018. Columbia River Basin：dams and hydroelectricity. [2020-05-12]. https://thebasin.ourtrust.org/wp-content/uploads/downloads/2018-07_Trust_Dams-and-Hydroelectricity_Web.pdf.
Congress of the League of Nations. 1923. Convention relating to the Development of Hydraulic Power affecting more than one State. [2020-04-14]. https://iea.uoregon.edu/treaty-text/1923-developmenthydraulicpowerentxt.
Dinara Z. 2010. International water law in Central Asia：commitments，compliance and beyond. The Journal of Water Law，20：96-107.
Goh E. 2004. China in the Mekong River Basin：the regional security implications of resource development on the

Lancang Jiang//Non-traditional security in Asia. London：Routledge.

Government of Canada. 2020. Canada-US Columbia River treaty. [2020-05-29]. https://www.canada.ca/en/environment-climate-change/corporate/international-affairs/partnerships-countries-regions/north-america/canada-united-states-columbia-river.html.

Halla Q. 2008. Practical approaches to transboundary water benefit sharing. Overseas development institute working：292.

Infogalactic. 2015. List of dams in the Columbia River watershed. [2020-05-12]. https://infogalactic.com/info/List_of_dams_in_the_Columbia_River_watershed.

International Water Law Project. 2020. Status of the Watercourses Convention. [2020-04-14]. https://www.internationalwaterlaw.org/documents/intldocs/watercourse_status.html.

Iram K. 2010. Transboundary water sharing issues：a case of South Asia. Journal of Political Studies，1(2)：79-96.

Johnson W R. 1966. The Canada-United States Controversy over the Columbia River. Washington Law Review，41：676. [2020-05-20]. https://digitalcommons.law.uw.edu/faculty-articles/449.

Markar M M. 2004. Countries sharing Mekong brace for a "water war". [2020-04-08]. http://www.globalpolicy.org/security/natres/water.

Marts M E，2020. Columbia River. [2020-05-08]. https://www.britannica.com/place/Richland-Washington.

McCracken M，Wolf A T. 2019. Updating the register of international river basins of the world. International Journal of Water Resources Development，35(5)：732-782.

Mitchell R B，IEA Database Project. 2019. International Environmental Agreements Database Project. [2019-03-25]. https://iea.uoregon.edu/base-agreement-list.

NOAA Fisheries. 2020. Lower Columbia River *Steelhead*. [2020-06-01]. https://www.fisheries.noaa.gov/west-coast/endangered-species-conservation/lower-columbia-river-steelhead.

Northwest Power and Conservation Council. 2020. Dams：history and purpose. [2020-05-12]. https://www.nwcouncil.org/reports/columbia-river-history/damshistory.

Okanagan Nation Alliance. 2019. Historic Agreement Reached Between Columbia River Basin Indigenous Nations，Canada and British Columbia to Collaborate on *Salmon* Re-Introduction. [2020-05-30]. https://www.syilx.org/historic-agreement-reached-between-columbia-river-basin-indigenous-nations-canada-and-british-columbia-to-collab-orate-on-salmon-re-introduction/.

Oregon State University. 2013. International freshwater treaties database. [2019-03-18]. http://www.transboundarywaters.orst.edu/database/.

Ott. 2013. Vanport flood begins on Columbia River on May 30，1948. [2020-05-15]. https://www.historylink.org/File/10473.

Province of British Columbia. 2020. Normal Runoff from British Columbia-Study 406. [2020-05-08]. http://www.env.gov.bc.ca/wsd/plan_protect_sustain/groundwater/library/bc-runoff.html#top.

Roberts T. 2001. Downstream ecological implications of China's Lancang Hydropower and Mekong Navigation project. [2021-12-31]. http://www.irn.org/programs/lancang/index.asp?id=021112.ecoimplications.html.

Shlomi D. 2008. International Water Treaties：Negotiation and Cooperation Along Transboundary Rivers. New York：Routledge.

The Oregon Encyclopedia. 2019. Columbia River. [2020-05-14]. https://oregonencyclopedia.org/articles/columbia_river/#.Xry-uEBuK-1.

Tweit B，Lothrop R，LeFleur C. 2018. Comprehensive Evaluation of the Columbia River Basin *Salmon* Management Policy C-3620，2013—2017. [2020-06-01]. https://wdfw.wa.gov/publications/02029.

UNEP，GEF. 2006. Challenges to international waters：regional assessments in a global perspective（the Global International Waters Assessment final report）. Kalmar（Sweden）：The University of Kalmar.

United Nations. 2014. Convention on the Law of the Non-navigational Uses of International Watercourses. [2020-04-14]. https://legal.un.org/ilc/texts/instruments/english/conventions/8_3_1997.pdf.

United Nations Treaty Collection. 2020a. Convention on the Protection and Use of Transboundary Watercourses and International Lakes. [2020-04-15]. https://treaties.un.org/pages/ViewDetails.aspx?src=TREATY&mtdsg_no=XXVII-5&chapter=27&clang=_en.

United Nations Treaty Collection. 2020b. Chapter XXVII：Convention on Environmental Impact Assessment in a Transboundary Context. [2020-04-15]. https://treaties.un.org/pages/ViewDetails.aspx?src=TREATY&mtdsg_no=XXVII-4&chapter=27&clang=_en.

US Department of State. 2020. Columbia River Treaty. [2020-05-29]. https://www.state.gov/columbia-river-treaty/.

US Department of the Interior/Geologic Survey. 1981. River Basins of the United States：The Columbia. [2020-09-05]. https://pubs.usgs.gov/gip/70039373/report.pdf.

US Energy Information Administration. 2014. The Columbia River Basin provides more than 40% of total U.S. hydroelectric generation. [2020-05-09]. https://www.eia.gov/todayinenergy/detail.php?id=16891.

Washington Department of Fish and Wildlife. 2020. Washington，Oregon agree on allocations for 2020 Columbia River *Salmon* fisheries. [2020-06-01]. https://wdfw.wa.gov/news/washington-oregon-agree-allocations-2020-columbia-river-salmon-fisheries.

West Coast Regional Office of NOAA Fisheries. 2020. *Salmon* and *Steelhead* Fisheries on the West Coast：United States v. Oregon. [2020-06-01]. https://www.fisheries.noaa.gov/west-coast/sustainable-fisheries/salmon-and-steelhead- fisheries-west-coast-united-states-v-oregon.

Zhong Y，Tian F Q，Hu H P，et al. 2016. Rivers and reciprocity：perceptions and policy on international watercourses. Water Policy，18（4）：803-825.

第三章 国际河流水分配管理

第一节 国际河流跨境水分配情况

近20年来，国际研究团队从地缘政治经济和国际法学等多角度对跨境水分配进行了大量的相关研究，得出了一些主要结论：通过国际合作，构建合理的水资源分配模式，以避免和减少水危机比解决冲突更为重要、更有效、更节约成本（Lamoree and Nilsson，2000；Sakhiwe and Pieter，2004）；合理的水分配能推进地缘合作，是结束冲突、重建区域安全和发展的关键，也是流域国家间建立相互信任、合作和防止冲突的有效途径，缺乏综合考虑水质和水量问题的各类分水协定，最终成本是极高的（Toset et al.，2000；Uitto，2004；Sakhiwe and Pieter，2004；UNEP et al.，2006）；解决分歧的合作应注重水需求或一揽子利益的分配（Salewicz and Nakayama，2004）；基于国际公约，以不同情景模式，可确定跨境水资源公平合理利用需考虑的因素及不同的水分配方案（Shlomi，2008；Bennett，2000）；通过建立水量分配与利益共享间的联系，可优化水管理中利益与成本关系（Zaag et al.，2004）；新的分水制度应能够依照条件变化进行调整和保证基本水流（Crow and Singh，2000）；减少冲突风险最重要的是实现跨境水资源的合作、公平与可持续的分配（de Loe，2009）；公平的利益分配更有可能实现双赢，地表水分配的两大战略是共享水流和共享利益，分水的主要目标是满足人类需求、基流和水质标准（Toset et al.，2000；Kibaroğlu，2007；Halliday，2010）。中国学者的相关研究主要涉及跨境水资源分配基本模式、定量方法案例，国际法中的跨境水分配原则与依据以及基于博弈论的水量分配等（何大明等，1999，2005；刘戈力和曹建廷，2007；冯彦等，2006；谈广鸣和李奔，2011）。此外，研究人员还研发了一些典型流域的分水方案。总体上，欧美地区跨境水资源开发历史悠久、法制化程度高，跨境水资源分配模式及其指标体系更为明确和具体。

国际河流跨境水分配模式及具体分水指标均是相关流域国通过签订双边或多边的、短期或长期国际条约/协定而确定下来的。利用美国俄勒冈州立大学的《跨境淡水条约》（1820～2007年）数据库、俄勒冈大学的《国际环境条约》数据库（2002～2016年）和联合国粮食及农业组织（FAO）等机构联合构建的《环境法》数据库（ECOLEX）的相关信息，整理出1820～2016年全球涉及边界、航行、捕鱼、水量调控、合作管理（联合管理、合作）与水质6类目标的条约566个，其中包括水电开发、灌溉、供水、用水分配及防洪设施建设等涉及水量调控的条约 140 个。以美国俄勒冈州立大学的《跨境淡水条约》数据库为基础，对以上 140 个条约进行梳理聚类获得 1857～2002 年以解决国际河流水量问题为主的国际条约 114 个，涉及五大洲 76 条国际河流(表 3-1)。并以此为基础，通过查阅以上条约文本，考虑到殖民统治时期签订的国际条约可能不能真实反映相关流域国真实意愿而去除了在非洲和亚洲的两个分水协定，最终梳理、统计出有量化分水指标的国际条约 49 个，涉及五大洲 27 条(个)界河、跨境河流/湖泊(表 3-1)，其中最早的是 1864 年西班牙与葡萄牙之间一个边界条约的附加条款中的界河分水问题，最近的是 2002 年叙利亚与黎巴嫩就在两国间纳赫尔·卡比尔(Nahr al-Kabir)界河上共同建设一个水库并进行分水的协定。

表 3-1 国际河流及跨境水分配条约分布

Table 3-1 Distribution of international rivers and the international agreements on water allocation with quantitative indicators in the world

区域	国际河流数量/条*	涉及水量问题的条约及河流数		含量化分水指标的条约及河流数		签有水量条约河流所占比例/%	拥有量化分水指标河流所占比例/%
		条约/个	河流/条	条约/个	河流/条		
北美洲	49	14	17	9	5	35	10
欧洲	88	37	28	14	6	32	7
亚洲	66	33	15	19	10	23	15
非洲	68	24	12	5	4	18	6
南美洲	39	6	4	2	2	10	5
合计	310	114	76	49	27	25	9

*资料来源：McCracken and Wolf，2019。

对 49 个条约涉及的水开发情况进行统计，结果表明：49 个条约就 27 条河流的干流、支流(其中包括一些完全位于一国境内的支流)、河段或水利设施(水库、水渠和发电站)确定了分水方案 87 个，包含具体的分水指标共 28 个。有的河流水分配问题受到多个区域性条约的持续关注，平均每项量化指标在超过 3 个方案中得到应用，即不同流域及其分水方案间存在特别和共同指标，对未来的跨境水分配具有指导或借鉴意义。

第二节 国际河流水资源分配主要指标

一、分水指标的分类

在对以上 49 个国际条约分水指标进行统计、分类与合并计算时，发现 28 个分水指标中有许多指标间存在很强的同质性，如多年平均径流量与多年平均径流百分比。为提高分水指标间的独立性与可比性及分析结论的准确性，依据各分水指标的同质性与相似性进行归类和区分，最终将这 28 个量化分水指标归为 6 类：①多年平均水量类指标，包括干支流及其水量百分比、多年平均径流量及百分比、不同保证率的分水比例等 6 个指标。其间，有两个国际条约[1960 年印度河分水条约和 1976 年西班牙与葡萄牙关于米尼奥河(Miño)等 5 条河流及支流开发利用协定]直接按水系进行分配，考虑到该指标应用得不仅少，而且应用时必然对河流水资源情况已有所认识，故将该指标归入了多年平均水量类指标。②年度来水量类指标，包括分水年来水量及其百分比两个指标。③最大取/用水量类指标，包括最大可用径流量、流量、发电最大用水量和发电用水比例 4 个指标。④维持最小水量类指标，包括需维持的最小径流量、流量、流量百分比、不予以分配水量和需预先扣除的蒸发损失水量 5 个指标。⑤水利设施运行类指标，包括水库的总下泄水量、流量、流速、水位、最高蓄水水位和防洪库容等 9 个指标。在此类指标归类时发现有 12 个国际条约中含有水利设施运行指标及其产生的效益量化分配指标，如果将两者归为一类则存在指标的重复计算，如果分别独立为两类则又存在明显的因果关系，而最终没有将效益分配的 5 个具体指标纳入本书的重点分析内容中。⑥灌溉用水类指标，包括灌溉引水量和灌溉面积两个指标。

二、分水指标的区域应用特征

对 49 个条约的分水指标进行分区统计，分析不同地区之间分水指标的应用情况(表 3-2)，其结果表明：①总体上，6 类分水指标中，维持最小水量和多年平均水量是应用率最高的两类指标，其次是最大取/用水量和水利设施运行类指标，而灌溉用水和年度来水量指标应用较少。②各类指标的应用在区域间存在明显差异，对于签订条约数量(19 个)及涉及河流数量(10 条)最多的亚洲，在应用的所有 45 个分水指标中，被采用最多的是多年平均水量，其次是维持最小水量和最大取/用水量指标，其他三类指标虽都有所应用，但均较少；北美洲 5 条河流的 9 个分水条约中应用了 48 个分水指标，其中，维持最小水量、最大取/用水量和多年平均水量得到重点关注，而其他三类指标应用得较少甚至没用；欧洲 6 条河流的 14 个条约采用的 4 类 19 个分水指标中，应用最多的是多年平均水量和维持最小水量，其次是水利设施运行和最大取/用水量指标；南美洲 2 条河流的 2 个分水条约仅应用了 2 类 6 个分水指标，水利设施运行指标是被集中采用的核心指标；非洲 4 条河流 5 个条约共应用了 16 个分水指标，指标的采用情况类似于亚洲，即 6 类指标均有所采用，但采用频率较为平均，表明分水指标被关注度较为分散。总之，一些地区单位条约所采用的分水指标较少(1～3 个)，一些地区则较多(5 个)，一些地区条约采用的分水指标很集中，一些地区较为分散而平均。③将法制化程度普遍较高、发达国家更为集中的欧洲与北美洲视为发达地区，而亚洲、南美洲和非洲视为欠发达地区，以指标被应用次数划分层次，比较两者间水分配条约的分水指标特征，其结果为：在条约数和被采用的分水指标数量相当的情况下，发达地区位于第一层次的指标是维持最小水量，位于第二层次的指标是多年平均水量和最大取/用水量，水利设施运行指标得到一定程度的利用，但明显少于前面三类指标；欠发达地区第一层次指标是多年平均水量，第二层次的是维持最小水量、水利设施运行和最大取/用水量指标，但第一和第二层次指标间的差距没有发达地区的明显。很大程度上，发达地区侧重于天然水流的分配，欠发达地区侧重于水利工程建设后的工程效益及用水分配。

表 3-2　各地区及少水和多水区跨境水分配指标应用情况

Table 3-2　Adoption of water allocation indicators among the international rivers within water shortage and richness，and different regions in the world

地区		多年平均水量/次	年度来水量/次	最大取/用水量/次	维持最小水量/次	水利设施运行/次	灌溉用水/次	河流/条	条约/个
北美洲	少水区	7		3	4	2		3	3
	多水区	3	1	11	14	3		2	6
	小计	10	1	14	18	5		5	9
欧洲	多水区	7		2	7	3		6	14
南美洲	多水区				1	5		2	2
非洲	少水区	1			1	1		1	1
	多水区	4	1	2	2	3	1	3	4
	小计	5	1	2	3	4	1	4	5
亚洲	少水区	6	2		2	3		6	9
	多水区	8	1	10	9	1	3	4	10
	小计	14	3	10	11	4	3	10	19
合计	少水区	14	2	3	7	6		10	13
	多水区	22	3	25	33	15	4	17	37
	发达地区	17	1	16	25	8		11	23
	欠发达地区	19	4	12	15	13	4	16	26
总计		36	5	28	40	21	4	27	49

依照 49 个国际条约所涉及的 27 条国际河流的水资源状况，将相关河流分为

多水区河流和少水区河流两类，其中，有 10 条河流（占 37%）位于少水区，包括北美洲的 3 条、亚洲的 6 条和非洲的 1 条，其他 17 条河流则位于五大洲的多水区，比较两类河流的分水指标应用特征（表 3-2），其结果表明：①总体上，多水区河流水分配应用的指标量大且各类指标均有所涉及，维持最小水量指标被应用得最多、最为突出，其次是最大取/用水量和多年平均水量指标，再次是水利设施运行指标，指标间的被应用次数差异极为明显；少水区河流分水指标的应用次数少且只涉及 5 类指标，应用得最多并与其他指标产生明显差异的是多年平均水量指标，其次是维持最小水量和水利设施运行指标，很少用到的是最大取/用水量和年度来水量指标。②对于少水区跨境水分配来说，鉴于欧洲与南美洲没有相关实践，而非洲尼罗河的 3 个分水指标间没有可比性，为此利用北美洲与亚洲少水区水分配指标情况揭示其特征，两大洲 9 条国际河流采用 4 类指标，仅多年平均水量指标就被应用 13 次，占所有指标总使用次数的近 45%，远高于其他指标的应用情况，可见少水区跨境水分配的主要指标是多年平均水量。③对于多水区跨境水分配来说，在各地区应用的主要分水指标有明显差异，北美洲是维持最小水量和最大取/用水量，欧洲是维持最小水量和多年平均水量，亚洲是维持最大取/用水量、维持最小水量和多年平均水量，非洲是多年平均水量和水利设施运行，南美洲是水利设施运行指标。可见，多水区主要分水指标是维持最小水量和多年平均水量，但在非洲和南美洲对水利设施运行指标较为重视。

三、分水指标的发展变化

从 49 个跨境水分配国际条约的签订时间（1864～2002 年）上看，100 多年间经历了跨境水资源利用、污染与合作保护的几个重要时期，如第二次工业革命推动了欧洲及北美国家的快速发展；二战对世界经济发展造成重创，战争结束后全球经济逐步恢复，非洲及亚洲殖民地相继独立；1972 年联合国人类环境会议之后全球和区域环境保护受到关注；1992 年之后可持续发展理论得到普遍认可。为此将跨境水分配条约的发展分为 4 个时间段：1945 年以前、1946～1971 年、1972～1991 年以及 1992～2002 年，对不同时间段内各地区水分配条约签订数量及其相应分水指标应用情况进行统计与分析。

不同时期水分配条约产生数量及其区域分布情况（表 3-3）具有以下特征：①从第一阶段到第四阶段，全球签订的跨境水分配国际条约数量呈现大量增长、较快减少与相对持平的变化趋势。②就分水条约在各时段、各地区的分布变化而言，第一阶段（1945 年以前），分水条约仅 5 个且只分布于北美洲和欧洲两个地区；战争结束后的第二阶段（1946～1971 年），随着全球经济的恢复，分水条约数量大量增长，并在全球各地均有产生，其中条约数增长最多的是欧洲，其次是有分水条约产生的亚洲；第三和第四两个阶段，欧洲和南美洲的分水条约逐步减少直至为零，而亚洲和非洲则呈小幅增加趋势。总体上，分水条约在演进过程中呈现从北美洲和欧洲的发达地区向亚洲和非洲的欠发达地区集中的趋势。这在一定程度上反映出跨境水竞争利用的问题可能在发达地区已基本解决，或者说可能已经从关注水量转向了关注水质、流域生态系统等问题，而对于法制化程度较低、水需求快速增加的亚洲和非洲来说正是亟待解决的问题。

表 3-3　不同时期各地区跨境水分配条约数及分水指标的应用情况

Table 3-3　Numbers of the international treaties on water allocation and the adopted major indicators during four periods

时期	地区	条约/个	多年平均水量/次	年度来水量/次	最大取/用水量/次	维持最小水量/次	水利设施运行/次	灌溉用水/次
1945 年以前	北美洲	3	9		7	12	1	
	欧洲	2	1		1			
	小计	5	10		8	12	1	
1946～1971 年	北美洲	3			4	3	2	
	欧洲	11	4		1	7	3	
	南美洲	1	1					
	非洲	2	1			1	1	1
	亚洲	6	3		5	1		3
	小计	23	9		10	12	6	4
1972～1991 年	北美洲	2	1		3			
	欧洲	1	2					
	南美洲	1				1	5	
	非洲	1			1		2	
	亚洲	6	4	2	1	3	1	
	小计	11	7	2	5	4	8	
1992～2002 年	北美洲	1		1		2		
	非洲	2	4	1	1	2	1	
	亚洲	7	6		1	7	2	
	小计	10	10	2	2	11	3	

从不同时期各地区条约应用的分水指标来看(表 3-3)，有以下特征：①不同时

期分水条约中主要指标的应用存在明显不同。从6类分水指标在每个时期中应用次数从高到低可知，第一阶段应用的主要指标是维持最小水量、多年平均水量和最大取/用水量指标，显示出该时期分水目标相对简单而明确，并体现出以多年平均水量为基础确定河流基本流态及最大用水量的特征；第二阶段主要指标是维持最小水量、最大取/用水量和多年平均水量等，体现出经济恢复期分水目标多样化特征，指标间采用情况差距不大，其中水利设施运行指标的应用增加明显；第三阶段的水利设施运行、多年平均水量和最大取/用水量等指标中，水利设施运行类指标成为应用次数最高的指标，特别是跨境水资源后开发的南美洲；第四阶段的维持最小水量和多年平均水量指标，再次显示了以多年平均水量为基础的维护流域基本水流的分水特征，似乎显示出可持续发展理论的实践成果。②不同地区在不同时期分水条约中的主要分水指标不同。第一阶段仅涉及北美洲和欧洲的分水条约，体现出以河流水资源禀赋，突出维持最小水量的水分配模式；第二阶段全球各地区均有分水条约产生，但仍以欧美地区的条约数量居多，欧美分水指标的应用显示出通过水利设施来限定河流的最小水流及最大取/用水量的特征，而其他三个地区则依据河流水资源情况，重点限定最大用水量和灌溉用水量，在一定程度上突出了满足农业发展的需求；第三阶段欧美分水条约数量明显减少且少于欠发达地区，分水指标应用特征主要显示的是后一地区的跨境水资源利用特点，即依据水资源平均水平，强调水利设施运行下的工程水分配并维持河流最小水量；第四阶段分水条约90%位于亚非地区，其他地区仅有北美洲的美国与加拿大之间于2000年达成了一跨境河流供水与防洪协定的修正案，此时的分水指标应用特征展示了新时期发展中国家跨境水分配问题的新趋势和特点，即强调在多年平均水资源条件下，需要维持河流最小水流，并辅之一定的水利设施实现水分配，在跨境水资源利用的实践中这些特征在一定程度上可以体现可持续发展和公平利用与受益。

四、水资源分配主要指标及特征

国际河流跨境水资源分配直接关系到各流域国的国家利益，包括资源权属、资源利用及受益等问题。在我国跨境水资源丰富而开发利用少以及缺乏水分配实践的情况下，从以上49个跨境水条约的分水指标及其区域分布与发展特征可见：①1864～2002年产生的49个跨境水分配国际条约中，共形成了28项分水指标，聚类后确定为多年平均水量、分水年度来水量、最大取/用水量、最少维持水量、水利设施运行及灌溉用水6类指标。②6类分水指标在实际应用中存在明显的区域差异，欧美发达地区确定的分水主要指标首先是维持最小水量，其次是多年平均水量，而亚非及南美洲欠发达地区则正好与发达国家相反，其首要指标是多年平均水量指标，之后是维持最小水量指标；少水区河流水分配的主要指标是多年平均水量和维持最小水量指标，而多水区河流的分水主要指标则首先是维持最小水量，其次是最大取/用水量和多年平均水量指标。③从 49 个跨境水分配条约签订 4 个时间历程看，条约数量呈现少—多—较少—持平的变化趋势，条约的区域分布呈从欧美地区集中分布向亚非地区集中分布的转移特征。④不同时期的分水条约所采用主要指标与相应的时代和地区经济需求很好地契合，从天然河流的水分配、经济停滞到全球经济恢复到经济发展、环境保护启蒙到区域经济一体化、可持续发展理念产生，各期主要分水指标分别为维持最小水量、多年平均水量和最大取/用水量指标到维持最小水量和最大取/用水量指标到水利设施运行和多年平均水量指标到维持最小水量和多年平均水量指标，主要指标具有变化往复特点。⑤依据主要分水指标的应用概率及其被采用的持续时间，维持最小水量是跨境水分配的关键指标，表明维护跨境水资源持续利用目标长期以来均受到关注。

在分水指标统计时，鉴于 28 个分水指标间存在很强的同质性，对相应指标进行了聚类，将河流干支流数量指标归入多年平均水量类，并且未将效益分配纳入研究范围，后期分析表明以上处理方法没有影响最终的研究结论。

在分析指标被采用的时间演进特征时，对比了以 10 年为时间段和以重要历史事件时间作为划分时间段的条约数量变化情况，发现两者间没有重大差异。同时，近几十年欧美地区分水条约减少，认为以上地区对跨境水问题的关注点已经转移，该观点与《跨境淡水条约》数据库统计的结果(本书第一章第一节)基本相同。

尽管全球气候变化及其对跨境水资源的影响，甚至跨国界含水层的水分配问题已为学者关注(Dinar，2009；Tarlock，2000；韩再生等，2012；Puri and Aureli，2005)，但从本书所采用的分析资料及最终形成的研究成果上看，目前为止，跨境水分配及其对气候变化的适应性对策、跨境地下水利用均没在跨境水分配条约及其分水指标上有所体现，但有理由相信这些问题必将对未来跨境水资源的开发利用与合作产生重要影响。

第三节　国际河流水资源分配案例——印度河

一、印度河流域概况

(一)流域及气候概况

印度河流域位于 29°8′N～36°59′N，72°28′E～79°39′E，源于中国西藏的冈仁波齐峰东北部一条被称为麦罗丁的河流(税晓洁，2013)，海拔约 5500m 的冰川，先西北向流淌于喜马拉雅山与喀喇昆仑山之间，后转向西南而贯穿喜马拉雅山，经印度旁遮普邦等、巴基斯坦信德省等干旱的冲积平原后，在巴基斯坦卡拉奇以东注入阿拉伯海。印度河干流长约 3200km，居世界第 12 位；河口平均流量为 6600m^3/s，多年平均径流量约为 2070 亿 m^3，居世界第 21 位(Lodrick and Ahmad，2020)。

印度河流域地形复杂，上中游广泛分布高山峡谷，下游则以平原、三角洲为主。流域从西、西北、北到东北被苏莱曼山脉、兴都库什山脉、喀喇昆仑山脉以及喜马拉雅山脉所包围，总体上形成东北向西南倾斜的地势。流域上游分布有除珠穆朗玛峰外的 7 座海拔 7000m 以上的高峰，如干流流域内喀喇昆仑山的乔戈里峰(海拔 8611m)、南迦帕尔巴特峰(Nanga Parbat，海拔 8125m)，吉尔吉特河(Gilgit)流域内海拔 7795m 的巴图拉-1 号峰(Bhatura Mustagh Ⅰ)，杰纳布河(Chenab)流域内海拔 7135m 的尼玛峰(Nun)等，使得河流上游地区河谷到两岸山脉从海拔 450m 上升至 6500m，高差超过 6000m。上游山区面积约 44 万 km^2，是该流域以降水和冰雪融水为径流主要补给水源的区域。流域中下游地区沿喜马拉雅山脉南麓海拔逐步降低，其带状山麓和旁遮普平原是东北部山地和西部平原的分界，如印度的拉贾斯坦邦(Rajasthan)平均海拔只有 150～200m。

印度河流域内气候差异显著，上游高海拔山区，东西向的喜马拉雅山脉对印度洋季风的阻挡作用为山区带来大量降水，东北部山区的年降水量可高达 2000mm，且高海拔地区(海拔 2500m 以上)的降雪成为河流径流的主要补给源，属于温带半湿润区、高寒山区；下游低地受到西部山脉对西风环流的阻挡以及印度洋季风影响较弱的影响，年平均降水量为 100～500mm，属于亚热带干旱半干旱气候区(Ojeh，2006)。印度河中下游低地、平原每年 12 月至次年 2 月为冷季，月平均气温为 14～20℃，3～6 月的月平均气温则高达 42～44℃；上游河谷地区冬季和夏季的气温变幅分别为 2～23℃和 23～49℃；整体上，流域每年 4～6 月为高温季节，7～9 月为雨季，10 月至次年 3 月为寒冷季；流域年平均降水为 230mm，其中下游低地区(如巴基斯坦的雅各布阿巴德)年平均降水约 90mm，上游地区的年均降水量略多，如巴基斯坦木尔坦的年均降水量为 150mm、拉合尔的年均降水量为 510mm。

总体而言，印度河流域大部分处于干旱半干旱地区，约 2/3 的流域面积为南亚最干旱的荒漠平原区，年平均降水量不到 300mm，且蒸发量大；另外 1/3 的流域为山区，具有明显的垂直梯度差异，整个流域自然条件空间差异显著。

(二)河流水系与水资源

印度河在中国西藏冈仁波齐峰冰川附近发源了几条河流，其中，森格藏布(Sengge Zangbo)，又名狮泉河(Shiquan River)被认为是印度河的正源。森格藏布/狮泉河是一条常年性河流，以冰雪融水为主要补给源，呈西北流向，出境后称为印度河，在接纳了吉尔吉特河等 3 条支流后转向西南流。其次，朗钦藏布又名象泉河，年平均水量大于狮泉河，出境后汇入印度河主要支流萨特莱杰河(Sutlej)。

总体上，印度河有两条主要的一级支流，分别是右岸的喀布尔河(Kabul)和左岸的本杰讷德河(Panjnad)。其中，本杰讷德河又由另 5 条支流汇合而成，意为“五河之地”，分别为杰赫勒姆河(Jhelum)、杰纳布河(Chenab)、拉维河(Ravi)、比亚斯河(Beas)和萨特莱杰河(表 3-4)。本杰讷德河汇入干流之后，印度河曾一度被称为“七河”(Satnad River)，即印度河干流、喀布尔河加上本杰讷德河的 5 条支流。河流进入下游后，没有大的支流汇入。

表 3-4　印度河主要干支流

Table 3-4　The Indus and its major tributaries

河流名称		河源地	河长/km	流域面积/万 km^2	年平均径流量/亿 m^3	水文站	1960 年《印度河水条约》中所属河流
本杰讷德河	比亚斯河	印度	464	0.99	156	曼迪普兰(Mandi Plain)	东部
	拉维河	印度	880	2.5	78	马多普尔(Madhopur)	东部
	萨特莱杰河	中国	1536	7.54	166.4	鲁帕(Rupar)	东部
	杰纳布河	印度	1232	4.18	280	马拉拉(Marala)	西部
	杰赫勒姆河	印度	816	3.92	280	门格拉(Mangla)	西部
喀布尔河		阿富汗	480	6.76	214	瓦萨克(Warsak)	西部
印度河干流		中国	2880	36.53	1000	阿托克(Attock)	西部

资料来源：FAO Aquastat，2011；Fahlbusch et al.，2004。

印度河流域的径流补给主要来源于印度洋季风的降水，也有上游地区喜马拉雅山、喀喇昆仑山和兴都库什山 2.2 万 km^2 永久性冰川的冰雪融水补给，曾有报道称该区域冰川的固体水储量大约为 27000 亿 m^3，是印度河年径流量的 16 倍(Ahmad and Joyia，2003)。此外，在中下游地区，特别是巴基斯坦旁遮普省与信德省冲积平原上有巨大的地下水水源补给，涉及面积达 16.2 万 km^2，水位深度超过 30m。因此，总体上河流水资源有极为明显的季节性分配特征：冬季水量最小，洪水季节集中于每年的 6～9 月，其径流约占全年总量的 3/4，而枯水期流量只及洪水期流量的 1/6～1/10。

从表 3-4 的数据来看，印度河年平均水资源量大约为 2200 亿 m^3，其中，左岸支流喀布尔河的水量仅为 214 亿 m^3，而右岸支流水量总和为 960.4 亿 m^3，印度河干流年平均径流量约为 1000 亿 m^3。整体而言，印度流域水资源虽然较为丰富，但时空差异明显。如果按东西河流分别概算的话，西部河流的年径流量约为 1800 亿 m^3，而东部河流的年径流量约为 400 亿 m^3，东、西部河流各占流域总水量的 81.8%和 18.2%。

据 Randhawa(2002)估算，1937～1967 年印度河流域西部河流平水年径流量为 1730 亿 m^3，年最小径流量为 1345 亿 m^3，年最大径流量为 2317 亿 m^3；东部河流平水年年径流量为 262 亿 m^3，年最小径流量为 113 亿 m^3，年最大径流量为 445 亿 m^3；西部河流和东部河流平水年水量占流域总水量的比例分别为 87%和 13%。《印度河水条约》(Indus Water Treaty，IWI)实施后，1968～1996 年西部河流的平水年年径流量约为 1621 亿 m^3，较《印度河水条约》前的年径流量减少 6.3%；东部河流的平水年年径流量减少为 107 亿 m^3，较《印度河水条约》前的年径流量减少 59.2%；西部河流和东部河流平水年水量占流域总水量的比例分别为 94%和 6%(表 3-5)。从以上结果看，西部河流水资源量远大于东部河流；比较《印度河水条约》实施前后的多年平均水量发现，东、西部河流的水量均出现减少现象，且东部河流较西部河流的水量减少得更多、更为明显。

表 3-5　印度河多年平均地表径流在《印度河水条约》实施前后变化情况（单位：亿 m^3）

Table 3-5　Water flows' changes of the Indus River between pre- and post-periods of the Indus Water Treaty implementation　(unit：billion m^3)

概率/%	西部河流		东部河流		合计	
	1937～1967 年	1968～1996 年	1937～1967 年	1968～1996 年	1937～1967 年	1968～1996 年
最小	1345	1149	113	36	1458	1185
10	1439	1355	175	53	1614	1408
25	1631	1532	223	71	1854	1603
50	1730	1621	262	107	1992	1728
75	1849	809	352	154	2201	963
90	1982	896	381	201	2363	1097
最大	2317	2060	445	238	2762	2298

资料来源：Randhawa，2002。

二、流域国概况

印度河流域总面积为 112 万 km^2，流经中国、印度、巴基斯坦和阿富汗 4 国

(表 3-6)。其中，巴基斯坦境内流域面积占比最高，为 47%，同时该面积也达到其国土面积的 65%，可见该河流对巴基斯坦的重要程度。其次为印度，境内流域面积占比为 39%，占其国土面积的 14%。中国和阿富汗在流域内的面积占比相对较少，共计为 14%(FAO Aquastat，2011)。此外，流域内还涉及流域国之间的领土争议区，即克什米尔地区，包括印控区、巴控区等，领土争议区面积大约 12 万 km^2。因此，在印度和巴基斯坦边界最终确定后，各国流域内的实际面积及占比会出现一定变化。据国际山地综合开发中心(International Centre for Integrated Mountain Development，ICIMOD)(2016)估计，印度河流域内人口大约 2.15 亿。

表 3-6 印度河流域内各流域国间的分布情况

Table 3-6 The Indus river basin distributing among the riparian countries

国家	流域面积/万 km^2	流域面积占比/%	国土面积占比/%
巴基斯坦	52	47	65
印度	44	39	14
中国	8.8	8	1
阿富汗	7.2	6	12

资料来源：FAO Aquastat，2011。

(一)中国

印度河流域在中国的面积大约为 8.8 万 km^2，位于西藏自治区阿里地区。阿里地区总面积 34.5 万 km^2，平均海拔 4500m 以上，下辖 7 个县；印度河流经阿里地区的 4 个边境县，即日土县、噶尔县、札达县和普兰县。2020 年，阿里地区总人口 12.3 万人(第七次全国人口普查)，其中 4 个边境县的人口仅 6.28 万，农牧民占比为 53%；2021 年阿里地区生产总值位列西藏自治区 7 个地市中最后一位，地区生产总值 77.65 亿元，人均 GDP 约为 9000 美元(阿里地区行政公署，2021；周红雁，2022)，发展水平较低。

中国西藏阿里地区共发育了印度河流域的 3 条河流，分别是森格藏布(也称狮泉河)、朗钦藏布(也称象泉河)和如许藏布，其中，森格藏布为印度河干流的上游，朗钦藏布是印度河一级支流萨特莱杰河的上游，如许藏布为萨特莱杰河的支流(中国科学院青藏高原综合科学考察队，1984)。据估算，3 条河流多年平均径流量约 28 亿 m^3(西藏自治区水利厅，2004)。2015 年，以上 3 条印度河水系为主的藏西诸河水资源量为 30.7 亿 m^3，占阿里地区地表水资源总量的 34.5%，而同期藏西诸河内的各行业总用水量近 0.38 亿 m^3，用水量仅占水资源总量的 1.2%(西藏自治区水利厅，2016)。

(二)阿富汗

印度河流域在阿富汗境内面积约 7.2 万 km^2，阿富汗境内流域面积官方数据为 7.69 万 km^2(Favre and Kamal，2004)，主要涉及印度河右岸的几条支流，如喀布尔河和昆达尔河(Kundar)等，其中最为重要的是喀布尔河(图 3-1)。喀布尔河是印度河右岸重要的一级支流，也是阿富汗与巴基斯坦之间的一条重要跨境河流。其源头及其他3条主要河流均发源于喀布尔西北部海拔3780m的巴巴(Kuh-e Baba)山区，其源流呈南北向流经瓦尔达克(Wardak)低山区，在瑞斯科(Risikor)进入喀布尔中央河谷区。河流在呈东西向沿途中先后接纳了 2 条重要支流——洛加尔河(Logar)与潘塞尔河(Panjser)之后进入贾拉拉巴德平原。喀布尔河在贾拉拉巴德城附近接纳了源于巴基斯坦北部兴都库什山脉的一条重要支流——库纳尔河(Kunar)，上游巴基斯坦境内称契特拉河(Chitral)。之后河流向东进入巴基斯坦，在接纳了斯瓦特河(Swat)后最终在巴基斯坦西北部的阿塔克县(Attock)汇入印度河，多年平均径流量在 246.7 亿～345.4 亿 m^3(Wilde，2012；Kakakhel，2017)。

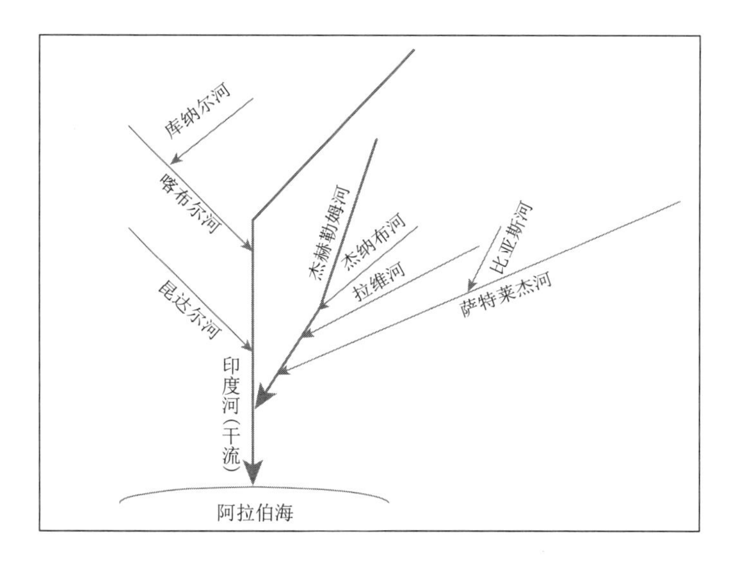

图 3-1　印度河水系示意图

Figure 3-1　Map of the Indus water system

喀布尔河流干流长约 700km，其中阿富汗境内河流长 480km。喀布尔河是阿富汗五大主要水系之一，位于阿富汗东部，流经阿富汗 9 个省，包括其首都喀布尔及重镇贾拉拉巴德，流域面积占阿富汗国土面积的 12%。喀布尔河年平均径流量约 197 亿 m^3，从阿富汗流入巴基斯坦，其中，其支流库纳尔河从巴基斯坦流入阿富汗的水量约为 104.9 亿 m^3(Memon，2020)；喀布尔河为阿富汗提供了 25%～26%的淡水资源，是喀布尔和贾拉拉巴德近 500 万居民的唯一水源(Favre and Kamal，2004)。与此同时，阿富汗严重缺电，全国仅 28%家庭能够获得电力供应，且近 80%的电力需要从邻国进口。为此，水电开发近年来成为水资源开发的主要目标之一，包括喀布尔河。阿富汗近年已完成了 20 多个中小型水电开发的可行性研究，喀布尔河上就规划了 10 多个水电站，但均受限于建设经费缺乏而难以实施(Kakakhel，2017)。依据世界银行测算，2017 年阿富汗总人口约 1160 万，人均 GDP 仅为 556.3 美元，位列全球倒数第 10 位(The World Bank，2020a)，是欠发达地区。

(三)巴基斯坦

巴基斯坦位于南亚次大陆西北部，东、东北、西北和西分别与印度、中国、阿富汗和伊朗接壤，南濒阿拉伯海，海岸线长 980km。国土总面积约 79.6 万 km^2(不包括巴控克什米尔地区)，可分为三个主要的地理单元区：东部的印度河平原区、北部及西北部的山区和西部的俾路支高原区。目前，行政区划上设有 4 省 2 区，即旁遮普省、开伯尔-普赫图赫瓦省(原称“西北边境省”)、俾路支省和信德省 4 个省，联邦直辖部落地区和伊斯兰堡首都特区(中华人民共和国外交部，2020)。

由表 3-6 可知，巴基斯坦约有 65%的国土属于印度河流域。印度河干流近 2700km 位于巴基斯坦境内(约占干流河段的 2/3)，印度河是巴基斯坦最长和最为重要的河流，也是巴基斯坦最为重要的水源，它不仅为该国粮食主产区的旁遮普省和信德省提供农业灌溉用水，而且是巴基斯坦的主要饮用水和工业用水水源(New World Encyclopedia，2020)。印度河流域涉及巴基斯坦 5 个主要行政区中旁遮普省、伊斯兰堡首都特区和开伯尔-普赫图赫瓦省的全部，信德省的大部分地区以及俾路支省东部地区。其中，旁遮普省被称为巴基斯坦的“面包篮子”，该省名字“Punjab”分别由两个词构成，“Punj”意为“五”，“ab”意为“水”，则该词义为“5 条河汇集地”，可见印度河在巴基斯坦的地位。巴基斯坦拥有世界最庞大的灌溉系统，覆盖约 1800 万 hm^2 的连片耕地。农业对巴基斯坦经济至关重要，约 90%的农业生产依赖于印度河的水资源，一些干旱和半干旱地区的农业生产则完全依赖于灌溉系统。巴基斯坦超过 70%人口的生计依赖于印度河河水，洪泛区的耕作面积约 1400 万 hm^2。

总体上，巴基斯坦全国的经济发展状况基本能够反映该国印度河流域的发展情况。从世界银行发布的《世界发展指标》(1960～2019 年)中的相关指标可以看出(The World Bank，2020b)：2019 年巴基斯坦总人口约为 2.16 亿，较 1960 年的

4500 万，近 60 年增长了 3.8 倍，年平均人口增长率均超过 2%，其中，农村人口占比长期维持在 60%以上，农业从业人口占总就业人口的近 37%；2019 年，人均 GDP 为 1285 美元，总体处于中低发展水平。该国多年平均降水量为 494mm，多年平均自产可更新淡水资源 550 亿 m^3，1951 年该国人均可利用淡水资源量为 5650m^3，至 2018 年减少为人均 850m^3(Kalair et al.，2019)，为严重缺水国家。居民生活用水占总用水量的比例正在逐步增加，虽然至 2017 年获得基本饮用水服务的人口比例超过 90%，但是仅有 35%的人口获得了安全、管理良好的饮用水服务，意味着该国未来的水安全问题面临巨大挑战，其对境外来水依赖性极高。从世界银行对该国的用水数据收集情况看，2008 年时该国农业用水占比为 94%，虽然该用水比例较往年水平呈缓慢下降的趋势，但仍旧很高，体现出该国对水和农业发展的依赖性很高。20 世纪 60 年代初以来，巴基斯坦的农业用地面积总体呈缓慢增加的趋势，但谷物种植面积占耕地面积的比例从 1961 年的 26%增长至 2017 年的 45%，呈明显增长的趋势。从粮食单产上看，2016 年巴基斯坦的粮食作物(谷物)单位面积产量刚刚超过 3000kg/hm^2，即每亩粮食产量仅为 200kg，农业生产力水平较低。以上几个方面在很大程度上体现了受农业生产力水平低、人口增长快的影响，巴基斯坦力求通过扩大粮食作物面积来保证其粮食供给，但粮食生产的高耗水性又进一步加剧了巴基斯坦这一缺水国家对境外来水的依赖性，其面临严重的水安全问题。

(四)印度

印度是印度河流域的第二大流域国。印度河流域位于印度西及西北部，在区域上主要涉及印控克什米尔地区、昌迪加尔中央直辖区、喜马偕尔邦、旁遮普邦、哈里亚纳邦和拉贾斯坦邦，其中，哈里亚纳邦和拉贾斯坦邦两个邦的部分地区位于流域内，其他地区几乎完全位于流域内。印度在印度河流域内的人口约 6000 万。

从以上各流域国流域内发展情况看，流域总体经济发展水平较为滞后，且各国之间与各国内部经济发展水平差距较大。从流域国人均 GDP 情况看，中国西藏阿里地区与印度河流域内中部区域经济发展水平差距不大，且是流域内发展较好的区域，巴基斯坦与印度河流域内的西南和西北区域的发展水平接近，而阿富汗境内的流域区经济发展较为困难。从流域水资源的利用情况看，除中国境内水资源较为充裕外，其他三个流域国面临着越来越大的水资源压力，有人口众多的原因，也有气候变化的原因。从流域国内部看，中国境内印度河流域区所在的西藏阿里地区的 4 个县是原国家级贫困县，受到地广人稀、自然环境条件约束以及国家主体功能区以保护为主的影响，经济发展较为滞后。阿富汗境内流域区是阿富汗的经济发展中心区，受到长年战争的影响，经济复苏缓慢，经济发展投入困难，是流域内发展最为滞后的区域，但也是未来阿富汗经济发展的关键地区，其经济的发展、流域水及水能能源开发均会对巴基斯坦日趋严峻的水源带来压力。印度河水资源是巴基斯坦的生命线，该国人口快速增加，要想保证粮食安全与促进经济发展，都会使该国水资源不堪重负。受境内外政治环境干扰，其经济发展面临困难，目前仍旧是一个发展滞后的国家。印度河流域在印度境内面积虽不大，但人口多，且经济、社会、政治意义重大，区内经济发展极不平衡，有经济较好甚至发达的地区，如昌迪加尔区、哈里亚纳邦，也有发展明显滞后的地区。随着长期对流域水资源，特别是河流地下水的开发，印度境内流域区的水资源紧张状态正在加剧。

三、流域水资源开发利用与分配

印度河流域是印度文明的起源地，流域水资源开发利用历史悠久，流域拥有目前世界上最大的完整连片灌区，总面积达 1487 万 hm^2，其地表水和地下水资源对于流域内的巴基斯坦和印度的生产、生活至关重要。从近年来阿富汗的发展情况看，其境内的印度河支流喀布尔河水及水电资源对其也至关重要。

(一)流域水资源开发利用简要历程

印度河文明的产生与发展可以说源于其灌溉农业的发展。1859 年在拉维河上建成的上巴里多布(Upper Bari Doab)灌溉水渠成为印度河水渠灌溉系统开发的起点(FAO Aquastat，2011)，此后，萨特莱杰河、杰纳布河、杰赫勒姆河、喀布尔河上的灌溉水渠工程相继建成。20 世纪之后，英属印度政府在认识到潜在可灌溉土地与水资源之间存在区域分布差异，如拉维河水资源不能满足巴里多布地区的灌溉用水需求，而杰赫勒姆河水资源则明显有剩余后，于 1907～1915 年通过了“三河水渠连通项目”(the Triple Canal Project)，即将拉维河、杰纳布河和杰赫勒姆河的灌溉系统进行连接的项目，将杰纳布河和杰赫勒姆河的盈余水输往水资源不足的拉维河，该项目开启了流域水资源综合调配的先河，也是流域间水资源综合管理的一个里程碑，为 1960 年印度和巴基斯坦通过《印度河水条约》解决印度河水争端提供了可操作性思路(FAO，2016)。该项目之后至 1947 年，印度河上又先后建成了萨特莱杰河河谷项目(由 4 个拦河闸和 2 条引水干渠组成)、印度河下游项目［由苏库尔(Sukkur)拦河闸和 7 条引水渠组成，可灌溉下游平原 295 万 hm^2 土地］、杰纳布河特里穆(Trimmu)水渠的渠首项目和印度河干流塔尔(Thal)水渠项目(表 3-7)。

表 3-7　印度河水资源利用重大事件表

Table 3-7　Important events of water development in the Indus River basin

时间	事件	涉及国家(地区)/机构	工程位置及解决的核心问题
1859 年	上巴里多布水渠建成	英属印度	位于拉维河，为夏季作物提供水源，为冬季作物保持一定的土壤含水量
1872 年	锡尔欣渠(Sirhind)建成	英属印度	从萨特莱杰河上的鲁帕(Rupar)渠首工程取水
1886 年	锡德奈渠(Sidhnai)建成	英属印度	从拉维河上的锡德奈拦河闸取水
1892 年	杰纳布河下游水渠建成	英属印度	从杰纳布河上的汉基(Khanki)取水
1901 年	杰赫勒姆河下游水渠建成	英属印度	从杰赫勒姆河的拉苏尔(Rasul)取水
1885～1914 年	斯瓦特河上下游、帕哈普尔水渠(Paharpur)等建成	英属印度	位于开伯尔-普赫图赫瓦省(现巴基斯坦境内)喀布尔河上
1907～1915 年	三河水渠连通项目	英属印度	将杰纳布河和杰赫勒姆河的盈余水输往水资源不足的拉维河
1920 年	印度河水文委员会成立	英属印度	记录印度河水文信息
1933 年	萨特莱杰河河谷项目	英属印度	萨特莱杰河上，由 4 个拦河闸和 2 个水渠构成，实现水资源调节，推动博克拉(Bhakra)水库(现印度)的建设规划
20 世纪 30 年代	苏库尔(Sukkur)拦河闸和 7 条引水渠建成	英属印度	印度河下游第一个现代水利工程
1939 年	哈弗尔(Haveli)和朗布尔(Rangpur)水渠建成	英属印度	从杰纳布河上的特里穆(Trimmu)取水
1947 年	塔尔(Thal)水渠建成	英属印度	从印度河干流的加拉伯克(Kalabagh)取水
1947 年	印度与巴基斯坦分治		
1948 年	印度与巴基斯坦水纠纷	印度、巴基斯坦	印度单方面切断了源自拉维河的巴基斯坦水渠水源
1954 年	兰加(Nangal)大坝建成	印度	位于萨特莱杰河上
1955 年	戈德里(Kotri)拦河闸建成	巴基斯坦	位于印度河干流上，替代之前的漫灌水渠，实现控制性灌溉
1958 年	当萨(Taunsa)拦河闸建成	巴基斯坦	位于印度河干流上，实现对沿河两岸两个大型灌区的引水灌溉
1960 年	《印度河水条约》签订	印度、巴基斯坦和世界银行	解决水纠纷；东部河流的所有水资源供印度无限使用；西部三条河流及过境巴基斯坦的萨特莱杰河或拉维河支流所有水资源，供巴基斯坦不受限制地使用
1962 年	古杜(Guddu)拦河闸建成	巴基斯坦	印度河干流
1963 年	博克拉大坝建成	印度	萨特莱杰河
1960～1976 年	印度河流域项目建成	巴基斯坦	根据《印度河水条约》规定，1960～1971 年建成包括门格拉(Mangla)大坝、5 个拦河闸［包括恰希玛(Chashma)水库］、1 个提水工程和 8 个跨流域连接水渠；1975～1976 年开工塔尔贝拉(Tarbela)大坝工程

续表

时间	事件	涉及国家(地区)/机构	工程位置及解决的核心问题
1974 年	庞格(Pong)大坝建成	印度	比亚斯河
1977 年	潘多(Pandoh)大坝建成	印度	比亚斯河
1986 年	萨拉尔(Salal)大坝建成	印度	杰纳布河
2007 年	巴格利哈尔(Baglihar)大坝最终裁决	印度、巴基斯坦和世界银行	杰纳布河上，引发印巴两国分歧，世界银行最终授权建设
2008 年	巴格利哈尔大坝建成	印度	杰纳布河上，1999 年开始建设，2008 年完工
2017 年	吉申甘加/尼卢姆(Kishanganga/Neelum)大坝建成*	印控克什米尔	位于有领土争议的克什米尔地区的杰赫勒姆河上的水电站，受到巴方质疑
2017 年	拉投(Ratle)水电站在建*	印控克什米尔	位于杰纳布河上，巴方反对，正在与世界银行讨论该电站建设的合法性

资料来源：FAO Aquastat，2011。

*Bauer，2019。

从印度河流域与水利用主要相关事件的时间序列(表 3-7)，可将印度河水资源开发利用历程划分为三个时段。

(1)1947 年之前：该流域水资源开发是以流域为单元进行综合协调考虑的，通过大量的人工水渠将一些主要河道进行了贯穿和连通，实现了水、土资源的平衡开发，使得该流域成为世界上最大的灌溉区。

(2)1947～1960 年：印度与巴基斯坦分治时边界委员会划界没有考虑灌溉系统边界问题，将上巴里多布和萨特莱杰河河谷两个灌溉系统分成了两个部分，打破了原有水利设施的完整性，渠头、水源或控制工程划入印度，而 90%的灌溉土地则划入巴基斯坦，这导致巴基斯坦部分地区的灌溉用水供水中断，进而造成了自 1948 年起的两国上下游用水分歧(FAO，2016；Siddiqi，2010；Ahmad and Lodrick，2019)。这场跨境水纠纷最终于 1960 年在世界银行的参与与支持下通过《印度河水条约》的签订而结束，该条约明确了印巴两国各自的水资源开发范围、相应的用水权利及承担的义务。这段时间内，新开发项目较少，且两国分别进行开发甚至是针对性开发，印度河水资源利用以对抗为主，而非合作，造成两国间的用水矛盾。

(3)1960 年之后：印度、巴基斯坦和世界银行(原为“国际重建与发展银行”)三方于 1960 年 9 月在卡拉奇签订《印度河水条约》，1960 年底两国分别签署条约批准议定书。之后，印巴两国开始按照《印度河水条约》规定的水资源开发范围、在世界银行为两国寻求到的资金支持下在各自境内进行分别开发，开发过程中不与对方合作，水资源呈现分割性开发形式，打破了流域水资源的整体性特征。总体上两国在印度河上的水资源开发顺利，但近年来印度在西部河流上游河段进行水电开发引起巴基斯坦的异议，双方在世界银行的协调机制下基本能够解决相关矛盾(Bauer，2019)。

(二)《印度河水条约》下的印度河水资源分配

《印度河水条约》(以下简称《条约》)由序言、正文条款和 8 个附件(A～H)构成(United Nations，1962)(表 3-8)。正文条款部分共包括 12 条 78 款，其中与印度河水资源利用直接相关的条款规定集中于前四项条款中(表 3-9)，而条款的实施细则以及相关的量化标准则包含于条约的 8 个附件之中。

表 3-8　《印度河水条约》正文条款与附件

Table 3-8　Articles and annexures of Indus Water Treaty

正文条款	附件
第一条 相关定义	附件 A 印度与巴基斯坦政府间换文
第二条 关于东部河流的规定	附件 B 巴基斯坦在拉维河支流上的农业用水
第三条 关于西部河流的规定	附件 C 印度在西部河流上的农业用水
第四条 关于东部河流和西部河流的规定	附件 D 印度在西部河流上的水电开发
第五条 财务规定	附件 E 关于印度在西部河流上的蓄水问题
第六条 信息交换	附件 F 中立专家
第七条 未来合作	附件 G 仲裁法庭
第八条 永久性印度河委员会	附件 H 过渡期相关安排
第九条 分歧与冲突的解决	
第十条 紧急情况规定	
第十一条 一般性规定	
第十二条 最终条款	

表 3-9　《印度河水条约》主要分水条款及相关规定

Table 3-9　Major articles on water allocation and their contents in the Indus Water Treaty

条款	条款简要内容
相关定义(第一条)	东部河流：比亚斯河、拉维河和萨特莱杰河(第 5 款)
	西部河流：杰赫勒姆河、杰纳布河和印度河(干流)(第 6 款)
	农业用水是指农业灌溉用水，不包括家庭和公共花园用水(第 9 款)
	居民生活用水指居民饮用、卫生、家畜家禽等用水，以及家庭庭院、公共花园及小型采矿、磨坊等用水，不包括农业和水力发电用水(第 10 款)

续表

条款	条款简要内容
相关定义(第一条)	非消耗性用水是指航运、漂木、防汛抗洪、渔业养殖等用水，或对水流的调控，不包括以上的渗漏和蒸发，河道内剩余水量、回水量以及农业和水力发电用水(第 11 款)
	对水体的干扰是指取水行为或人为活动造成河流日径流量明显变化，除轻微及偶然改变外，如由桥墩或临时通道等引起的水流波动(第 15 款)
	生效日期是《条约》第十二条规定的日期，即 1960 年 4 月 1 日(第 16 款)
关于东部河流的规定(第二条)	东部河流水资源，由印度不受限制地使用，除有其他规定外(第 1 款)
	除居民生活用水和非消耗性用水之外，巴基斯坦有义务保证萨特莱杰河干流和拉维河干流河段水流在巴境内和规定地点不受到干扰(第 2 款)
	除居民生活用水、非消耗性用水及附件 B 具体规定外，巴基斯坦有义务保证与萨特莱杰河干流或拉维河干流有天然联系支流水不受到干扰(第 3 款)
	巴基斯坦可不受限制地使用通过天然河道、在巴基斯坦境内汇入萨特莱杰河干流或拉维河干流的支流水资源，但此规定不能被解释为或赋予了巴基斯坦对以上水资源拥有任何权利。在条约生效前，巴基斯坦已在其境内利用了拉维河支流的水，印度不应再要求利用这部分水资源；就此双方同意建立水文观测站以确认巴基斯坦的已用水量，建设费用及观测工作由巴基斯坦承担(第 4 款)
	附件 H 规定了《条约》过渡期的用水，印度应在此期间限制农业取水量、抽蓄水量，保证东部河流向巴基斯坦供水(第 5 款)
	过渡期为 1960 年 4 月 1 日～1970 年 3 月 31 日，如需延长，按附件 H 第八部分规定执行，最晚不超过 1973 年 3 月 31 日；过渡期内，巴基斯坦可无限制使用印度按附件 H 规定从东部河流放出的水；过渡期后，巴基斯坦无权要求印度继续从东部河流放水。如果印度有剩余水量从东部河流释放出来、进入巴基斯坦境内，巴基斯坦可不受限制地使用，但不得对此水资源主张任何权利(第 6～9 款)
关于西部河流的规定(第三条)	结合第 2 条规定，印度有义务让西部河流的水流入巴基斯坦，巴基斯坦可无限制利用以上河流水资源(第 1 款)
	除居民生活和非消耗性用水、附件 C 和 D 规定外，印度有义务保证杰赫勒姆河、杰纳布河和印度河(干流)的水流在其境内不受干扰(第 2 款)
	对于巴基斯坦一直在利用的拉维河或萨特莱杰河源头水资源，巴基斯坦可不受限制地继续使用，印度不得利用这些水。各方和河流永久委员会同意建立流量观测站，以确定巴基斯坦在以上河流上的可利用量(第 3 款)
	除附件 D 和 E 的规定外，印度不应在西部河流上进行蓄水或兴建任何蓄水工程(第 4 款)
关于东部河流和西部河流的规定(第四条)	巴基斯坦应尽最大努力将 1947 年 8 月 15 日前由东部河流提供的灌溉供水改为由西部河流和其他水源水渠工程供水(第 1 款)
	“非消耗性用水”是指一方在利用由《条约》分配给另一方的河流水资源时，不应对河流水量造成实质性变化；一方在实施防洪方案时应尽力避免对另一方造成实质性损害；印度在维吉尔河(Wejern)上实施防洪方案时不应涉及用水与蓄水设施，除第三条的相关规定外(第 2 款)
	《条约》规定不得被解释为禁止一方进行排水、河流整治、水土保持、疏浚及采砂行为，除非以上行为对另一方造成实质性损害；除《条约》规定外，印度在西部河流上的以上行为不应存在水利用或蓄水情况等(第 4 款)
	同意在《条约》生效时尽力维持河道天然状态，尽可能避免修建对另一方造成实质性损害的滞流设施(第 6 款)

续表

条款	条款简要内容
关于东部河流和西部河流的规定(第四条)	任何一方均可自由地、不受限制地利用天然河道进行泄洪或其他多余水量，另一方不得以此造成损害为由向对方提出赔偿；在切实可行的情况下，一方尽可能提前将境内异常水流(水库泄洪及洪水)信息告知另一方(第 8 款)
	承诺蓄水大坝、拦河闸和灌溉水渠的运行尽力与工程设计一致，尽可能避免对另一方造成实质性损害；《条约》生效前，各方尽力保证河流天然状态、防止污染，采取一切合理措施，确保污水或工业废水不对河流利用产生实质影响，“合理”是指在河流类似情况下的习惯做法(第 9～10 款)
	“工业用水”：《条约》生效前已有的工业，其用水不应超过工艺流程的常规用水；《条约》生效前未知的工业，其用水以类似的或可比的流程作为其常规用水量，或者在《条约》生效前没有类似或可比的新工艺流程，其常规用水量应不对另一方造成明显不利影响(第 12 款)
	根据第 11 条等相关规定，居民生活废水用于农业灌溉，其用水量需依据附件 B 和附件 C 规定确定；各方尽最大努力在同一河流上进行以工业为目的的非消耗性用水和居民生活用水的取排水(第 13 款)
	如果一方利用了非《条约》规定的河流水资源，该方不得通过任何方式获得继续利用此部分水资源的权利(第 14 款)
	《条约》规定不影响现有领土上河流、水域及河岸水资源权利，或影响民法中对水域、河床或河岸现有财产权的相关规定(第 15 款)

从表 3-9 对《条约》中主要的用水条款梳理情况看，通过《条约》的签订，《条约》三方将印度河流域的六大水系分割为东部河流和西部河流两个部分，每个部分包括 3 条河流或水系，并总体上分别将东部河流分配给印度完全使用，西部河流则分配给巴基斯坦完全使用。印度河分水谈判过程中对东部河流和西部河流的年径流量估算值分别为 407 亿 m^3 和 1666 亿 m^3，即印度河流域年平均可利用水资源量大约为 2080 亿 m^3，其中给印度和巴基斯坦的水量分别占流域总径流量的 20% 和 80%(胡文俊等，2010；Kalair et al.，2019)。从《条约》条款、内容及其确定的分水模式看，看似简单的分水模式，却产生了复杂的执行程序，体现出印度与巴基斯坦之间水资源利用的竞争性、复杂的区域关系，印度河水资源分配在多个方面体现了该流域水资源共享特征，包括：

(1)流域水系的空间分布特征与跨境水资源公平利用相结合。印度与巴基斯坦在 1947 年分治后，印度主要位于印度河流域的中上游地区、流域东部，而巴基斯坦主要位于干支流的中下游区、流域西部区域。印度河流域主要水系 6 条(包括干流)(见前文“水系”一节)(表 3-4 和图 3-1)，条约第一条中的第 5 和第 6 款将印度河 6 条主要水系划分为东、西两个部分各 3 条，分别称为“东部河流”和“西部河流”；并在条约第二条和第三条中将东部 3 条河流的水资源分配给印度不受限制地使用，将西部 3 条河流的水资源分配给巴基斯坦不受限制地使用。从《条约》所确定的印度河流域跨境水资源分配方案看，既考虑了流域水资源的空间分布特征，又考虑了两国的实际用水情况及需求，为体现现代国际水法中水资源利用的公平合理原则，将流域水系一分为二，印度和巴基斯坦各获得3条河流的水资源利用权，河流条数相同也体现了条约的公平性，依照地理位置就近用水体现了合理性。

(2)维持合理的水资源历史利用。《条约》在以水系为单位，将东、西部各3条河流分别分配给印度和巴基斯坦完全利用的基础上，考虑同一条河流上下游间在分水前已经存在不同程度的开发利用情况，而且难以进行人口和居民点的重新安置乃至搬迁，为此，《条约》正文第一条第9～11款以及第15款就流域内可能对河流水量产生影响的人类活动及用水进行了明确定义，包括农业用水、居民生活用水、非消耗性用水以及对水体的干扰。从这些定义内容看，农业和居民生活用水对河流水资源量产生明显的影响，特别是前者，而后者是使人类生存的基本需求得到保证；而非消耗性用水和对水体的干扰则对河流水资源量产生的影响较小。在明确用水定义的基础上，《条约》在第二条“关于东部河流的规定”和第三条“关于西部河流的规定”中分别维持了巴基斯坦在东部河流的萨特莱杰河和拉维河干支流上的居民生活用水和非消耗性用水的权利(第二条第2和第3款)；巴基斯坦可以不受限制地继续利用长期以来一直在利用的拉维河或萨特莱杰河源头水资源权利(第二条第3款)，以及利用以上两河流入巴基斯坦的剩余水量权利(第二条第4款)；也维持了印度在西部3条河流上的居民生活用水和非消耗性用水的权利(第三条第2款)。从这些相关规定看，《条约》在明确两国对不同河流水资源的使用权基础上，仍旧要求维持印巴分治前的合理用水，或者说历史用水权。

(3)保证分配给两国的河流水资源能够不受干扰地利用，特别是保证流域内农业灌溉用水水源。无论从历史上看，还是从目前印度河流域的社会经济发展情况看，流域内的巴基斯坦旁遮普省和信德省、印度的旁遮普邦和哈里亚纳邦均是当地的粮食主产区，也是流域内的高耗水区。从印巴分治、用水冲突到解决冲突的条约谈判与签订，其核心问题在于灌溉用水水量的维持与保证。为此，首先，《条约》在第一条对用水行为的定义中规定，农业用水就是指农业灌溉用水，居民生活用水和非消耗性用水均不包括农业用水和水力发电用水。其次，为了保证两国各自利用被授权的河流水资源利用，《条约》在相关条款上规定除了非消耗性用水、当地居民生计必需用水外，其他大规模、消耗性用水受到限制，如印度在西部河流的上游地区除居民生活用水、消耗性用水及相关具体规定外，包括建设防洪设施或实施防洪方案，如进行河道整治、水土保持及疏浚工程时等，不得蓄水或建立蓄水设施(第三条第4款、第四条第2款和第4款)。最后，为了保证分别分配给印度和巴基斯坦的东、西部3条河流的径流量在流入各方境内和利用前不发生明显变化，《条约》在第一条～第四条中对两国在相关河流的活动进行了限制规定，如将“对水体的干扰”定义为取水行为或人为活动造成河流日径流量明显变化(第一条第15款)；巴基斯坦应保证东部河流之萨特莱杰河干流、拉维河干流河段及其与干流存在天然联系的支流水流在巴境内和规定地点不受到干扰(第二条第 2 款和第3款)；印度有义务保证在其境内西部3条河流水流不受干扰(第三条第2款)。

(4)过渡期的设定为解决印巴间水冲突提供了一个缓冲期，使印巴分治后的紧张局势得到缓解。过渡期主要是为了使《条约》第二条第 1 款将东部 3 条河流的水资源完全分配给印度利用，但其前提条件是巴基斯坦需要时间和资金将英殖民地时期近 100 年建立起来的灌溉系统进行调整，将巴基斯坦利用东部河流水源的灌溉系统改造为由西部河流提供灌溉水源，实现两国在印度河的水利用彻底分开，避免上下游用水冲突。《条约》第二条“关于东部河流的规定”第 6 款规定“过渡期为1960 年 4 月 1 日起至 1970 年 3 月 31 日，或者至按附件 H“过渡期相关安排”相关条款予以延长的日期。但无论《条约》第四条第 1 款巴基斯坦的改建工程完成与否，过渡期最晚不得超过 1973 年 3 月 31 日”。第 7～8 款规定“如果过渡期要延长到1970 年 3 月 31 日以后，将适用《条约》第二条第 5 款、第五条第 5 款的规定”。《条约》第五条为“账务规定”，其第 1～4 款规定：对于巴基斯坦需要将 1947 年 8 月15 日之前从东部河流取水灌溉改为由西部河流或其他水源取水的相关工程，印度同意为此支付工程建设的固定成本 6206 万英镑，此项费用由印度从 1960 年 11 月 1 日开始、连续 10 年，每年支付总额的 10%，款项的支付方式为由印度支付给世界银行专门建立并管理的“印度河流域开发基金”，之后由银行转付巴基斯坦。第 5 款规定：如果巴基斯坦不能如期完成以上水利工程而申请延期(最长三年)，延长期内每年世界银行应通过“印度河流域开发基金”向印度支付不同额度费用。从以上规定的实际内容看，如果巴基斯坦不能在过渡期内完成灌溉水渠的改建工程，需要进行延期，虽说过渡期的延长期内仍旧沿用第二条第 5 款的用水规定，但巴基斯坦需要按年度对印度在过渡期内通过世界银行支付给巴基斯坦的工程改建费进行反补，其实质即为罚款或者说是违约金，督促巴基斯坦尽快完成工程改建。

(5)条款细则确保《条约》的可操作性和稳定性。《条约》正文条款仅有十二条，但支持条约条款执行的附件就有 8 个，分别为附件 A“印度与巴基斯坦政府间换文”、附件 B“巴基斯坦在拉维河支流上的农业用水”、附件 C“印度在西部河流上的农业用水”、附件 D“印度在西部河流上的水电开发”、附件 E“关于印度在西部河流上的蓄水问题”，附件 F“中立专家”、附件 G“仲裁法庭”和附件 H“过渡期相关安排”。附件及其条款围绕两国在不同河流上用水开发(农业、水电、蓄水)目标可能对水流的影响、条约过渡期间的制度安排及《条约》执行中的冲突解决进行了进一步的说明和规定。仅从《条约》提交给联合国备案，并由联合国出版的国际《条约集》(Treaty Series)(1962 年卷)上的条约页数看，85 页的法律文本，其序言和正文条款部分仅 17 页，而 8 个附件的页面数量则为 68 页，可见附件条款之详尽。具体到各个附件，发现多数附件中所包含的条款数都多于正文条款，如附件 H 对过渡期各项事务的相关规定及实施条款多达 70 条，附件 G 关于仲裁法庭的程序条款有 28 条，附件 D 和 E 对印度在西部河流上进行农业及水电开发的条款达 25 条之多，《条约》的正文与附件条款的细致规定，基本保证了《条约》即使历经了印巴之间长期冲突不断的情势下仍旧能够正常执行。

(6)《条约》“无限”有效问题。《条约》第一条第 16 款对《条约》的“生效日期”(effective date)进行了定义，即《条约》第十二条规定的日期，1960 年 4 月 1 日。相应地，《条约》第十二条“最终条款”共 4 款，其第 2 款规定“《条约》应由两方政府批准，且批准书应在新德里进行交换。《条约》将在交换批准书时即刻生效，然后追溯为 1960 年 4 月 1 日起生效”；第 3 款规定“两国政府可以以缔结正式批准书的方式对《条约》条款随时进行修改”；第 4 款规定“《条约》条款或根据第 3 款的规定修改的《条约》条款应保持有效，直至两国政府缔结一项正式《条约》终止批准书为止”。从以上条款内容看，首先，该《条约》规定的是“生效日期”，而非国际条约通常规定的“有效期”。其次，《条约》规定了《条约》条款的修改以及《条约》终止的条件，即两国谈判、达成一致、签订《条约》，并得到两国政府的批准，否则《条约》不可能被修改乃至终止。如果这样理解，也可以说如果任何一方不同意修改或终止，甚至不同意批准修改或终止《条约》，《条约》就可以无限期有效。从《条约》实施到目前的情况以及印巴关系看，一旦印巴关系出现紧张情况，印度就会不时表达出终止条约、截断印度河水源的“信息”，但可能出于维护信守协议的国家形象的考虑，印度至今没有就此采取实质性行动。《条约》至今维持着良好的实施状态，约束着两国的用水行为。

(三)《印度河水条约》签订后的水资源开发利用与问题

《印度河水条约》实施后，印度和巴基斯坦基于《条约》规定的分水规定不断完善和发展灌溉系统，到 1990 年，印度河流域的灌溉总面积有 2626 万 hm^2，实际灌溉面积约为 2450 万 hm^2。总灌溉面积中，巴基斯坦约为 1908 万 hm^2，占 72.7%；印度为 671 万 hm^2，占 25.6%；阿富汗为 44 万 hm^2，占 1.7%；中国最少，仅为 3 万 hm^2，占 0.1%。灌溉面积中，53%由地表水供给，47%由地下水供给。印度河流域灌溉系统完善后，流域粮食和经济作物种植面积整体增加了 39%，其中小麦、棉花、水稻和甘蔗分别增加了 36%、44%、39%和 52%(World Commission of Dam，2000)。截至 2010 年，流域总取水量大约为 2990 亿 m^3，地表水和地下水分别占 52%和 48%；巴基斯坦、印度、阿富汗和中国 4 国的取水量分别占 63%、36%、1%和 0.04%；灌溉用水量约为 2780 亿 m^3，占总取水量的 93%(FAO Aquastat，2011)。印度河流域内未开发灌溉系统之前，地下水水量通过降水、径流下渗和地下水出流同植物蒸散发之间保持着动态平衡，伴随流域大规模灌溉农业的发展，出现地下水位上升、土壤水浸和盐化等问题。

1960～2010 年，印度和巴基斯坦按照《条约》授权进行流域水资源的开发利用(表 3-10)。印度在印度河流域萨特莱杰河、比亚斯河和杰纳布河上建成 6 座大坝及其配套设施，相关水库的总库容约 218 亿 m^3，从其主要开发利用目标看，印度在其东部河流上实施的是灌溉与发电为主的多目标开发，而在杰纳布河(属西部河流)上游则以水电开发为主，其中杰纳布河上的巴格里哈尔水电工程位于印控克什米尔地区，因坝高过高、库容量大等，自 1999 年以来就受到巴基斯坦的质疑，但于 2007 年获得世界银行的最终裁决，结果授权建设与运行。巴基斯坦在印度河流域的西部河流相继完成了一系列水利工程，其中依据《条约》完成的工程包括兼有灌溉和发电大坝 2 个及综合水利灌溉设施 1 个，总库容约 230 亿 m^3。

表 3-10　1960 年之后印度河流域上建成的主要大坝设施

Table 3-10　Major dams on the Indus River system after 1960

国别	大坝名称	所在河流	建成时间	坝高/m	库容/亿 m^3	用途
印度	巴克拉(Bhakra)	萨特莱杰河	1963 年	226	96.2	灌溉、发电
	兰加(Nangal)	萨特莱杰河	1954 年	29	0.2	灌溉、发电
	潘多(Pandoh)	比亚斯河	1977 年	76	0.41	灌溉、发电
	庞格(Pong)	比亚斯河	1974 年	133	85.7	灌溉、发电
	萨拉尔(Salal)	杰纳布河	1986 年	113	2.85	发电
	巴格里哈尔(Baglihar*)	杰纳布河	2008 年	145	33	发电
	小计				218.36	
巴基斯坦	门格拉(Mangla)	杰赫勒姆河	1968 年	116	101.5	灌溉、发电
	塔贝拉(Tarbela)	印度河(干流)	1976 年	137	119.6	灌溉、发电
	恰希玛(Chashma)	印度河(干流)	1971 年	—	8.70	灌溉
	小计				229.8	
两国	总计				448.16	

资料来源：FAO Aquastat，2011。*位于印控克什米尔地区。

1)巴基斯坦的水资源开发利用状况

巴基斯坦 95%以上的灌溉区位于印度河流域内，2008 年，巴基斯坦灌溉面积为 1927 万 hm^2，其中印度河灌溉系统覆盖面积 1487 万 hm^2。巴基斯坦境内印度河灌溉系统由 3 个大型水库(塔贝拉、门格拉和恰希玛)、23 个拦河闸/渠首工程/抽水工程、12 条河流间连接渠、45 条系统控制工程和 70 万口管井组成，灌溉水渠全长超过 60080km。灌溉农业是巴基斯坦用水最多的产业，每年灌溉农业用水中约有 1280 亿 m^3 为地表水，约 590 亿 m^3 为地下水，雨养农业比例不超过 15%。巴基斯坦境内印度河年平均径流量的 70.3%(1260 亿 m^3)被引入灌溉系统后，剩余 21.4%的流量注入阿拉伯海，8.3%的流量为河道损耗(Kalair et al.，2019)。2016 年，巴基斯坦农业灌溉面积约 1860.6 万 hm^2，占农业用地面积的 50.5%(The World Bank，2020b)，如果仍以 95%的灌溉区位于印度河流域进行概算的话，巴基斯坦印度河流域内灌溉面积约为 1770 万 hm^2。

《条约》签订后，1960～1971 年巴基斯坦的印度河流域工程相继实施并竣工，包括门格拉大坝、5 个拦河闸和 8 个河流连通渠等水利设施(表 3-11)。其中最主要的两个工程——杰赫勒姆河上门格拉大坝和印度河干流上的塔贝拉大坝，是在世界银行筹资协助下完成的，分别于 1968 年和 1976 年竣工。两个水库分别控制着巴基斯坦境内印度河流域内约 36%和 64%的灌区面积，不仅减轻了巴基斯坦对东部 3 条河流水资源的依赖度，还减少了印度在利用东部河流后对巴基斯坦的影响，同时使得灌溉工程控制区农业产量大幅增加。

表 3-11 《印度河水条约》后巴基斯坦建成的主要水利工程

Table 3-11 Major hydraulic projects built by Pakistan after the Indus Water Treaty

<table>
<tr><th colspan="2">工程类型/名称</th><th>竣工时间</th><th>涉及河流</th><th>大坝</th></tr>
<tr><td rowspan="8">连接水渠</td><td>特里穆-锡德奈(Trimmu-Sidhnai)</td><td></td><td>杰纳布河、拉维河</td><td rowspan="6">门格拉</td></tr>
<tr><td>锡德奈-迈尔西(Sidhnai-Mailsi)</td><td></td><td>拉维河、萨特莱杰河</td></tr>
<tr><td>迈尔西-巴哈瓦(Mailsi-Bahawal)</td><td></td><td>拉维河、萨特莱杰河</td></tr>
<tr><td>拉苏尔-迪拉巴德
(Rasul-Qadirabad)</td><td></td><td>杰赫勒姆河、杰纳布河</td></tr>
<tr><td>迪拉巴德-巴洛克
(Qadirabad-Balloki)</td><td></td><td>杰纳布河、拉维河</td></tr>
<tr><td>巴洛克-苏莱曼克
(Balloki-Suleimanki II)</td><td></td><td>拉维河、萨特莱杰河</td></tr>
<tr><td>恰希玛-杰赫勒姆河
(Chashma-Jhelum)</td><td></td><td>印度河、杰赫勒姆河</td><td rowspan="2">塔贝拉</td></tr>
<tr><td>当萨-本杰讷德河
(Taunsa-Panjnad)</td><td></td><td>印度河、杰纳布河</td></tr>
<tr><td rowspan="6">拦河闸/
渠首工程</td><td>锡德奈(Sidhnai)</td><td>1965 年</td><td>拉维河</td><td rowspan="4">门格拉</td></tr>
<tr><td>马拉拉(Marala)</td><td>1968 年</td><td>杰纳布河</td></tr>
<tr><td>迪拉巴德(Qadirabad)</td><td>1967 年</td><td>杰纳布河</td></tr>
<tr><td>拉苏尔(Rasul)</td><td>1967 年</td><td>杰赫勒姆河</td></tr>
<tr><td>恰希玛</td><td>1971 年</td><td>印度河</td><td rowspan="2">塔贝拉</td></tr>
<tr><td>迈尔西(Mailsi)</td><td>1965 年</td><td>萨特莱杰河下游</td></tr>
<tr><td rowspan="2">大坝</td><td>门格拉</td><td>1968 年</td><td>杰赫勒姆河</td><td>门格拉</td></tr>
<tr><td>塔贝拉</td><td>1976 年</td><td>印度河</td><td>塔贝拉</td></tr>
</table>

续表

工程类型/名称		竣工时间	涉及河流	大坝
提升改造工程	巴洛克-苏莱曼克 1 号连通渠 (Balloki-Suleimanki Link I)		拉维河、萨特莱杰河	门格拉
	马拉拉-拉维河连接渠 (Marala-Ravi Link)		杰纳布河、拉维河	
	班巴瓦拉-拉维-贝迪安-迪帕尔普尔运河 (BRBD Link)		杰纳布河、拉维河	
	巴洛克渠道工程 (Balloki Headworks)		拉维河	

资料来源：WCD，2000。

1991 年巴基斯坦政府基于在 1960 年《印度河水条约》中获得的可开发利用水流，以及相关河流在 1977～1982 年的实测年平均流量、各省的历史用水情况及其水利设施蓄水能力，制订了一项关于巴基斯坦各省之间分享印度河流域水资源的协定，对约 1448 亿 m^3 水量在 4 个省之间进行分配，各省间的用水份额为：旁遮普省 47%、信德省 42%、开伯尔-普赫图赫瓦省 8%、俾路支省 3%（Anwar，2016）。后两个省用水份额少的主要原因为位于印度河流域的面积相对较小，山地地形不利于水资源的开发，导致历史用水量占比小，以及大型灌区覆盖面积小。

2）印度的印度河水资源开发利用状况

1960 年《条约》规定，印度河流域的东部 3 条河流水资源由印度支配使用，还可以利用印度境内印度河（干流）、杰赫勒姆河和杰纳布河的水资源进行水电开发，维持居民生活用水和小规模农业用水。

《条约》签订后，印度将其境内印度河流域划分为 11 个子流域进行大规模水资源开发。为了充分利用东部河流的水资源，印度计划在印度河流域建设 70 个大中型灌溉控制系统，包括改扩建工程。流域内现已建成 18 个大型和 43 个中型灌溉系统控制区，如巴克拉-兰加（Bhakra-Nangal）大型灌区（可同时为拉贾斯坦邦、旁遮普邦和哈里亚纳邦提供灌溉用水）、位于旁遮普邦的东部灌区和锡尔欣（Sirhind）灌区、位于拉贾斯坦邦的甘格（Gang）灌区、位于哈里亚纳邦的亚穆纳（Yamuna）灌区以及位于喜马偕尔邦的沙那哈尔（Shahnehar）灌区等。

截至 2019 年 3 月底，印度在流域内已建有装机容量超过 2.5 万 kW 的水电工程 51 个，主要分布于喜马偕尔邦等；已建装机容量 1429.4 万 kW，占流域（印度境内）可开发容量的 43.28%；在建装机容量 387 万 kW，占可开发量的 11.72%。其中，装机容量超过 60 万 kW 的电站 7 个，占流域内已建装机容量的 50.2%；装机容量最大的电站为位于喜马偕尔邦境内装机容量为 150 万 kW 的纳特帕·杰里克（Nathpa Jhakri）电站（Central Electricity Authority Ministry of Power Government of India，2019）。

流域以上各类水利工程中，约 49%的工程以水电开发为目标，其他则以灌溉、防洪和居民饮用水为目标。其中一些大型工程具有多目标开发功能，如位于萨特莱杰河上的巴克拉大坝、比亚斯河上的庞格(Pang)和潘多(Pandoh)大坝、拉维河上的泰恩(Thein)兰吉特萨加尔(Ranjit Sagar)大坝在水电开发的基础上，配套完成了一系列的灌溉控制工程，如巴克拉大坝项目既实现了装机 132.5 万 kW 的水电开发，同时配套了 11 个附属灌溉工程，实现流域内 3 个邦的水资源共享，又实现了流域水电与灌溉目标的协调开发。经过几十年的开发，印度对东部河流约 95%的水资源进行了利用，但每年仍有大约 24.7 亿 m^3 的水从拉维河流向巴基斯坦(Staff，2019)。

3)印度河上游水电、航运开发引起的印巴争议

《条约》签订后，印巴双方在《条约》实施过程中存在对《条约》理解的异议，但大部分异议可以通过磋商解决。但当印度拟在杰赫勒姆河上建航运工程、在杰纳布河和杰赫勒姆河上拟建较大的水电工程项目时受到了巴基斯坦的反对。前者从 1984 年至今仍未能达成一致。因水电工程建设引发的争端已经或正在通过不同“分歧和冲突解决”机制进行协商解决，如巴格里哈尔(Baglihar)电站建设纠纷通过中立专家的调解得以解决，吉申甘加电站(Kishanganga)通过仲裁得以解决，而拉投(Ratle)水电站争端尚未得到解决。

巴格里哈尔电站建设的纠纷始于 1992 年，印度告知巴基斯坦其在杰纳布河的电站规划后，立即受到巴基斯坦的抵制。巴方认为此项目在设计洪峰流量、坝顶高度、蓄水库容等诸多方面违反了《条约》规定，将导致巴有关地区缺水或发生洪灾，因而坚决反对，但印方还是于 2000 年开工建设。自 2002 年起，两国双边多次磋商毫无结果。2005 年巴方按《印度河水条约》规定的分歧解决程序，正式请求世界银行指派一名中立专家进行调查裁决。经双方同意，中立专家开展了一年多的独立调查研究，于 2007 年提出了双方都接受的裁决结果(Salman，2008)。

印度在杰纳布河上的拉特水电工程，也受到了巴基斯坦的抵制。该工程位于印控克什米尔地区，工程包括一个高 133m 的重力坝和 2 个发电站，发电站总装机容量达 85 万 kW，其中主电站安装 4 台 20.5 万 kW 的发电机组，辅助发电站安装 1 台 3 万 kW 机组。2013 年 6 月 25 日举行了大坝奠基仪式，工程原预计于 2018 年 2 月完工。巴基斯坦称它违反了《印度河水条约》，但世界银行并不认可此观点，双方仍在继续磋商，尚未达成共识，印度曾于 2017 年暂停了工程施工，但于 2019 年重启，预计工程将于 2023 年或 2024 年完工进入试运行(Central Electricity Authority Ministry of Power Government of India，2019)，意味着印度并没有考虑巴基斯坦的反对意见，甚至没有等待协商结果而继续推进工程施工与建设。

四、印度河水资源合作面临的问题

随着印度河流域社会经济的迅速发展，流域人口迅速增加，流域内人均生活水平的提高，流域国对水资源的需求不断增加，因水资源利用而产生摩擦和争端的可能性正在增加，发生区域不再仅局限于印度和巴基斯坦两国之间，可能会进一步扩大到阿富汗、中国两国。

印、巴通过签署《印度河水条约》，在流域层面上分配了流域水资源的使用权，但由于阿富汗和中国不是该条约的缔约方，阿富汗、中国两国在上游的开发利用权利不受到该条约的制约。从上文对流域水系及水资源的空间分布情况的简述可见，流域内阿富汗与巴基斯坦之间是较为明显的上下游关系，中国与印度之间也是明显的上下游关系。从目前的流域国水资源合作情况看，阿富汗与巴基斯坦之前没有有效的跨境河流合作机制，阿富汗如果开发利用喀布尔河等跨境河流，必然会对巴基斯坦产生一定影响。中国虽然在上游，但径流贡献以及开发利用都非常小，与下游印、巴两国尚不存在水资源开发利用的利益冲突。印度河的水源主要来自兴都库什-喜马拉雅冰川。研究估计，从当前的温室气体排放情况看，到2100年全球将有35%～94%的冰层融化（Wester et al.，2019），上游国家水资源的利用或气候变化下的出境径流变化必然会对流域现有的水资源利用格局产生影响。

（一）克什米尔地区的水电开发

《印度河水条约》签订已经过去了60年，现在整个流域的经济、人口、能源、生态和环境均发生了剧烈的变化。过去10年间，流域内摩擦事件频发。按照印度的电力发展规划（Central Electricity Authority Ministry of Power Government of India，2019），如果印控克什米尔水电开发规划实施，当地水资源利用强度将明显增大，很可能会进一步激化区域内的政治与军事冲突，为《条约》的继续执行蒙上阴影。

例如，2000年以来，印度国内重新审视甚至废除《印度河水条约》的声音日渐增强，特别是2016年以来印巴在克什米尔地区不断升级的武装冲突，印巴双方就印方要“切断巴基斯坦的印度河水源”以及巴方回应“既不担心也不反对印度将《条约》分配给印度的东部河流的水用于其人民或其他目标”展开了针锋相对的口水战（Hasnain，2019）。因此，未来印度如何权衡印度河西部河流上游以及印控克什米尔地区的水电开发和巴基斯坦的诉求，将直接影响到流域的稳定。与此同时，巴基斯坦在巴控克什米尔也有较大规模水电开发的计划，如迪阿莫-巴沙大坝（Diamer-Bhasha Dam）等多个水利项目，印度因大坝会造成克什米尔及周边地区大面积土地的淹没，谴责巴基斯坦对“非法占领区”做出的一系列行为(Sputanik，2020)。

(二)阿富汗与巴基斯坦水资源开发计划

阿富汗与巴基斯坦同样饱受干旱的困扰，虽然阿富汗境内的印度河流域只约占其国土总面积的12%，喀布尔河等支流水资源对流域总径流量的贡献也极小，但这些水资源提供了阿富汗全国26%的淡水资源(入境水量约100亿m^3，出境水量约为215亿m^3)。流域内人口约1160万，占总人口的37%(Malyar，2018)。而阿富汗只有28%的家庭有电力供应，且80%的电力需要从周边国家进口。阿富汗丰富的矿产资源因缺水缺电而无法开发，可以说印度河流域水资源的开发对阿富汗经济发展极为重要。与此同时，喀布尔河水资源对巴基斯坦也非常重要，喀布尔河为巴基斯坦提供约10%的供水水量，主要用于满足开伯尔-普赫图赫瓦省的饮用水、农业灌溉用水、发电用水以及信德省湿季早期的农业灌溉用水(Memon，2020)。

阿富汗在印度河流域的喀布尔及其2条主要支流上计划开发20多个水利水电项目，其中喀布尔河上规划了13个，这些项目的开发可为阿富汗增加灌溉面积超过5600hm^2，但同时也造成从阿富汗流入巴基斯坦的水量减少16%～17%，并影响巴基斯坦15.2万hm^2土地灌溉(Ahmad，2013)。2018年印度协助阿富汗对喀布尔河上12个水利工程中的部分工程进行可行性研究(Foreign Policy，2018)。2018年3月，印度计划在喀布尔省投资2.36亿美元建设夏图特(Shahtoot)大坝，根据其可行性报告的结论，该电站拟建在喀布尔河的一条支流上，建成后将为喀布尔市200万的居民提供生活用水，灌溉400hm^2的农地。巴基斯坦认为印度在阿富汗的投资是有目的和策略性的，即是为了遏制巴基斯坦的发展(Water Politics，2018)。

早在1947年，《印度河水条约》谈判开始前，阿富汗就已经被列入关注范围，世界银行在考虑是否为巴基斯坦申请在其境内喀布尔河上开发的瓦萨克(Warsak)水电站(装机容量24万kW)项目提供贷款时，提出只有巴基斯坦与阿富汗就水电站用水对阿富汗产生的影响达成一致解决方案时，世界银行才会考虑贷款。但由于阿富汗的水资源开发强度小，加之两国复杂的边境问题，两国没有着手对此进行深入磋商。直到阿富汗对喀布尔河计划进行开发后水资源共享问题才受到双方的关注，巴基斯坦非常希望与阿富汗签署水资源共享条约。但是双方至今未能达成相关条约，但通过谈判协商也取得了一定的成果，如双方同意建设水文测站，共享水文数据，起草了《水资源共享条约草案》，确定了未来的谈判日程，承诺保证现有供水的安全，以及就契特拉河调水工程交换相关信息等(The Third Pole，

2017)。巴基斯坦的契特拉河调水工程，将在阿富汗库纳尔河上游巴基斯坦境内建坝后将该河水调入斯瓦特河上游一支流，并最终将水调入瓦萨克电站库区，工程拟调出水量约 49 万 m^3，目前通往坝址的公路已经于 2015 年建成。对巴基斯坦而言，该工程可以减轻区域内洪灾，为少水区提供灌溉用水，同时增加瓦萨克电站的发电用水。契特拉河水量约占阿富汗喀布尔河全流域水量的 70%，巴基斯坦拟调 40%的水量，不但会造成下游阿富汗缺水，而且工程位于阿富汗规划的几个梯级工程的上游，其建设与运行直接影响未来阿富汗水利工程的预期效益。

(三)中国与巴基斯坦的水电开发合作

巴基斯坦水电开发局估计：该国水电可开发潜力为 6000 万 kW，至 2016 年水电已开发装机仅 732 万 kW，未开发的水能资源主要位于印度河干流和杰赫勒姆河的北部山区，其中大约 4500 万 kW 发电潜能位于巴控克什米尔，该区的水电开发是巴基斯坦的建设重点，其对应对气候变化的挑战、确保水和粮食安全至关重要(International Hydropower Association，2017)。

2017 年 5 月在“一带一路”倡议和“中巴经济走廊”(China-Pakistan Economic Corridor，CPEC)项目下，中国和巴基斯坦签署了一份谅解备忘录，计划在巴基斯坦印度河上修建 5 座大型水库，即迪阿莫-巴沙(Diamer-Bhashe，450 万 kW)、巴坦(Pattan，240 万 kW)、塔科特(Thakot，400 万 kW)、本吉(Bunji，710 万 kW)、达苏(Dasu，432 万 kW)，总装机容量超过 2200 万 kW，总投资预计 500 亿美元(Pindexter，2017)。根据该谅解备忘录，中国国家能源局负责监督五座大坝的建设和融资情况，此项目是中国有史以来除中巴经济走廊项目之外在巴基斯坦最大规模的投资，也是巴基斯坦首次引入国外直接投资建设水电站。5 个大型水库项目中的迪阿莫-巴沙大坝投资最高，将耗资 120 亿～140 亿美元，大坝的设计高度为 272m，装机容量为 450 万 kW，电站建成后每年可为其国家电网输送约 200 亿 kW·h，为农业部门提供 98.68 亿 m^3 的灌溉用水，有利于巴基斯坦粮食安全计划目标的实现。但 2017 年 11 月，巴基斯坦拒绝了中国在巴控克什米尔地区 140 亿美元的水利项目援资，撤回了将迪阿莫-巴沙水坝纳入中巴经济走廊框架的请求，该项目改为由巴基斯坦自己筹资建设(Rana，2017)。

2020 年 7 月，中国与巴基斯坦签订了投资约 15 亿美元、装机容量为 70 万 kW 的《阿扎德帕坦(Azad Pattan)水利水电项目协定》，该电站建于巴控克什米尔地区的杰赫勒姆河上，为径流式电站(Jamal，2020)。至今中国在巴基斯坦已经建成 9 个电站，装机容量达到 532 万 kW，价值 79 亿美元。

总体来看，虽然从目前情况看印度河水资源开发利用的矛盾、冲突主要发生于印度与巴基斯坦之间和阿富汗与巴基斯坦之间，从世界银行介入的多次协商结果以及印度介入阿富汗水电开发、中国投资巴基斯坦水电项目的情况来看，未来印度河流域水问题将是棘手且日趋复杂的难题，目前或者说近期在流域内建立印度河多边合作机制的可能性较小，但基于《印度河水条约》及其分歧解决机制运行状况，该条约在印度与巴基斯坦之间继续维持的可能性很大，但直接适用于流域 4 国是不可能的，且未来阿富汗和中国境内印度河流域水资源增长利用、气候变化造成流域上游产流时空变化是必然的，《印度河水条约》的执行难度必将持续增加。

参考文献

阿里地区行政公署. 2021. 人口民族. [2020-08-09]. http://www.al.gov.cn/zjarrkmz.htm.

冯彦，何大明，甘淑，等. 2006. 跨境水分配及其生态阈值与国际法的关联.科学通报，51(增刊)：21-26.

韩再生，王皓，何静. 2012. 亚洲跨境含水层研究//谈广鸣，孔令杰. 跨境水资源国际法律与实践研讨会论文集. 北京：社会科学文献出版社.

何大明，Kung H，苟俊华，1999. 国际河流水资源分配模式研究. 地理学报(54-2B)：47-54.

何大明，冯彦，陈丽晖，等. 2005. 跨境水资源的分配模式、原则和指标体系研究. 水科学进展，16(2)：255-262.

胡文俊，杨建基，黄河清. 2010. 印度河流域水资源开发利用国际合作与纠纷处理的经验及启示. 资源科学，32(10)：1918-1925.

刘戈力，曹建廷. 2007. 介绍几种国际河流水量分配方法.水利规划与设计(1)：29-32.

税晓洁. 2013.印度河源探察记. [2020-06-22]. http://www.dili360.com/article/p5350c3d88a5e792.htm.

谈广鸣，李奔. 2011. 国际河流管理. 北京：中国水利水电出版社.

外交部. 2020. 巴基斯坦国家概况. [2020-07-17]. https://www.fmprc.gov.cn/web/gjhdq_676201/gj_676203/yz_676205/1206_676308/1206x0_676310/.

西藏自治区水利厅. 2004. 国际河流调查报告. 拉萨：西藏自治区水利厅.

西藏自治区水利厅. 2016. 2015 年西藏自治区水资源公报. 拉萨：西藏自治区水利厅.

中国科学院青藏高原综合科学考察队. 1984. 西藏河流与湖泊. 北京：科学出版社.

周红雁. 2022. 2021 年阿里全地区生产总值是 2012 年的 2.92 倍. 西藏头条.[2022-08-09]. http://toutiao.xzdw.gov.cn/yw/202207/t20220703-258648.html.

2021 Census. 2020. 2020 India population：by religion，state wise，density，city wise，and more. [2020-07-27]. https://2021census.in/.

Ahmad N，Lodrick D O. 2019. Indus River. [2020-08-03]. https://www.britannica.com/place/Indus-River/Irrigation.

Ahmad. 2013. Legislation on use of water in agriculture：Afghanistan. [2020-08-31]. https://www.loc.gov/law/ help/water-law/afghanistan.php?.

Ahmad S，Joyia M F. 2003. Northern Area strategy for sustainable development background paper：water. Gilgit，Pakistan：IUCN，Northern Areas Programme.

Anwar A. 2016. Pakistan's provincial water disputes：a way forward. [2020-07-19]. https://www.dawn.com/news/1273760.

Bauer P. 2019. Indus Water Treaty. [2020-08-04]. https://www.britannica.com/event/Indus-Waters-Treaty.

Bennett L L. 2000. The integration of water quality into transboundary allocation agreements：lessons from the southwestern United States. Agricultural Economics，24(1)：113-125.

Bhardwaj S，Singh M. 2019. Punjab. [2020-07-30]. https://www.britannica.com/place/Punjab-state-India.

Central Electricity Authority Ministry of Power Government of India. 2019. Review of performance of hydro power stations 2018—2019. [2020-08-27]. http://www.cea.nic.in/reports/annual/hydroreview/hydro_review-2018.pdf.

Cesus of India. 2011. Tabulations Plan of Census Year-2011. [2020-07-27]. https://censusindia.gov.in/DigitalLibrary/TablesSeries2001.aspx.

Crow B，Singh N. 2000. Impediments and innovation in international rivers：the waters of South Asia. World Development，28(11)：1907-1925.

de Loe R. 2009. Sharing the waters of the Red River Basin：a review of options for transboundary water governance. [2020-06-12]. https://legacyfiles.ijc.org/publications/Sharing%20the%20Waters%20of%20the%20Red%20River%-20Basin.pdf.

Department of Economic，Statistics Himachal Pradesh. 2020. Statistics Year Book of Himachal Pradesh 2018—19. [2020-07-29]. https://himachalservices.nic.in/economics/pdf/StatisticalYearBook_2018_19.pdf.

Dinar A. 2009. Climate change and international water：the role of strategic alliances in resource allocation//Policy and Strategic Behaviour in Water Resource Management. London：Routledge.

Economic and Statistical Organisation，Department of Planning，Government of Punjab. 2020. Punjab Economic Survey 2019—20. Chandigarh (India)：Government of Punjab.

Fahlbusch H，Schultz B，Thatte C D. 2004. The Indus Basin：History of irrigation，drainage and flood management. New Delhi：International Commission on Irrigation and Drainage (ICID)：14-29.

FAO Aquastat. 2011. Indus river basin. [2020-06-15]. http://www.fao.org/nr/water/aquastat/basins/indus/indus-CP_eng.pdf.

FAO. 2016. Indus Water-related development in the basin. [2020-08-03]. http://www.fao.org/nr/water/aquastat/countries_regions/profile_segments/indus-IrrDr_eng.stm.

Favre R，Kamal G M. 2004. Watershed Atlas of Afghanistan：first edition-working document for planners. Kabul：Ministry of Irrigation，Water Resources and Environment.

Foreign Policy. 2018. Afghanistan's Rivers could be India's Next Weapon against Pakistan. [2020-08-31]. https://foreignpolicy. com/2018/11/13/afghanistans-rivers-could-be-indias-next-weapon-against-pakistan-water-wars-hydropower-hydrodiplomacy/.

Halliday R. 2010. Determination of natural flow for apportionment of the Red River. [2020-06-12]. https://ijc.org/sites/default/ files/Determination%20of%20Flows%20for%20Red%20River%20Apportionment.pdf.

Hasnain K. 2019. Pakistan says it has no concern if India diverts water. [2020-08-31]. https://www.dawn.com/news/1465324#：~：text=LAHORE%3A%20In%20response%20to%20an%20Indian%20minister%E2%80%99s%20statement，water%20of%20eastern%20rivers%20%28Ravi%2C%20Sutlej%20and%20Beas%29.

IBEF. 2018. Haryana. [2020-07-30]. https://www.ibef.org/download/Haryana-Oct-2018.pdf.

IBEF (India Brand Equity Foundation). 2020a. Jammu & Kashmir. [2020-07-30]. https://www.ibef.org/download/Jammu_and_Kashmir-March-2020-S1.pdf.

IBEF. 2020b. About Haryana：Information On Industries，Geography，Economy & Growth. [2020-08-02]. https://www.ibef.org/states/haryana.aspx.

ICIMOD. 2016. Indus basin conference builds understanding of current research. [2020-07-29]. https://www.icimod.org/indus-basin-conference-builds-understanding-of-current-research.

Indoasiancommodities. 2020. China announces mega hydropower projects in Pakistan. [2020-09-01]. https://www.indoasiancommodities.com/2020/08/01/china-announces-mega-hydropower-projects-in-pakistan/.

International Hydropower Association. 2017. Pakistan. [2020-09-01]. https://www.hydropower.org/country-profiles/pakistan.

Jamal S. 2020. Pakistan signs $1.5 billion hydropower project with China. [2020-09-01]. https://gulfnews.com/world/asia/pakistan/pakistan-signs-15-billion-hydropower-project-with-china-1.72466078.

Kakakhel S. 2017. Afghanistan-Pakistan Treaty on the Kabul River Basin? [2020-06-24]. https://www.thethirdpole.net/2017/03/ 02/afghanistan-pakistan-treaty-on-the-kabul-river-basin/ .

Kalair A R，Abas N，Hasan Q U，et al. 2019. Water，energy and food nexus of Indus Water Treaty：Water Governance. Water-Energy Nexus，2(1)：10-24.

Kibaroğlu A. 2007. Socioeconomic development and benefit sharing in the Euphrates-Tigris River Basin//Water Resources in the Middle East (Eds Shuval & Dweik). Berlin：Springer.

Lamoree G，Nilsson A. 2000. A process approach to the establishment of international river basin management in Southern Africa. Physics and Chemistry of the Earth，Part B：Hydrology，Oceans and Atmosphere，25(3)：315-323.

Lodrick D，Ahmad N. 2020. Indus River. Britannica. [2020-06-15]. https://www.britannica.com/place/Indus-River.

Malyar I. 2018. Kabul River Basin—challenges & opportunities. [2020-08-31]. http://www.lead.org.pk/attachments/presentations/ PAK-AFGHAN-stakeholder-consultation-meeting/Day%202/Session%202%20A/Kabul%20River%20Basins%20Challenges%20&%20Opportunities%20-%20Idrees%20Malyar.pdf .

McCracken M，Wolf A T. 2019. Updating the register of international river basins of the world. International Journal of Water Resources Development，35(5)：732-782.

Memon N A. 2020. Kabul River for Peace and Development. The Kabul Times. [2020-06-23]. https://www.thekabultimes.gov. af/2020/03/24/kabul-river-for-peace-and-development/.

New World Encyclopedia. 2020. Indus River. [2020-07-17]. https://www.newworldencyclopedia.org/entry/Indus_River#：~：text=The%20Indus%20is%20the%20most%20important%20river%20in，most%20of%20the%20nation%27s%20agricultural%20production%2C%20and%20Sindh.

New York Times. 2019. India Threatens a New Weapon Against Pakistan：Water. [2020-08-27]. https://www.nytimes.com/2019/02/21/world/asia/india-pakistan-water-kashmir.html.

Ojeh E. 2006. Hydrology of the Indus basin，Pakistan. [2020-06-16]. https://view.officeapps.live.com/op/view.aspx?src=http%3A%2F%2Fwww.ce.utexas.edu%2Fprof%2Fmaidment%2Fgiswr2006%2FNov30%2Fojeh.ppt .

Oregon State University. 2013. International freshwater treaties database. [2020-06-11]. http://www.transboundarywaters.orst.edu/database/.

Pindexter G. 2017. China and Pakistan sign US$50 billion MoU earmarked for Indus River Cascade. [2020-09-01]. https://www.hydroreview.com/2017/05/15/china-and-pakistan-sign-mou-for-us-50-billion-earmarked-for-indus-river-cascade/.

Puri S，Aureli A. 2005. Transboundary aquifers：a global program to assess，evaluate and develop policy. Ground Water，43(5)：661-668.

Rana S. 2017. Pakistan stops bid to include Diamer-Bhasha Dam in CPEC. [2020-09-01]. https://tribune.com.pk/story/1558475/2-pakistan-stops-bid-include-diamer-bhasha-dam-cpec.

Randhawa. 2002. Water development for irrigated agriculture in Pakistan：past trends，returns and future requirements//Proceedings of the Regional Consultation. Bangkok，Thailand：FAO/Regional Office for Asia and the Pacific (RAP). [2020-06-18]. http://www.fao.org/3/ac623e/ac623e0i.htm#TopOfPage.

Reuters. 2019. Pakistan，India spar over using water as a weapon. [2020-08-27]. https://www.reuters.com/article/us-india-kashmir-pakistan-water-idUSKCN1V91B9.

Sakhiwe N，Pieter Z. 2004. Equitable water allocation in a heavily committed international catchment area：the case of the

Komati Catchment. Physics and Chemistry of the Earth，29(15-18)：1309-1317.

Salewicz K A，Nakayama M. 2004. Development of a web-based decision support system(DSS) for managing large international rivers. Global Environmental Change(14)：25-37.

Salman S. 2008. The Baglihar difference and its resolution process-a triumph for the Indus Waters Treaty? Water Policy，10(2)：105-117.

Shlomi D. 2008. International water treaties：negotiation and cooperation along transboundary rivers. New York：Routledge.

Siddiqi F R. 2010. Indus basin irrigation system of Pakistan. [2020-08-03]. http://www.tbl.com.pk/indus-basin-irrigation-system-of-pakistan/.

Sputanik. 2020. India lodges protest against Pakistan，China over diamer Bhasha Dam. [2020-08-31]. https://nation.com.pk/16-Jul-2020/india-lodges-protest-against-pakistan-china-over-diamer-bhasha-dam.

Staff N. 2019. Indus Water Treaty：What is the present status? [2020-08-25]. https://newsroompost.com/ opinion/indus-waters-treaty-what-is-the-present-status-of-development-in-india/434227.html.

Tarlock A D. 2000. How well can international water allocation regimes adapt to global climate change? Journal of Land Use & Environmental Law，15：423-449.

The Third Pole. 2017. Afghanistan-Pakistan Treaty on the Kabul River Basin? [2020-08-31]. www.thethirdpole.net/2017/03/02/kabul-river-basin/.

The World Bank. 2020a. GDP per capita(current US$)-Afghanistan. [2020-06-24]. https://data.worldbank.org/indicator/NY.GDP.PCAP.CD?locations=AF.

The World Bank. 2020b. World Development Indicators—Pakistan. [2020-06-24]. https://data.worldbank.org/country/ pakistan.

Toset H P W，Gleditsch N P，Hegre H. 2000. Shared rivers and interstate conflict. Political Geography，19(8)：971-996.

Uitto J I. 2004. Multi-country cooperation around shared waters：role of monitoring and evaluation. Global Environmental Change(14)：5-14.

UNEP，GEF，et al. 2006. Challenges to international waters：regional assessments in a global perspective(the Global International Waters Assessment final report). The University of Kalmar and the Municipality of Kalmar，Sweden，and the Governments of Sweden，Finland and Norway.

United Nations. 1962. No. 6032—India，Pakistan and International Bank for Reconstruction and Development：the Indus Waters Treaty 1960(with annexes). [2020-08-13]. https://treaties.un.org/doc/Publication/UNTs/Volume% 20419/volume-419-I-6032-English.pdf.

Water Politics. 2018. India's Controversial Afghanistan Dams. [2020-08-31]. http://www.waterpolitics.com/2018/08/20/indias- controversial-afghanistan-dams/.

Wester P，Mishra A，Mukherji A，et al. 2019. The Hindu Kush Himalaya assessment：mountains，climate change，sustainability and people. Cham(Switzerland)：Springer.

Wilde A. 2012. Kabul River. [2020-08-09]. http://www.iranicaonline.org/articles/kabul-river.

World Commission on Dams(WCD). 2000. Tarbela Dam and related aspects of the Indus River Basin in Pakistan. [2020-08-24]. https://civilmdc.com/2020/03/11/tarbela-dam-and-related-aspects-of-the-indus-river-basin-pakistan- by-wcd/.

Zaag P，Seyam I M，Savenije H H G，et al. 2002. Towards measurable criteria for the equitable sharing of international water resources. Water Policy，4(1)：19-32.

第四章　国际河流水环境管理

第一节　国际河流水环境管理的发展进程

利用美国俄勒冈州立大学的《跨境淡水条约》(1820～2007 年)数据库、俄勒冈大学的《国际环境条约》数据库(2002～2016 年)和联合国粮食及农业组织(FAO)等机构联合构建的《环境法》数据库(ECOLEX)的相关信息，整理出1820～2016 年全球涉水条约 566 个。依据条约所涉及的主要目标，梳理出以水质/水环境管理为目标的国际条约分布情况(表 1-1)：国际河流的水质、水环境问题是在二战后逐步开始受到关注的。从本书已建的国际河流条约数据库看：第一个关于水体污染管理的国际条约是由卢森堡、比利时和法国于 1950 年签订的，因莱茵河流域水污染问题而建立三方永久性委员会；1950～2015 年的 60 多年间，全球共签订涉及水环境/水质管理的国际河流协定/协议 65 个(表 4-1)；在区域层面，这些条约主要分布于欧洲和北美洲的发达地区，亚洲和南美洲签订有少量类似条约。从条约签订时间上看，欧洲最早关注到了国际河流的跨境水污染问题，其间苏联与伊朗为解决边界问题(包括界河)签订了一个条约，其中涉及界河水质，之后该问题在北美洲得到关注，且其发展速度很快，甚至快于欧洲地区；南美洲和亚洲大多地区直至 20 世纪 80 年代和 90 年代之后才开始关注国际河流水环境问题，而非洲似乎仍旧没有关注国际河流水污染/水质/水环境等相关问题。

表 4-1　国际河流水环境管理条约的区域分布情况　　(单位：个)

Table 4-1　Regional distribution of the international treaties related to water quality (unit: number)

年份	北美洲	非洲	南美洲	欧洲	亚洲
1950～1959	0	0	0	2	1
1960～1969	1	0	0	4	0
1970～1979	8	0	0	4	0
1980～1989	6	0	3	4	0
1990～1999	7	0	0	14	3
2000～2015	1	0	0	7	0
合计	23	0	3	35	4

第二节　国际河流水环境管理目标及发展趋势

基于以上数据库所提供的简要信息，利用网络信息平台，对以上条约进行原始英文文本、英文翻译文本[主要采用联合国发布的“条约集”（treaty series）的英文翻译版本]以及中文文本的跟踪搜索，在原数据库的基础上，共梳理出：1950～2017 年，涉及国际河流水质/水环境管理、有英文或中文版本的国际条约共 73 个，分布于全球各个地区。

通过对以上 73 个涉及水质问题的国际河流条约条款的解读，最终确认（表 4-2）：①1950～2017 年，涉及国际河流水质/水环境管理，且规定了水污染控制、污染治理方案、水质控制标准、污染物或危险物质控制清单等具体条款的国际性条约共 68 个。②在区域分布上，北美洲 28 个、欧洲 28 个、亚洲 4 个、非洲 1 个；全球性公约 1 个；区域性公约 6 个，其中，欧洲 4 个、非洲 2 个。对比表 4-1 的条约区域分布情况，发现此次文本搜索及解读过程中缺失了部分欧洲和南美洲的条约文本，其主要原因为某些官方条约文本是非英语的，因而影响了此次条约数量的统计结果。但从欧洲和南美洲的条约签订情况看，欧洲的条约数量没有影响条约的区域分布水平以及条约所涉及的主要国际河流，南美洲的水环境管理情况将在下文的案例中进行补充说明，以弥补目前对南美洲相关信息的缺失问题。③从条约签订的时间情况看，自 20 世纪 80 年代之后，特别是进入 90 年代后，国际河流的水环境管理在北美洲和欧洲得到快速发展。在此基础上，欧洲在对国际河流水环境恶化为这一区域性普遍问题的解决和大量实践基础上，产生 3 个区域性公约，其中《跨境水道和国际湖泊保护与利用公约》（1992 年）正在推进其全球化进程。与此同时，相关条约也在亚洲的发展中国家间产生。进入 21 世纪以后，国际河流的水环境问题在非洲受到关注，甚至受到两个区域性国际组织的关注，并在其 2 个公约中有所涉及。

表 4-2　国际河流水环境管理国际条约的区域及时间分布　（单位：个）

Table 4-2　Distribution of international treaties on water quality in the international rivers in different regions and different periods　（unit：number）

年份	全球和区域公约	北美洲	欧洲	亚洲	非洲
1950～1979	0	10	10	1	0
1980～1999	4	17	11	2	0
2000～2017	3	1	7	1	1
合计	7	28	28	4	1

整体而言，国际河流水环境问题，在发达地区被给予了更多的关注，而在发展中国家集中的地区受关注度明显较低。自 20 世纪 90 年代以来，该问题已经成为继水资源利用之后另一个关键的国际河流问题，特别是欧洲，已经出台了 4 部涉及此问题的区域性公约，促进了国际社会对这一问题的关注。从以上条约实践看，多边条约和公约 29 个、双边条约 39 个，可以说国际河流的水环境管理已经逐步实现了从双边推动到多边合作到公约支持和促进双边及多边实践的良性发展。

考虑到二战结束后世界经济快速发展，人类与环境协调发展以及可持续发展思想的提出与推进，本书将国际河流水质水环境管理实践划分为 3 个时段，并结合区域发展差异展开相关分析，以揭示不同时期和区域间的水质目标管理特征及发展趋势。

一、1950～1979 年国际河流水环境管理特征

1950～1979 年，是欧洲、北美洲自二战结束后，进入经济复苏和快速发展的时间，也是非洲、亚洲等地区国家逐步实现独立和经济复苏的时期，在此期间共签订有国际河流水质管理条约 21 个。从表 4-2 的国际河流涉及水环境问题的国际条约签订情况看：相关条约集中分布于欧洲和北美洲，各签订 10 个相关条约；其他地区，仅有亚洲(苏联与伊朗之间)产生了一个条约涉及跨境水环境问题的管理。由此，可以从北美洲和欧洲这一时期条约中的相关条款规定去分析和了解当时这两个地区所面临的跨境水环境问题以及准备采取的相关措施。

基于 1950～1979 年国际河流涉及水环境管理问题的国际条约，利用条约正文主要条款以及条约附件、附录等，按照水环境管理目标、实施方案及执行标准或监测评估指标等进行梳理(附表 4 和表 4-3)，以便较为充分地了解国际河流水质问题发生初期北美洲和欧洲相关国家试图解决该问题的基本方式，结果如下。

(1) 从时间上看，可以将 21 个条约分为两个时段来体现其发展特征。第一时段为 20 世纪 70 年代以前，共签订了 7 个条约。其中，5 个欧洲区域条约的合作目标为开展跨境水污染调查、研究和建议，为此产生较为简单、直接的实施方案，即进行水质状况调查，确定污染状态、污染源分布，就污染控制的可行技术进行研究，向相关政府提供措施建议，但其间没有确定污染控制的标准，或用于条约实施成效评价的指标；另有 2 个条约(苏联与伊朗、美国与墨西哥)分别针对界河段污染和跨境水流盐度过高造成下游国(墨西哥)难以再利用问题，直接采用工程措施快速地解决问题，其间没有明确确定执行或评估标准。第二时段为 1972 年及之后，即联合国人类环境会议号召“关注全球环境状况、强调保护和改善人类环境”之后，14 个条约都确定了更为明确的合作管理目标，如磷排放控制、削减氯

排放等，体现了当时条件下人们对人类活动及人为排放产生的主要、明显且日趋恶化的水污染问题的认识，进而产生了更为有针对性的污染控制方案，包括根据污染物的毒性、持久性和生物累积性等特征，确认污染物类别，规定水质控制目标、污染物排放限制目标、污染物削减目标等，制订污染控制计划(包括应急方案)、措施及时间表，建立监督监测协调体系、成效评估方案等；也由此多数条约明确了执行标准，甚至是量化的污染物控制标准及指标，如美国与加拿大于 1972 年签订的《大湖水质协定》中规定了两国每年需削减的磷排放总量、各类废水(包括不同规模城市污水处理厂、工业、农业、畜牧业等)的磷排放的最大浓度及总量目标，以及污染物削减后湖泊水体应达到的溶解氧目标、pH 阈值目标等；1973 年美国与墨西哥之间签订的《关于永久和最佳地解决科罗拉多河盐度问题协定》中规定墨西哥获得的科罗拉多河水资源，其水体盐度年平均浓度不超过 115ppm + 30ppm(1ppm 表示 1mg/L)；1976 年欧洲多国间签订的《关于保护莱茵河免受化学污染的公约》(也称《控制化学品污染公约》)，在其附件和附录中详细规定了在流域内应“消除”的危险物质及其时间框架、应“减少”排放的物质以及具体被控制排放物质的最大浓度和规定时间段内的最大排放量；莱茵河主要流域国间《关于保护莱茵河免受氯化物污染的公约》(也称《控制氯化物污染公约》)，规定了莱茵河干流河道内允许的最高氯离子浓度、德国与荷兰界河段的氯离子浓度最高为 200mg/L 以及法国在其境内年平均至少削减的氯离子排放量为 60kg/s。由上可见，在 1950～1979 年，国际河流的水环境管理，或者说水污染、水质问题，经历了从对问题的关注、调查、研究和建议，到协调计划、控制管理的过程，从问题研究与处置向预防、应急和目标相结合的综合管理的发展。

表 4-3 1950～1979 年国际河流水污染管理条约概况

Table 4-3 Overview of the treaties on water pollution in the international rivers in 1950—1979

年份	区域	条约数/个	河流	目标	实施方案	执行标准
1950～1965	欧洲	5	莱茵河、塞纳河、多瑙河、罗讷河	研究污染控制技术、提出防止污染措施	调查、评估、确定污染的特征、程度及来源；收集可行技术；必要时采取工程措施；确定项目费用分担比例；确定各自承担境内相关分析、研究及费用；向政府提出行动建议、行动议程、程序规则	无
	北美洲	1	科罗拉多河	控制河水盐度	美国修建独立排水渠和排水控制工程，并承担工程建设费用	盐浓度
	亚洲	1	阿特拉克河等	维持界河水域清洁	清淤、费用平均分摊；境内河段各自负责；避免二次污染	无

续表

年份	区域	条约数/个	河流	目标	实施方案	执行标准
1972～1979	欧洲	5	多瑙河、莱茵河、罗讷河、波河	保护共同水域、控制污染；削减氯排放；管控突发/意外水污染事件	调查、确定污染特征、程度及来源，制订行动建议和法规草案；基于现有技术与手段，逐步消除、减少规定物质对地表水的污染；两附件物质排放需所在国依照排放标准事先核准，设定排放管理时间框架；规定物质排放浓度限制/标准；评估排污管理成效并及时调整削减措施；各国制定国家减排规划、水质目标、执行期限，氯排放削减方案及时间框架，分担削减成本；防止氯离子含量增加；监测氯排放点并评估。针对突发跨境污染事件，制订紧急干预计划与行动方案等	8 类具有有毒、持久和生物累积的危险物质及其排放的削减期限；9 类有害物质；具体物质最大排放浓度(河道最大氯离子浓度、界河氯含量不超过200mg/L)、最大排放量，各方氯离子的排放浓度
	北美洲	5	科罗拉多河、格兰德河(北布拉沃河)	寻求水质改善方案，预防边界水体卫生问题	低盐度水源替代高盐度水；脱盐、减盐；解决排水区土地盐碱问题；确定共同水质标准、行动方针及时间表；制订工程规划和设计、工作与费用分担；国家委员会组织建设、运行和维护；通报边界卫生问题解决进程	水盐度年平均不超过115mg/L＋30mg/L；不含放射性物质或核废料；共同水质标准
		4	大湖、圣劳伦斯河、圣约翰河	改善水质，控制磷排放和污染物负荷，恢复和维持生态系统的化学、物理和生物完整性	制订水质规划；交换信息，设定水质目标等，向政府提供建议；确认“有毒物质、有害污染物质及其有害排放量”；分区分目标管理；确定污染物削减清单；建立监测监督系统，制订联合应急计划；确定湖泊污染物负荷、排放总量、年度减排量；禁止以有害量排放有毒物质；实质性消除持久性有毒物质，控制热污染和放射性物质排放；特定污染物浓度和/或负荷限制；减少和控制农林业等污染物排放	按年减少 4 湖磷排放总量；城市、工业磷控制目标(浓度与总量)或削减量等。具体目标 8 个：pH(6.7～8.5)、Fe 含量不超过 0.3mg/L、放射性物质等。临时目标 5 类：温度、汞和其他有毒重金属、持久性有机污染物等。持久性和非持久性有毒化学品最高浓度；溶解氧、pH、营养物质(磷)和腐败物质最小量、阈值、最大量等

(2)从区域分布上看，除 1957 年苏联与伊朗之间确定了两条河流界河区域的清淤减污方案外，其他条约则为欧洲国家围绕莱茵河流域和多瑙河流域，以及北美洲 3 个国家围绕圣劳伦斯河和科罗拉多河等解决水质问题。欧洲：这一时期共签订了相关条约 10 个，其中涉及莱茵河及其支流水质问题的条约有 8 个，涉及多瑙河的条约有 3 个(其中 1972 年意大利与瑞士签订的《关于保护意大利与瑞士间水体免受污染的公约》涉及 3 条河，即多瑙河、莱茵河和波河)。可见，莱茵河是欧洲在二战之后经济复苏时期被持续关注的一条河流；多瑙河(包括支流)水质虽

然也在二战后继莱茵河受到关注，但在此阶段并没有发展到建立较为完善的管理实施方案及监督执行标准。对于莱茵河来说，5 个主要流域国在前期双边和多边干支流上合作，以及 1963 年“保护莱茵河国际委员会”对流域污染物类型、来源及范围的调查和研究(王明远和肖静，2006)的基础上，于 1976 年连续签订了两个公约即《关于保护莱茵河免受化学污染的公约》和《关于保护莱茵河免受氯化物污染的公约》，分别是控制化学品和氯化物排放对河流造成的污染并重组了国际委员会，其中鉴于化学品造成了日趋严重的水污染，联合国欧洲经济委员会也成为该公约的缔约方，力图促进公约的执行。另外通过这两个公约的签订，在莱茵河上初步建立起一个从目标、规划、方案、标准到执行机构、监督机构的流域综合管理体系。北美洲：10 个条约中 6 个是美国与墨西哥寻求解决科罗拉多河跨境水盐度过高，以及科罗拉多河与格兰德河在边界区域出现水体卫生状况恶化问题的条约，另 4 个条约是美国与加拿大就大湖、圣劳伦斯河和圣约翰河水体富营养化问题的条约。从 10 个条约涉及的 4 条河流及大湖流域来说，河流所在区域、水资源状况及其利用方面存在着明显差异，即美国与墨西哥之间的科罗拉多河与格兰德河位于美国西部干旱半干旱地区，其中，科罗拉多河是跨境河流，而格兰德河界河河段占比很大，河流水资源主要用于支持沿岸地区的农业发展用水，由于沿程大量的农业用水及农田回水，河流沿程水质不断下降，影响到下游地区的用水质量、农业生产等。而美国与加拿大之间的大湖、圣劳伦斯河和圣约翰河则位于北美洲东部水量丰沛地区，水资源支持了流域内大量的工农业、城市发展用水，进而造成水体受到大量点源和面源废水排放的影响，水体水质下降，特别是水体富营养化趋势明显。受以上情况影响，美国与墨西哥和美国与加拿大在条约条款上存在非常明显的差异，如 1965～1973 年为解决科罗拉多河跨境进入墨西哥、注入莫雷洛斯(Morelos)水库时的水质盐度过高，造成下游墨西哥农业减产、土地盐碱化问题，美墨两国的国际边界与水委员会通过会议协商向双方政府提出改善水质的系列建议，被政府批准后以“委员会会议纪要”和/或“联合公报”形式形成的合作协定 5 个，解决方案以采取工程措施为主，包括新建排水渠，将低盐度供水水源与废水排放分开，废水出境前进行脱盐和减盐处理等以达到条约供水水质要求，由美国承担相关工程费用。1972 年、1973 年和 1978 年美国与加拿大就大湖、圣劳伦斯河控制人为污染物排放达成 3 个协定，前两个协定以控制磷排放为核心目标，规定了两国 4 个界湖(伊利湖、安大略湖、苏必利尔湖和休伦湖)的年减排总量目标和具体目标；1978 年美国将其 1972 年《清洁用水法案》(也称《清洁水法》)的管理目标直接应用于与加拿大之间的《大湖水质协定》，即将恢复和维持大湖流域“生态系统”的化学、物理和生物完整性，设定为总体和具体目标，将人为排放物质分为“有毒物质”、“有害物质”及不同物质的“有害排放量”，实行分区分目标管理，控制每个湖的污染物负荷，制定实质性消除的物质排放、减少和控制行业物质排放等具体方案，并对以上污染物排放依据其毒性、持久性等特征，量化规定了物质的最大排放浓度、最大排放量等指标。相较而言，这一时期美国与其两大邻国之间在解决国际河流的水质问题上美国、加拿大的方案与措施更为综合与全面，而美国、墨西哥之间则更为直接、简单，并且对流域生态问题的关注明显滞后于大湖流域。

从这一时间段国际条约的签订情况看，受到二战后经济发展的影响，经济发展快速的北美洲和欧洲地区跨境河流水资源大规模开发利用后陆续出现水质恶化、水环境问题突出的问题，为此，受到相关国家关注后，各国开始致力于水环境的管理。

二、1980～1999 年国际河流水环境管理状况

1972 年联合国人类环境会议上通过的《斯德哥尔摩人类环境会议宣言》(简称《人类环境宣言》)为全球发展与环境保护的协调建立了 26 项原则，包括保护和合理利用各种自然资源、防治污染、使发展同保护和改善环境协调一致等。1992 年联合国环境与发展会议通过的《里约环境与发展宣言》的 27 项原则，包括环境保护应是发展进程中的一个组成部分、各国应合作以防止或阻止严重环境退化或有害活动和物质的跨境转移等(Deutsch，2012)。2000 年联合国首脑会议一致通过的《联合国千年发展目标》(Millennium Development Goals，MDGs)，在重申可持续发展原则下设定了 2000～2015 年的 8 个方面的发展目标，包括发展与消除贫困、保护共同的环境等。1980～1999 年正值全球各地社会经济发展转型时期，如经济发达的欧洲及北美洲地区国家从追求经济高速发展转型到经济与环境协调发展，非洲地区国家从完成独立转向逐步推进社会经济发展，亚洲地区国家从结束局部纷争、复苏经济、减少贫困到部分国家快速发展甚至有的国家进入发达国家行列，这一时期所产生的国际河流水环境条约能够反映各地区相关国家在其发展过程中所面临的国际河流水环境问题及其所采取的解决方案，从一个侧面反映出不同地区相关国家这一时期在解决水环境时的经济支撑能力和技术发展水平。

从上文可见（表 4-2)，1980～1999 年，统计到全球产生了 34 个国际河流水环境问题的国际条约，分别为全球性公约 1 个、区域性公约 3 个(均在欧洲)、北美洲的双边条约共 17 个、欧洲 11 个(其中双边 2 个、多边 9 个)、亚洲多边条约 2 个。为了充分认识和理解不同区域在解决国际河流水环境问题上的方案与措施的差异，依照上文框架，重点对北美洲、欧洲及区域性和全球性公约进行分析，以了解国际河流水环境问题解决的主要措施及具体标准。

(1) 从北美洲国家之间签订的条约情况看(表 4-4 和附表 5)：美国与墨西哥条

约 12 个、美国与加拿大条约 4 个、墨西哥与危地马拉条约 1 个，可见美国与墨西哥在此期间多条河流的边界水域、界河段出现水质恶化问题。

a. 美国与墨西哥：在 5 条河流上开展水污染防治合作，其核心目标是防止、减少和控制界河段水污染问题，即改善水体卫生状况，其中有条约开始关注水体中有毒污染物质和陆源污染对近海水域的污染问题；从两国间实施的水质改善或污染控制方案来看，主要通过不断改扩建城市和工业污水处理厂，增加污水处理能力来试图缓解水质恶化问题，并且多数污水处理工程的建设均是通过联合投资实现的。与此同时，在不断完善方案的过程中，采取了更为严格的污水排放标准（采

表 4-4 1980～1999 年北美洲国际河流水环境管理目标方案及措施

Table 4-4 Objectives，schemes and measures controlling water quality in North America in 1980—1999

签约国	条约数/个	涉及河流/湖泊	目标	水质改善方案	具体措施或执行标准
美国、墨西哥	3	科罗拉多河、格兰德河、蒂华纳河、亚基河	防控边界污染、改善水质，污染联合应急计划	防止、减少和消除污染源；计划协调、科教信息交流；建立联合响应工作组负责相关事务；支持边界社区建污水处理设施	环境监测与影响评价；污水处理设施建设
	1	科罗拉多河	解决边界水域水质/卫生问题	墨西哥计划建设两个污水处理系统，美国支持部分经费；查明可能的污染物质	禁止未经处理的家庭和工业污水排入河流，污水处理厂尾水达到水质标准
	2	格兰德河	改善界河段水质/卫生问题，确定界河段有毒物质情况	加强河流水质监测；界河段排放标准采用美国标准，各自建立更严格的排放限制；联合建设污水处理项目，建设成本平均承担，运行与维护成本分担再协商；为保证污水处理厂的有效运行，墨西哥需对工业污水进行预处理	水质标准：排污口排水不含悬浮固体或有持久性泡沫，物质浓度不对人体、动物或水生生物产生有害或有毒作用，或对接受水体有益利用产生重大影响；溶解氧（不小于 2.0mg/L）、pH（6.0～9.0）、大肠杆菌、悬移质泥沙、五日生化需氧量（BOD_5）；有毒物质监测：联合设置采样点、取样过程、实验室分析及结果控制
	4	蒂华纳河	解决边界及近海岸水体污染	联合承担污水处理系统的建设、运行与维护，建设中水回用及必要工程，提高污水处理能力；边界两侧设置等量水质监测点，并分别负责监测；制订和实施水质监测采样和分析计划；扩大水质监测范围，联合监测污水处理成效，利用结果修正方案	污水处理厂尾水达到接触性娱乐用水水质标准，如大肠杆菌最大数量 10 个/mL。墨西哥参与“国际污水处理厂”建设，建设成本由美国承担，运行与维护平均分担；墨西哥承担污水收集工程的建设、运行和维护等费用；中水利用工程建设成本按利益比例分担；禁止未处理工业和家庭污水直接排入河道。污染物浓度阈值（详见附表 5），监测边境处可能超量排水
	2	新河	改善界河段水质	减少家庭和工业污水排放；废水送至污水处理厂前需预处理	建立界河水质标准；污水排水管安装清洁设备，修建和恢复污水泵站

续表

签约国	条约数/个	涉及河流/湖泊	目标	水质改善方案	具体措施或执行标准
美国、加拿大	1	圣约翰河	保护和改善界河段水质	相关机构就界河开发、计划及措施实施等开展合作	制订界河段水质目标
	3	大湖、圣劳伦斯河	削减磷负荷；消除持久性有毒物质；消除或大幅减少污染物排放，恢复和维持流域生态系统水化学、物理和生物完整性	修订总体目标和具体目标；实施分区和计划管理(补救、应急和全湖管理)；查明并努力消除重点区域、点源影响区等持久性有毒物质；防止、减少和消除点面源排放，包括地下水、沉积物和大气污染、污染物(营养物质-磷、有害/危险物质、持久性物质等)；确认有害污染物和有毒物质名单；选取生态系统管理的生物指示种；通过废物总量或毒性或两者兼顾减少污染物；评估补救措施、有毒物质控制等成效；确定和保护重要湿地等	维持苏必利尔湖和休伦湖的贫营养状态及藻类生物量，苏必利尔湖湖鳟鱼产量大于0.38kg/hm^{2}且稳定；有毒物质效应受到限制且对水生物种不产生剧毒；确定关键污染物削减时间表；禁止污水以有害量或浓度排放；规定了持久有毒有机农药(DDT等9类)及酸酯类化合物(二丁酯等3类)在水体、鱼体中的最高浓度；规定了持久有毒无机物金属类(砷、镉、铬等9种)与氟化物和非持久性有毒物质特定有机物(农药3类)在未过滤水样中的浓度最高值，铅在不同湖泊、汞在鱼体中的最大值等；规定了溶解氧、pH、营养物质(磷)和能产生污染物质的最小值、阈值、浓度等。制定了各湖、区域及河段磷排放控制标准，各湖的磷削减量及伊利湖削减量分解；船只废物限制或禁止排放区域；污泥、有害污染物分类标准等
墨西哥、危地马拉	1	坎德拉里亚河等	合作改善边界地区环境和保护自然资源。	建立国际委员会、特别工作组，开展相关研究，提供建议；协调解决共同关注的陆地、水污染等问题，可签订协定和附件。	协商污染物测试、分析和评估方法；与政府和当地合作，保护濒危物种、防止非法贸易；依据各自法律政策，评估可能有重大环境影响项目，防止或消除负面影响。

用美国标准)，加强和扩大了水质监测及范围，建立了中水利用系统以提高水资源再利用率，联合监测、统一污染控制成效评价标准对方案和计划进行调整等，在一定程度上体现了两国在不同河流上的合作深度和不同河流的水污染状况；从两国对水污染控制所采取的具体措施和水质控制标准来看，两国均在相关河流上确立了较上一阶段更为明确、严格的水质控制标准，包括量化标准[如确定了污水处理厂尾水水质标准、污染物(包括有毒物质)排放浓度阈值、pH阈值、溶解氧最小值等]及执行程序标准(如通过对联合水质监测过程中的采样点、取样过程、实验室分析及结果控制进行统一和标准化管理，实现监测数据的一致性、水质管理成效的可比性，以满足对污染物质来源的追踪需求，以及之后污染控制责任的细化、治理成本的分配等方案的调整需求)。以上两国在5条河流上的水质管理方案及措施上的差异基本体现了不同河流面临的水污染状况不同、水质管理目标不同，合作治理发展阶段、治理程度及标准也不同，与前一阶段相比，格兰德河和蒂华纳

河的水质管理量化标准更为具体、控制的污染物目标更详细。

b. 美国与加拿大：这一时期共签订了合作协议 4 个，其中 3 个涉及大湖、圣劳伦斯河，1 个关于圣约翰河，可见大湖、圣劳伦斯河仍旧是两国在水环境合作领域的重点。从 4 个条约的名称上看(《对 1978 年〈大湖水质协定〉的补充协定》《关于继续保护和改善圣约翰河界河段水质协定的换文》《对 1978 年、1983 年〈大湖水质协定〉补充协定的补充法令》《对 1978 年〈大湖水质协定〉的补充法案》)，两国延续了上一阶段对大湖、圣劳伦斯河和圣约翰河水污染及生态系统退化问题的关注，并着力合作解决相关问题。从合作目标看，圣约翰河维持了上一阶段的目标，大湖、圣劳伦斯河在核心目标不变的基础上，修改和增加了一些具体的污染物削减目标，如削减磷负荷、消除持久性有毒物质、消除或大幅减少污染物排放。从水质改善的方案看，圣约翰河的水质管理委员会协助两国相关机构就界河开发计划的协调与实施等进行合作，表明两国在该河的水质改善合作正处于启动或逐步推进阶段，还未进入具有实质性合作阶段；关于大湖、圣劳伦斯河，从 1978 年提出“恢复和维持流域生态系统水化学、物理和生物完整性”目标之后，至 1997 年经历了 3 次条款的补充和修订，进一步明确和细化了条约的实施方案，具体包括：为实现削减(伊利湖和安大略湖)磷负荷目标，要求美国解决密歇根湖藻类滋生问题，制订伊利湖磷负荷总削减量和各自的削减量、安大略湖磷减排计划以及市政污水处理厂、工业和非点源等磷减排规划和措施；为解决污染物特别是持久性有毒物质对流域生态系统的持续污染，对由人类活动导致总体和具体目标无法完全实现的重点区域、点源排放影响区实施补救行动计划、全湖管理计划，查明并努力消除以上区域内的持久性有毒物质；为恢复和维持流域生态系统水化学、物理和生物完整性，要最大程度上切实可行地消除或减少污染物排放、对所有污染源进行适当控制，包括点面源、沉积物、地下水及其水源和大气沉降，禁止排放产生致毒性的有毒物质，发展关键生物物种(如苏必利尔湖先以湖鳟鱼、胡燕，后以湖龟为指示种)作为湖泊生态系统维护成效的指标等。从具体措施和水质控制标准来说，两国计划在圣约翰河上制订界河水质维护目标来细化界河的开发计划和管理措施；在大湖、圣劳伦斯河上，两国在前一阶段量化标准的基础上修改和增加了系列措施和标准，如苏必利尔湖恢复标准为湖鳟鱼产量大于 0.38kg/hm^2、自产量稳定等，尖头钩虾(*pontoporeia hoyi*)数量保持在 220～320 个/m^2(水深小于等于 100m)、30～160 个/m^2(水深超过 100m)；持久有毒有机农药等在水体、鱼体中的最高浓度，持久有毒无机物金属类(砷、镉、铬等 9 种)等在未过滤水样中的浓度最高值等；各湖、区域及河段磷排放控制标准等。总的来说，大湖流域水质管理方案、措施与标准体现了两国对流域生态系统管理的认识与理解，量化表达了生态系统完整性维护的水体物理、化学和生物管理标准。

c. 墨西哥与危地马拉：从两国签订的涉及跨境河流水污染的边界环境保护与

改善协定看，实施方案为：建立国际委员会和特别工作组，开展相关研究并向两国政府提供决策建议；就双方共同关注的空气、陆地和水污染等环境问题进行协调，最终可通过外交方式签订解决问题的具体协定和附件。采取的具体措施方面，围绕跨境影响和污染问题，则从最基本的问题，即污染物测试、分析和评估方法的协商和协调推进；对在边界地区可能产生重大环境影响的项目，依据各自的法律政策进行评估，采取适当措施防止或消除负面影响。从这一条约的条款内容看，很有墨西哥与美国在最初合作条约的影子，也就是说该条约在很大程度上是基于墨西哥与美国相关合作经验上建立起来的。

(2) 从欧洲相关国家在这一时期签订的水质管理国际条约情况看(表 4-5 和附表 5)：这一阶段共产生了 11 个涉及水质管理的条约，双边条约 2 个，多边条约 9 个；如果从区域分布看，签约国以西欧国家为主的条约有 5 个、以东欧国家为主的条约有 6 个。整体上，多边条约占绝大多数与欧洲国际河流数量众多，且涉及 3 个及以上国家的河流比例较大情况一致；西欧与东欧国家间条约数量相近表明水质条约的产生在东、西欧之间没有明显差异，国际河流的水质问题受到诸多欧洲国家关注。

表 4-5 1980～1999 年欧洲国际河流水环境管理目标及措施

Table 4-5 Objectives and measures controlling water quality in Europe in 1980—1999

签约国	条约数/个	涉及河流	目标	水质改善方案	具体措施或执行标准
西欧国家为主	4	莱茵河、默兹河等	维持河流水质、免受航运污染，实现河流生态系统可持续发展，恢复北海环境	按氯含量控制目标，完成减排方案；协调水质监测、点面源控制措施，评估主要污染源、类型及计划实施效率；信息交流与合作，包括建立预警系统；禁止船上废物/货物倾倒或排入航道，按规定收集船上废物并收取处置费；维护和改善地表水、泥沙和地下水质量，避免、减少或消除有害和营养物质污染；水开发考虑生态需求；维护、提高和恢复水体天然功能和生境	德国—荷兰界河氯含量不超过 200mg/L，氯含量超标时各方削减方案及削减成本分担(德法各 30%、荷兰 34%、瑞士 6%)；监测氯浓度超过 1kg/s 排放点；统一水质监测网络及监测计划，明确污染源、协调点面源控制措施按标准向船只收取废物处理费；污染物排放限值、排污监督
	1	杜罗河等 5 河	实现跨境水资源可持续利用	定期和系统地交换信息，统一水流情势监测；独立或联合实施协定；防止、减少、消除或控制跨境影响、水环境恶化、突发事件等；确定各类水体用水目标和具体保护目标；协调污染预防和控制程序；确定和估算主要污染类型及可能产生大面积污染的直接排放；确定需保护水域、需特别监测污染物质清单、需跨境影响评价及需提交报告的项目	确定水质目标或标准，保证用水目标；确定污染排放上限；监测 12 类污染物质；需执行跨境影响评价的项目，如河流地表水取水或跨流域调水和地下水取水超过 $5hm^3/a$ 和 $10hm^3/a$，污水处理厂处理能力超过 15 万人、污染负荷超 2000 人的排污点距边界不到 10km 的城市、工业和农业等污水排放；冷却水造成水温上升超过 3℃等；3 种项目需提交跨境影响评价报告：距离边界河段小于 100km，导致水流情势重大变化，造成有 12 类污染物质排入河流

续表

签约国	条约数/个	涉及河流	目标	水质改善方案	具体措施或执行标准
东欧国家为主	2	多瑙河	制订跨境水管理原则和制度；维持和改善水质	禁止未经同意可能造成水体状况变化的行为；制订兼顾水质的联合开发规划；采用最佳污染源削减和/或废水净化技术、生物处理等技术，建立协调或联合监测系统与评价方案，评估生物资源、水质状况、污染程度、措施成效，防止、减少和控制可能使水质恶化的点面源（营养和有毒）物质及热污染等排放	维持适当水位以保证饮用水供应、生态系统保护目标；确定鱼类捕捞限额、监测地点和水质参数清单；明确应防止或大幅减少的危险物质清单，包括单体有害物（40种）、有害化合物（8类）；确定特定河段及地表水应降低的污染负荷和浓度，满足具体用水（饮用和灌溉）目标、敏感和需特别保护水体等水质目标及标准
	2	奥得河、易北河	维持河流生态系统和水资源可持续利用	建立联合/国际委员会；开展点面源污染调查，评估水污染状况；制订水质目标、减少污染和保护河流生态系统方案等；建立预警系统；保证饮用水和农业用水目标	提出水体分类标准、水质目标；调查主要有害物质点源排放，估计面源水污染，减少排放和各种污染源；建议污水排放限值和减排时间表
	2	道加瓦河	保护和改善环境，合理利用资源	拟定与实施联合计划和项目；协调法律法规等，遵循损害/损失补偿原则；合理利用资源，减少和防止跨境水污染	拟定环境标准；有害废物协调管理；开发和实施无污染与资源节约技术；污水和污染物治理与处理

a. 欧洲西部国际河流水环境管理特征：此阶段的水条约涉及著名的莱茵河（因默兹河下游三角洲与莱茵河三角洲是连在一起的，通常被认为是一个流域，为此本书将其合并进行归纳）、葡萄牙和西班牙两国之间的5条河流，其中，莱茵河条约3个，默兹河条约1个，杜罗河及相关河流的条约1个。从5个条约设定的合作目标看，均希望通过改善水质、减少和控制水污染，最终实现跨境水资源或河流生态系统的可持续利用和发展；特别是莱茵河流域国在前一阶段控制化学品和氯化物污染的基础上，在1991年、1996年分别达成进一步控制氯化物污染和控制船舶污染的多国条约，并于1999年流域5国及欧盟签订《莱茵河保护公约》，为此，其条约目标经历了从控制水体氯含量、航行污染到实现流域可持续发展和水资源生态友好及合理管理的过程，表现出莱茵河水质管理从单一目标向综合目标、融合可持续发展理念的发展特征。1999年，不仅将河流水质列为管理目标，而且提出通过控制和治理陆源污染恢复莱茵河入海海域（北海）的生态环境，可见实现河流水资源及生态系统的可持续发展已经成为西欧地区国家间合作管理国际河流的核心目标。从条约设定的水质改善方案看，葡萄牙和西班牙为推进杜罗河等河的可持续利用，提出了系列计划实施方案，如确定各类水体用水目标和具体保护目标，协调污染预防和控制程序，确定需完成跨境影响评价和提交跨境影响报告项目类型等，体现出两国水质改善方案开启时的特征；莱茵河流域国在前一阶段控制化学品和氯化物污染的基础上，为实现此阶段目标，制定了包括维持和控制德国—荷兰界河段水体氯含量的各国减排及成本分配方案、船只航行及停靠

废物管控方案以及“保护公约”中的维护和改善河流地表水、悬浮物、泥沙和地下水质量，水体开发考虑生态需求，保护生物多样性，维护、提高和恢复溪流天然功能和生境等方案，表现出综合治理与生态保护理念的应用；而与莱茵河密切相连的默兹河，其流域国(比利时、法国、荷兰)在借鉴莱茵河水质治理经验基础上，启动了改善相关河流水质方案：建立联合委员会，协调水质监测计划、点面源控制措施，开展相关领域的合作研究，建立预警系统等。从条约执行的具体措施和标准看，莱茵河和杜罗河上形成了服务于污染控制和保证用水目标的各类标准，如不同用水目标的水质标准、有害污染物监测及污染物排放限值标准、船只废物接收与处理程序及收费标准、水体氯含量控制标准及超标削减方案和成本分担标准等，而默兹河的水资源保护和水质改善措施则较为笼统和简略，仅包括建立统一的水质监测网络、确定流域内污染源和协调点面源控制措施几个方面。

b. 欧洲东部区域国际河流水环境管理特征：6 个条约涉及多瑙河以及与它通过运河相连的奥得河、易北河和道加瓦河(也称“西德维纳河”，是白俄罗斯、俄罗斯、拉脱维亚、立陶宛和爱沙尼亚之间的一条国际河流)共 4 条河流，其中仅有 1994 年摩尔多瓦和乌克兰就多瑙河近入海口河段签订的《跨境水域联合利用与保护协定》为双边条约，其余为多边条约；比较前一阶段条约涉及的河流，发现除多瑙河外，其余 3 条河均为流域国新开始合作的河流。从各条约的合作目标看，在苏联解体后发展起来的道加瓦河合作目标为保护和改善环境，合理利用资源。同样，受苏联和南斯拉夫解体的综合影响，多瑙河的合作目标基本上维持了前一阶段的合作目标，即维持和改善水质。与此同时，多瑙河最下游的两国则希望在改善水质基础上制定出相应的跨境水体管理制度和原则；而易北河和奥得河的合作则在联合国欧洲经济委员会、欧盟及德国的参与下确定了区域内国际河流的合作目标，即防止污染、改善环境现状，维持水资源可持续利用和河流自然生态系统特征，表明各河的合作层次存在较大差异。从条约的实施方案上看，道加瓦河合作方案主要为协调国家间环境保护和资源利用的相关法律法规、拟定与实施联合计划和项目；对于新建的易北河与奥得河合作机制来说，条约实施方案集中于建立联合/国际委员会以推进合作，开展点面源污染调查，评估水污染状况，保证饮用水和农业用水等目标，保护河流生态系统等。对于前期存在合作实践的多瑙河来说，合作方案则更为具体和实际，如确保满足饮用水、渔业和生态系统等目标，采用最佳污染源削减和/或废水净化技术、生物处理或同等技术，建立协调或联合监测系统与评价方案，评估生物资源、水质状况、污染程度、措施成效，防止、减少和控制可能使水质恶化的点面源(营养和有毒)物质及热污染等排放。从基于实施方案所采取的具体措施和执行标准看，道加瓦河、易北河和奥得河均为拟定措施和标准，如调查主要有害物质排放情况，提出排放限值，建议污染减排时间表、水质分类标准等；而在多瑙河上准备采取更为明确和详细的措施和标准，特别是《多瑙河保护与可持续利用合作公约》，包括保护作为饮用水水源的地下水及其补水区、防止其污染，确定鱼类捕捞限额、监测地点、点面源排放中的危险物质清单，满足具体用水(饮用和灌溉)目标、敏感和需特别保护水体及环境等的水质标准，确定污水排放限值和减排时间表等。相较而言，多瑙河较其他 3 条河流更具合作基础，使得其合作目标更具前瞻性，结合了可持续发展理念而提出水资源的可持续利用和维护河流生态系统的天然特征；其实施方案更具综合性，对点面源的营养物质、有害物质、热污染等排放进行全面控制；其具体的措施和标准，结合了用水目标和生态目标的需求，制订了系列量化标准，如捕捞限额、危险物质监测清单、水体及环境的水质标准、污水排放限值等，以保证条约目标的实现。

综合这一时期欧洲国际河流水质、水环境管理实践，东西欧在国际条约产生的数量上不存在明显的差异，但从条约的实际内容上看，西欧区域的国际河流条约较东欧区域的条约更多地契合了可持续发展理念的时代特征，特别是在方案和具体措施上，不仅考虑了污染控制的需求，还考虑了可用技术的发展、成本的分担、水开发中的生态需求与维护，以及定期评估、措施调整的可能等。

(3) 区域性和全球性公约：在本阶段的后 10 年中，随着国际河流水资源非航行利用目标的快速发展和可持续发展理念的提出，在联合国及其区域性组织(联合国欧洲经济委员会，简称欧经委)的推动下相继产生了 3 个区域性公约和 1 个全球性公约(表 4-6 和附表 5)。全球性公约即 1997 年由联合国大会通过、2017 年生效的《国际水道非航行使用法公约》，从前文对该公约的简要介绍和公约的目标“促进国际水道水资源的最佳与可持续利用”，可知水质/水环境保护与管理只是其主要内容之一，而且作为第一个全球性公约，其条款内容非常简要。在水环境管理方案上规定：单独和共同预防、减少和控制污染，保护和保全包括河口湾在内的海洋环境。在具体措施上，要求相关国家“协商水质目标和标准，制订禁止、限制或监测进入水道的物质清单”，从条款的措辞上看，公约给出的是建议条款而非强制性规定。3 个欧经委的区域性公约，分别是 1992 年颁布的《跨境水道和国际湖泊保护与利用公约》(该公约正在推进其全球化进程)、1997 年的《跨境环境影响评估公约》和 1999 年的《关于 1992 年〈跨境水道和国际湖泊保护与利用公约〉的水与健康法令》；从以上区域性公约的目标看，欧经委通过不断地制订法令、产生决议等，促进区域内多层次合作，减小重大负面跨境环境影响，实现对跨境水道和国际湖泊的保护与利用。在公约实施方案中，可以看到许多更为先进和务实的内容，如遵循欧经委相关决议和法令及污染者支付、可持续发展等原则，体现欧经委在制定区域性法规时前后法规间的连续性与相互支撑关系；预防、控制和减少跨境水污染、跨境效应、跨境环境影响等问题，要求公约缔约方采取行动应对跨境水污染问题，无论是单独行动还是联合行动，到要求缔约国之间有跨境河流的要合作并相互协助预防、控制和减少跨境效应、环境影响，包括水体状况或水质水量变化直接或间接造成与水相关疾病的重大负面效应等；应用低和/或无废物技术、现有最佳技术从源头上预防、控制和减少污染物排放等，体现了对实用技术及污染防治中经济承担能力的考虑；确定可能产生重大负面跨境环境影响的开发活动和判识标准，并建立环境影响评价标准程序，体现欧经委系统内对重大跨境环境影响的统一认识，并希望为此建立相应的跨境环境影响评价程序，以促进区域性的多方多层次合作和尽可能减小重大的负面(跨境)环境影响。在执行措施和标准中，欧经委通常以公约附件的方式为条款内容增添了许多执行标准或建议标准，以促进条款的具体实施。例如，1992 年公约规定“各国可确定防止、减少和控制跨境影响的水质目标和标准”，并同时在附件中提供了各国可参考应用的“目标及标准指南”；1999 年公约补充法令要求“建立并发布国家和/或地方指标，如饮用水水质、从污染处理系统排出的水流水质、污泥处置或再利用和用于灌溉的污水水质等”，同时建议饮用水水质应参考世界卫生组织的饮用水质量准则，用于灌溉的污水水质应考虑世界卫生组织和联合国环境规划署发布的农业和水产养殖废水及排泄物安全使用指南；1997 年公约要求各国“应采取必要的法律、行政或其他措施执行公约规定，对可能产生重大负面跨境影响的活动，建立环境影响评价程序、准备环境影响评价文件”，并在附件中列出了 16 类可能产生重要负面跨境环境影响的开发活动，其中包括 6 类涉水活动/项目。对比以上几个方面的情况看，联合国公约和联合国下属的欧经委公约条款内容存在较大差异，联合国公约可能考虑到全球各个区域面临的跨境水资源问题的差异、发展目标上的差异以及公约的全球普遍适用性，水环境保护和管理的方案较为笼统，具体措施则多为建议性条款，而欧经委的公约则在其他法令的相互支撑下确定了极为明确的方案，包括施用的原则、采用的技术等，在要求采取的措施和标准方面则规定或建议得更为具体和详细，包括各国在制订相关标准(如饮用水标准)时应参照的国际标准。

表 4-6 1980～1999 年涉及跨境水水质问题的公约、亚洲条约中的管理目标及措施

Table 4-6 Objectives and measures on water quality involved in the regional and global conventions, the treaties in Asia and Central America during 1980—1999

条约性质	条约数/个	地区	目标	方案	措施与标准
联合国公约	1	全球	促进国际水道水资源的最佳与可持续利用	单独和共同预防、减少和控制污染，保护和保全包括河口湾在内的海洋环境	协商水质目标和标准；制定禁止、限制、调查或监测进入水道的物质清单

续表

条约性质	条约数/个	地区	目标	方案	措施与标准
联合国欧洲经济委员会公约	3	欧洲	促进多层次合作,降低重大负面跨境环境影响,保护人类健康和福祉,保护与利用跨境水道和国际湖泊	遵循欧经委相关决议和法令、污染者支付、可持续发展等原则；实施流域水资源综合管理,建立并发布国家和/或地方标准；单独和共同预控减少跨境水污染、跨境效应等；应用低和无废物、现有最佳技术从源头上防控减污染物排放,有效减少营养和有害物质排放；建立跨境水体监测计划，监测、评估污染物排放量及浓度等；商定跨境水污染参数,交流监测与污染排放等信息；确定可能产生重大负面跨境环境影响的开发活动、判识标准，建立环境影响评价程序；保证饮用水充足供给、公平用水机会；建立风险应急反应系统	跨界水质目标和标准；污水排放限值及标准；有害物质清单及排放限值或标准；可能产生重大跨境环境影响的开发活动清单，包括综合性化学装置、废物处理设施、大坝与水库、日产200t及以上纸浆和纸工厂等6类涉水活动；饮用水中有潜在危险的微生物等的数量或浓度标准；保护人类健康和环境的卫生标准；各国提供饮用水和卫生用水的时间表；饮用水水质标准(参照世界卫生组织的饮用水质量准则)，污染处理系统尾水水质标准；污泥处置、再利用和污水灌溉水质标准(参照世界卫生组织和联合国环境规划署的农业和水产养殖废水及排泄物安全使用指南)
多边	2	亚洲	维持河流、水库等水质,维持和增加入海水流,合理利用自然资源	建立国际委员会；建立损害补偿机制；防止工业、城市等废水排入水体及跨境空气和水污染；维持入海水流在可接受水平；协调、审查可能引起跨境负面影响的新开发项目；合理利用水土资源	确定需维持的入海水量；建立统一环境监测信息系统、预警系统，及时通告危险环境情况

(4)该时间段在亚洲(咸海流域内的中亚各国)产生了2个国际条约(表4-6和附表5)。在“咸海生态危机”和苏联解体的大背景下，咸海问题从“国内”问题变为“国际”问题之后，沿岸国家开始寻求合作方案解决咸海的供水、污染及生态等问题。由此产生了多目标、框架式的多边合作协定，包括维持水质、维持和增加入海水流、合理利用自然资源和保护环境等；在实施方案方面，咸海流域国同意建立国际委员会，包括国家间理事会、常设执行委员会和水资源协调委员会，寻求解决咸海危机和恢复其生态环境问题；针对入海水量大幅减少是咸海生态危机和周边居民生活饮用水供给困难的主要原因，流域国希望将入海水流维持在一个低的但稳定的、生态上可以接受的水平上并加以保护，以及在各方接受的条款下增加入海水量；鉴于流域周边地区生产生活污水增加，跨境空气及水污染问题加剧等，提出防止工业、城市等废水排入水体及跨境空气和水污染；协调、审查可能引起跨境负面影响的新开发项目；合理利用水土资源；但是从能够确认的条约实施措施看，2 个多边条约仅提出了简要的措施，即确定需维持的入海水量；建立统一环境监测信息系统、预警系统；及时通告危险环境情况等但未涉及具体的执行标准，无论是入海水量的确定还是环境监测系统的建设只是方案的初步细化，是未来协商的重要议题，意味着流域国合作的初步实现。

总体上，1980～1999 年涉及解决国际河流水质和水环境问题的条约仍旧集中产生于北美洲和欧洲两个区域，并且这两个区域国际河流水环境条约发展推动了区域性和全球性公约的产生与发展，而发展中国家集中分布的亚洲等地区产生相关条约很少。从以上对条约内容的梳理情况看，形成以上相关条约区域分布格局的主要原因，包括经济高速发展后的北美洲和欧洲地区水污染和水环境问题突出，在可持续发展、防治污染、保护环境等原则指导下，相关国家正努力通过合作改善共同水域的水环境问题，但是受流域国经济、技术发展水平乃至国家间关系的影响，同一地区不同国家间的合作程度存在差异，如美国与加拿大的合作水平远高于美国与墨西哥的合作，莱茵河流域国家的合作高于多瑙河流域国家的合作，以及欧经委的区域公约的条款要求明显高于联合国的全球公约的条款要求，尽管欧经委成员国中仍旧有不少发展中国家。从这一时期在发展中国家产生的 3 个条约签约国背景情况看，墨西哥与危地马拉的条约是墨西哥在与美国几十年水质管理经验的基础上产生的；咸海流域国 2 个多边条约的产生，既有联合国机构、欧洲国家(如德国等)支持(Hasanov，2018)的原因，也有原本几国同在苏联体制下维持着较为协调的管理模式的原因，也就是说，这些发展中国家的合作是在有合作经验或外部支持下推进产生的，而对于经济起步期的发展中地区来说，跨境水资源利用正在得到逐步推进，水环境问题不突出或者还没有影响水资源的正常利用，或者还没有被相关国家关注，又或者相关国家的主要精力仍旧集中于经济发展，并没有同时关注到环境的保护、水污染的控制问题。

三、2000 年之后的国际河流水环境管理目标

进入 21 世纪以来，查询到涉及国际河流水环境问题的国际条约有 13 个，条约签订的时间为 2000～2017 年。从条约的区域分布看，相关条约在欧洲区域最为集中，北美洲的条约数量较前两个时间段明显减少，仅有 1 个；共产生 3 个区域性公约，其中 1 个在欧洲、2 个在非洲。与此同时，以发展中国家为主的亚洲和非洲各产生了 1 个国际条约。总体来说，虽然相关条约仍旧集中产生于发达地区，但在发展中地区也得到了较快发展，特别是非洲，不仅产生了区域性公约，而且产生了 1 个多边条约。

延续上文的分析逻辑，对 13 个国际条约分发达地区的欧洲和北美洲、区域公约及发展中地区条约分别进行归纳分析，同时与各地区前期条约进行比较，试图了解和认识 21 世纪国际河流水环境管理条约的区域发展特征(表 4-7、表 4-8 和附表 6)。

表 4-7 2000 年以来涉及国际河流水环境问题的国际条约情况一览

Table 4-7 International treaties related to water quality of international rivers since 2000

地区	河流/区域	条约数/个	目标	方案	具体措施及标准
欧洲	喀尔巴阡山地区	1	为实现区域保护和可持续发展，合作和制定一项综合性政策	促进水土资源协调利用政策；保护和管理地表水及地下水资源，保护湿地及生态系统；避免造成负面影响的政策出台	确保可持续和公平用水，适当地进行污水处理，实现充足优质水供应；制订应对洪水、水污染等突发事件跨境影响的协调/联合措施，防止和减少损害
	萨瓦河	2	建立国际航行制度、可持续水管理制度；防止或限制危害，减少和消除不良后果，包括洪水、干旱和水污染事件；有效防控船舶航行污染	确定信息资料交流、公平合理利用、污染者支付等合作原则；就消除和减少水的跨境影响达成一致，并单独出台法规；在航道上建立足够的废物接收设施网络，并协调有关活动；合作防止、控制和减少船只水污染及造成重大损害等	建立协调/联合措施、预警系统；将船舶垃圾量控制到最低限度、避免废物混合；禁止将可能造成水污染或碍航或危险物品/物质、货物或其相关废物排放/倾倒入航道；禁止将含油废物排入水体，油水分离后排放的油渣浓度不超过5mg/L；禁止在船上焚烧生活垃圾等；制订客船污水处理设施 BOD 和化学需氧量(COD)限制值及控制值等
	德涅斯特河	1	可持续地利用水资源；大幅减少流域和黑海污染；恢复生态系统和保护生物多样性；防止和减少自然和人为对水的负面影响	建立流域委员会；防控、减少或消除水污染；协商确定水质目标和标准、处理点面污染源方法，建立应禁止、控制、调查监测物质清单；合作管理对水流有重大改变的行动；保护流域内重要湿地、候鸟和哺乳动物等；定期评估流域水和生态系统状况、跨境影响措施的有效性，交流流域数据信息	制订、协调和实施流域水生生物资源调查、使用、保护和繁殖的措施，防止引入可能造成不利影响的外来物种，消除鱼类洄游的人为障碍；控制 30 类活动(水产养殖、污水污泥处理等)、20 种危险性或有害性污染物(重金属及其化合物、放射性物质等)及 13 类对公众健康和水生生态系统有风险、不可逆性或持久性影响污染物的排放，制订排放限值、环境质量标准、排放事先许可程序和管理方法
	莱茵河	3	防止航行船只公约航道的污染；避免 95%以上的船舶有害气体直接排入大气	将部分德国航道纳入管理范围；禁止在规定航道上向大气中排放有害气体，减少 95%以上；船只气体排放应遵守欧洲的相关协定和法令等	禁止附录 3a 表 1～表 3 中货物产生的气体排入大气；船只排气必须在经过认证的接收站按规定进行；允许排放未被列入的气体；禁止在封闭船闸、桥下或人群密集区排气等
北美洲	大湖、圣劳伦斯河	1	恢复和维持高质量饮用水水源，不受环境质量约束娱乐用水目标；支持健康和有生产力的湿地和其他生境	确定每个湖泊及入湖河流的临时/长期生态系统目标和实质性目标；减少、控制和防止点面源、放射性和被确定物质的污染计划，防治水生入侵物种计划；开发和实施生境与物种保护战略，明确合作优先行动框架等；推进相关科学研究，包括建立和实施生态系统指标以评估湖泊状况、衡量目标进展，定期审查和必要时更新指标等	用生态系统法评估 14 类受损严重区域和湖泊状态，恢复有益利用、解决负面环境压力；制订被关注化学品控制战略，开发和应用国家水质标准、准则等，减少或消除化学品及产品的利用与排放等；确定各湖生态系统目标和实质性目标，如伊利湖中西部开放水域维持中营养状态，苏必利尔湖等 4 湖开放水域和伊利湖东部水域维持在贫营养状态，蓝藻生物量维持在不构成威胁的毒素浓度水平；各湖的磷负荷目标和分配配额，开放水域临时总磷浓度目标、负荷目标等；减少城市污水处理厂和工业农业及农村点面源磷负荷计划等

续表

地区	河流/区域	条约数/个	目标	方案	具体措施及标准
亚洲	伊犁河等	1	促进跨境河流水质保护合作，和平调解问题	建立合作委员会及工作组；协商确定水质标准、监测规范和分析方法；促进新技术应用	水质监测、分析和评估；预防、努力消除跨境河流污染，使影响降至最低；向社会通报水质状况及其保护措施等
非洲	刚果河	1	确保湖区范围内生物多样性得到保护、自然资源实现可持续利用	制订和执行统一法律和标准；防止和减小跨境不利影响，控制污染；对可能有跨境负面影响的规划进行环境影响评价；制订预警和应急计划，有效处理重大污染事件等紧急情况；交流流域及生物多样性等信息	禁止将废物排入湖泊，除非事先获得许可；防止、减少、控制和监测点面源、船只及有毒/有害物质的制造、使用和处置等产生的污染；制订和采取一个确保有效实施的最低措施和标准；确定需环境影响评价的 15 项开发活动清单及 11 项评价内容，对流域存在危害的活动和物质清单

表 4-8　2000 年以来涉及国际河流水环境问题的区域性公约简况

Table 4-8　Regional conventions on water quality of transboundary waters since 2000

年份	公约	目标	方案	具体措施及标准
2000	《南部非洲发展共同体共享水道修正案》	实现共享水道可持续协调管理、保护和利用，推进区域一体化和减贫议程	促进协定的签订及管理机构机制的建立，规划、发展和保护等法律政策协调，促进研究和技术发展、信息交流、能力建设，防止对其他流域国产生重大损害等	通告可能有负面影响的开发计划；防止、减少和控制可能造成重大损害的水污染和环境退化；协商制订水质目标和标准，确定禁止、限制、调查/监测进入水道的物质清单，防止引入外来或新物种等
2003	《自然与自然资源保护非洲公约》	加强环境保护、促进自然资源可持续利用以及二者的协调一致；各方应管理其水资源，使水量和水质保持在尽可能高的水平上	维持水资源的基本生态过程，使人类健康不受污染物和水媒疾病影响；防止污染物排放造成的损害、过度取水对下游的影响；协商跨境水资源的开发和保护，如需要建立国家间委员会	防止、减轻和最大限度消除，特别是放射性、有毒和有害物质及废物对环境的有害影响；制订、加强和实施具体的国家标准，包括环境质量标准、污水排放和水质标准、排放限值标准等
2000	《欧盟水框架指令》	建立保护内陆地表水体、淡咸过渡水体、沿海水域和地下水的政策框架	明确地表水、地下水、保护区域在规定时间框架内的状态目标，并建立监测计划；对需特殊保护的区域进行登记；实施点面源组合措施，管控所有向地表水体的污染排放；制订适用于流域区和/或国际河流境内区域的基本措施和补充措施；基本措施是最低要求，包括保障水质、促进有效和可持续的水利用、点面源及地下水污染控制、消除重点物质污染、防止污染物泄漏等 12 项；制订水污染防治和控制战略等	确定 6 类地表水体、4 类保护区域的 5 个生态状态/潜力、地下水水量及化学状态的条件和监测结果的表示方式；确定地表水体生态状况分级的质量要素(生物、水文及物理化学指标)标准；为保护水生生物，确定污染物环境质量标准，设定水、沉积物或生物标准及每类水体安全因子年平均最大浓度；建立地表水体生态和化学状态监测网络及监督监测和实施方案；依照相关国际标准或其他标准，确定质量要素监测标准；(逐步)减少有重大风险污染物、停止重点危险污染物的排放；从重大风险污染物中列出重点污染物清单、定期评估；提出地表水、沉积物或生物体中重点污染物浓度质量标准、点源控制计划等

(1)北美洲国际河流水条约情况。进入21世纪以来，在北美洲仅找到1个涉及国际河流水环境管理问题的条约，仍然是美国与加拿大对其1978年《大湖水质协定》的再次补充而达成的《对1978年〈大湖水质协定〉的补充法令/议定书》(简称《2012大湖水质协定》)。《2012大湖水质协定》在维持1978年目标“恢复和维持生态系统的化学、物理和生物完整性”的基础上，提出该协定签订的目的，“最大切实可行地消除或减少对水环境的威胁，解决当前的环境问题，预测和防止新的环境问题”。针对“当前的环境问题”设定总目标为“恢复和维持高质量饮用水水源，不受环境质量约束娱乐用水目标；支持健康和有生产力的湿地和其他生境”。为了实现总目标，两国设定了两个方面的“具体目标”以指导采取具体措施和标准的实施方案：一是5个湖泊及其与之相连河流的生态系统目标，用于体现实现总目标所需的湖泊长期和临时生态条件或状况；二是各个湖泊的实质性目标，即可量化的具体指标。在两个目标下，设定了一些框架性计划措施，包括减少、控制和防止源于城市、工业、农业等，大量油脂和危险污染物质、放射性物质和被确定的其他环境物质排放，水生入侵物种(防止引入，控制或减少扩散，如可行则消除现有入侵种)，恢复和保护物种及栖息地等。为执行以上计划的具体措施和标准，特别是确定基于营养物质(如磷)浓度和负荷的各个湖泊生态系统目标，如针对水生入侵物种的防止引入、控制或减少扩散问题，要求对引入路径进行风险评估，制订物种监测名单、确定新的入侵物种和监测重点区域等早期发现和快速反应措施。针对双方共同关注的化学品问题，制订化学品控制战略，确认和评价化学品所有来源进入水体的负荷，评估化学品及其产品对人类健康和生态系统的影响、减少它们在整个生命周期内的人为排放等。针对营养物质富集问题，要求将伊利湖中西部开放水域维持在中营养状态，苏必利尔湖等4湖开放水域和伊利湖东部水域维持在贫营养状态，蓝藻生物量维持在不构成威胁的毒素浓度水平；确定各湖的实质性目标(定量化指标)，如各湖的磷负荷目标和分配配额，开放水域临时总磷浓度目标、负荷目标等；减少城市污水处理厂和工业农业及农村点面源磷负荷计划，包括污水处理厂废水排放量每天达到/超过100万t时的总磷最大排放浓度标准，家用清洁剂中的磷降低至0.5%等。针对保护和恢复物种及栖息地问题，进行现有生境的基础调查，两年内制订和实施保护战略，减少本土物种和生境损失、恢复濒危本土物种种群，等等。比较前两个时期该流域对应协定内容与本协定的条款内容，可见本协定再次细化了其生态系统管理方法，确立了更为广泛和细致的措施和相关标准。

(2)欧洲涉及国际河流水环境问题的条约情况。查询到过去20年欧洲产生此类条约7个，涉及3个流域，但此时签订的此类条约已经是以东欧地区的河流和国家为主了。表面上看，此时莱茵河流域仍旧产生了3个条约，但细究其实质发现：2个2010年的条约分别为流域国对1996年《关于对沿莱茵河及内陆水体航行的船只污水的收集、储存和排放公约》附件 1 和附件 2 的修正案，修正内容并不涉及对水污染控制方案、措施乃至标准内容，但附件 1 的修正案则将部分德国境内航道纳入了公约的管制范围；2017 年的《关于在莱茵河和其他内河航行船只污水收集、储存和排放的公约及其实施条例的修订》仍旧是对 1996 年公约条款的补充和发展，实际上是增加了对船只航行过程中产生的有害气体进行管理的内容。如果将其归纳为目标、方案及具体措施及标准三个方面的话，其结果分别为公约修订的目标为“避免 95%以上的船舶有害气体直接排入大气”，去除有害气体的方案包括两个方面：一是禁止直接排放；二是依据欧洲的相关法规、由航道上建立的船舶废物接收站进行处置，其相关法规包括 2023 年的《危险品内河国际运输欧洲协定》、欧洲议会及理事会 2008 年《关于内陆危险货物运输》的 2008/68/EC 指令和 1994 年《关于控制汽油储存和从储油站向加油站分发所产生的挥发性有机化合物的排放》的 94/63/EC 指令。采取的具体措施为：禁止附录 3a 表 1～表 3 中货物产生的气体(表 1 的 4 类气体及其允许排放标准，包括苯类、发动机所用的汽油或燃料、石油蒸馏物及产品、乙醇含量超过 10%的与汽油或与发动机燃料混合气体；表 2 的 3 类气体，包括含苯超过 10%的原油、易燃液体和液态碳氢化合物；表 3 的 13 类气体，如丙酮、环己烷、含 70%以上的乙醇或其溶液等)排入大气；船只上货物产生的挥发性气体的去除必须在经过认证的接收站按规定进行；允许排放未被列入的气体；但禁止在封闭船闸、桥下或人群密集区排气等。4 个以东欧国家为主签订的条约中 3 个条约针对的是多瑙河流域的问题(萨瓦河是多瑙河的一条重要支流，多瑙河是喀尔巴阡山地区最为重要的一条河流)，1 个条约针对德涅斯特河(摩尔多瓦与乌克兰之间汇入黑海的一条国际河流)。从《喀尔巴阡山地区保护与可持续开发框架公约》的名称可知：该多边条约类似一个区域性公约，水资源保护与管理只是内容之一，因此具体涉及水环境管理的内容极为概括，仅要求缔约方就包括水污染在内的突发事件可能的跨境影响采取联合措施，建立预警机制，减少和防止损害，对接水资源和土地利用协调利用及保护、管理地表水和地下水资源的框架方案。2 个关于萨瓦河的条约，2002 年《萨瓦河流域框架协定》作为一个多边框架条约，目标是在南斯拉夫解体后在 5 个国家间建立国际航行制度，减少和消除包括水污染突发事件在内的危害和不良后果，并且通过相应方案和实施措施来推进目标的实现，包括确定合作原则及合作领域；就消除和减少水的跨境影响达成一致，防止造成重大损害；为水生生态系统、航运和其他水利用提供充足的水量和适宜的水质；对异常水情采取联合措施，建立预警系统等。而 2009 年的议定书是关于船只航行的水污染控制专门条约，从其名称《〈萨瓦河流域框架协定〉的航行水污染防止议定书》可见其目标：有效防止、控制和减少船舶在航行中造成的污染，细化框架协定中“防止对水的有害影响”的内容。设定的方案主要包括在航道上建立足够的废物接收网络，并协调有关活动。

为此采取的具体措施和标准有：禁止船舶和水上设施将可能造成水污染或碍航或危险物品或物质排放或倾倒进航道；禁止在船上焚烧生活垃圾、特殊废物等；油水分离后排入水体的油渣浓度不得超过 5mg/L；制订客船污水处理设施 BOD 和 COD 限制值和控制值等。2012 年新合作的《关于德涅斯特河流域可持续开发与保护领域的合作条约》，采纳了可持续发展理念和生态系统管理方法，以可持续地利用水资源；大幅减少流域和黑海污染；恢复生态系统和保护生物多样性；防止和减少自然和人为对水的负面影响作为合作目标。为此，建立流域委员会；防控、减少或消除水污染：协商确定水质目标和标准、处理点面源污染源方法；建立应禁止、控制、调查或监测进入水域的物质清单；合作管理对水流有重大改变的行动；保护流域内重要湿地、候鸟和哺乳动物等；定期评估流域水和生态系统状况、跨境影响措施的有效性，交流流域数据信息。具体措施包括制定减少、控制和消除附件 1 所列的 30 类行为(水产养殖、污水污泥处理、畜牧业等)产生的污染物，20 种具有危险性或有害性污染物(有机磷化合物和物质、有机卤素化合物及物质、重金属及其化合物、放射性物质、生物农药及其衍生物、病原微生物及大肠菌等)，以及 13 类对公众健康和水生生态系统产生风险及不可逆的或有持久性影响的污染物排放计划，并制订相应的排放限值、环境质量标准、排放事先许可程序和管理方法；结合排放物质特征、组成和危险性、物质排放位置及接受环境的特征及其对水生生态系统和水利用的潜在危害，点源排放需事先获得许可，面源污染控制以最佳环境实践为基础，考虑委员会的有关决定和建议实施等。与前期欧洲地区有关条约的发展情况对比，可以明显看到东欧地区国际河流水环境管理的合作得到了长足发展，从框架性公约到实践性条约，从单一目标合作到可持续利用水资源、保护流域生态系统，从确定合作原则与合作领域到具体措施与标准的制订都有所体现。与此同时，莱茵河流域的污染控制合作仍在持续推进，已经发展到对国际航道内船只航行过程中产生的有害气体排放与处理的控制合作，而且制订了明确的程序原则和时间框架。

(3) 亚洲的条约发展情况。21 世纪以来，在亚洲地区仅找到一个涉及国际河流水质问题的条约，是 2011 年中国与哈萨克斯坦签订的《跨界河流水质保护协定》。由于两国间存在伊犁河、额尔齐斯河和额敏河等多条国际河流，为此，应该说该协定是两国间的一个框架性水质管理条约。目标很明确，即促进跨境河流水质保护合作。合作方案则是建立合作委员会及工作组；协商确定水质标准、监测规范和分析方法；促进新技术应用。具体的措施包括水质监测、分析和评估；预防、努力消除跨境河流污染，使影响降至最低；向社会通报水质状况及其保护措施等。可见，当前的水质保护模式是在合作机制下确定双方共同接受的水质标准、监测方法后，由双方各自在境内实施监测方案、保护措施，按规定向社会和对方通报交流。与欧美地区的合作成熟度相比，亚洲的合作是一个初步的合作状态。

(4) 非洲条约情况。进入 21 世纪，非洲的区域性组织和国家相继关注到国际河流水资源共享与可持续利用中的水环境问题，相继产生了 2 个区域性公约(表 4-8)和 1 个多边条约。2003 年非洲 4 国[布隆迪、刚果(金)、坦桑尼亚、赞比亚]签订《坦噶尼喀湖可持续管理公约》多边条约，从其名称可知水环境最多只是管理内容之一。该公约的目标为确保湖区范围内生物多样性得到保护、自然资源实现可持续利用。水污染防控方案包括防止和减小跨境不利影响，控制污染；对可能有跨境负面影响的规划进行环境影响评价；制订预警和应急计划，有效处理重大污染事件等紧急情况；交流流域及生物多样性等信息。具体的措施和标准则包括禁止将废物排入湖中，除非事先获得许可；防止、减少、控制和监测点面源、船只及有毒/有害物质的制造、使用和处置等产生的污染；制订和采取一个确保有效实施最低措施和标准；确定需环境影响评价的 15 项开发活动清单及 11 项评价内容，对流域存在危害的活动和物质清单等。如此看来，这样的合作框架是存在一定合作深度和基础的，有受到非洲在此之前的区域性公约启发的可能，也有接受外部技术知识支持的可能。

(5) 非洲的区域性公约情况。自 2000 年以来，查找到涉及国际河流水环境问题的非洲区域性公约 2 个，分别是南部非洲发展共同体(Southern African Development Community，SADC)(简称南共同体)于 2000 年发布的《南部非洲发展共同体共享水道修正案》(以下简称《共享水道修正案》)(该机构于 1995 年发布的《共享水道法案》，在《共享水道修正案》发布生效后《共享水道法案》失效，1995 年法案因未涉及水质问题而未在前文中分析)和非洲联盟(African Union，AU)于 2003 年发布的《自然与自然资源保护非洲公约》，可见，两个公约之间存在着区域有效性差异，一个在南部非洲地区(14 个国家)有效，一个在全非洲有效；一个是专门针对国际河流相关问题的专项公约，一个是关于自然资源问题的普遍性公约。从两个公约的内容上看，《共享水道修正案》的目标“实现共享水道可持续协调管理、保护和利用，推进区域一体化和减贫议程”。合作方案主要为：促进协定的签订及管理机构机制的建立，规划、发展和保护等法律政策协调，促进研究和技术发展、信息交流、能力建设，防止对其他流域国产生重大损害等。针对防止重大损害的具体措施有：通告可能有负面影响的开发计划；减少和控制可能造成重大损害的水污染和环境退化；协商制订水质目标和标准，确定禁止、限制、调查/监测进入水道的物质清单，防止引入外来或新物种等。《自然与自然资源保护非洲公约》的总体目标是“加强环境保护、促进自然资源可持续利用以及二者的协调一致”，对于水资源的管理目标为“各方应管理其水资源，使水量和水质保持在尽可能高的水平上”，为此各国应维持水资源的基本生态过程，使人类健康不受污染物和水媒疾病影响；防止污染物排放造成的损害、过度取水对下游的影响；协商跨境水资源的开发和保护，如需要建立国家间委员会。在水污染控制方面具体措施则包括：各方单独或共同与相关国际组织协作防止、减轻和最大限度消除，特别是放射性、有毒和其他有害物质及废物对环境的有害影响；制订、加强和实施具体的国家标准，包括环境质量标准、污水排放和水质标准、排放限值标准等。可以看到，两个公约在跨境水污染防治目标、方案与措施上存在诸多共同点，如资源的可持续利用与保护，促进国家间机构/委员会的建立，防止跨境污染造成的损害，制订水质目标及标准；同时也都关注到流域生态系统管理与生物多样性保护问题，《共享水道修正案》要求“防止引入外来或新物种”，《自然与自然资源保护非洲公约》提出将“濒危物种”进行分级管理和保护、确定不同类型的保护区进行保护。

(6)欧洲区域性公约情况。自 2000 年以来，再次查找到涉及国际河流水环境问题的欧洲区域性公约 1 个，即被简称为《欧盟水框架指令》(the EU Water Framework Directive)的《欧洲议会和欧盟理事会关于建立欧共体在水政策领域行动框架》的第 2000/60/EC 号指令(the European Parliament and of the Council establishing a Framework for the Community Action in the Field of Water Policy)(以下简称《水框架》)(EUR-Lex，2000)。从《水框架》的全称可以大概地了解到其总体目标：建立保护内陆地表水体、淡咸过渡水体、沿海水域和地下水的政策框架。从《水框架》的条款内容可将其所谓的“水”确认为 4 类水体：内陆地表水体、淡咸过渡水体、沿海水域和地下水，而制定该水框架的目标是在欧洲地区实现“流域综合管理”(integrated river basin management，IRBM)(European Commission，2000)，其具体目标包括：防止水生生态系统以及直接依赖于它的陆地生态系统和湿地的进一步恶化，保护和改善它们的状况；促进可持续的水利用；通过逐步减少主要污染物质的排放，停止或逐步停止主要危险物质排放的具体措施，加强对水生环境的保护和改善；确保逐步减少和防止地下水的进一步污染；减轻洪涝和干旱的影响(第 1 条)。《水框架》是一个极复杂的指导性文件，围绕以上具体目标中涉及水污染控制的条款和内容进行梳理，可以得到相关的执行方案，包括：确定各类水体和保护区域的状态目标及达标时间框架，并为此建立监测计划；实施点面源控制组合措施，管控所有地表污染物排放；制订流域(包括国际河流境内区域)污染管控的基本措施和补充措施，其中基本措施是各水域必须达到的最低要求，包括保障的水质目标、点面源及地下水污染控制、消除重点物质污染、防止污染物泄漏等 12 个方面；制订水污染防治和控制战略等。而采取的具体措施及采用的标准则包括：确定 6 类地表水体、4 类保护区域的 5 个生态状态/潜力、地下水水量及化学状态的条件和监测结果的表示方式；确定地表水体生态状况分级的质量要素(生物、水文及物理化学指标)标准；依照相关国际标准或其他标准，确定质量要素监测标准；(逐步)减少有重大风险的污染物、停止重点危险污染物的排放；从重大风险的污染物中列出重点污染物清单、定期评估；提出地表水、沉积物或生物体中重点污染物浓度质量标准、点源控制计划等。《水框架》是至今为止最为完备、以流域为单位的水管理框架，而且欧盟还通过定期的评估结果，以之前的相关法令和不断出台新的法律法规及标准来支持该框架的实施，如 1991 年的《硝酸盐指令》、《城市废水处理指令》、1998 年的《饮用水指令》、2006 年的《沐浴水指令》、2006 年的《地下水指令》、2007 年的《欧盟洪水指令》、2008 年的《环境质量标准指令》。

从以上对 2000 年以来、涉及国际河流水质/水环境管理或水污染控制的 13 个区域性公约、多边条约和双边条约的分析、总结看，进入 21 世纪的近 20 年，国际河流相关流域国在促进流域水资源合作的同时，关注到了水环境问题，在国际河流合作中融入资源可持续利用、生态系统方法和流域综合管理理念，并逐步成为共识，在水污染控制措施和方法方面考虑了经济成本、研究成果及适用技术的应用，量化标准范围不断趋于全面和系统，但在区域上仍存在明显差异。从区域公约到流域条约，《欧盟水框架指令》、北美洲的大湖流域、欧洲的莱茵河相关条约都体现了科学技术的先进性、高级别的法制化程度，虽然《欧盟水框架指令》的执行状况有待评价。对于发展中国家为主的非洲和亚洲来说，非洲在 21 世纪之初就不仅产生了区域性公约，而且产生了具体流域的多边条约，从公约和条约的条款内容看，诸如资源与环境的协调发展、区域一体化、减贫等可持续发展思想均有明显的体现，可以说条款是非常先进的，但从 20 世纪 50 年代以来的条约分析，没有见到这个区域相关国际条约的发展，因此可以说该区域在国际河流水环境方面的国际条约发展是跨越式的，很大程度上与西方发达国家的智力和技术支持密不可分。21 世纪之初的亚洲仅有一个双边条约出现，条约内容简要而概括，说明该领域的合作仅仅是一个初级阶段，需要在不断的发展过程中促进合作深度和合作范围。

第三节　国际河流水质管理案例——莱茵河

一、流域概况

莱茵河(Rhine River)位于欧洲西部，是世界上最重要的工业运输动脉之一。莱茵河在瑞士的阿尔卑斯山发源了两条源流，分别是称前莱茵河［(Vorderrhein)，发源于阿尔卑斯山中部、海拔约 2344m 的托马湖，被认为是莱茵河的源头］和后莱茵河［(Hinterrhein)，发源于瑞士和意大利边境上的圣哥达山(Sankt-Gotthard Massif)］，两河汇合后流出阿尔卑斯山的高山地带，先后构成了瑞士与列支敦士登公国和瑞士与奥地利的边界，蜿蜒流入博登河［康斯坦茨湖(Lake Constance)］；出湖后，河流主要穿梭于阿尔卑斯山的山前地带与黑森林地区，有许多瀑布、叠水分布其间，并接纳了多条源于阿尔卑斯山的支流，如图尔河(Thur)、特斯河(Toess)、格拉特河(Glatt)和阿勒河(Aare)等；河流在瑞士巴塞尔以上被称为“高莱茵河”(High Rhine)或“阿尔卑斯莱茵河”(Alpine Rhine)，其间大部分河段为瑞士与德国间界河；从巴塞尔至曼海姆(德国)，河流相继穿过孚日山脉古台地和黑林山、哈尔特山脉和奥登森林高地之间宽约36km的宽谷区，在斯特拉斯堡(法国)有发源于阿尔萨斯(法国)的伊尔河(Ill)，其发源于黑林山、奥登森林高地的一些短小支流，在曼海姆有内卡河(Neckar)、在美因茨(德国)对岸有美因河(Main)先后汇入干流；曼海姆以上被称为莱茵河上游。莱茵河中游从曼海姆至鲁尔河(Ruhr)河口，首先在洪斯吕克山(西)和陶努斯山(东)之间下切出一条长约145km的深而曲折的峡谷河段，大量的葡萄园分布于沿河两岸山坡至科布伦茨(德国)，与此同时，在科布伦茨有摩泽尔河(Mosel)和兰河(Lahn)汇入干流；波恩(Bonn，德国)以下，河谷渐宽、进入一个宽阔的平原地区，河流左岸为科隆老城、右岸为北莱茵-西伐利亚煤田区的商业中心杜塞尔多夫，鲁尔河河口的杜伊斯堡(Duisburg)是鲁尔河煤炭运输、铁矿石和石油进口的装卸港口。鲁尔河河口以下为莱茵河的下游河段，进入宽阔平坦的冲积平原区，水网密布，特别是埃梅里希镇(德国)以下、荷兰境内的三角洲区域，干流分为多个汊流入海。1872年新沃特韦运河(New Waterway Canal)的修建改善了鹿特丹至北海的航运通道，现已成为莱茵河与北海之间的主要航道，而运河旁的欧罗波特(Europoort)也成为世界上最大的港口之一。为了防止荷兰西南海岸区域洪水泛滥，1986年完成了三角洲整治项目——截断了莱茵河所有入海主要汊流，利用修建的河闸和横向连接渠道将水流导入北海。

综上，莱茵河发源于瑞士阿尔卑斯山脉，干流先后流经列支敦士登、奥地利、德国和法国，最终在荷兰鹿特丹附近注入北海；支流涉及意大利、比利时和卢森堡，因此，莱茵河流域共有9个流域国；干流全长约1230km(2010年以前，国际上通常采用的河流长为1320km)，流域面积(包括三角洲)约22万km^2(不包括三角洲的流域面积为18.5万km^2。是否包括三角洲面积在于所谓的莱茵河三角洲实际上是莱茵河和默兹河等河共同的三角洲，难以明确界定。但目前几条河已经通过运河将它们相互连接，按照当前的流域的定义，可以将它们视为一个流域)，是欧洲西部第一长河(Sinnhuber and Mutton，2020)。在流域面积上，德国境内莱茵河流域的面积约占53%，瑞士和法国分别占13%，荷兰约占18%，意大利、列支敦士登、卢森堡、奥地利和比利时共占3%(Schulte-Wülwer-Leidig，2009)。

从1815年《维也纳大会最后规约》中所确定的国际航道里程看，莱茵河可通航航道从河口上溯可至瑞士-德国边境上的莱茵费尔登(Rheinfelden)，总长约为870km；1934年以来，通过修建水闸和疏通河道等，实现了巴塞尔和莱茵费尔登间的通航，莱茵河干流航道里程接近900km，成为欧洲最重要、最为便利的内河航运网络，也是全球最繁忙的航运大通道。

莱茵河流域中上游地区受温带大陆性气候和海拔梯度的影响，低海拔地区年平均降水量为700～800mm，高海拔地区可达2500mm左右，形成了冬季径流小、春夏季受冰雪融水和降水影响而径流量大的山地河流年内径流变化大的水文特征；水流经过康斯坦茨湖的调节作用后出湖径流的季节变幅减小，但之后受到支流阿勒河汇入的影响径流的季节变化增加，基本维持了山区河流水文变化特征。流域中下游地区受温带海洋性气候影响明显，且地势平缓，非地带性因素对区域性降水的影响较小，使得流域区间年内和年际降水变幅小，降水较为丰富，形成了中下游地区水流平稳、流量较大的水文特征，如巴塞尔以下河段，源于高海拔的支流春季水量最大(冰雪融水)，而源于低海拔的河流冬季水量最大(西风环流下全年降水较为稳定，但冬季蒸散发最小)，在流域内实现了水流的时、空间自然调节作用，流域的径流变化，无论是年内还是年际间的，其径流的季节差异小，使得河流的流量(科隆站)平均偏差很小，全流域春夏季仍为汛期，每年6～7月是高水位期，秋季为枯水期。此外，流域大部分地区无冰期。总体来说，莱茵河流域多年平均降水量为900mm，下游雷斯水文站(荷兰)多年平均流量为2300m^3/s(韩振中，1999)，即多年平均径流量约为725亿m^3。

二、主要流域国概况

莱茵河流域位于欧洲西部，流域面积约22万km^2，涉及9个国家，其中干流流经6个国家；流域内人口约6000万人，人口密度为约270人/km^2；莱茵河的地表水和地下水是当地居民的唯一生活水源。通过长期的发展，莱茵河流域形成了六大工业中心，年平均工业产值可达5500亿欧元。流域内高度发达的工农业和密集的人口，在其发展过程中产生了大量的废水，流域水治理成为“先发展后治理”的典型模式。

(一)瑞士

瑞士位于欧洲中部，是一个内陆山地国家，东西长348km，南北宽220km，总土地面积近4.13万km^2；自南向北由3个主要地理区域组成，阿尔卑斯高山区(占总土地面积的60%)、中央高原区(约占土地面积的30%)和汝拉山脉(侏罗山脉)高原区(Jura，占10%)，其中长年冰雪覆盖面积约为1140km^2(约占国土面积的2.8%)；地势整体为北低南高，最高海拔为4634m(罗莎山的杜富尔峰，Dufour Peak)，最低海拔为193m(马焦雷湖，Lake Maggiore)。瑞士的淡水储量约占欧洲淡水资源的6%，有“欧洲水塔”之称，是莱茵河、罗讷河(Rhône)、罗伊斯河(Reuss)、提契诺河(Ticino)、因河(Inn，属多瑙河水系)等欧洲大河的发源地。这些河流分别流向北海、地中海和黑海；拥有大小湖泊1500多个，水域面积约占国土面积的4%(Wachter et al.，2021)，其中，莱茵河在瑞士境内长375km。瑞士边境线总长1882km，与五个国家接壤，分别是南与意大利，西与法国，北与德国，东与奥地利和列支敦士登相连。

从西南的莱芒湖(日内瓦湖)延伸至东北的博登湖(康斯坦茨湖)是瑞士的中央高原区，虽然被称为高原区，但实际上大部分区域为丘陵区。该区是瑞士人口、城市及工业的集中分布区，区内生活着全国约3/4的人口，居民与工业用地面积占该区域土地总面积的16%，近50%的土地为农业用地，森林覆盖面积约为24%。

汝拉山脉高原区位于中央高原的北部边缘，由平均海拔700m的石灰岩丘陵、河谷、高原及山峰组成。区内森林覆盖率为47.4%，农业用地约占43.4%，居民与工业用地为8.2%。阿尔卑斯高山区位于该国南部，从东部边境延伸至西部的日内瓦湖，该区拥有阿尔卑斯山脉82座4000m以上的山峰中的48座，高山雪峰成为该国的象征。尽管该区人口仅占总人口的11%，却是瑞士的经济中心，穿越瑞士阿尔卑斯山脉的无数山口一直是连接南北欧洲的重要交通要道。该国90%以上的林地分布在该区域，其中中部的森林覆盖率为23%，南部接近50%，与此同时，农业用地面积占比相对较小，约20%，远低于中央高原区及北部的汝拉山脉高原区(Presence Switzerland，2017a)。

2019年，瑞士总人口为860万(Federal Statistical Office，2020a)，GDP约为7031亿美元，人均GDP约为8.37万美元，其人均GDP在全球排第二(IMF，2020a)。瑞士约74%的GDP来源于服务业，25%来源于工业和建筑业，而农业对GDP的贡献率不到1%，瑞士经济高度依赖于对外贸易，且多为贸易顺差。

(二)德国

德国位于欧洲中北部，国土面积为35.8万km^2，是欧洲第七大国家。区域上，德国最北端的日德兰半岛(Jutland Peninsula)东西两侧分别是波罗的海和北海，陆地与丹麦、荷兰、比利时、卢森堡、法国、瑞士、奥地利、捷克和波兰9个国家接壤，与瑞典、挪威和英国隔海相邻(World Atlas，2021a)。

地貌上，从南向北分布有阿尔卑斯山脉外围山地、中部高地和北部平原；地势上，总体上从南向北倾斜，从最高海拔2962m的巴伐利亚州阿尔卑斯山脉的楚格峰(Zugspitze)下降至北部海岸的近水平面地区。为此，大多数河流，除多瑙河等外，沿地势趋势向北或向西北最终注入北海和波罗的海(Schleunes，2021)。

莱茵河在德国境内干流长865km，是该国最长的河流(Loreley Info，2021)。莱茵河从瑞士中东部发源，向西流入博登湖后，绕过德国黑林山地区、向北穿越德国中部高地，在波恩以下进入广阔的北部平原，在埃默里奇以西进入荷兰，最终流入北海。莱茵河受到两大补给源的影响：一是受源于阿尔卑斯山脉支流冰雪融水补给影响，河流在春夏季形成高水流；二是受到源于德国中部高地和法国东部的水系冬季蒸发小而形成最大水量影响，莱茵河径流丰沛且年内季节分配较为均衡，仅有少数年份秋季出现低流量情况，有利于水资源利用及航运开发。德国其他主要河流，包括通过开凿运河实现与莱茵河航道相连的欧洲著名河流，如易北河，多条支流发源于中部高地、干流源于捷克，北流穿越德国北部平原、注入北海(Friedrich and Grimm，2019)；奥得河，发源于中部高地的捷克境内，北流过程中有 187km 是德国与波兰的界河，最终注入波罗的海(Pruchnicki and Parczewski，2009)。

2019 年，德国总人口为 8317 万(Federal Statistical Office，2020a)，GDP3.86 万亿美元，人均 GDP 为 4.65 万美元，全球排名第十八(IMF，2020a)，是全球第四大经济体。2021 年德国 GDP 的三次产业结构为：第三产业占 69.8%，第二产业占 29.4%，第一产业占 0.8%，即德国的服务业不仅为其贡献了绝大部分 GDP，而且还吸纳了超过 70%的劳动力(Plecher，2020a)。2019 年，德国的进口额和出口额分别为 12.4 万亿美元和 14.9 万亿美元，位于前 3 位的出口贸易伙伴分别为美国、法国和中国，而前 3 位的进口贸易伙伴分别为中国、荷兰和美国(GlobalEDGE，2021)。

(三) 法国

法国位于欧洲西北部，国土面积约 55 万 km^2(不含海外领地)。法国与英国隔英吉利海峡相望，与 8 个国家接壤：南与西班牙和安道尔，东南与摩纳哥，东与瑞士、德国和意大利，东北与比利时和卢森堡接壤；西为北大西洋的比斯开湾，西北为英吉利海峡，南为地中海(World Atlas，2021b)。

法国的总体地势呈东、南向西、西北和北倾斜，东部、中南和南部地区分别分布有汝拉(侏罗)山脉、孚日山脉、中央高原(Massif Central)、阿尔卑斯山脉和比利牛斯山脉(Pyrénées)，其中冰雪覆盖的阿尔卑斯山脉沿着与意大利的边界延伸、进入瑞士并穿过南欧，而法国的中部、北部和西部则分布着平坦的平原和点缀其间的低矮山丘和山脉；法国的最高点(也是欧洲的第二高程点)为海拔 4810m 的阿尔卑斯山勃朗峰；在这些山脉中发育有众多的河流，主要河流有卢瓦尔河(Loire)、加龙河(Garonne)、莱茵河、罗讷河(Rhône)、塞纳河(Seine)等，其中最长的河流为卢瓦尔河，全长 1020km；莱茵河位于法国的东北部，先沿汝拉(侏罗)山脉自西南向东北流，后沿孚日山脉、法国与德国边界自南向北流(World Atlas，2021b)。

2019 年，法国总人口为 6698 万(INSEE，2020)，GDP 为 2.72 万亿美元，人均 GDP 约为 4.43 万美元(TRADINGECONOMICS，2021)，法国是世界第五大经

济体，约占欧元区 GDP 的 20%左右。在产业结构方面，2017 年法国的第三产业增加值占 GDP 的 78.8%，第二产业占 19.5%，第一产业仅占 1.7%，可见服务业是其经济的主要贡献者，特别是其零售业、服装业和旅游业。同时，法国在汽车、航空航天和铁路行业，以及化妆品和奢侈品领域是全球引领者之一。在国际贸易方面，2019 年，法国进出口总额分别为 92.1 亿美元和 61.3 亿美元，为贸易逆差国，法国的主要贸易伙伴（前 3 位）分别为德国、美国和意大利，德国占法国出口总额的 17%，进口总额的 19%，而中国是其第七大贸易伙伴，其中与法国产生贸易逆差的国家（前 3 位）主要是中国、德国和意大利，而产生顺差的主要国家或地区（前 3 位）的是英国、新加坡和中国香港，主要出口产品是包括电脑在内的机械设备、汽车、电力机械和药品等，主要进口产品包括机械设备、汽车和矿物燃料（包括石油）等（Workman，2020a）。

（四）奥地利

奥地利是位于欧洲中南部、阿尔卑斯山东部的一个内陆山地国家，国土面积 83879km^2。区域上，其与 8 个国家接壤：北与捷克、东北与斯洛伐克、东与匈牙利、南与斯洛文尼亚、西南与意大利、西与列支敦士登和瑞士、西北与德国接壤，边界线总长约 580km（Roider et al.，2021）。

奥地利可以分为三个主要地理区域：一是东、东南部以及到瑞士边界的博登湖的低地、平原区，也是该国农业发展的中心区域；二是多瑙河以北延伸至捷克边境的低山丘陵区；三是占国土面积约 70%的山地区域，该区为从与瑞士的边界延伸至该国中、西部的阿尔卑斯山脉区域。因此，该国的地势总体上从中、西部山地，向西北、北和东北逐步下降至低地平原区。奥地利最高山峰大格洛克纳山海拔 3797m，是该国中部阿尔卑斯山脉的分支上陶恩山的主峰，最低海拔 115m，位于该国最大湖泊新锡德尔湖（Neusiedler See，又称费尔特湖）（World Atlas，2021c）。奥地利几乎全境都位于欧洲第二长河——多瑙河流域内。莱茵河仅作为奥地利和瑞士的界河，位于该国最西端。

2019 年，奥地利总人口近 888 万，GDP 为 4463 亿美元，人均 GDP 为 5.03 万美元，属于高收入国家（The World Bank，2020a）。2017 年，奥地利的三次产业结构表现为：第三产业对 GDP 的贡献率为 70.3%，第二产业为 28.4%，第一产业仅占 1.3%。同以上流域国一样，奥地利是一个第三产业和工业发达的国家。其中，该国制造业发达，占其出口总额的 60%。按 GDP 和人均 GDP 算，奥地利国家虽小，但其经济总量却在全球排第 27 位，人均 GDP 排名第 14 位（CIA World Factbook，2020），是一个市场经济发达的国家。2019 年，奥地利进口总额和出口总额分别为 1847.6 亿美元和 1786.7 亿美元，为贸易逆差国家；奥地利最重要的贸易伙伴（前

3位)分别是德国、意大利和美国，其中主要的贸易顺差国(前三位)是美国、法国和斯洛伐克，主要的贸易逆差国(前三位)是德国、荷兰和越南，即德国是奥地利的双向第一大贸易国。

(五)荷兰

荷兰(Netherlands)，位于欧洲西部，国土面积为41528km^2，东、南分别与德国、比利时接壤，西、北濒临北海，与法国和英国隔海相望(Rowen et al.，2021)。

“荷兰”一词的本义即指地势低洼的国家，即荷兰是一个地势极为平坦的国家，仅在其中部和南部区域有一些丘陵、低地分布。该国地势最高点为位于最南部的、海拔321m的法尔斯山(Vaalserberg/Mount Vaals)，地势最低点位于鹿特丹附近，为海平面以下6.7m，荷兰海岸线约1075km，为保护其在海拔1m及以下、约占50%的土地(其中又有约50%的土地位于或低于海平面)不受海平面上升及风暴潮侵蚀的影响，荷兰建设超过1800km长的沿海岸和河岸的堤防，并通过长期的围海、填海来持续和增加陆地面积。荷兰中部和南部主要由从东向西流的4条河流三角洲组成，分别是莱茵河、默兹河、斯凯尔特河(Scheldt)和瓦尔河(Waal)。1953年初大风和大潮造成的灾难性损失促成了三角洲工程的实施，1960～1987年该工程通过大坝、防洪闸以及人工渠道的建造，将海岸线缩短了725km，控制了三角洲的大部分入海口，在对抗土壤的盐碱化、风暴潮影响的同时，也使许多河道之间实现了连通。这些大坝和防洪闸以风暴潮屏障的形式建造，通常是开放的，允许海水进入河口，并保持大约75%的潮汐运动，减少了对自然环境的影响。与此同时，为了维持重要港口的商业利益，没有在连接鹿特丹和北海的水道上以及通往比利时安特卫普港的斯海尔德河上建造水坝(World Atlas，2021d；Wintle et al.，2021)。

2019年，荷兰总人口约1733万，GDP约9070亿美元，人均GDP为5.23万美元，是一个高收入、经济高度发达的国家(The World Bank，2020b)。2019年，三次产业对GDP的贡献分别约为：第三产业70%，第二产业28%，第一产业2%(Plecher，2020b)。与其他流域国一样，荷兰也是以服务业发展为主的经济模式，尽管其农业(如花卉产业)在全球闻名遐迩。2019年，荷兰进出口总额分别为6360亿美元和7092亿美元，为贸易顺差国家，荷兰50%以上的进口额源于其他欧盟成员国，其亚洲贸易伙伴为其提供了30%的进口产品，而约75%的出口额销往欧洲其他国家，10.4%销往亚洲。荷兰最重要的贸易伙伴(前3位)分别是德国、比利时和法国，其中主要的贸易顺差国(前3位)是德国、法国和英国，主要的贸易逆差国(前3位)是中国、美国和俄罗斯，2019年，荷兰主要的出口产品(前3位)为机械(包括电脑)、化石燃料(包括石油)和机电设备，主要进口产品(前3位)为化石燃料(包括石油)、机电设备和机械(包括电脑)(Workman，2020b，2020c)。

三、莱茵河水环境问题的产生及管理进程

(一)问题的产生与发展

从以上几个主要流域国的总体情况看，目前的流域各国人均 GDP 均位于全球前 30 位以内，包括其他几个未在上文列举的流域国在内，均是高度发达的市场经济国家。此外，从流域各国目前的经济发展结构和对外贸易状况看，虽然这些国家的主导产业均为占比 70%左右的服务业，但它们的工业产值仍旧稳定在 20%～30%的水平上，且工业产品是它们最为重要的进出口产品，这一状况暗示着这些流域国在保护和管理莱茵河的过程中、在控制城市及工业污水排放方面经历了一个艰辛而漫长的过程。

莱茵河作为欧洲第三大河、西欧第一大河，长期以来，其河流水网、湖泊等为沿岸各国和居民提供了航运、工农业用水、市政污水处理和排放、水电开发、娱乐用水和饮用水服务，同时也是众多动植物的栖息地。工业革命之后，不断增强的人类活动使得流域内水质问题、生物多样性保护问题和洪水强度与频度问题等日益突出。特别是二战结束后，欧洲经济进入快速恢复和发展时期，工农业发展、人口增长、城市扩张等，不仅使以上问题不断加剧，而且危及河流生态系统安全，导致当地物种丧失、水质恶化和沉积物污染。20 世纪 60 年代末，有机物对莱茵河的污染导致河流水体含氧量严重下降，水生生物因缺氧等而死亡，莱茵河还因此被称为“欧洲下水道”（Schulte-Wülwer-Leidig，2009）。

1950 年，在莱茵河的最下游国荷兰的倡议下，由德国、法国、卢森堡、瑞士和荷兰 5 个流域国成立了全球第一个旨在减少水污染的流域联合机构——保护莱茵河不受污染国际委员会(International Commission for the Protection of the Rhine against Pollution，ICPR)。ICPR 成立之初的合作目标着重于寻找保护和监测莱茵河水质联合解决方案，搜集与分析流域水质基本状况、了解各国环境保护相关法律及水质管控技术、提出水环境保护措施建议、协调监测和分析方法及交换监测数据。其间，ICPR 与各国以及各国间缺乏实际的合作行动，针对水污染的控制与实践则以各国各自采取措施为主。

委员会成立的头十几年间，以建立统一的流域水质监测标准(从瑞士到荷兰)和实施联合水体监测计划为主，监测目标主要涉及水质、削减排放、生态恢复和洪水预防，其工作集中于对流域存在的问题开展研究并力图在国家间达成共识。1963 年 ICPR 的 5 个成员国达成《保护莱茵河不受污染国际委员会公约》，至此，ICPR 获得国际机构地位，并于 1964 年在德国科布伦茨市建立永久性秘书处，委员会工作语言定为德语和法语，2003 年增加荷兰语。ICPR 的联合监测方案对流

域水质改善没有产生明显效果，流域水体水质仍然呈现持续恶化趋势。1972 年流域内各国负责环境保护的部长们召开了第一次部长级会议，在 1973 年的第二次会议上授权 ICPR 起草化学品公约和氯化物公约(两个公约均于 1976 年得到通过)，并且明确了各成员国的承诺。1976 年 ICPR 成员国之间达成 1963 年公约附加法案，使得联合国欧洲经济委员会成为 ICPR 的一个正式成员。可以说，ICPR 成立后的 20 年，委员会成员国通过签订公约以法规方式约束各国的行为，如《关于保护莱茵河免受化学污染的公约》(1976 年)、《关于保护莱茵河免受氯化物污染的公约》(1976 年、1985 年批准)，即开始采取联合措施保护河流不受有机污染物影响则是在 1970 年之后(Leb，2017)。

1970～1980 年，减少市政和工业污水排放计划得到实施，河流水体含氧量逐步提高，有毒物质浓度开始下降，体现出这一时期治污的基本特征：着重污染的“末端治理”，即采取的是污水处理措施，而不是预防措施。1986 年底位于莱茵河河畔瑞士巴塞尔的瑞士桑多斯/山德士(Sandoz)化学公司的一个仓库起火、爆炸，造成 10～30t 杀虫剂、除草剂等有毒化学品随灭火用水流入莱茵河，对下游约 400km 河道造成严重的水、泥沙污染和生态影响，造成巴塞尔至科布伦茨间河段几乎所有水生生物死亡，沿岸工农业用水、居民生活用水乃至饮用水受到严重影响甚至关闭，成为欧洲当时最为严重的污染事件，引起流域国和公众对河流水环境问题的强烈关注和重新思考(路振山和张兴国，1987)。从瑞士到荷兰的各国公众对莱茵河流域各国政府施加了相当大的压力，各国政府被迫采取行动，使得 ICPR 的影响力日益扩大。事件发生后，1987 年莱茵河流域国部长级会议通过由其授权 ICPR 起草的《莱茵河行动计划》，将计划目标确定为：珍贵鱼类重返莱茵河(以“鲑鱼 2000”为实现目标的标志)、保证河流可作为饮用水水源、持续减少沉积物污染和改善北海生态状况，即 ICPR 和流域国的目标从水质改善扩展为恢复流域生态系统(刘恒等，2006)。ICPR 为此需要强化监测计划，调查和协调流域各国事故控制技术与法律规定，进一步减少莱茵河污染，保证莱茵河继续作为饮用水水源等，从此开启了流域国之间真正意义上的合作。

进入 20 世纪 90 年代后，在前期公约的基础上和随着可持续理念的提出，针对莱茵河面临的水污染和生态系统受损问题，ICPR 成员国又达成了《对〈关于保护莱茵河免受氯化物污染的公约〉的附加法案》(1991 年)、《莱茵河保护公约》(1999 年)、“莱茵河行动计划”、莱茵河可持续发展计划(简称“莱茵河 2020”计划)及“莱茵河 2040”计划等，以改善水质和恢复流域生态系统健康(IKSR，2021a)。ICPR 即现名为“保护莱茵河国际委员会”(International Commission for the Protection of the Rhine)，简称仍为 ICPR，英文名称中的“against pollution”在 1999 年公约签订和 2003 年公约生效后被取消，体现出委员会的工作目标从专注于污染控制扩展到对流域生态系统恢复与保护等领域。

(二)ICPR 组织结构

ICPR 缔约方在合作执行 1976 年《关于保护莱茵河免受化学污染的公约》、1987 年《莱茵河行动规划》获得明显成效后，为推进 1992 年欧经委的《跨界水道和国际湖泊保护和利用公约》以及《保护东西大西洋海洋环境公约》在莱茵河流域内的实施，并结合莱茵河当时面临的实际问题，在 1999 年《莱茵河保护公约》中将合作目标确定为：利用综合措施努力实现莱茵河生态系统的可持续发展，兼顾河流、河岸和冲积区(包括河滩区)自然财富的保护，并就保护和改善莱茵河生态系统加强合作。其中对 ICPR 的组成、地位与资格进行了明确：委员会由缔约方代表团组成；每个缔约方自己确定其代表团成员及团长；缔约方代表团按公约序言所列顺序轮流担任主席，每次任期三年；缔约方代表团在作为委员会主席期间，其代表团团长不应再作为该代表团的发言人(第 7 条)。为了公约的执行，缔约各方应在 ICPR 内进行合作；ICPR 具有独自法人资格，由其主席代表履行，且在各缔约方境内享有国内法赋予的法人权利；ICPR 职员所涉及的劳工法、社会问题受委员会所在地国家的法律管辖(第 6 条)(IKSR，2021b)。

同样，目前 ICPR 的机构组成是依据 1999 年的《莱茵河保护公约》相关授权进行设置的(图 4-1)。公约缔约方包括德国、法国、卢森堡、荷兰、瑞士和欧盟。

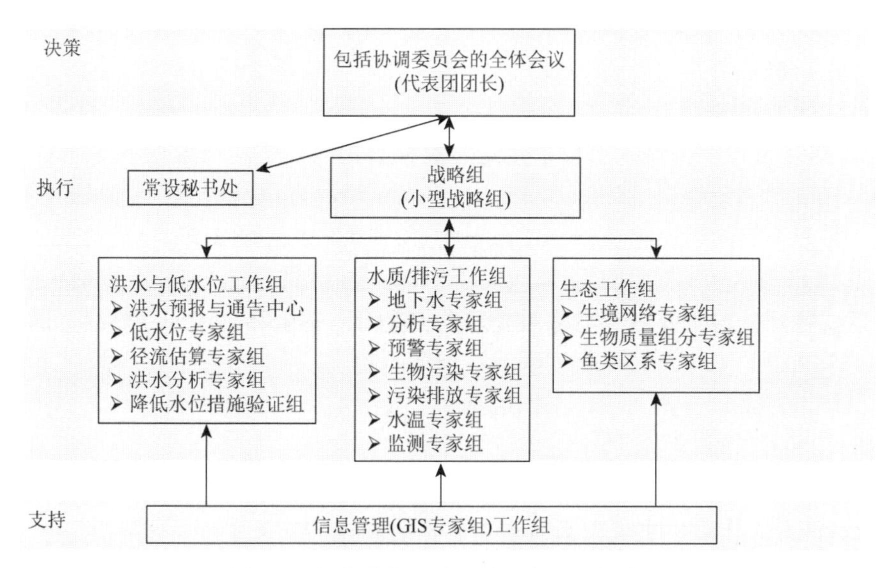

图 4-1　保护莱茵河国际委员会组织机构图

Figure 4-1　Organizational Chart of ICPR

ICPR 负责执行《莱茵河保护公约》和在流域内协调实施欧盟的相关指令，是一个具有法人资格的国际组织，有权制订其“议事规则和财务规章”，有权决定其内部组织、认为必要的工作结构及年度预算等事项(第 7 条)。正因为如此，1999 年以前签订的公约、协定和议定书均没有英文版本，由此也造成前文对欧洲至少在莱茵河流域查询的协定、条约出现遗漏。

从图 4-1(IKSR，2024a)所展示的 ICPR 组织构成可见，ICPR 的内部机构可以分为三个层次：决策机构、执行机构和支持机构。

(1)决策机构，包括莱茵河协调委员会(Coordinate Committee Rhine)在内的全体会议(Plenary Assembly)，由 ICPR 的各缔约方代表团及其团长和组成莱茵河协调委员会共同构成，每年共同召开一次决策会议。ICPR 缔约方代表团中，德国代表团由环境保护与核安全局，交通、建设与城市发展部，外交部和德国莱茵河流域内各州的代表组成；欧盟代表团由其环境专员组成；法国代表团由外交部、生态与团结转型部和莱茵河-默兹河的流域代表组成；卢森堡代表团由内政部，环境、气候和可持续发展部的代表组成；荷兰代表团由基础设施与水资源管理部、外交部的代表组成；瑞士代表团则由其环境、运输、能源与通信部，工业计划部的代表组成。二是莱茵河协调委员会(Coordinate Committee Rhine)，由各成员国代表团团长和其他 4 个流域国的代表(奥地利、比利时、列支敦士登和意大利)组成。协调委员会实际是为了协调欧盟后期发布的一些政策法令(如《水框架指令》《洪水指令》等)在流域内的实施而建立。此外，在 ICPR 内部决策机构之外，还存在一个外部决策机构，即莱茵河流域内各国负责水资源保护的部长级会议，其就重要事务做出决策，并指导和/或授权 ICPR 工作，部长级会议由此成为推动流域各国政府合作的动力。

(2)执行机构包括两大部门，一是常设秘书处，二是战略组(Strategy Group)和其下设 3 个小型战略组(Small Strategy Group/Working Group)，小型战略组下又设置了数量不等的专家组(Expert Group)，这些专家组依据 ICPR 不同时期的工作重点目标、任务开展相应的工作，以支持战略组的工作。技术性问题由担任长期或固定工作任务的工作组和专家组处理并提交给准备全体会议的战略组，即专家组支撑战略组的工作。根据代表团或工作组的建议，委员会将提名战略工作组及专题工作组主席，任期两年，工作组主席一般由某一代表团成员担任，且可连任(IKSR，2004)。

(3)支持机构即为执行机构提供基础信息的部门，称为信息管理(Data Management)工作组，主要由 GIS 专家工作组完成相关工作。

(4)合作机构：为了促进水资源利益相关者能够参与到 ICPR 开展的相关活动中，ICPR 以确认的方式邀请了三类机构或国家作为 ICPR 的观察员，即以公众参与的方式起到一定的建议、协商和促进作用。它们包括：一是对 ICPR 工作感兴趣的国家，包括比利时、列支敦士登和奥地利 3 个莱茵河流域国；二是工作内容与《莱茵河保护公约》相关的政府间机构，目前包括默兹河保护国际委员会、奥斯陆和巴黎委员会、摩泽尔河和塞尔河保护国际委员会、易北河国际委员会、斯特拉斯堡莱茵河开发常设委员会、莱茵河航行中央委员会、博登湖国际保护委员会、莱茵河国际水文委员会共 8 个；三是对莱茵河及 ICPR 工作感兴趣的相关非政府组织(non-governmental organization，NGO)，其可以通过向委员会申请、获得批准而成为指定专题或工作组的观察员，之后有权参加 ICPR 的会议，目前获得观察员身份的 NGO 包括欧洲化学工业理事会、欧洲国家供水协会联合会、国际绿色和平组织、国际劳工组织和世界自然基金会(World Wide Fund for Nature，WWF)等 21 个。

(三)ICPR 机构职能

为了配合欧盟相关法规、指令在流域内的实施，依据 1999 年的《莱茵河保护公约》以及不同时期莱茵河保护规划的工作重点，ICPR 的各机构被授予了基本职能和阶段性工作职能。将各机构的主要职能及工作流程梳理如下(IKSR，2021b；IKSR，2024b)。

(1)ICR 缔约方代表团全体会议发挥 ICPR 的主要决策职能。全体会议以全体一致通过的表决方式做出决议，且每个代表团只有一票表决权；如果决议事务也在欧盟职权范围内，则欧盟代表团拥有与公约缔约国相同的表决权，否则欧盟没有表决权；如果只有一个代表团弃权(不包括欧盟)将视为全体一致通过；代表团缺席时视为弃权(第 10 条)。委员会决议将以建议和规定的形式通知到各缔约方，由各方具体实施(第 11 条)；重大决策会由缔约方部长级会议直接做出。全体会议每年与莱茵河协调委员会会议同时召开，当年全体会议确定第二年全体会议的时间和地点；会议主席至少在会议召开前的两个月将会议议程草案发给各代表团团长，并要求在参会邀请发出前的两周就会议议程草案提出建议；主席认为必要时，或在两个及以上代表团的要求下召开特别会议，并提出会议议程，各代表团也有权要求将自己希望进行讨论的问题列入议程(第 9 条)；如果主席希望尽快召开特别会议，会议则应在各代表团达成一致性协定后的两个月内召开，会议地点及列入会议议程的其他事项需在协定中确定；专家组、工作组认为重要、需要在全体会议上讨论的议题，其相关文件需在规定的时间内提交，否则大会不予讨论，除非所有代表团同意。

(2)秘书处的主要职能：秘书长由委员会任命，秘书处执行由委员会交付的各项任务(第 13 条)，并在履行其任务时保持中立；代表委员会主席发出全体会议邀请、召开战略工作组会议、筹备会议；在适当的时间内印发全体会议和咨询工作组会议记录；各代表团与委员会的联系需通过秘书处转交，各代表团成员变动需尽快通知秘书处；在规定时间内递送资料和文件，负责向会议提交文件。支持委员会和协调委员会主席、工作组和专家组的工作，具体事务包括编写会议材料，以德文、法文和荷兰文作为工作语言组织会议并提供语言支持，负责公共关系，并担任有关专家和人员的联络人。秘书长负责秘书处的工作与管理，负责起草年度工作预算，负责按批准的预算管理经费的收入与支出、健全会计核算，并根据预算起草年度会计报表。目前，秘书处设有秘书长/执行秘书、秘书、科学助理部和语言部4类工作职位，其中科学助理部和语言部人员最多，总体上秘书处是一个由多国人员组成的综合性国际化机构。秘书处总部位置由缔约方共同决定，设于德国科布伦茨市。

(3)战略组和小型战略组的主要职能包括几个方面。一是核心职能：在莱茵河国际流域区(由境内流域内面积超过2500km^{2}的流域国构成)内，执行1999年莱茵河公约和相关流域计划(如“莱茵河2020”、“莱茵河2040”)，协调实施欧盟相关指令和条例，特别是《水框架指令》《洪水指令》等。协调ICPR内部机构间行动，确定必要的优先级、调整工作计划和增加新工作任务中的负责起草全体会议和协调委员会年度联席会议决策、部长级会议的决议；在咨询组(Advisory Groups)(“议事规则和财务规章”中对工作组、专家组和项目组的统称)技术工作协助下，负责协调、监测和评价ICPR的工作；负责ICPR未来行动计划以确保ICPR前后工作的一致性，并在需要时向咨询组提供指导。二是阶段性职能(以2022～2027年)：第一项为工作计划管理，包括2022～2027年工作计划实施监测，调整、更新工作计划，确定和审核各工作组成果报告并保证它们被提交给全体会议及协调委员会批准和发布，在2027年完成“莱茵河2040”中期初步报告，制订2028～2033年工作计划。第二项协调欧盟指令的执行和讨论相关技术、政治及法律问题。第三项公共关系和知识传递，包括组织和管理ICPR的所有公关关系活动，与ICPR认证过的观察员等合作。第四项预算及人员事务，包括监测和通过由执行秘书提交的预算草案，审核并提交给全体会议及协调委员会批准。三是小型战略组，是战略组的组成部分，负责准备战略组的重点工作及组织工作、起草决议；其间可以成立文件起草小组，包括起草流域管理计划或“莱茵河2040”中期报告初稿；如果需要可以建立新的专家组或扩展/修改现有专家组任务。可以说，小型战略组通过为战略组起草决议来为战略组提供协助，是战略组和咨询组之间的桥梁。

(4)工作组和专家组的主要职能为：负责解决具体技术问题，包括水质和污水排放、地下水、生态及洪水等问题；认为需要在协调委员会和全体会议上讨论的问题，将其提交给战略组，由战略组转交全体会议主席；各工作组的具体工作由其下属的专家组完成和支持；以协调的方式在国际流域区实施欧盟成员国承诺的欧盟相关指令。工作组的总体工作流程为：委员会决定建立永久性战略和技术咨询工作组帮助其完成工作，决定工作组的任务、工作时间表及工作方式；工作组主席需定期向委员会报告其工作执行情况。2022～2027年各工作组授权完成的工作如下。

a. “洪水与低水位工作组”主要任务，包括：“莱茵河 2040”计划中授权的工作任务和以协调的方式执行欧盟的相关指令，如《洪水指令》。具体有 4 项内容，一是洪水风险管理，包括与 ICPR 其他负责协调执行欧盟水框架指令的机构合作，在莱茵河国际流域区内协调实施欧盟洪水指令；在 2027 年完成莱茵河国际洪水风险管理计划中规定的任务，以及 2028～2033 年将采取的风险管理措施；依据“莱茵河 2040”计划中流域国确立的“相比于 2020 年，2040 年在莱茵河干流及主要支流至少减少 15%的洪水风险目标”，相关流域国已同意各相关子目标，如到 2030 年采取措施降低洪水水位、确定可建其他滞洪区的地点。二是气候变化适应，包括基于新的知识在 2025 年更新 2015 年发布的气候变化适应战略，其目标是使莱茵河流域成为一个能够抵御气候变化的影响、河流是自然和人类的宝贵栖息地的可持续管理的环境。三是低水位管理，为了提高莱茵河流域应对严重低水位负责影响的能力，需要对低水位进行监测、联合开发低水位评估方法并将解决办法付诸实践。四是从 2025 年开始，协助战略组准备将在 2027 年发布“莱茵河 2040”中期报告初稿。为了完成以上任务，工作组下设了 5 个专家组，工作组将寻求各专家组对工作组工作提出意见，或帮助解决技术问题；如果需要，可聘请第三方专家协助工作组的工作，专家组主席应定期向工作组汇报工作开展和遇到的任何问题，而工作组主席则应定期向战略组汇报工作进展及遇到的任何问题。

b. “水质/排污工作组”主要工作，包括 5 个方面：一是水质数据的收集与评估，具体有在执行欧盟水框架指令中关于地表水和地下水水质标准外，收集莱茵河国际流域区数据资料、评估地表水的物理化学状态以及地下水的化学和水量状态；以协调的方式，与 ICPR 其他负责执行欧盟洪水指令的机构合作一起工作。二是预警预报计划，包括计划的运行与优化，定期提交常规基础报告并推动信息共享，和在 2027 年开发一个新的莱茵河水流时间模型。三是气候变化适应，每 6 年收集整体流域及主要支流的热排放情况的数据，对水温长期变化的研究进行必要修改，在最新径流预测基础上于 2024 年更新水温预测、协助小型战略组 2024 年召开气候变化适应研讨会、2025 年更新气候变化适应战略。四是沉积物管理，基于 2005 年的沉积物管理计划，在 2026 年提交相关流域国实施沉积物管理措施情况的报告。五是从 2025 年开始，协助战略组准备在 2027 年发布“莱茵河 2040”中期报告初稿。为了完成以上任务，工作组下设了 7 个专家组，如果需要，可聘请第三方专家协助工作组的工作，各专家组可以对工作组工作提出建议，或应工作组要求回应技术问题；专家组主席应定期向工作组汇报工作开展和遇到的任何问题，而工作组主席则应定期向战略组汇报工作进展及遇到的任何问题。

c. “生态工作组”主要工作，包括 4 个方面：一是水生生态和生境网络，包括收集莱茵河国际流域区河流和冲积区生态质量信息、评估和展示其生态状况或潜力；以协调的方式参与欧盟水框架指令中的地表水体生态状态目标的执行；与

ICPR 负责欧盟洪水指令执行机构协商相关工作。二是洄游鱼类区系及河流连通性，工作组负责流域区内鱼类区系状况工作；通过国际合作，对在海洋与河流环境间进行长距离迁徙的洄游鱼类给予特别关注；负责莱茵河 2040 计划中干流洄游鱼类生态连通性恢复目标执行程度的监测，并于 2027 年完成第一次评估报告。三是气候变化适应，工作组将在 2024 年更新气候变化对水生生态系统及生物多样性影响的相关知识，收集到 2024 年预期温度变化和可能缺氧情况下对鱼类区系，特别是重点河流“洄游鱼类”影响的科学知识；协助小型战略组 2024 年召开气候变化适应研讨会，协助 2025 年更新气候变化适应战略。四是从 2025 年开始，协助战略组准备将在 2027 年发布“莱茵河 2040”中期报告初稿。为了完成以上任务，生态工作组下了 3 个专家组，协助工作组完成任务；各专家组将对工作组工作提出建议，或协助工作组解决遇到的技术问题；如果需要，可聘请第三方专家协助工作组工作；专家组主席应定期向工作组汇报工作开展和遇到的任何问题，而工作组主席则应定期向战略组汇报工作进展及遇到的任何问题。

(5)信息管理工作组，由下属的 GIS 专家组在技术层面上支撑其工作，主要工作包括 4 个方面：一是图件产品制作，专家组主要负责图件生成与制作，包括地图和说明文件(如计算结果、图表等)，服务于 ICPR 技术报告的编写、为公众提供的展示品的制作；协助其他工作组和专家组进行制图、IT 或地理数据的管理活动；负责确定和更新数据交流程序、解决 GIS 技术问题。二是数据管理，三是图件产品的开发和质量保证，专家组负责图件制作的技术监督及产品的质量保证，确保图件的准确一致；工作过程中 GIS 专家可直接与相关流域国负责数据输入人员联系，对相关数据进行确定和更新，以满足 ICPR 各工作组对信息质量要求及结果表达。

总而言之，以上 ICPR 机构的职能、任务及工作程序需支撑 ICPR 完成公约规定的工作任务包括：①编制莱茵河生态系统国际监测、研究及结果应用方案；②对特别措施及其实施方案提出建议，其间酌情考虑经济手段及预期成本；③协调缔约方之间的预警计划；④评价 ICPR 及缔约方的行动效力，特别是根据缔约方报告、莱茵河生态系统测量方案和研究结果所采取的行动；⑤每年向缔约方提交年度工作报告；⑥向公众通报莱茵河情况及其工作成果等(第 8 条)。

与此同时，缔约方在推动公约有效执行中需要承担的一些具体义务，包括：①各方承担其在委员会及下属机构中代表的费用、在各自境内开展相关研究和采取行动的费用，以及按照委员会“议事规则和财务规章”中规定的比例承担 ICPR 的年度预算(欧盟 2.5%，瑞士 12%，卢森堡 2.1%，德国、法国和荷兰各 27.8%)。②采取系列具体行动的义务，如在各自境内执行委员会确定的国际监测方案、开展河流生态系统研究，并将结果通报委员会；开展确定污染原因和负责方的追踪分析；在各自境内自行启动认为必要的行动，保证可能影响水质的污水排放事先得到批准或执行了排放限制规则，逐步减少有害物质的排放，以期最终消除、尽量减少事故造成污染，并在发生紧急情况时采取必要措施等；在各自境内启动切实行动执行委员会决议；一旦发生可能威胁莱茵河水质的情况或即将产生洪水要立即通知委员会和可能受影响的缔约方等。

(四)ICPR 行动计划与成效

1986 年瑞士化学品公司污染事件造成流域生态系统严重受损之后，负责莱茵河环境问题的部长级会议直接向 ICPR 下达了制定一个流域综合行动计划的任务，可以说此事件激发了莱茵河流域国加强环境合作的政治意愿，同时也使得 ICPR 的工作目标从为流域国认识莱茵河面临的问题建立共识、为合作建立法律和制度基础，为流域国之间在二战结束后重建信心、信任和相互理解，向实质性合作行动转变。1987 年以来，莱茵河流域国和 ICPR 先后制定和推进了 3 个发展计划：莱茵河行动计划(1987～2000 年)、“莱茵河 2020”计划和“莱茵河 2040”计划，以恢复生态系统、改善水质、防御洪水和流域可持续发展为目标。与此同时，ICPR 还需要与莱茵河协调委员会一起协调在流域内执行欧盟出台的区域性法规，如 2000 年水框架法令和 2007 年的洪水评价与管理法令。

1)莱茵河行动计划

1986 年污染事件发生后，流域国部长级会议要求 ICPR 起草一个拯救莱茵河的计划，1987 年由 ICPR 起草的“莱茵河行动计划”(The Rhine Action Plan)通过部长级会议批准实施，计划实施时间为 1987～2000 年。该行动计划设定了 4 个至 2000 年恢复莱茵河的具体目标：将莱茵河生态系统改善成为一些高等本土物种(如鲑鱼和海鳟)的栖息地；保证莱茵河未来继续作为饮用水水源地；减少对河流沉积物的污染，使之可以用于填埋或直接入海；改善北海的生态状态(Schulte-Wülwer-Leidig，2009)。在计划实施期间，流域国部长级会议根据流域内出现的新情况相继制订了一些新计划，包括 1988 年加强减少工业突发事件的计划，1989 年将保护北海纳入莱茵河行动计划，1993 年流域国启动恢复鲑鱼具体生境项目，1993 年和 1995 年莱茵河中下游发生极端洪水之后的洪水防御计划；同时也就一些极具挑战性的目标达成了一致，包括 1985～1995 年将有害物质排放减少 50%～70%，2000 年实现鲑鱼回归莱茵河。于是，莱茵河行动计划成功与否的标志为：以鲑鱼重返莱茵河作为目标实现的旗舰物种，通过重建湿地与河道的连通实现流域自然、生境的保护和防洪，因此，该计划也被简称为“鲑鱼 2000”(Salmon 2000)。ICPR 估计 1989～1995 年该计划的实施成本约为 130 亿欧元，其中仅污水处理厂的修建与改造升级就为 90 亿欧元。

随着沿河污染防治措施的全面实施，至 1994 年初，ICPR 报告显示：减排的大部分目标已经实现；在工业污染排放方面，减排 50%的目标几乎全部达到；城市和工业有毒物质排放明显下降，大多数重点控制物质的排放减少了 70%～100%，或未被检测到。1985～2005 年，德国—荷兰界河段水体总氮负荷下降了30%、水体含氧量不断增加，流域内家庭污水排放系统与市政污水处理厂的连接比例从不足 85%提高到约 96%。为了使鲑鱼重返莱茵河，ICPR 制订并实施了诸多方案，包括在莱茵河及其支流上修建了许多过鱼设施，以打通被阻断的洄游通道。与此同时，还在许多支流采取了生境改善措施以恢复产卵地。从 1990 年开始，鲑鱼从海洋返回莱茵河及其支流，从 1992 年开始鲑鱼在流域内实现自然繁殖。在2000 年计划结束时，几乎所有的削减指标都已实现，鲑鱼已经重返莱茵河，而且该目标还在“莱茵河 2020”计划中得以继续执行，延伸为“鲑鱼 2020”(Schulte-Wülwer-Leidig，2009)。可以说，一个宏大的跨国政治合作目标在相关各国内转化成为一系列可操作的具体措施和行动，“鲑鱼 2000”计划也成为一个跨境水环境合作的成功典范，莱茵河随之成为欧洲最为干净的河流之一。

2）“莱茵河 2020”计划

基于“鲑鱼 2000”计划的成功实施，2001 年莱茵河流域国部长级会议决定推动实施 ICPR 起草完成的“莱茵河 2020”计划，并分别在 2007 年和 2013 年通过部长级会议决议进行了补充(表 4-9)，以支持欧盟《水框架指令》《洪水风险管理法令》的实施和实现流域良好的化学和生态状态，计划实施时限为 2001～2020 年。计划确定了莱茵河保护的总体目标和中期目标、保证计划实施需要采取的措施、各项措施的具体要求及其执行截止时间。该计划的总体目标包括 4 个领域的目标：生态系统改善、洪水预防和保护、水质保护及地下水保护。在各领域下设置了较为具体的子目标，如生境斑块间的连接通道、干支流生态通道、滞洪区建设、具体污染物的削减目标、水质保证目标、地下水水量平衡与水质保证等。

表 4-9　莱茵河可持续发展计划的目标与措施

Table 4-9　Targets and measures in the Program on the Sustainable Development of the Rhine

总体目标	子目标	2020 年具体目标	行动与措施	中期完成情况
生态系统改善	典型生境网络的恢复，即生境斑块连通；实现博登湖至北海的生态连续性；洄游计划中支流通道的开放与恢复	恢复 11000km 流水河道；100 条原河道与牛轭湖重新连接；控制对河道的阻断；8 类生境重新连通；洄游鱼类种群在流域重新定居，目标及标准为：大西洋鲑鱼和海鳗(自然繁殖)、海鳟和河鳗(增加种群)、亚里斯鲱鱼(洄游、引入)、斯维特鲱鱼和尖吻白鲑(个体洄游)等	保存自然流动河段；恢复河流动力系统；保留河岸和河床的多样化结构；打通低地与河道、汊道间的连接；改变洪泛区农业模式；清除动物迁徙障碍。对水生动植物(浮游植物、无脊椎动物、鱼(包括洄游鱼)、水禽、外来无脊椎动物)监测与评价；逐步恢复上游至巴塞尔和鲑鱼计划中水域的连续性。2007 年欧盟“鳗鱼法规”，2010～2012 年在流域内实施	80 个老河道与牛轭湖/回水区重新连接；无脊椎动物超过 500 种，鱼类 67 种(鲑鱼、海鳟、海鳗和河鳗已回归)，但未见鲟鱼；2012 年浮游植物生物量较 2000 年和 2006/2007 年略高，较 20 世纪 80 年代低

续表

总体目标	子目标	2020 年具体目标	行动与措施	中期完成情况
洪水预防和保护	以 1995 年为参照，莱茵河低地洪水风险减小 25%，上莱茵河蓄滞洪水降低下游极端洪峰 70cm	流域内恢复 1000km^2 的滞洪区，其中河流沿岸和低地 160km^2，改善 3900km^2 农业区生产模式和扩大 3500km^2 森林面积，以增加沿河和低地蓄洪能力 3.64 亿 m^3 及流域 0.73 亿 m^3；德国沿岸洪水保护设施 430km、荷兰 685km	实施 1998 年洪水行动计划、国际洪水风险管理计划；ICPR 协调实施“洪水风险管理与评价法令”和欧盟洪水法令，开展不同气候情景下径流情势研究；完成洪水风险评价、洪水预防，增加滞洪能力、防洪保护技术，提高洪水认知能力，推进洪水预报与通告、洪水预警预报中心建设	恢复低地洪泛区约 122km^2；ICPR 在 2011 年发布径流报告：冬季流量预计增加 20%，夏季流量预计减少 10%
水质保护	利用简单、近自然处理程序可达到饮用水目标；水体成分对动植物、微生物群落无负面影响；鱼类等达到可食用标准；沿河适当区域实现可沐浴标准；挖砂疏浚不造成二次污染	所有地表水达到良好的生态和化学状态；流域内建 93 个沉积物/泥沙质量监测区，其中明确 13 个重点关注区和 22 个风险区	采用最先进和最佳方法，持续减少点源面源和主要物质排放；主要物质和主要危险物质达到排放目标等；利用国际和国内监测网络对水体进行常规监测，主要要素有：水温、沉积物、悬移质及生物因子。监测范围：从瑞士至荷兰；实施泥沙管理总体战略	1978～2011 年，河流平均水温增加 1～1.5℃；允许持许可证热排放；水质已不是鱼类分布的限制因素；发布 1978 年以来五大类指标监测结果
地下水保护	将水质恢复到良好状态；保证地下水取用与补给达到平衡		地下水现状调查；进一步减少面源物质的输入，特别是农业生产过程中氮肥和农药的使用	2015 年，流域内各地有充足的地下水储备，并得到了充分补充，某些地下水水质存在威胁

资料来源：ICPR，2021a。

可以说以上的总目标和子目标是为莱茵河生态系统恢复而设定的愿景目标，而能够体现 2020 年的阶段性目标的则是可以用于评价计划实施成效的具体目标，如在生态系统改善方面：恢复 11000km 流水河道，100 条原河道与牛轭湖重新连接，改善河流生境状况使得原流域内的典型鱼类能够逐步从河口向上游洄游等。与此同时，为完成计划中确定的 2020 年目标，ICPR 及流域国在相关研究、计划及法令指导下，推进了一系列的行动和措施的实施，如不同气候情景下莱茵河径流情势变化研究、“鲑鱼 2020”计划、洪水行动计划及洪水风险管理计划、洪水风险管理与评价法令、欧盟洪水法令、鳗鱼法规、泥沙管理总体战略等。

(1) 中期结果。

从目前可以查阅到的计划实施结果看，有的计划在 2005 年和 2007 年左右进行了初期结果的评价，中期结果基本是在 2012 年左右完成的，其主要结果概括如下(表 4-9)。

a. ICPR 起草的“洪水行动计划”中包括了莱茵河及其洪泛区的生态改善目标，该计划被莱茵河部长级会议于 1998 年批准，实施至 2020 年，估计成本为 123 亿欧元。到 2010 年，耗费达 103 亿欧元，各项措施实施后，为降低极端洪水对沿岸居民的威胁，沿干流建立了 122km^2 的洪水滞留区，可实现滞洪量 2.29×10^8m^3(Schulte-Wülwer-Leidig et al.，2018)。从建成的沿岸滞洪区面积和实现的滞洪量看，已分别完成2020年目标的76.25%和52.4%。

b. 在“鲑鱼 2020”计划下，为实现“改善干流生态连续性”目标，2001～2004年在荷兰境内莱茵河的莱克河段(Lek River)上修建了 3 个鱼道，2000～2006年在德国—法国界河段上修建了 2 条大型鱼道，使得 2008年底监测到约有 5000 尾成年鲑鱼洄游到莱茵河支流产卵(Schulte-Wülwer-Leidig，2009)。从 ICPR(2021b)对洄游鱼类的部分监测结果看(表 4-9 和表 4-10)，流域内目前的无脊椎动物数量超过 500 种、鱼类 67 种。其中，作为流域内曾经普遍存在的大西洋鲑鱼，通过流域国共同而长期的协同努力，自 1990 年以来监测到洄游的个体总量为 10280 尾，且估计的种群总量已经超过预期，虽然从年际间数据看，2020 年的洄游个体数量仅处于 2000 年以来的一个中值水平，但表现出了比较稳定的洄游水平。从监测到洄游个体在流域内的位置看，鲑鱼已经实现了从三角洲、下游河段洄游至上游河段，表明该鱼在流域内的生境恢复良好。作为流域本土种的亚里斯鲱鱼和博登湖湖鳟鱼，湖鳟在 2000 年后恢复情况较好且也形成一定的生产量，鲱鱼则在 2014 年以后才表现出较好的恢复状态，目前种群数量还没有稳定下来。此外，从流域内水禽数量与种群的监测情况看，1995 年水禽种类和数量分别为 38 种和 100 万只左右，到 2000 年，水禽种类增加为 42 种，数量增加至 210 万只。总体来说，流域生态系统恢复情况良好。

表 4-10　莱茵河洄游鱼类监测结果

Table 4-10　The monitoring results of migratory fishes along the Rhine

类	指标	1990 年	2000 年	2005 年	2007 年	2015 年	2020 年
大西洋鲑鱼	洄游量/尾	1	723	365	805	702	489
	种群量/尾(估计)						1831225
亚里斯鲱鱼	洄游量/尾	0	1	3	5	240	130
	资源量/尾(估计)					280000	171641
博登湖湖鳟	洄游量/尾	20	500	450	900	600	380
	渔获量/kg	4000	7000	6000	8000	4000	2000

资料来源：ICPR，2021b。

c. 在水质改善方面，ICPR 利用在流域内建立的国际监测网络、流域国内监测网络及信息交流机制，对莱茵河从瑞士至荷兰的干支流上进行长期监测。从目前的监测结果看，水质已经不是流域内水生生物包括鱼生长繁衍的限制因素，市政和工业等点源污染排放已经得到基本控制，水质改善的主要问题已经转向面源污染，特别是农业污染源的控制。为了便于流域内公众参与水质管理，并监督各国政府及相关企业执行污染控制措施，ICPR 公布了流域内 18 个监测站自 1978 年以来水体及悬移质泥沙的五大类指标的监测结果。

d. 在地下水资源保护方面，通过对地下水状况及水质的监测，2015 年，流域内各地的地下水补给充分，未发生明显的取补失衡问题，但在莱茵河下游和三角洲，以及摩泽尔/萨尔河流域内出现地下水水位下降问题，特别是采矿区。比较而言，部分地下水的化学状态更为严重一些，流域内部分区域的地下水面临风险，风险来源于历史污染或污染事件中有害物质进入地下水体产生的污染，特别是农业生产中使用的氮肥和农药施用产生滞留污染。

(2) 至 2020 年成效。

2020 年初，第 16 次莱茵河流域部长级会议对“莱茵河 2020”计划的执行情况进行了评估，认为“莱茵河 2020”计划实现了以下成效。

a. 在生态恢复方面：恢复了大约 140km^2 的洪泛区，124 个低洼水体与主河道重新连接，2018 年底已完成将 100 个牛轭湖和分汊河道与莱茵河连接的目标。自 2000 年以来，仅实现了河流沿岸生态状况改善升级 166km，远低于 800km 的目标，为了使洄游鱼类重新回到莱茵河，共在干支流重要河段上拆除近 600 个洄游障碍或安装了鱼道，实现超过 28%的重要鲑鱼生境与河道的重新连接，使得每年有数百尾来自北海的鲑鱼洄游到合适的支流并实现自然繁殖。具有里程碑意义的是 2018 年底，哈灵水道挡朝坝闸(Haringvliet Dam)(位于荷兰鹿特丹以南，莱茵河-默兹河三角洲至北海的一个重要河口上)实现时段开闸，恢复了洄游鱼类从海洋进入莱茵河和默兹河河流系统的通道。同时，在上莱茵河的 4 个大型堤堰上鱼道的建设，使得实现让洄游鱼类从北海回到瑞士的目标更进了一步，所有生态措施加上水质的改善，使莱茵河生物多样性增加、生态系统对气候变化的适应能力更强。

b. 水质方面：通过市政和工业污水处理厂的不断升级、优化和扩大，2015 年从莱茵河流域进入北海的氮负荷减少了 15%～20%，自 2000 年以来重金属污染持续减少，但是面源产生的营养物质污染未实现明显减少；通过监测技术提升，2017 年在流域内实现了对活性药物物质及其降解和转化产物的检测，2019 年 ICPR 建议减少微量污染物进入水体，包括活性药物物质和 X 射线造影剂；新技术的应用、新法规及禁令的颁布，使杀虫剂显著减少，但是峰值负荷仍然偶有发生，2009 年沉积物管理计划确定的 22 个危险地区中有 10 个地点已成功完成修复工作。

c. 洪水方面：1995～2020 年，流域内所有国家在花费超过 140 亿欧元的基础上成功实施了洪水行动计划，实现了 2020 年减小洪水风险 25%的目标，2020 年实现蓄洪能力 3.4 亿 m^3，但未实现到 2020 年，通过莱茵河上游蓄洪降低下游极端洪水水位 70cm 的目标。洪水预报系统全面提升，从瑞士到荷兰，每年流域内所有洪水预报中心的信息全部实现了交流。

d. 地下水方面：96%的地下水体水量呈良好状态，但 33%的地下水体化学状态较差，主要是氮污染超标。在地下水水位降低方面，基于 2018 年的调查，ICPR 在全流域建立了一个统一的低水位监测系统，未来在低水位事件的监测结果上需要出台进一步的措施。

总体上，“莱茵河 2020”计划的许多目标已经实现或者正在产生成效，但不是所有目标都在预定时间内得到充分的实现，没有实现的目标将作为“莱茵河 2040”计划的部分工作继续推进(ICPR，2020a)。

3)“莱茵河 2040”计划

2020 年初在荷兰阿姆斯特丹召开的第 16 次莱茵河流域部长级会议，在评估了“莱茵河 2020”计划执行情况的同时，也通过了“莱茵河 2040”计划。该计划将“莱茵河 2020”计划未完全实现的目标和流域内新问题组成新计划的核心内容。

“莱茵河 2040”计划总体目标为：建立一个能够有效对应气候变化影响和可持续管理的且是人类和自然重要生命线的莱茵河流域。计划的具体目标围绕生态、水质和高低水位问题制定双赢措施。

(1)生态方面：到 2040 年，为了使莱茵河生态系统及其支流能更好地应对气候变化影响，流域生态功能应得到显著加强。作为流域整个生态系统最重要的连接轴和洄游鱼类总体规划方案中的洄游鱼类通道，从河口到莱茵河瀑布的莱茵河干流，其上下游间的生态通行能力将得到恢复，河流典型栖息地将被保存、保护、扩大，并与其他栖息地相连接，河流生境网络将得到全面改善，减少水利用的负面影响，特别是热污染对水温和水体含氧条件的影响。

(2)水质方面：到 2040 年，莱茵河应继续使用最简单、最自然的处理方法就可生产饮用水的资源，进一步减少进入地表水和地下水的营养物质，根据进一步减少莱茵河流域污染的长期目标，从城市污水收集和处理系统、工商业和农业进入水体的微污染物，与 2016～2018 年相比要至少减少 30%。为了能够定期核查减排情况，并在必要时提高减排目标，ICPR 授权在 2021 年之前就三个领域减排情况制定一个联合评估系统，通过实施 ICPR 沉积物管理计划，干流沉积物的质量须得到进一步改善，进入水体的废物(特别是塑料)须显著减少。

(3)高低水位方面：洪水风险管理将保持为一个长期、持久的目标，通过措施的最优组合，到 2040 年，莱茵河及其支流的洪水风险要比 2020 年至少降低 15%。为此，在 2030 年之前要采取进一步措施降低洪水水位，在干支流上为超出 2030 年管理措施的洪水预留滞洪空间，通过信息、培训和提高认识，进一步加强洪水风险意识、个人防范意识，继续监测低水位状况，并共同努力寻求避免负面影响的方法。

从以上的总体目标和具体目标看，“莱茵河 2040”计划围绕影响水资源管理的全球影响问题，特别是联合国 2030 议程中可持续发展目标，结合气候变化已经可见的和可能的未来影响，对未来 20 年的行动计划的核心主题进行了明确和调整。例如，该计划在持续关注流域生态和水质问题的同时，强调了气候变化在流域内所表现出来的洪水与干旱缺水发生频度及强度问题，并预计未来流域内洪水和干旱事件将更为频繁。为此，需要采取最佳的方式应对气候变化的影响，实现流域的可持续管理(ICPR，2020b)。

(五)ICPR 的成功经验

ICPR 从 1950 年成立到 1964 年建立常设秘书处，再到被授权制定和实施一系列流域行动计划，职能从建立流域水质监测标准、实施联合水体监测计划，到向流域国就水质保护提出建议、制订条约规则约束流域国排污行为，再到被授权起草流域行动计划，并最终由部长级会议批准、授权监督实施积累了一些经验。从目前已经实施完成的“鲑鱼 2000”和“莱茵河 2020”计划情况看，计划目标大多已实现，包括河流水体水质得到明显改善、流域生态系统功能得到逐步恢复、河流干支流及不同生境实现连通、生物多样性增加等。可以说，自 20 世纪 90 年代以来，ICPR 作为一个流域机构，在推动和实现流域水资源综合管理、应对气候变化方面发挥了重要作用，促进了流域国之间真正的合作，使莱茵河行动计划得到很好的实施，是一个流域联合管理的成功案例。

总结其成功经验，可以归纳为：①二战之后，随着欧洲经济的复苏，莱茵河水污染问题不断加剧，特别是在 1986 年污染事件之后，ICPR 成员国政府之间产生了强烈的合作意愿，从而进一步增强了前期建立起来的相互信任与合作信心，促成流域内的合作程度和成效不断提高。②ICPR 设定的改善水质、恢复生态系统目标，不仅得到了流域国政府的支持，也得到流域内广大公众的支持，特别是 ICPR 1987 年设计的莱茵河行动计划，在其推进计划实施过程和向公众进行宣传期间，将目标描述为让鲑鱼重返莱茵河，从而获得了流域内公众的广泛支持。公众转而推动和督促了各自政府采取切实的相关政策及行为，以及对 ICPR 计划实施的支持与参与，使得 ICPR 在流域内的各项活动受到广泛支持、得到更好的实施。③ICPR 的成员国和莱茵河其他流域国都是发达国家，加上欧盟的参与，财力雄厚，能够支撑流域治理的高额支出和 ICPR 正常运行成本，成为“先发展后治理”的成功模式。④ICPR 通过建立与流域国、流域内其他相关国际机构的合作关系，实现了与各机构、各国政府相关主管部门、NGO、科研机构等之间的分工协作，成功推动了两期流域行动计划的实施。例如，每年一次的 ICPR 全体大会是与莱茵河流域协调委员会年会一起召开的，同时邀请 ICPR 的观察员参加大会，且大会的最终决议均会向社会公开，使得 ICPR 的任何重大决策、计划等都能够被流域国各个阶层的机构及人员所了解，有利于相关计划的顺利实施。ICPR 通过在流域各国境内建立覆盖全流域的国际水文监测网络，并与莱茵河国际水文委员会(1970 年由流域 6 国：瑞士、奥地利、德国、法国、卢森堡和荷兰联合建立)合作获得了准确水文数据，由 ICPR 专家工作组将数据汇编为以流域国和流域为单元的信息数据库，实现了这些数据在流域国之间的自由交换、向公众发布，提高了信息透明度，督促和推进了流域管理措施在各流域国内的有效实施(Leb，2017)。

第四节　国际河流水质管理案例——拉普拉塔河

一、流域概况

拉普拉塔河(La Plata River 或 River Plata)位于南美洲中南部，流域汇集了南美洲中南部众多河流，流域面积约 317 万 km^2，是仅次于亚马孙河的南美洲第二大河流，也是世界第五大河。

拉普拉塔河由两大水系组成：巴拉那河(the Parana River)和乌拉圭河，两河均发源于巴西，均呈东北—西南流，两河汇合后称拉普拉塔河，河流流经南美洲 5 个国家：巴拉圭、巴西、玻利维亚、阿根廷和乌拉圭，其中，乌拉圭和阿根廷的首都分别位于该河河口的北岸和西南岸，如果以巴拉那河和乌拉圭河汇合口计为拉普拉塔河起点，则该处河面宽约 49.6km[河南岸的阿根廷蓬塔拉拉(Punta Lara)市与河北岸的乌拉圭科洛尼亚(Colonia del Sacramento)港之间的直线距离]，从该点向大西洋延伸 290km 至河口终点(南北岸陆地顶点间的直线距离)，河口处河面宽为 217.6km，河流北岸为乌拉圭、南岸为阿根廷，如此宽阔的河道被一些地理学家认为该河是大西洋的一个海湾，或者说是大西洋的边缘海，但更多的人认为它是巴拉那河和乌拉圭河汇合后进入大西洋的河口河段。因此，对于那些将拉普拉塔河视为河流的人来说，它是世界上最宽的河流，也被称为“海河”(Oteiza et al.，2014)。

拉普拉塔两大支流之一的巴拉那河，其源流为格兰德河(Grande River)，发源于巴西高原东南缘的曼蒂凯拉山脉，在自东向西、向西南流的过程中，在巴西南部与发源于巴西东部山区的巴拉巴伊巴河(Parabaiba River)汇合后始称巴拉那河。巴拉那河自北向西南先后流经巴西、巴拉圭和阿根廷，沿程中不时成为两国乃至三国间界河，并接纳了伊瓜苏河(Iguacu River)、巴拉圭河(the Paraguay River)等支流后，转为东南流与乌拉圭河汇合。如果从格兰德河与巴拉巴伊巴河的汇合口至巴拉那河与乌拉圭河的汇合口算河长的话，巴拉那河长约 4880km。巴拉那河通常被分为上巴拉那河(巴拉那河与巴拉圭河汇合口以上)和下巴拉那河(与巴拉圭河汇合口以下)。其中，上巴拉那河长约 2300km，为山区河流，分布有大量瀑布，虽不利于航运开发，却十分有利于水能的开发，如 1982 年在巴西—巴拉圭界河段上建成了著名的伊泰普(Itaipu)水电站。支流伊瓜苏河上的伊瓜苏瀑布群，位于巴西和阿根廷界河段上，约 3/4 在阿根廷、1/4 在巴西境内，两国分别在各自境内建有国家公园，即阿根廷伊瓜苏国家公园和巴西伊瓜苏国家公园，二者分别在1984年和1986年被联合国教育、科学及文化组织列入《世界遗产名录》。巴拉圭河是巴拉那河右岸最大的一条支流，长约3000km，巴拉圭河汇入后的下巴拉那河成为一个典型的平原型河流，河流蜿蜒且宽阔，河中分布大量沙洲和岛屿，并形成了一个面积约1.41万km^2的三角洲地区，三角洲地区每年的泥沙淤积量估计为1.65亿t，保持着持续外推的增长趋势。巴拉那河全长约4880km，流域面积约280万km^2，最小年径流量为18300m^3/s，最大年径流量为23700m^3/s。巴拉那河是南美洲继亚马孙河之后的第二长河（Mechoso et al.，2001；World Water Assessment Programme，2007；World Atlas，2021e）。

乌拉圭河是拉普拉塔河另一主要水系，源于巴西南部，河长约1600km，其中最长一段是巴西与阿根廷之间的界河，下游河段先后成为巴西与乌拉圭和阿根廷与乌拉圭之间的界河。乌拉圭河最大的支流内格罗河（Negro），长约800km，发源于巴西，穿过乌拉圭中部，在距乌拉圭河汇入拉普拉塔河之前约96km的地方汇入乌拉圭河。

拉普拉塔河的两大水系，无论是从流域面积、长河，还是从水量看，巴拉那河均可确定为该河流系统的干流，因此，该河也被称为巴拉那河-拉普拉塔河（图4-2）。如果从巴拉那河的源流格兰德河的源头算起，干流全长约5880km；年平均入海流量约为22000m^3/s，即年平均径流量约为7000亿m^3；无论是河长、流域面积，还是径流量都可以说其是世界最大的河流系统之一。

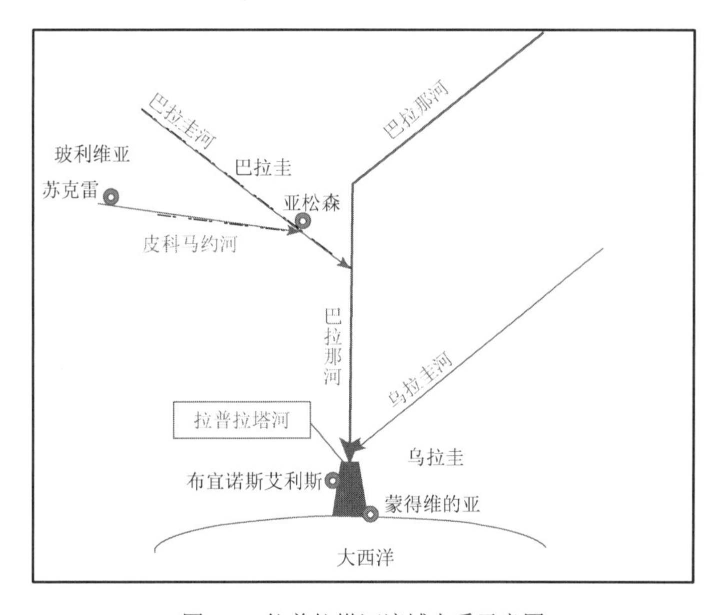

图4-2　拉普拉塔河流域水系示意图

Figure 4-2　The river system map of the La Plata River Basin

二、流域国概况

拉普拉塔河及其支流水及水能资源极为丰富，在流域各国的经济发展过程中发挥了重要的支撑作用，特别是在航运和水电开发方面具有重要的战略意义。例如，位于巴西和巴拉圭之间巴拉那河上的伊泰普水电站，是世界上著名的水电站，也是世界目前正在运行的第三大水电站，为巴西南部重要的两大城市——圣保罗和里约热内卢提供电力，流域内人口超过 1 亿人，流域既是南美洲的一个大豆、小麦、玉米和畜牧业的主要农业生产区，也是南美洲工业中心的集中分布地区，如布宜诺斯艾利斯、圣保罗等。

(一)巴西

巴西位于南美洲中东部，东临大西洋，海岸线长约 7500km，内陆分别与阿根廷、玻利维亚、哥伦比亚、法属圭亚那、圭亚那、巴拉圭、秘鲁、苏里南、乌拉圭和委内瑞拉接壤，国土总面积约为 851.04 万 km^2，约占南美洲陆地面积的 50%。按国土面积算，巴西是南美洲乃至南半球最大的国家，也是全球第五大国家。亚马孙河纵贯巴西东西，是巴西第一大河，也是世界第一大河，流域面积占巴西国土面积的 60%以上。巴西高原是亚马孙河流域与拉普拉塔河流域的分水岭，拉普拉塔河流域的巴拉那河和乌拉圭河是其第二大流域区；巴西以热带和亚热带湿润气候为主，雨量丰富且集中于夏季，但东部海岸区经常遭受干旱影响(Rosenberg，2021)。

2020 年底，巴西人口约 2.1 亿，仍是南美洲人口第一大国。巴西的垦殖率为 5%，但其生产的咖啡约占全球的 1/3，柑橘约占全球 1/4，牛肉约占全球 1/10。工业方面，巴西的铁矿石产量约占全球的 1/4，核心工业为汽车生产；巴西最大和经济最为发达的城市——圣保罗及最著名的城市——里约热内卢，均邻近拉普拉塔河流域的乌拉圭河，其中圣保罗州的地区生产总值约占巴西 GDP 的 50%，制造业约占 2/3(Rosenberg，2021；Nations Online，2021)，同时该市干旱抽水情况较为明显。2020 年，巴西 GDP 为 14340.8 亿美元，即人均 GDP 为 6829 美元，世界排名第 62，国民收入属于中上水平(StatisticsTimes，2021)；从世界银行对全球各国的历年 GDP 的统计数据上看，巴西自 2011 年以来，经济呈现连续明显下降状况。

(二)巴拉圭

巴拉圭是位于南美洲中部的一个内陆国家，分别与阿根廷、巴西和玻利维亚接壤，国土面积 40.68 万 km²。巴拉圭的两大水系分别是巴拉那河及其主要支流巴拉圭河，也就是说，该国全境都位于拉普拉塔河流域内，其中 4/5 的国土位于巴拉圭河流域，1/5 位于巴拉那河流域内。巴拉圭整体位于拉普拉塔平原北部，巴拉圭河南北纵贯全境，并将该国大致分为东、西两个部分，其首都亚松森就位于巴拉圭河东岸。东部为巴西高原的延伸部分，海拔从东部的 760m 向西南方向倾斜至海拔 50m 左右，主要为丘陵、沼泽和平原区，约占国土面积的 1/3 分布了全国 90%以上的人口，西部占国土面积的 2/3，大部为河谷平原区，主要分布着原始森林和草原。南回归线横穿该国中部，北部属热带草原气候，而南部属亚热带森林气候，夏季平均气温 27℃，冬季平均气温 17℃；年降水量由东、东南向西逐步减少，年平均降水量沿巴拉圭河从东、东南部的 1650mm 向西逐步减少至 1400mm，降水集中分布在每年 10 月至次年 4 月，届时局部地区会出现季节性洪水或干旱现象(Nickson et al.，2021)。

2020 年，巴拉圭人口为 725.3 万，GDP 为 356 亿美元，人均 GDP 约为 4908 美元，是美洲较为落后的国家之一。国民经济以农牧业为主，主要农产品有大豆、棉花、烟草、小麦和玉米等，畜牧业在农业中占有重要地位，特别是近年来国际市场对肉类需求增加，该国的肉类出口明显增加；工业基础薄弱，以轻工业和农牧产品加工业为主。2020 年，巴拉圭对外贸易总额 215.4 亿美元，其中出口 115.05 亿美元，进口 100.35 亿美元，主要贸易国是巴西、乌拉圭、智利、阿根廷、美国、日本等，主要出口产品为粮食、植物油、肉类等。该国共有 7 个水运港口，主要港口就是其首都亚松森，内河航运主要承担巴拉圭至阿根廷、乌拉圭之间的短途河运，该国水力资源丰富，蕴藏量约为 5600 万 kW，已与巴西在巴拉那河界河段上共同建设伊泰普水电站，装机容量 1400 万 kW，与阿根廷共建了亚西雷塔—阿皮培水电站，装机总量 300 万 kW(外交部，2021)。

(三)玻利维亚

玻利维亚是一个位于南美洲中西部的内陆国家，与南美洲 5 国接壤，分别是东北与巴西、东南与巴拉圭、南与阿根廷、西南与智利以及西与秘鲁相连，国土面积 109.8 万 km²，并与秘鲁共享南美洲第二大湖——的的喀喀湖(Lake Titicaca)。玻利维亚是一个从西、西南逐步向东、东北倾斜的地势，其中，西部安第斯山脉地区，约占该国总面积的 1/3，该区为两山夹一谷的地形，中间的河谷区海拔在 3650～3800m，而两侧山地的山峰有的在海拔 6000m 以上，从安第斯山脉向东、北和东南，地势逐步下降，是一系列山麓地带及洪泛平原区，大部分地区的海拔在 1800～2900m，由低矮的冲积平原、沼泽、洪泛低地、开阔的稀树草原和热带森林组成。

玻利维亚主要由三大流域组成，分别是位于西北部、北部和东北部的亚马孙流域支流水系(其流域面积占该国总面积的 2/3 以上)、南部和东南部的皮科马约河-巴拉圭河流域及西部高原上以的的喀喀湖和波波湖(Lake Poopo)为中心的内陆河区。尽管玻利维亚完全位于热带气候区内，但受垂直地带性因素影响，各地气候差异明显，山区的气温与降水主要受海拔和水汽集聚程度(云量)控制；雨季集中于每年的 12 月至次年 3 月，山区降水量地域差异明显(McFarren and Arnade，2021)。

玻利维亚是世界上人口较为密集的高地之一，传统上被视为一个山地国家，长期以来该国的主要城市、商业及采矿业的发展均集中在中西区域，直到 20 世纪末随着东部低地地区经济的快速发展，玻利维亚的经济及人口格局才开始向东转移。

2020 年，玻利维亚总人口为 1142.7 万，估计 GDP 为 393.8 亿美元，人均 GDP 约为 3446 美元，是南美洲发展最为滞后的国家之一(IMF，2020b)。2019 年，玻利维亚贸易总额约为 146.1 亿美元，其中出口额为 80.4 亿美元，进口额为 65.7 亿美元，主要出口产品为石油、天然气、黄金、锌矿等，并成为世界上最大的钨矿出口国，主要出口国是阿根廷、巴西、阿联酋和印度等，主要进口商品是汽车、精炼石油、货运卡车等，主要进口国是巴西、智利、中国和秘鲁等(Observatory of Economic Complexity，2021)。

(四)阿根廷

阿根廷位于南美洲东南部，陆上边界线长约 25700km，海岸线长约 4700km，东南毗邻大西洋，西、北及东分别与智利、玻利维亚、巴拉圭、巴西和乌拉圭接壤。阿根廷领土总面积约 278.04 万 km^2，南北长约 3800km，东西宽约 1400km，类似一个倒三角形的形状，按领土面积大小排列的话，阿根廷位居全球第八、南美洲第二。阿根廷虽然南北跨度大，但大部分属于温带气候，高海拔地区寒冷的气候类似于高纬度地区的冻原气候，在安第斯山脉的许多山峰上有永久性冰雪覆盖。此外，受到南北向安第斯山脉在阿根廷西北向南延伸和阻隔作用的影响，在安第斯山脉东侧、阿根廷的西部形成一个纵向雨影区，构成南半球沿东部海岸线南北分布的干旱区景观，主要是沙漠和干旱半干旱草原(Donghi et al.，2021)。

巴拉圭河—巴拉那河是阿根廷最大的河流系统，其中，巴拉那河是阿根廷最长的河流，巴拉圭河其次，其他主要支流包括伊瓜苏河、皮科马约河(Pilcomayo)、贝尔梅霍河(Bermejo)、萨拉多河(Salado)和卡卡拉尼亚河(Carcarana)等；巴拉圭河上没有建设水坝，使得巴拉圭河—巴拉那河是阿根廷主要的内河航线，可航里程达 3300km（World Atlas，2021f）。

2020 年，阿根廷总人口为 4537.7 万人，GDP 约 4000 亿美元，人均 GDP 约 8815 美元。2020 年，阿根廷对外贸易总额为 972.40 亿美元，其中进口额和出口额分别为 423.56 亿美元和 548.84 亿美元，是一个贸易顺差国家。2019 年，位列阿根廷前 5 位的出口国分别是巴西、中国、美国、智利和越南，而前 5 位的进口国为巴西、中国、美国、德国和巴拉圭，主要的出口商品为大豆及其副产品（豆油、豆饼等）、玉米和摩托车及其零件，主要进口商品为汽车、拖拉机零部件、石油产品等（Lloyds Bank，2021）。

（五）乌拉圭

乌拉圭位于南美洲东南部，乌拉圭河与拉普拉塔河的东岸，东南濒大西洋，领土总面积 17.62 万 km^2，北和西分别与巴西、阿根廷相邻，其中与阿根廷之间以乌拉圭河—拉普拉塔河为界。该国地势平坦，以丘陵和冲积平原为主，平均海拔 116.7m，乌拉圭属温带气候，每年 1～3 月为夏季，气温 17～28℃，7～9 月为冬季，气温 6～14℃。乌拉圭没有明显的干湿季差异，最大降水通常发生于每年的 3～4 月（秋季），频繁降水则多发生于冬季，夏季则经常发生雷雨，年降水量呈现从南至北略有增加的特点，从 950mm 增加至 1250mm，平均年降水量约 1000mm，近海岸的地区年降水分配更为均匀（James et al.，2021）。

主要河流即为乌拉圭西部边界的乌拉圭河和拉普拉塔河河口段，两河均可通航，大型远洋船只从拉普拉塔河口可上溯至乌拉圭的派桑杜（Paysandú），小型船只可到萨尔托（Salto）瀑布。

2019 年，乌拉圭总人口为 346.1 万人，GDP 为 560 亿美元，人均 GDP 约 1.6 万美元，是一个高收入国家（The World Bank，2020c）。2019 年乌拉圭对外贸易总额为 190 亿美元，其中出口额为 91 亿美元，进口额为 99 亿美元，乌拉圭主要出口商品为农产品，如牛肉、大豆、浓缩牛奶和大米等，主要进口商品为原油及成品油、包装药物、汽车及机械设备等，2019 年主要的出口贸易伙伴依次为中国、巴西、荷兰、美国和阿根廷，主要的进口贸易伙伴依次为巴西、中国、美国、阿根廷和安哥拉（OEC，2020）。

三、拉普拉塔河流域水合作

近 50 年来，流域国之间开始通过双边或多边条约对该河流系统逐步开展合作开发与管理。从初期的航运和水电开发，逐步发展到渔业资源、生物资源、水质与水环境保护等领域的合作。

(一)拉普拉塔河流域

1969年，流域5国签订了一个流域水资源管理框架条约——《拉普拉塔河流域条约》(Treaty of the River La Plata Basin)，条约目标为共同促进5个流域国协调一致的开发，特别是国际航运的开发，实现流域一体化管理。认识到共同努力保护流域动植物、公平合理地利用水资源、就共同感兴趣的领域开展联合研究、制订计划对实现条约目标极为重要。为此，5个流域国同意建立一个流域永久性机构——政府间协调委员会(Intergovernmental Coordinating Committee，ICC)来推动和协调多边行动；并在条约第6条中规定，条约缔约国之间可就具体问题另签订双边或多边条约(Secretariat of the United Nations，1973)。

该条约生效后的1971年，流域5国外交部长在巴拉圭首都亚松森签署《国际河流利用亚松森宣言》(Act of Asuncion on the Use of International Rivers)。宣言确立了拉普拉塔河流域管理的法律原则，其中许多原则目前已经成为该流域的习惯法原则。但是宣言第23条规定：①对于存在共同主权的界河来说，任何水资源利用行动都需由相关流域两国间达成双边协定予以确定；②对于不存在共同主权的跨境河流来说，各国可以基于自己的需要开发利用水资源，只要该利用不会对流域内的其他国家产生明显损害(International Law Commission，1974)。这一规定在很大程度上体现的是“事前协商”原则，即任一国在其境内的跨境河流上的开发活动可能对另一国产生影响时，两国应就开发活动事先达成一致，这在流域内引起了广泛争议。

此外，流域国在前期合作的基础上还推动了流域内的其他合作，如2001年美洲国家间水管理第4次对话会议上同意实施“应对气候变化的流域水资源综合管理计划”，该计划强调气候脆弱性下的流域水文响应和促进社会经济的可持续发展(Rafaelli，2005)。2002年全球环境基金(Global Environment Facility，GEF)和世界银行等机构联合资助了流域国实施“瓜拉尼地下水系统(Guaraní Aquifer System)的环境保护与可持续利用项目”，该地下水系统是世界上最大的地下水饮用水水源地，项目核心目标是促进瓜拉尼地下水系统内120万km^2的地表水与地下水的综合管理(OAS/OSDE，2005)。由于该地下水系统位于拉普拉塔河流域内，因此，也可以说该项目的目标是拉普拉塔河流域、瓜拉尼地下水系统内的地表水与地下水的管理。

(二)拉普拉塔河

从流域概况的介绍可知，如果采用狭义的拉普拉塔河的区域定义的话，它只为拉普拉塔河流域的河口段，则它是一个长约 290km，宽约 220km，面积约 5 万 km^2 的超大河口区域，其约 97%的水量来源于北端汇入的巴拉那河和乌拉圭河。此外，它仅是阿根廷和乌拉圭之间的界河，且两岸是两国的人口密集区。丰富的水资源与广阔的水域为两国提供了多种利用目标，包括航运、渔业、娱乐、工农业用水，甚至是市政和工业废水的纳污区。

1973 年阿根廷与乌拉圭签订《关于拉普拉塔河及相关海域边界条约》(Treaty Concerning the Río de la Plata and the Corresponding Maritime Boundary)(Secretariat of the United Nations，1982a)。条约主要涉及以下几方面内容。

(1)边界问题。条约第 1 条规定依据两国 1961 年联合声明中的边界原则，将两国在这一区域的边界线确定为：两国河口顶端(即乌拉圭埃斯特角和阿根廷圣安东尼奥角)之间假想线为河流的外延边界；河流外延界线之外至乌拉圭科洛尼亚(Colonia)与阿根廷蓬塔拉拉间假想线之间，两国各自拥有自海岸线向外延伸 7 海里(1 海里 = 1852m)的专属管辖区，而外延边界线以内，两国则各自拥有从河岸线向外 2 海里的专属管辖区，专属管辖区之外的河口水域为两国共同利用的水域。与此同时，条约第 70 条还规定了一个“以乌拉圭埃斯特角和阿根廷圣安东尼奥角为中心、半径 200 海里，不包括各国 12 海里领海的海域”作为两国之间的“共同海域”(Maritime Front)(即共同利益区)。这个所谓的“共同海域”本质上是一个共有的专属经济区，其特点类似于《联合国海洋法公约》所界定的专属经济区。

(2)航行问题。条约第 7 条和第 10 条规定了在共同利用水域内两国拥有自由航行和平等使用水道的权利；第 17 条规定各方在建造新航道、对现有航道进行重大改造，或建设新工程之前，必须将其建设计划通知拉普拉塔河管理委员会(Administrative Commission of the La Plata River，CARP)，而委员会需在 30 天内确定该计划是否会对另一方或对河流情势造成重大危害，如果委员会将计划认定为会产生重大危害，或者未做出决定，计划方则必须将自己未来 180 天的评估方案通告另一方(第 18 条)，如果双方在 180 天内无法达成一致，那么任何一方均可向联合国国际法庭申请仲裁(第 87 条)。

(3)保护水环境和防止污染方面。条约第 48 条规定双方有义务保护水环境和防止对河流产生污染；第 50 条规定各方必须制订符合国际规范的相关环保法规和标准，并将其通知另一方；第 78 条禁止在共同海域的大部分区域内排放烃类化合物、船只压舱水或其他可能危害海洋环境的物质。

(4)捕鱼方面。在条约第 53 条明确在共同水域双方可自由捕鱼的同时，第 54 条要求双方为促进生物资源的保护而必须建立捕鱼规则；共同海域是两个国家的共同捕鱼区(第 73 条)，并拥有平等的登陆权(第 74 条)。此外，任何一方在共同水域内开展科学研究之前都必须通知另一方(第 79 条)。

为了促进条约各项条款能够充分有效地实施，条约授权建立了两个委员会，即拉普拉塔河管理委员会(CARP)和共同海域联合技术委员会(Joint Technical Commission for the Maritime Front，CTMFM)，分别负责对拉普拉塔河和共享海域的管理。其中，CARP 主要负责拉普拉塔河的航行、导航、搜救及捕鱼管理，开展该河生物资源评估、保护和可持续利用的科学研究，以及减少和防止污染(第 66 条)。CTMFM 的主要职责包括：为保护保全、可持续利用海洋生物资源、保护海洋环境，而开展相关研究、制定协调一致的计划和规范(第 82 条)。

1993～2016 年，CARP 协调推动了由阿根廷和乌拉圭 18 所研究院和大学联合实施的“拉普拉塔河和共同海域环境保护”项目，并分两个阶段实施：第一阶段主要为污染预防、控制与生境恢复；第二阶段则为减少和预防陆源污染对拉普拉塔河和共同海域的污染。该项目由全球环境基金、泛美开发银行、联合国开发计划署和法国全球环境基金联合支持，项目实施所获得的信息和成果有望成为阿根廷和乌拉圭改善决策的基础。

项目第一阶段，由 250 多名科学家通过 13 次采样，在搜集包括水化学、水流、沉积物组成及其变化、赤潮、污染物累积及其生物活性、鱼类和浮游植物的生物循环状况信息数据的基础上，完成了 200 多份系列“跨境诊断分析”(transboundary diagnostic analysis，TDA)研究报告(CARP and CTMFM，2006)。该阶段研究结果认为陆源污染和天然生境破坏是河流面临的主要问题。该结果最终促成了阿根廷与乌拉圭于 2007 年签署实施了一项“战略行动计划”。

项目第二阶段的核心工作则为“采取各项措施执行该战略行动计划”，包括为解决陆源污染而进行的体制改革；为减少陆源污染而增强和协调相关法律框架；为减少主要污染物而实施的示范项目；为增加公众参与而开发的信息沟通计划，以及拉普拉塔河环境和空间综合信息系统的建设(Himschoot et al.，2004；Amestoy，2015)。

尽管做了很多工作，但水质问题仍旧是拉普拉塔河的一个难题，特别是布宜诺斯艾利斯地区产生的多种污染源，包括未经处理的污水、工业废物(石化厂、肉类加工厂、皮革加工和冶金工业)、固体废物和塑料。为此，拉普拉塔河被世界自然基金会(WWF)列为“世界上污染最为严重的十大河流之一”(Wong et al.，2007；Liquisearch，2021)。

(三)巴拉那河

巴拉那河是拉普拉塔河水系中最为重要的河流。巴拉那河源于巴西的圣保罗州、米纳斯吉拉斯州(Minas Gerais)和南马托格罗索州(Mato Grosso do Sul)之间，整体呈西南流，经巴西和玻利维亚后先后成为巴西与巴拉圭的界河、巴西-巴拉圭-阿根廷的三国界河、阿根廷与巴拉圭的界河，最后进入阿根廷，汇入拉普拉塔河。河流从河源至巴拉圭河与之汇合口，长约1550km，被称为上巴拉那河；从巴拉圭河汇入口至拉普拉塔河汇入口为巴拉那河的中下游河段。巴拉那河包括巴西境内的巴拉巴伊巴河，长约3740km，流域面积约150万km^2，平均流量介于17000～20000m^3/s，历史径流量最高纪录为1904年的53227m^3/s，最小流量纪录为1944年的3906m^3/s。受到季节降水差异的影响，河流最大径流多出现于每年夏末的2～3月，而最小径流则出现在每年冬末的8～9月。

巴拉那河沿岸不仅是南美洲人口最为密集、工业化程度最高的地区，而且是南美洲重要的高产农业区，特别是大豆、玉米和小麦及牲畜养殖，因此，该河对相关流域国具有重要的战略意义。

1971年，阿根廷与巴拉圭签订《巴拉那河资源利用研究规约》(Covenant to Study the Use of the Paraná River Resources)(简称《巴拉那河规约》)，并建立巴拉那河联合委员会(简称巴拉那河委员会)。《巴拉那河规约》规定了巴拉那河委员会的主要职责：研究和评价伊瓜苏河下游与巴拉圭河汇合处之间巴拉那河资源利用的技术和经济可能性(第1条)；但巴拉那河委员会的管理范围不包括亚西雷塔水电站所涉及的河段(第2条)(该河段的管理由亚西雷塔水电联合体负责)；《巴拉那河规约》将河流的“资源利用”范围确定为水能开发、航运、捕鱼、工农业利用和娱乐用水(Argentina and Paraguay，1971)。随着双方合作的推进，巴拉那河委员会的职能得到扩展，如在1979年的《阿根廷、巴拉圭与巴西关于库珀斯(Corpus)和伊泰普水电设施的协定(含附件)》中，阿根廷、巴拉圭和巴西授权巴拉那河委员会与伊泰普水电公司(巴西与巴拉圭联合水电公司)负责巴拉那河委员会管辖下的巴拉那河上游段的水文信息采集(Secretariat of the United Nations，2003)。1989年和1996年阿根廷与巴拉圭间的政府换文先后授权巴拉那河委员会协调管辖河段内的渔业与水质，1992年两国政府外交部长签订一项协议，授权巴拉那河委员会负责巴拉那河跨境河段内的航运、渔业、水质和水生环境管理。自1982年起，巴拉那河委员会开始对巴拉那河从普埃托-埃斯佩兰萨(Puerto Esperanza)至阿罗波皮拉波(Arroyo Pirapo)河段的水质进行监测，监测河段不包括上文所说的亚西雷塔水电站河段。水质监测断面设置为6个，同一断面的取样点包括河流两岸，监测指标包括物理化学指标(水温、颜色、溶解氧、电导率、悬浮物质、硫酸盐、氨氮、磷酸盐和酚类)、金属物质(铁、锰、铝、铬、锌、银)和有机物(有机磷农药、有机氯农药、甘油磷酸酯、总烃)。相关监测数据自1982年以来均可从巴拉那河委员会网站获得(COMIP，2019)。

阿根廷和巴拉圭在1971年《巴拉那河规约》的基础上，还签订了另外2个项目合作条约：一个是于1973年签订的《亚西雷塔条约》(Treaty of Yacyreta)，目标是协调和解决亚西雷塔河段的水电开发、航运及防洪问题，规定水电站建设成本由双方平均承担，发电量在两国之间平均分配，并且一方有优先购买另一方未使用完的电量权利(Secretariat of the United Nations，1984)。依据《亚西雷塔条约》，亚西雷塔水电站于1979年开始建设、1994年建成运行，电站装机容量为310万kW。另一个是于1996年签订的《关于保护和开发巴拉那河和巴拉圭河边界段渔业资源的协定》(Convention on Conservation and Development of Fishery Resources in the Border Sections of the Parana and Paraguay Rivers)，建立了双边界河段渔业管理制度，并同意采取措施防止可能损害渔业资源或严重危害河流水质的未经处理的废水，或其他物质或不合理土地使用对巴拉那河和巴拉圭河流造成污染。

同期，巴西与巴拉圭于1973年签订《巴拉那河水资源的水电开发条约》(Treaty Concerning the Hydroelectric Utilization of the Water Resources of the Parana River)，合作目标是开发巴拉那河两国共有河段(从萨尔托德尔瓜到伊瓜苏河河口)的水能资源(Secretariat of the United Nations，1974)，并为此成立由两国共同出资的“伊泰普水电公司”，由该公司直接负责伊泰普水电项目的研究、建设和运行，同时负责电站运行涉及河段的管理。该电站装机容量为1400万kW，曾经是世界最大水电站。根据《巴拉那河水资源的水电开发条约》规定，电站发电量在两国间平均分配，一方未能消耗完的电量可由另一方购买。该条约仅涉及伊泰普电站的水电开发。

(四)巴拉圭河

巴拉圭河源于巴西马托格罗索州卡塞里斯市附近的潘塔纳尔(Pantanal)湿地。湿地面积约34万km^2，是世界上面积最大的湿地，拥有极为丰富的生物多样性。湿地大部位于巴西，部分位于玻利维亚和巴拉圭。巴拉圭河从巴西的卡塞里斯至巴拉圭的圣拉萨罗的中上游长约700km，绝大部分河段位于巴西境内，部分河段分别为巴西与玻利维亚、巴西与巴拉圭的界河，圣拉萨罗以下为下游段，长约1132km，大多位于巴拉圭境内，在汇入巴拉那河前最后约390km的河段为阿根廷与巴拉圭之间的界河。巴拉圭河在下游巴拉圭亚松森的平均流量为3800m^3/s (World Water Assessment Programme，2007)。

巴拉圭河航运不仅是巴西铁矿石、农产品(大豆、玉米和小麦)的主要出口通道，而且对于玻利维亚和巴拉圭这两个内陆流域国来说，该水道也是其石油产品、化肥等物资的一个重要进口通道，但目前该河的内陆航运开发利用还不够充分。

1992年，流域5国签订了《通过巴拉圭河—巴拉那河水道的河流运输协定》(Agreement on River Transport through the Paraguay-Paraná Hydroway)，协定目标为通过港口和航道基础设施建设、通航安全提升、人员培训以及航道、港口和税务标准的协调来促进巴拉圭河和巴拉那河上游至伊泰普大坝的通航能力。巴拉圭河与巴拉那河水道政府间委员会(Intergovernmental Committee on the Paraguay-Parana Waterway)同时成立，负责监督水道工程的运行、协调流域国间河流运输的政策与标准。该协定还涉及环境保护、打击非法物资流通等问题(Organization of American States，2021)。该协定的签订与实施，实现了包括降低区域产品运输成本、提高流域国产品的国际市场竞争力、促进南美共同市场及流域国工农业发展，进而推动巴拉圭河和巴拉那河航运发展的目标，还增强了对河流环境的监测，特别是对易受洪水和污染影响的区域的监测。受资金短缺和国家体制差异的影响，该委员会在成立后的几十年间运行困难，发挥作用有限。

近年来，巴拉圭河不时出现水污染问题，如 2019 年 3 月，巴拉圭官方报道称巴拉圭河上游农药污染造成巴拉圭境内河段大量鱼类死亡，并把污染物来源归结于巴西(Ministry of Environment and Sustainable Development，2019)。但巴西当局否认了其领土内发生过任何农药泄漏，且巴拉圭境内本身就存在严重的水质问题，如巴拉圭首都亚松森是南美唯一没有污水处理厂的首都城市，每天未经处理的城市污水约 30 万 m^3 直接排入巴拉圭河。阿根廷曾经对巴拉圭河河畔的亚松森露天垃圾场表示关注(ABC Color，2018)，因为每逢洪水季节，大量的垃圾场渗滤液从垃圾场直接流入河流，造成水体污染，尽管亚松森市政府承诺将该垃圾场搬离河岸区，但垃圾场自 2005 年运行至今。

(五)乌拉圭河

乌拉圭河源于巴西的圣卡塔琳娜州，全长约为 1800km，其中，32%的河段位于巴西境内，38%的河段为巴西与阿根廷之间的界河，其余 30%的河段为阿根廷和乌拉圭之间的界河(CARU，1994)。乌拉圭河流域面积约 33.9 万 km^2，河口处平均流量为 $4300m^3/s$(World Water Assessment Programme，2007)。

1980 年，阿根廷与巴西签订了以共享乌拉圭河及其支流水资源的《乌拉圭河和佩皮里瓜苏河(Pepiri Guazu)条约》，尽管该条约的主要目标是开发水能资源，但也涉及航运、防洪、消耗性用水的合理利用，并要求在开发利用的同时保护河流环境、动植物和水质(Secretariat of the United Nations，1983)。

1946 年，阿根廷与乌拉圭签订《开发利用萨尔托格兰德地区乌拉圭河急流的协定》(Covenant for the Utilization of the Rapids of the Uruguay River in the Area of Salto Grande)，该协定合作目标是在两国界河段上开发装机容量为 189 万 kW 的萨尔托格兰德电站(Derecho Internacional，2010)。但该协定直到 1973 年才被双方批准，并达成《萨尔托格兰德项目协定》，明确了萨尔托格兰德项目联合技术委员会的电站运行和管理职责。在该联合技术委员会的倡议下，自 1975 年开始实施电站水库水质监测计划；1977 年，两国建立并发布水库水质标准，监测指标包括物理化学、杀菌剂、重金属、大肠杆菌等(Secretariat of the United Nations，1968)。

四、乌拉圭与阿根廷之间的纸浆厂水质争议

(一)阿根廷与乌拉圭的乌拉圭河合作管理背景

1961 年，阿根廷与乌拉圭签订《关于乌拉圭河边界条约》，确定了两国沿乌拉圭河的边界线(Secretariat of the United Nations，1968)。之后，两国于 1975 年签订《乌拉圭河规约》(Statute of the River Uruguay)，依据《乌拉圭河规约》建立了由数量相同的两国代表组成的乌拉圭河管理委员会(Commission Administration of River Uruguay，CARU)(简称乌拉圭河委员会)，《乌拉圭河规约》第 56 条授权乌拉圭河委员会在实施《乌拉圭河规约》方面发挥中心作用和享有广泛的权利，包括负责疏浚管理、航行安全和主河道开发、导航、搜救、污染防治、生物资源保护、渔业管理和建立捕鱼配额制度以及关于非法事物的执法协调等。依据相关授权，乌拉圭河委员会在该跨境河流上首先是一个行为协调机构，如双方在对干流航道进行疏浚前必须通知乌拉圭河委员会(第 6 条)；任何一方开凿新的水道、对现有水道进行重大调整，或对航行、水质或河流水情会造成影响的新建工程，必须通告乌拉圭河委员会；如果乌拉圭河委员会确定拟建项目会产生显著影响或者未能做出决定，项目建议方在通过乌拉圭河委员会通知另一方的同时，自己对项目再进行为期 180 天的重新评估(第 7 条)；如果新项目没有被反对，项目建议方可实施建议项目(第 9 条)；但如果双方在乌拉圭河委员会组织的仲裁或直接谈判未达成一致的话，可将分歧提交国际法庭(第 12 条和第 60 条)。《乌拉圭河规约》第 7～12 条还规定任何一方在规划开展其他活动时应事先通告乌拉圭河委员会和另一方；第 27 条规定任何一方在灌溉、市政用水、污水处理或工业用水时，不得对河流情势或水质造成损害；第 35 条规定各方需采取措施管理支流的土地、森林、地表和地下水，不得对河流情势或水质造成损害；第 36 条规定各方应与乌拉圭河委员会协调采取措施避免改变河流生态条件；第 41 条规定各方必须保护水生环境、防止对河流水体造成污染(Secretariat of the United Nations，1982b)。

水质管理方面，阿根廷与乌拉圭的乌拉圭河委员会下属的水质与污染控制分委员会负责对该河下游 500km 的界河段水质进行监测。1987 年，该委员会为执行双方政府批准的“水质与污染控制计划”而开始实施水质监测计划，监测指标包括物理化学指标、营养物质、重金属、有机氯和有机磷农药。该委员会于 1994 年出台了一个依据不同用水目标而确定的“水资源、水质标准与排放限制概要”，

并得到双方政府的批准实施(CARU，1994)。从水质监测结果看，自2004年以来，河流水质总体状况良好，可用于所有用水目标，包括饮用水、灌溉、工业及娱乐用水。

(二)纸浆厂争议事件始末

2003年,西班牙纸浆生产商ENCE集团获批在乌拉圭河边的弗赖本托斯(Fray Bentos)小镇建造取材于桉树的纸浆厂,其白色纤维素的年生产能力约为50万t;两年后的2005年，乌拉圭再次批准芬兰的博蒂纳(Botnia)公司在同一小镇修建另一个纸浆厂，年生产能力为100万t。这两家工厂是乌拉圭历史上最大的外国投资建设项目，仅12亿美元的投资就相当于该国当时GDP的2%，且可为当地创造2500个直接和间接就业岗位。但是两个厂紧邻河边，工厂对周边环境的影响以及潜在的空气和水污染引起了人们的担忧，甚至引发了乌拉圭与阿根廷之间自20世纪70年代以来第一次严重外交紧张事件。

2005年4月30日，即在乌拉圭批准芬兰博蒂纳公司纸浆厂建设的2个月后，阿根廷瓜莱瓜伊丘城(Gualeguaychú)的约1万人聚集在跨越乌拉圭河、连接两国间的圣马丁将军大桥上，阻断交通并对纸浆厂的建设进行示威抗议。示威者希望能更多地了解纸浆厂对环境可能产生的负面影响，或者至少希望建设投资方能够采取措施不损害河流环境。这样的抗议活动断断续续地持续了2个多月，得到了阿根廷总理及恩特雷里奥斯省省长的支持，也就是说，原本阿根廷地方民众对乌拉圭项目的反对最终获得了阿根廷政府的支持，使得该事件从一个地方性争端变成了一项国家间冲突，加上抗议活动对交通要道的封锁，影响到乌拉圭夏季旅游业收入而引起乌拉圭人强烈不满，最终导致两国政府卷入争端，引发外交争议。

2005年9月，阿根廷人权与环境中心向世界银行的项目咨询与申诉专员提出申诉，因为世界银行已经同意为该项目提供资金支持。2005年12月，世界银行国际金融公司对外发布了一个对两个纸浆厂的影响研究报告，称两个纸浆厂采用的技术设备能够满足要求，不会对区域内的空气和水体产生有害影响，然而公司同时称它们将在最后确定研究报告结果，并在资助项目启动之前进行进一步的协商。同年12月23日，阿根廷的当地居民再次阻断了圣马丁将军大桥和另一座两国间的通行桥梁，引起乌拉圭一方不满。乌拉圭指责阿根廷违反了南方共同市场协议中商品自由流通的规定，并要求阿根廷采取措施避免在旅游季节对该国旅游业造成影响，但遭到阿根廷的拒绝。

2006年5月,在两国政府所有试图通过谈判寻求解决方案的一切努力失败后,阿根廷将该争端提交国际法庭申请仲裁。此后的2个多月中，阿根廷的抗议者和纸浆厂都比较平静。7月13日，国际法庭的裁定没有支持阿根廷要求乌拉圭暂停纸浆厂建设，于是抗议活动再次发生，并持续了几个月，但这次并没有对交通进行封锁。2006 年 9 月，ENCE 集团总裁宣布停建弗镇(Fray Bentos)上的纸浆厂，而将项目迁至原址以南约 250km 处，远离乌拉圭河，理由是“弗镇上不能同时建 2 个纸浆厂”。阿根廷的环保组织随后组织了几千人对 ENCE 的退出举行了庆祝活动，并希望帕蒂纳公司也能这样做。然而帕蒂纳公司仍旧按计划推进项目建设，为此当地环保组织再次决定周末对交通进行封锁。该月末，西班牙国王出面推动两国政府进行新一轮的谈判，但因双方都拒绝妥协，使得谈判无果而终，双方在向西班牙国王表示歉意的同时承诺会继续对话。

2007 年 2 月，两国总统为解决这一问题进行了专门会晤，诺贝尔和平奖获得者埃斯基维尔主动与阿根廷环保组织进行沟通，希望他们在政府谈判期间结束交通封锁，但未成功，由此导致乌拉圭一侧约 1 万名居民于 3 月 16 日举行了对峙性示威，其目的为捍卫乌拉圭主权和权利。3 月 20 日，在阿根廷政府的督促下，当地环保组织决定等待 7 天，希望乌拉圭政府给出停建纸浆厂的决定，这使得持续了 43 天的桥梁封锁暂时解除。3 月 26 日，两个公司宣布在两国政府协商期间暂停项目建设 90 天。而此时帕蒂纳公司的项目建设已完成了 45%，在原因不明的情况下，帕蒂纳公司在仅 10 天后就恢复了建设，阿根廷环保组织在其政府反对的情况下，组织民众再次对两国间通道进行了封锁，由此造成两国政府间关系再度紧张。

2007 年 11 月 9 日，乌拉圭政府最终批准帕蒂纳公司纸浆厂投入运行，且该工厂于 11 月 15 日生产了第一批纸浆。与此同时，世界银行国际金融公司发布报告称纸浆厂按照金融公司的环境、社会要求以及国际最佳现有技术标准正常运行，而且该厂将为乌拉圭带来重大经济效益，不会对环境造成损害。至此，阿根廷抗议者阻断交通、设置路障的行为已经无法得到官方的支持和认可，随着时间的推移，抗议和道路封锁变得越来越少，相关活动也越来越少(Meghan，2010)。

最终，帕蒂纳公司继续纸浆生产，环保人士仍旧担心纸浆厂的环境影响。尽管抗议者成功地使 ENCE 将纸浆厂搬离了该区域，但帕蒂纳公司却没有被说服停止生产和建设。

(三)国际法庭的裁决及后续结果

从以上争议事件的发展进程看，两国对此事件的争议焦点在于：阿根廷一方认为，依据《乌拉圭河规约》，一方应该就可能造成对该河造成影响的开发项目通告另一方，但在该争议中乌拉圭没有就纸浆厂的建设提交申请许可。乌拉圭政府则认为《乌拉圭河规约》中没有要求项目要获得许可，只是要求通知另一方，而且双方对此项目进行过协商，乌拉圭也提交了相关文件，且阿根廷一方没有提出反对意见。此外，纸浆厂将采用的技术可以有效防止阿根廷所说的相关污染问题。

2006年5月，在两国政府间所有试图通过谈判寻求解决方案的一切努力失败后，阿根廷将该争端提交国际法庭申请仲裁。阿根廷诉乌拉圭在程序和实质上违反了《乌拉圭河规约》。其中，乌拉圭单方面批准和建设纸浆厂是在程序上违反了《乌拉圭河规约》第7条的规定，即乌拉圭没有通知乌拉圭河委员会批准该项目，而且阿根廷是在乌拉圭该项目获批之后才知道的，乌拉圭实质上违反了《乌拉圭河规约》中保护河流环境和防止对水生环境造成污染的规定。

2010年4月20日，国际法庭给出的仲裁意见(ICJ，2010)：

(1)乌拉圭因没有将其项目建设计划通知乌拉圭河委员会和阿根廷，违反了《乌拉圭河规约》第7条的规定，因为乌拉圭没有通知乌拉圭河委员会就自行确定了项目的环境影响。在这一点上，可以说ICJ支持了阿根廷认定乌拉圭在程序上违反了《乌拉圭河规约》条款的主张。

(2)乌拉圭没有实质性违反《乌拉圭河规约》规定。ICJ在形成裁决意见的过程中评估了乌拉圭项目的环境影响评价状况，从中并没有找到令人信服的相关证据，如纸浆厂的总氮、硝酸盐或可吸附有机卤化物产生了超标排放，或者纸浆厂没有采用最佳可行技术。因此，ICJ没有支持阿根廷认为的乌拉圭对河流造成了实质性污染，如纸浆厂造成了藻类暴发、酚类物质浓度增加、轮虫畸形、蚌类脂肪减少或鱼体中二噁英浓度增加等情况，也就是说，ICJ没有发现纸浆厂的污水排放正在对河流生物资源、水质或者河流的生态平衡造成危害。

为此，ICJ建议阿根廷和乌拉圭成立一个双边委员会来定期监测相关环境指标，对纸浆厂造成的环境影响进行评估。可见，ICJ在裁决中虽然认定乌拉圭在程序上违反了通告义务，但因为实质上没有造成对河流的污染，没有违反保护河流的规定，因此，并没有要求乌拉圭关闭纸浆厂。

基于此意见，2010年8月，两国在乌拉圭河委员会内组建了一个科学委员会来承担环境监测职责。从2011年起，乌拉圭河委员会对纸浆厂附近水质进行了持续监测。近年来，乌拉圭河委员会针对位于乌拉圭境内的纸浆厂和夏季浴场水质问题开展了特别监测计划，应用遥感影像追踪藻华，监测局部环境问题，如评价城市周边水体微生物及富营养化状况等，提高水质标准及监测水平，就发现的水质问题及时通报两国并采取应对措施。

五、流域合作的思考

1969年签订的《拉普拉塔河流域条约》为流域国之间进行跨境河流管理提供了一个总体框架。这一条约虽然提及环境保护、公平合理利用水资源，但其核心是发展航运和推进经济发展，而且该条约支持流域国就具体问题签订双边协定。

为此，在该流域内相继产生了许多双边条约。

从上文对流域内合作情况可见，双边条约的合作目标集中于航运和水电开发，如巴拉那河上的《伊泰普条约》、《亚西雷塔条约》和《巴拉那河资源盟约》，巴拉圭河上的《水道条约》，以及乌拉圭河的《乌拉圭河规约》、《萨尔托格兰德条约》及《乌拉圭河和佩皮里瓜苏河条约》，可见，合作领域正在不断地拓展，包括渔业资源、水质和环境的保护，而且大多数情况下，相应的合作制度、相关委员会已经逐步建立起来了，以管理条约涉及范围内的渔业或水质等问题。多个双边协定，如《乌拉圭河规约》、《巴拉那河资源盟约》、《关于拉普拉塔河及相关海域边界条约》，已经全面促成了综合的(尽管有限)水质监测项目的发展。

尽管流域内有《拉普拉塔河流域条约》，但是流域本身没有实现以流域为整体的综合管理，而是在考虑地理因素和国家政治边界的情况下，被分成了由单独国家管理的河段或者其他形式的跨境区域进行管理的河段。以巴拉圭河为例，河流上游和源头区完全位于巴西境内，之后成为巴西与玻利维亚、巴西与巴拉圭的界河，进入巴拉圭境内，并在汇入巴拉那河之前构成巴拉圭与阿根廷之间的边界，在此情形下，既不存在全流域的水质数据库，也没有全流域的水质监测协议，即使设有水质监测的河段，其在线数据库的可用性或时效性也存在很大问题。即使存在流域性法律和制度框架，其实际实施情况也并不理想。因此，更为理想的情况是拥有一个强有力的区域性环境机构来协调水质的监测与管理。

在拉普拉塔河上，尽管有许多跨境河段或支流上开展了水质监测工作，但水质恶化和湿地生境退化仍旧明显，而且跨境水污染问题正在导致流域国间双边关系紧张，如巴西与巴拉圭之间、巴拉圭与阿根廷之间以及阿根廷与乌拉圭之间。其中，最为严重的即为上文的阿根廷与乌拉圭之间因纸浆厂排污问题于2006年申诉、由国际法庭进行仲裁的流域国间水质争端。截至2019年，在拉普拉塔河流域，与完全属于一个国家内的河段相比，由两国间条约或协定所涵盖的界河段水质已经得到改善。

总体而言，随着近年来流域国的发展，尽管相关流域国在流域内开展了许多双边水质监测项目或计划，但仍然有多个河段上出现了较为严重的水质问题，甚至可能对人类和生态健康产生严重的负面影响。拉普拉塔河及其支流的水环境管理在过去几十年中有所改善，但也存在持续改善的很大空间。例如，在《拉普拉塔河流域条约》或《南美共同市场协议》下的水质协定，通过水质协定建立全流域水质标准、监测协议、统一的水质法规、信息共享机制、透明数据库和为流域欠发达国家(玻利维亚和巴拉圭)的监测项目提供财政支持。现有的《南美共同市场协议》及其《南美环境框架协议》，以及流域5国的文化相似性都有利于促进流域水质领域的合作。

参 考 文 献

韩振中. 1999. 莱茵河流域的防洪措施与管理. 中国水利，5：43-44.

刘恒，陈霁巍，胡素萍. 2006. 莱茵河水污染事件回顾与启示. 中国水利，7：55-58.

路振山，张兴国. 1987. 国外重要环境事件始末——莱茵河污染事件的始末. 环境科学动态，12(5)：28-29.

外交部. 2021. 巴拉圭国家概况. [2021-05-16]. https://www.fmprc.gov.cn/web/gjhdq_676201/gj_676203/nmz_ 680924/1206_680950/1206x0_680952/.

王明远，肖静. 2006. 莱茵河化学污染事件及多边反应. 环境保护，34(1)：69-73.

Deutsch E. 2012. 1972 年《联合国人类环境会议的宣言》(《斯德哥尔摩宣言》)和 1992 年《关于环境与发展的里约宣言》. United Nations Audiovisual Library of International Law. [2020-12-15]. https://legal.un.org/avl/pdf/ha/dunche/dunche_c.pdf.

ABC Color. 2018. Argentina，preocupada por possible contaminación del río Paraguay. [2019-08-25]. http://m.abc.com.py/edición-impresa/locales/argentina-preocupada-por-posible-contaminacion-del-rio-paraguay-1700612.html.

Amestoy F. 2015. Terminal Evaluation：Reducing and Preventing Land-based Pollution in the Rio de la Plata/Maritime Front through Implementation of the FrePlata Strategic Action Programme. [2019-08-25]. https://erc.undp.org/evaluation/evaluations/detail/5392.

Argentina，Paraguay. 1971.Covenant to Study the Use of the Paraná River Resources. [2019-08-25]. http://www.comip.org.py/CONVENIO.pdf.

CARP，CTMFM. 2006. Transboundary Diagnostic Analysis Synthesis for Policymakers. [2019-08-25]. https://www.iwlearn.net/resolveuid/5410cdb3482ad8e93e76bd42239f5f58.

CARU(Commission Administration of River Uruguay). 1994. Siete Años de Estudios en Calidad de Aguas en el Río Uguguay. Paysandú(Uruguay)：Publicaciones de la Comisión Administradora del Río Uruguay. [2019-08-25]. http//:www.comisionriodelaplata.org/medio_ambiente.asp.

CIA World Factbook. 2020. Austria GDP-composition by sector. [2021-02-26]. https://www.indexmundi.com/austria/gdp_composition_by_sector.html.

COMIP(Comisión Mixta del Río Paraná). 2019. Calidad del Agua(Water Quality). [2019-08-25]. http://www.comip.org.ar/calidad-de-agua.

Derecho Internacional. 2010. Covenio relativo al Aprovechamiento de los Rápidos del Río Uruguay en la Zona de Salto Grande(1946). [2019-08-26]. http://www.dipublico.org/7033/convenio-relativo-al-aprovechamiento-de-los-rapidos-del-rio- uruguay-en-la-zona-de-salto-grande-1946/.

Donghi T H，Calvert A R，Eidt R C. 2021. Argentina. [2021-05-17]. https://www.britannica.com/place/Argentina.

EUR-Lex. 2000. Directive 2000/60/EC of the European Parliament and of the Council of 23 October 2000 establishing a framework for Community action in the field of water policy. [2020-10-15]. https://eur-lex.europa.eu/legal-content/EN/TXT/?uri=CELEX：32000L0060.

European Commission. 2000. The EU Water Framework Directive-integrated river basin management for Europe. [2021-02-02]. https://ec.europa.eu/environment/water/water-framework/index_en.html.

Export.org. 2021. Austria-Market Overview. [2021-02-26]. https://www.export.gov/article?series=a0pt0000000PAtDAAW&type=Country_Commercial__kav.

Federal Statistical Office. 2020a. Development of population numbers in Germany from 1990 to 2019. [2021-02-19]. https://www.statista.com/statistics/672608/development-population-numbers-germany/.

Federal Statistical Office. 2020b. Population. [2021-02-17]. https://www.bfs.admin.ch/bfs/en/home/statistics/population.html#24_ 1461223473462__content_bfs_en_home_statistiken_bevoelkerung_jcr_content_par_tabs.

FOCUS ECONOMICS. 2020. France economic outlook. [2021-02-25]. https://www.focus-economics.com/countries/ france.

Friedrich H，Grimm F. 2019. Elbe River. [2021-02-19]. https://www.britannica.com/place/Elbe-River.

GEF (Global Environment Facility). 2002. Environmental Protection and Sustainable Integrated Management of the Guaraní Aquifer. [2019-08-24]. https://www.thegef.org/project/environmental-protection-and-sustainable-integrated-management-guarani-aquifer.

GlobalEDGE. 2021. Germany：trade statistics. [2021-02-22]. https://globaledge.msu.edu/countries/germany/tradestats/.

Hasanov H. 2018. Aral Sea problem discussed in Ashgabat. [2021-01-19]. https://en.trend.az/casia/turkmenistan/2901008.html.

Himschoot P H，Fernández V，Arciet J，et al. 2004. Río de la Plata and its maritime front environmental information system and portal：tools used and lessons learned. Information Development，20 (4)：255-258.

ICPR. 2020a. Assessment Rhine 2020. [2021-03-30]. https://www.iksr.org/fileadmin/user_upload/DKDM/Dokumente/Broschueren/EN/bro_En_As sessment_%E2%80%9CRhine_2020%E2%80%9D. pdf.

ICPR. 2020b. "Rhine 2040" Programme：the Rhine and its catchment：sustainably managed and climate-resilient. [2021-03-30]. https://www.iksr.org/fileadmin/user_upload/DKDM/Dokumente/Sonstiges/EN/ot_En_Rhine_2040.pdf.

ICPR. 2021a. Programme "Rhine 2020". [2021-03-23]. https://www.iksr. org/en/icpr/rhine-2020.

ICPR. 2021b. Statistics on migratory fish. [2021-03-24]. https://www.iksr.org/en/topics/ecology/plants-and-animals/fish/statistics-on-migratory-fish.

IKSR. 2004. Rules of Procdeure and Financial Regulations of the ICPR. [2021-03-12]. https://www.iksr.org/fileadmin/user_ upload/DKDM/Dokumente/Rechtliche_Basis/EN/legal_En_Rules_of_Procedure_and_....pdf.

IKSR. 2021a. History. [2021-03-01]. https://www.iksr.org/en/icpr/about-us/history.

IKSR. 2021b. Convention on the Protection of the Rhine. [2021-03-01]. https://www.iksr.org/fileadmin/user_upload/DKDM/Dokumente/Rechtliche_Basis/EN/legal_En_1999.pdf.

IKSR. 2021c. Organisation. [2021-03-05]. https://www.iksr.org/en/icpr/about-us/organisation.

IKSR，2024a. Organisation. [2024-03-05]. https://www.iksr.org/en/icpr/about-us/organisation .

IKSR，2024b. Mandate Strategy Group 2022-2027.[2024-03-06]. https://www.iksr.org/fileadmin/user_upload/DKDM/Dokumente/Organisation/EN/org_En_Mandates_2022-2027.pdf .

IMF. 2020a. List of countries by GDP (nominal) per capita. [2021-02-17]. http://statisticstimes.com/economy/countries-by-gdp-capita.php.

IMF. 2020b. GDP of Bolivia. [2021-05-16]. https://statisticstimes.com/economy/country/bolivia-gdp.php.

Institue National de la Statistique et des Études Économiques (INSEE). 2020. Components of population changes，France. [2021-02-25]. https://www.insee.fr/en/statistiques/2382601?sommaire=2382613.

International Court of Justice (ICJ). 2010. Pulp Mills on the River Uruguay (Argentina v. Uruguay). [2021-05-23]. https://www.icj-cij.org/public/files/case-related/135/15873.pdf.

International Law Commission. 1974. Law of the non-navigational uses of international watercourses. Washtong DC (USA)：Yearbook of the International Law Commission，2：322-329.

James P E，Weinstein M，Vanger M I，et al. 2021. Uruguay. [2021-05-17]. https://www.britannica.com/place/Uruguay.

Leb C. 2017. IUCN Water Programme：The International Commission for the Protection of the Rhine. [2021-03-01]. https://www.iucn.org/sites/dev/files/import/downloads/rhine.pdf.

Liquisearch. 2021. River-Chemistry. [2021-05-06]. https://www.liquisearch.com/river/chemistry.

Lloyds Bank. 2021. Foreign trade figures of Argentina. [2021-05-17]. https://www.lloydsbanktrade.com/en/market-potential/argentina/trade-profile.

Loreley Info. 2021. The Rhein (Rhine) River.[2021-02-19]. http://www.loreley-info.com/eng/rhein-river.php.

McFarren P J，Arnade C W. 2021. Bolivia. [2021-05-16]. https://www.britannica.com/place/Bolivia.

Mechoso C R，Silva D P，Baethgen W，et al. 2001. Climatology and Hydrology of the Plata Basin：Cuenca del Plata// Berbery E H，Mechoso C R. A Document of VAMOS Scientific Study Group on the Plata Basin. [2019-08-24]. https://www.atmos.umd.edu/~berbery/laplata/.

Meghan A B. 2010. Argentines protest Uruguayan paper mills，2005—2008. Global Nonviolent Action Database. [2021-05-17]. https://nvdatabase.swarthmore.edu/content/argentines-protest-uruguayan-paper-mills-2005-2008.

Ministry of Environment and Sustainable Development (Paraguay). 2019. Comunidado a la Opinión Pública. [2019-08-25]. http//:www.mades.gov.py/2019/04/02/comunicado-a-la-opinion-publica/.

Nations Online. 2021. Brazil. https://www.nationsonline.org/oneworld/brazil.htm.

Nickson R A，Butland G J，Williams J H，et al. 2021. Paraguay. [2021-05-16]. https://www.britannica.com/place/Paraguay.

OAS/OSDE (Organization of American States/Office for Sustainable Development and Environment). 2005. Guarani Aquifer System：Environmental Protection and Sustainable Development of the Guaraní Aquifer System. [2021-05-07]. http://www.oas.org/dsd/Events/english/Documents/OSDE_7Guarani.pdf.

Observatory of Economic Complexity (OEC). 2021. Bolivia. [2021-05-16]. https://oec.world/en/profile/country/bol/.

OEC. 2020. Uruguay. [2021-05-17]. https://oec.world/en/profile/country/ury/.

OEC. 2021. Germany.[2021-02-22]. https://oec.world/en/profile/country/deu/.

Organization of American States. 2021. Agreement on River Transport on the Paraguay-Paraná Inland Hydroway. [2021-04-29]. http://www.sice.oas.org/services/english/sv_p234.asp.

Oteiza D，Oliveira W F，Denevan W M，et al. 2014. Río de la Plata. [2021-04-06]. https://www.britannica.com/ place/Rio-de-la-Plata.

Plecher H. 2020a. Germany：Share of economic sectors in gross domestic product（GDP） in 2021. [2021-02-19]. https://www.statista.com/statistics/295519/germany-share-of-economic-sectors-in-gross-domestic-product/.

Plecher H. 2020b. Netherlands：Distribution of gross domestic product (GDP) across economic sectors from 2010 to 2020. [2021-02-28]. https://www.statista.com/statistics/276713/distribution-of-gross-domestic-product-gdp-across-economic-sectors-in-the-netherlands/.

Presence Switzerland. 2017a. Geography—facts and figures. [2021-02-16]. https://www.eda.admin.ch/aboutswitzerland/en/home/umwelt/geografie/geografie-fakten-und-zahlen.html.

Presence Switzerland. 2017b. Export. [2021-02-17]. https://www.eda.admin.ch/aboutswitzerland/en/home/wirtschaft/uebersicht/ export.html.

Pruchnicki J，Parczewski W. 2009. Oder River. [2021-02-19]. https://www.britannica.com/place/Oder- River.

Rafaelli S. 2005. A Framework for Sustainable Water Resources Management in the La Plata Basin，with respect to the hydrological effects of Climatic Variability and Change. [2019-08-25]. http://www.oas.org/osde/Events/english/PastEvents/Salvador_Bahia/Documents/LaPlata.pdf.

Roider K A，Leichter O，Wagnleitner R F，et al. 2021. Austria. Encyclopedia Britannica. [2021-02-25]. https://www.britannica.com/place/Austria.

Rosenberg M. 2021. Geography，Politics，and Economy of Brazil. [2021-05-12]. https://www.thoughtco.com/geography-of- brazil-1435538.

Rowen H H，Heslinga M W，Wintle M J，et al. 2021. Netherlands. Encyclopedia Britannica. [2021-02-27]. https://www.

britannica.com/place/Netherlands.

Schleunes K A. 2021. Germany. [2021-02-18]. https://www.britannica.com/place/Germany.

Schulte-Wülwer-Leidig A. 2009. From an Opern Sewer to a Living Rhine River. [2021-03-01]. http://archive.riversymposium.com/index.php?element=09_SculteWL_Paper.

Schulte-Wülwer-Leidig A，Gangi L，Stötter T，et al.2018. Transboundary Cooperation and Sustainable Development in the Rhine Basin//Komatina D. Achievements and Challenges of Integrated River Basin Management. London：IntechOpen Limited.

Secretariat of the United Nations. 1968. Argentina and Uruguay：Treaty Concerning the Boundary Constituted by the River Uruguay (No. 9074). New York：United Nations Treaties Series，635：98-108.

Secretariat of the United Nations. 1973. Brazil，Argentina，Bolivia，Paraguay and Uruguay：Treaty of the River Plate Basin (No. 12550). New York：United Nations Treaties Series，875：3-16.

Secretariat of the United Nations. 1974. Brazil and Paraguay：Treaty concerning the hydroelectric utilization of the water resources of the Paraná River owned in condominium by the two countries，from and including the Salto Grande de Sete Quedas or Salto del Guairá，to the mouth of the Iguassu River (with annexes and exchanges of notes) (No. 13163). New York：United Nations Treaties Series，923：57-130.

Secretariat of the United Nations. 1982a. Uruguay and Argentina：Treaty concerning the Río de la Plata and the Corresponding Maritime Boundary (No. 21424). New York：United Nations Treaties Series，1295：293-330.

Secretariat of the United Nations. 1982b. Uruguay and Argentina：Statute of the River Uruguay (No. 21425). New York：United Nations Treaties Series，1295：331-356.

Secretariat of the United Nations. 1982c. Argentina and Uruguay：Statute of the River Uruguay. New York：United Nations Treaties Series，1295：331-355.

Secretariat of the United Nations. 1983. Brazil and Argentinay：Treaty for Developing the Shared Water Resources of the Frontier Sections o the Uruguay River and its Tributary，the Pepiri-Guazu River (No. 22370). New York：United Nations Treaties Series，1333：49-74.

Secretariat of the United Nations. 1984. Argentina and Paraguay：Treaty of Yacyretá (No.23141). New York：United Nations Treaties Series，1380：73-91.

Secretariat of the United Nations. 2003. Argentina，Brazil and Paraguay：Agreement concerning the hydroelectric facilities of Corpus and Itaipú (with annexes) (No. 39389). United Nations Treaties Series，2216：177-221.

Sinnhuber K A，Mutton A A. 2020. Rhine River. [2021-02-05]. https://www.britannica.com/place/Rhine-River.

StatisticsTimes. 2021. GDP of Brazil. [2021-05-12]. https://statisticstimes.com/economy/country/brazil-gdp.php.

The World Bank. 2020a. Austria. [2021-02-26]. https://data.worldbank.org/country/austria.

The World Bank. 2020b. Netherlands. [2021-02-27]. https://data.worldbank.org/country/netherlands.

The World Bank. 2020c. Uruguay. [2021-05-17]. https://data.worldbank.org/country/uruguay.

TRADING ECONOMICS. 2021. France GDP. [2021-02-25]. https://tradingeconomics.com/france/gdp.

UNECE. 2020. Public Participation. [2021-03-15]. https://unece.org/environment-policy/public-participation.

United Nation Treaty Collection. 2020. United Nations Treaty Series Online. [2020-06-12]. https://treaties.un.org/Pages/UNTSOnline.aspx?id=3&clang=_en.

Wachter D，Egli E，Maissen T，et al. 2021. Switzerland. Encyclopedia Britannica. [2021-02-15]. https://www.britannica.com/place/Switzerland.

Wintle M J，Meijer H，Heslinga M W，et al. 2021. Netherlands. Encyclopedia Britannica. [2021-02-27]. https://www.britannica.com/place/Netherlands.

Wong C M，Wikkuans C E，Pittock J，et al. 2007. World's top 10 rivers at risk. [2019-09-01]. https://wwfeu.awsassets.panda.org/downloads/worldstop10riversatriskfinalmarch13_1.pdf.

Workman D. 2020a. France's top trading partners. [2021-02-25]. http://www.worldstopexports.com/frances-top-import-partners/.

Workman D.2020b. Austria's Top 15 Trading Partners. [2021-02-26]. http://www.worldstopexports.com/austrias-top-15-import-partners/.

Workman D. 2020c. Austria's Top 10 Exports. [2021-02-26]. http://www.worldstopexports.com/austrias-top-10-exports/.

World Atlas. 2021a. Maps of Germany. [2021-02-18]. https://www.worldatlas.com/maps/germany.

World Atlas. 2021b. Maps of France. [2021-02-25]. https://www.worldatlas.com/maps/france.

World Atlas. 2021c. Maps of Austria. [2021-02-25]. https://www.worldatlas.com/maps/austria.

World Atlas. 2021d. Maps of Netherlands. [2021-02-27]. https://www.worldatlas.com/maps/netherlands.

World Atlas. 2021e. The Parana River. [2021-05-12]. https://www.worldatlas.com/articles/where-does-the-parana-river-flow.html.

World Atlas. 2021f. Major rivers of Argentina. [2021-05-17]. https://www.worldatlas.com/articles/major-rivers-of-argentina. html#：~：text=Major%20Rivers%20Of%20Argentina%20%20%20%20Rank，%20941%20miles% 20% 206%20 more%20rows%20.

World Water Assessment Programme. 2007. La Plata Basin Case Study：Final Report. [2019-09-01]. https://unesdoc.unesco. org/images/0015/001512/151252E.pdf.

第五章　国际河流生态系统管理

第一节　国际河流生态系统管理的产生与区域分布

20 世纪 60 年代之后，现代生态学开始蓬勃发展，特别是在“国际生物学计划”(1964～1974 年)以及“人与生物圈计划”(1971 年起)的推进下，系统生态学成为生态学研究的主流。也是在此大背景下，国际河流合作条约中逐渐出现了以生态系统管理为目标的内容。从前文第四章对国际河流水质管理相关条约中发现，自 1978 年开始，流域国开展国际河流水质合作管理的过程中，在双边和多边条约中出现“生态系统”一词的相关条款。为此，本章基于第四章所确定的水质管理条约，对流域生态系统保护或管理问题进行重新梳理，分析其中所涉及的“生态系统”作为合作管理的内容之一的发展情况，从中揭示其合作管理的具体目标或指标及其合作管理方法和路径。

从前文1950～2015年全球签订的65个国际河流水环境/水质管理协定/协议中搜寻出含“生态系统”内容的条约，其基本情况显示(表 5-1)：首先，在 1978～2012 年，共有 20 个条约涉及“生态系统”问题。其次，80%的条约主要分布于欧洲(11 个)和北美(5 个)的发达地区，并且有 1 个区域性公约正由联合国欧洲经济委员会推进为一个全球化的区域性公约，在欠发达的非洲和中美洲仅产生了 3 个相关条约，以及 1 个为由联合国大会批准、达到签约国数量而生效的一个全球性公约，亚洲和南美洲没有形成相关条约。最后，从条约签订时间上看，该问题最早出现于美国与加拿大 1978 年签订的《大湖水质协定》中，而且关于该问题的协商与协议一直在两国持续，欧洲紧随美国和加拿大签订了数量更多的、涉及更多河流的相关条约，而且既有双边、多边条约，也有区域性公约，在 1992 年可持续发展理念的确立、生物多样性公约的达成以及区域和全球范围内产生的多个区域性和全球性公约的推动下，非洲进入 21 世纪后开始关注这一问题，并先后在 2000 年的《南部非洲发展共同体共享水道修正案》和 2003 年的《坦噶尼喀湖可持续管理公约》涉及河流生态系统问题。由此可见，国际河流合作中关注生态系统问题发起并发展于发达的北美和欧洲地区，进而推进了其区域化和全球化的进程，并最终向欠发达地区扩展，如非洲地区，但至今还没有在亚洲和南美洲地区得到响应。

表 5-1 涉及生态系统管理内容的国际河流条约的分布情况

Table 5-1 Distribution of the international treaties involving in ecosystem conservation

区域	条约签订时间	条约/个			
		双边	多边	公约	合计
北美	1978～2012 年	5	0	0	5
中美洲	1987 年	1	0	0	1
欧洲	1990～2012 年	2	6	3	11
联合国	1997 年	0	0	1	1
非洲	2000～2003 年	0	1	1	2

第二节 生态系统管理内容及发展

从以上国际河流按照生态系统方式进行管理的条约分布情况可见，北美和欧洲是相关条约的主要分布区域，为此，本节对北美、欧洲及区域/全球性公约内所含“生态系统”管理具体涉及的领域或内容进行讨论，揭示其管理目标的发展趋势及特征。

一、北美大湖流域生态系统管理

1978～2012 年的 30 多年间，美国与加拿大就大湖流域的水环境管理问题共达成 5 个以“生态系统管理”作为目标之一的合作协定及其补充法令或议定书(表 5-2)，从文本内容中可以看到美加两国对大湖系统“生态系统管理”内涵及具体内容的诠释和变化。

(1) 1978 年《大湖水质协定》的总目标是“恢复和维持生态系统的化学、物理和生物完整性；防止生态系统被污染”，可见，当时对“生态系统”的理解是“化学、物理和生物的完整性”，所以其管理目标也就分为化学、物理和生物(包括微生物) 3 类目标，但是从该协定的具体目标上看，除了对大湖要进行分区管理外，其余都集中于控制污染、恢复和提高水质这个方面，可以说，当时虽然出现了生态系统概念，但在具体目标上却没有具体的体现，仍集中于对水污染的控制上，与之前的水污染控制协定没有多少区别。

(2) 1983 年《对 1978 年〈大湖水质协定〉的补充协定》修订了 1978 年《大湖水质协定》中的减少磷排放的目标，以使两个湖泊开放水域维持在贫营养化状态和解决密歇根湖藻类滋生问题，可以说此时的生态系统管理目标基本维持在 1978 年的概念上。

(3) 1987 年《对 1978 年、1983 年〈大湖水质协定〉补充协定的补充法令》，总目标在强调维持生态系统 3 类目标的基础上，加强消除持久性有毒物质。但对生态系统管理进行了新的诠释，如开展“全湖管理”，增加对沉积物、地下水、大气污染的控制要求，对重要湿地的恢复与保护和以关键物种作为指示种推动目标管理。类似于同期莱茵河 1987 年提出的“鲑鱼 2000”计划。

(4) 1997 年《对 1978 年〈大湖水质协定〉的补充法案》，在“恢复和维持流域生态系统水化学、物理和生物完整性”之后补充的主要内容是“消除或减少污染物排放”。对于生态系统的恢复和维持，该法案重申了全湖与分区管理计划，在污染源及污染物控制方面强调了“面源”污染控制，并再次强调重要湿地的保护。

(5) 2012 年《对 1978 年〈大湖水质协定〉的补充法令/议定书》(也称《2012 大湖水质协定》)，虽然仍旧被视为 1978 年协定的补充法令，但在协定目标和条款内容上有较大的调整。首先，该协定没有继续沿用对“恢复和维持流域生态系统水化学、物理和生物完整性”的规定，而是将总目标集中在几个宏观方面，包括保证高质量饮用水水源、不受环境质量约束的娱乐用水目标，维持本地物种的弹性、种群数量以及健康、有生产力的湿地和其他生境等。为了实现总目标，该协定细化出“生态系统目标”和“具体目标”两大部分条款，其中，生态系统目标是依据临时或长期生态条件(如水温、pH、溶解氧等物理参数，浮游生物、鱼等生物参数)，建立各湖及入湖河流具体目标；用生态系统方法评估各湖和 14 类受损严重区域的状态，恢复区域水利用；确定基于营养物质浓度和负荷(磷和其他)的湖泊生态系统目标，如伊利湖西部和中部开放水域维持在中营养状态，苏必利尔湖等 4 湖和伊利湖东部开放水域维持在贫营养状态，蓝藻生物量维持在不会对人类或生态系统健康构成威胁的毒素浓度水平；防止水生外来物种引入、控制或减少扩散等。

表 5-2 美国与加拿大间大湖水环境管理相关协定中的生态系统问题

Table 5-2 Ecosystem issue involved in the treaties of Great Lakes between USA and Canada

年份	条约名	总目标	具体目标	生态系统目标
1978	《大湖水质协定》	恢复和维持生态系统的化学、物理和生物完整性；防止生态系统被污染	制订分区管理目标；采取相同水质目标、制订和实施合作项目；实质性消除持久性有毒物质、控制热污染和放射性物质排放；限定特定污染物浓度和/或负荷；确定城市和工业污染物削减清单、建立污水处理厂并要求达标排放；减少和控制面源污染物排放；控制每湖的污染物负荷等	分区管理目标，物理目标、化学(水质)目标、生物/微生物目标
1983	《对 1978 年〈大湖水质协定〉的补充协定》	修订 1978 年协定减磷目标，满足生态系统目标	维持苏必利尔湖和休伦湖开放水域贫营养状态及相应的藻类生物量，美国努力消除密歇根湖藻类滋生问题；确定伊利湖及两国磷减排量；制订减排规划与措施	苏必利尔湖和休伦湖营养状态、藻类生物量控制；消除密歇根湖藻类滋生问题
1987	《对 1978 年、1983 年〈大湖水质协定〉补充协定的补充法令》	维持生态系统物理、化学和生物完整性；消除持久性有毒物质	制订和实施全湖管理计划，减少和控制对沉积物的污染；确定、评估和控制现有和潜在被污染地下水及其水源；采用关键生物指标作为湖泊生态系统管理目标；点源影响区面积、有毒物质效应控制；消除和减少非点源污染方案和措施；标识、保存和恢复受影响的重要湿地；减少大气沉降等	全湖管理；沉积物、地下水、大气污染控制；重要湿地恢复与保护；以关键生物指标作为管理指示目标

续表

年份	条约名	总目标	具体目标	生态系统目标
1997	《对 1978 年〈大湖水质协定〉的补充法案》	恢复和维持流域生态系统水化学、物理和生物完整性，消除或减少污染物排放	分区管理；污染控制，包括点源、面源、沉积物和淤泥、地下水和大气污染控制；减少、控制和消除污染物，如营养物质-磷、有害/危险物质、持久性物质；管理计划包括补救、应急和全湖管理，确定和保护重要湿地等	全湖及分区管理；重要湿地保护；点源、面源、沉积物和淤泥、地下水和大气污染控制
2012	《对 1978 年〈大湖水质协定〉的补充法令/议定书》（《2012 大湖水质协定》）	保证高质量饮用水源、不受环境质量约束的娱乐用水目标；恢复和保护物种和栖息地；推进建立和维持生态系统指标、审查和更新等	生态系统目标：依据临时或长期生态条件（如水温、pH、溶解氧等物理参数，浮游生物、鱼类等生物参数），建立各湖及入湖河流具体目标；减少伊利湖磷负荷造成的水体缺氧区；将藻类生物量控制在规定的毒素浓度水平下；苏必利尔湖、密歇根湖、休伦湖和安大略湖开放水域和伊利湖东部开放水域维持在贫营养状态，伊利湖西部和中部开放水域维持在中营养水平；防止水生外来物种引入、控制或减少扩散；生境（栖息地）与物种保护战略。实质性目标：减少、控制和防止点面源、船舶等危险、有害、放射性等物质排放；确认和评价被关注化学品来源、负荷及影响，制订控制战略；制订各湖及水域磷负荷和总磷负荷目标、减少计划等	分区管理；确定临时或长期生态条件（物理参数和生物参数）；水体缺氧区、藻类生物量管理；五湖不同水域营养状态控制目标；外来物种控制；生境（栖息地）与物种保护；各类污染源及污染物排放、控制标准及减排计划

综上，对于美加间极为重要的淡水系统——大湖流域来说，自 1978 年以来，两国围绕大湖区域不断出现的污染（水体与沉积物）问题、水体富营养化问题、藻类生物量激增问题以及外来物种入侵等，不断地调整合作管理重点，也不断细化其“生态系统”的内涵。从 1978 年《大湖水质协定》中“生态系统”只是一个新概念而已，核心目标仍然是水质中的化学目标，到 1983 年《对 1978 年〈大湖水质协定〉的补充协定》中增加了控制水体营养状态和藻类生物量的条款，即生态系统管理关注到对水体营养物质含量和藻类生物量增加所表现出来湖泊水体营养状态恶化问题；1987 年将生态系统管理目标和方法进行了扩充，污染控制方面从地表污染扩展到大气污染，从水体污染扩展到沉积物污染、地下水污染，管理目标也从污染控制扩展到对重要湿地的标识并恢复，管理方法上增加以关键生物作为指示种进行综合管理；1997 年《对 1978 年〈大湖水质协定〉的补充法案》中虽然没有对生态系统管理内容进行进一步的细化，但扩充了管理计划的内容，在全湖和分区管理计划基础上，增加了补救计划和应急计划内容；2012 年《对 1978 年〈大湖水质协定〉的补充法令/议定书》（《2012 大湖水质协定》）则体现了当前对“生态系统”的理解，真正包括了水体的物理目标、化学目标、生物及其生境/栖息地目标，涉及各类污染源、被污染体的排放控制、对外来生物的控制、对当地物种生境的管理与恢复、对不同水体及水域营养状态的差别管理。

二、欧洲国际河流生态系统管理

欧洲国际河流水环境管理协定中纳入生态系统理念或方法明显晚于美国与加拿大对大湖流域的合作管理。从表 5-3 所列的欧洲多边、双边乃至区域性公约情况看，11 个相关条约所涉及的河流较多，东西欧国家均有分布，且其发展速度比较快；以多边条约为主，仅有两个条约为双边条约，其中 1998 年葡萄牙与西班牙签订的协定涉及两国间多条河流，相关条款在两国之间具有普遍意义；至 20 世纪末，在多瑙河和莱茵河的实践基础上，欧洲区域甚至产生了两个区域性公约和 1 个区域公约的附加法案。

表 5-3 欧洲国际河流水环境管理条约/公约中的生态系统问题

Table 5-3 Ecosystem issues in the treaties/conventions on water quality management of the international rivers in Europe

年份	条约名称	适用流域/区域	条约类型	与“生态”/“生态系统”相关的条款内容
1990	《易北河保护国际委员会公约》	易北河	多边	努力保证河流水资源作为饮用水和农业用水目标；拥有健康的、物种多样性的自然生态系统
1992	《跨境水道和国际湖泊保护与利用公约》	欧洲跨境河流	多边	合作防止、控制和减少有害物质排放、跨境污染，减少陆源物质对海洋环境，特别是沿海地区造成富营养化、污染，保护和必要时恢复生态系统；更为严格的点源排放标准，并监测和控制；减少面源输入的措施；确定跨境影响的水质目标和标准时，应考虑敏感、受保护水体(湖泊与地下水)的具体要求，基于生态分类方法和化学指标法的水质维护和改善评价及保护措施
1994	《多瑙河保护与可持续利用合作公约》	多瑙河	多边	防止、控制和减少危险物质及营养物进入多瑙河和黑海，对水生环境造成重大不利跨境影响；保护生态系统、采取预防性措施；防止对现有或未来饮用水水源的地下水及区域的污染，降低意外污染的风险；评估不同生境要素对河流生态的重要性，提出改善河流水生和河岸生态条件的措施
1996	《保护奥得河国际委员会公约》	奥得河	多边	维护河流和近海生态系统天然特征；基于未来用水目标、保护波罗的海和河流(水生及沿岸)生态系统的特殊条件，评估河流生态系统、水污染状况等；记录生境要素的生态重要性，起草维护、恢复和保护河流生态系统草案等
1998	《保护和持续利用两国间河流水资源的合作协定及附加法案》	杜罗河等 5 河	双边	协调推进和保护两国(西班牙和葡萄牙)间地表地下水资源的良好状况，实现水资源的可持续利用，减小洪水、干旱缺水影响；合作实现水域良好状态或生态潜力；确定需要保护的水域，如饮用水水源、敏感区、脆弱区、水生物种保护区、具有特殊保护地位的区域
1999	《莱茵河保护公约》	莱茵河	多边	莱茵河生态系统的可持续发展，特别是维护和改善河流水质，包括悬浮物质、泥沙和地下水质量，尽可能避免、减少或消除点面源，经地下水和航运进入水体的有害、营养物质污染；减少生物污染，保护生物多样性；维护、提高和恢复溪流天然功能，维持、保护和恢复天然冲积平原特征，以及水体、河床、河岸及邻近区域的野生动植物天然栖息地；改善鱼类的生存条件、恢复其自由迁徙；开发水体时考虑生态需求，如在洪水保护区域内、航行和水电利用时，保证莱茵河作为饮用水水源

续表

年份	条约名称	适用流域/区域	条约类型	与“生态”/“生态系统”相关的条款内容
1999	《关于1992年〈跨境水道和国际湖泊保护与利用公约〉的水与健康法令》	欧洲跨境河流	多边	通过提高水管理、保护水生态系统等，保护人类健康、提高人类福祉。在实现水资源可持续利用、保护水生态系统等的综合水管理系统框架内，预防、控制和减少与水有关的疾病；建立充分保护人类健康和环境的适当卫生标准；有效减少和消除对人类健康和水生态系统有害的物质排放；缔约方之间有跨境水资源的，应适当合作以相互协助防止、控制和减小与水相关疾病的跨境效应
2000	《欧盟水框架指令》	欧洲跨境河流	多边	在流域管理计划中确定地表水、地下水和需保护区域；框架生效15年后，保护、加强和恢复地表水体实现好的地表水状态目标，所有人工和重大改变水体实现好的生态潜力和地表水化学状态目标；对特别保护的地表水和地下水或直接依赖于水的栖息地和物种区域进行登记、建立保护区域。监测：地表水包括流量、水位或流速及生态和化学状况、生态潜力，地下水包括其化学和水量状况
2002	《萨瓦河流域框架协定》	多瑙河	多边	为保存、保护和改善水生生态系统、航运等提供充足的水量和适宜的水质；防止水(洪水、地下水升高、侵蚀和冰灾)的有害影响等
2003	《喀尔巴阡山地区保护与可持续开发框架公约》	多瑙河	多边	确保可持续、平衡和公平用水，适当污水处理和卫生条件实现充足优质的地表水和地下水供应；推进保护天然水道、湖泊和地下水资源、湿地及其生态系统，避免自然和人为活动负面影响等政策的出台
2012	《关于德涅斯特河流域可持续开发与保护领域的合作条约》	德涅斯特河	双边	公平合理利用水资源，确保清洁饮用水人权，特别是要考虑人类和生态系统需求；预防、减少、控制或消除水污染，避免可能导致流域生态系统状况恶化的活动；防止引入可能对流域生态系统造成不利影响的外来物种；消除鱼类洄游的人为障碍；保护重要湿地、自然景观、生态系统和流域内候鸟、哺乳动物；建立水域保护区；定期评估流域水和生态系统状况；定期交流和提供流域水状态的合理可用数据和信息，特别是水文、水化学、水生生物、气象、生态等

依据表5-3所列的11个条约，以时间和涉及河流对欧洲以生态系统方法推进国际河流合作管理的发展进程进行概括和分析。

(1)多瑙河及与其连通河流的生态系统管理目标：直接涉及多瑙河及其支流的条约有3个，另有两个条约所涉及的易北河和奥得河均通过人工运河与多瑙河相连，且缔约方大多相同，在此合并分析。3个与多瑙河密切相关的条约中最具代表性的是1994年由境内流域面积超过2500km^{2}的多瑙河流域国签订的《多瑙河保护与可持续利用合作公约》，从该公约中的相关条款内容看，当时流域国保护流域生态系统的重点是控制污染，包括防止对现有或未来饮用水水源的地下水及区域的污染，其次才关注与河流生态相关的生境要素，要求改善水生环境和河岸生态状况；另两个分别于2002年和2003年由多瑙河部分流域国签订的支流协定与区域框架公约，保护河流生态系统的内容包括保证充足的水量和适宜水质，以及保护地表水(天然水道与湖泊)、地下水和湿地。在1990年由捷克、欧经委、德国和斯洛伐克签订的《易北河保护国际委员会公约》中，河流自然生态系统是一个健康且物种多样的系统；1996 年由捷克、欧盟、德国、波兰签订的《保护奥得河国际委员会公约》中，河流生态系统包括水生生态系统和河岸生态系统，为保护该系统需要评估不同生境要素的生态重要性；这一点与 1994 年的《多瑙河保护与可持续利用合作公约》中对生态系统保护的表述一致。从以上情况看，涉及多瑙河流域生态系统保护与维护的条约产生于 1990～2003 年，对于具体的河流生态系统管理没有形成一个明确的概念内涵及方案，核心内容仍集中于水量和水质的保障，以满足各类用水目标需要，生态系统仅仅是一个大致的系统概念，包括地表和地下水体、河岸区域、湿地及其所含的生物。

(2) 莱茵河保护中的生态问题：从第四章对莱茵河污染治理历程、流域国间相应的水质水环境问题协定的详细介绍可知，莱茵河是国际河流上最早就水环境问题开展合作的地区，1950 年卢森堡、比利时和法国签订了最早的水污染管理国际条约《就污染水域建立三方常务委员会协议》(附表 4)。在此之后，莱茵河的流域国不断推进各领域的合作，包括干支流水污染控制方面的协议，如 1961 年协议、1976 年公约和 1991 年法案等，但至 1999 年 5 个莱茵河流域国(荷兰、卢森堡、德国、瑞士和法国)之间签订的《莱茵河保护公约》(以下简称 1999 年公约)，才出现了较多的“生物、生态”等内容，包括实现河流生态系统的可持续发展、减少有害物质的生物污染、保护生物多样性、改善鱼类生存条件、开发水体时考虑生态需求等。从相关条约产生的时间来看，欧洲总体上似乎比北美洲产生相关国际条约晚了许多，但从第四章对莱茵河水污染治理与生态修复情况看，1999 年公约缔约方在实施莱茵河“鲑鱼 2000”计划过程中逐步厘清了对“河流生态系统”的理解和认识，认为莱茵河保护应该包括维护和改善悬浮物、泥沙和地下水等在内的河流水质；减少生物污染、保护生物多样性；维护、提高和恢复溪流天然功能、天然冲积平原特征以及水体、河床、河岸及邻近区域的野生动植物天然栖息地；改善鱼类的生存条件、恢复其自由迁徙；开发水体(在洪水保护区域内、航行和水电利用)时考虑生态需求，等等。可见，此公约的生态系统内涵已经增加了许多新内容和概念，不仅包括生物个体及其系统，还有该生物及其系统维持与发展所必需的环境，如溪流与水体、河床、河岸、湿地及冲积平原等栖息地的生态条件(物理、化学、生物)及其功能维持(河道连通性、减少污染、饮用水水源)等。

(3) 其他河流的生态系统管理目标：除了以上著名的多瑙河和莱茵河之外，欧洲还产生了两个双边国际河流水环境管理协定，分别是 1998 年西班牙与葡萄牙签订的《保护和持续利用两国间河流水资源的合作协定及附加法案》和 2012 年乌克兰与摩尔多瓦签订的《关于德涅斯特河流域可持续开发与保护领域的合作条约》。其中，1998 年，西班牙与葡萄牙间的《保护和持续利用两国间河流水资源的合作协定及附加法案》涉及两国间 5 条国际河流水资源利用与保护，除如何利用跨境水资源外，对于河流或其水资源的保护，要求协调保护地表地下水、合作实现水域良好状态或生态潜力，确定需要保护水域，如饮用水水源、脆弱区、水生物种保护区等，其“生态”理念涵盖地表地下水的联合保护、水域的分区管理以及所谓的“水域的良好状态或生态潜力”三个方面。2012 年的《关于德涅斯特河流域可持续开发与保护领域的合作条约》是欧洲国际河流水资源开发与保护领域的一个双边条约，核心目标是公平合理利用水资源、控制污染、保护流域生态系统，其间引入了大量“生态”的内容，如防止引入可能对流域生态系统造成重大影响的外来物种、消除鱼类洄游的人为障碍，保护重要湿地、自然景观、生态系统和流域内候鸟、哺乳动物，建立水域保护区，定期评估流域水和生态系统状况；定期交流和提供流域水状态的合理可用数据和信息，特别是水文、水化学、水生生物、气象、生态等，即德涅斯特河中的保护“生态或生态系统”是防控外来物种，削减水污染，保护生境、湿地、自然景观、河道鱼类通道及水生生物等。

(4) 区域性公约中的生态系统管理目标：截至 2021 年，欧盟和联合国欧经委发布了 3 个涉及国际河流水资源管理框架公约：一是正在走向全球化的欧洲区域性公约——1992 年的《跨境水道和国际湖泊保护与利用公约》；二是在 1992 年公约基础上增加内容的 1999 年的《关于 1992 年〈跨境水道和国际湖泊保护与利用公约〉的水与健康法令》；三是 2000 年的《欧盟水框架指令》。其中，联合国欧经委 1992 年公约和 1999 年的法令，分别涉及对流域乃至海洋区域，特别是近海岸地区“生态”问题的考虑，如合作防止、控制和减少有害物质排放、跨境污染，减少陆源物质对海洋环境，特别是沿海地区造成富营养化、污染，保护和必要时恢复生态系统；确定跨境影响的水质目标和标准时，应考虑敏感、受保护水体(湖泊与地下水)的具体要求，基于生态分类方法和化学指标法的水质维护和改善评价及保护措施；在保护水生态系统等的综合水管理系统框架内，预防、控制和减少与水有关的疾病，建立充分保护人类健康和环境的适当卫生标准，有效减少和消除对人类健康和水生态系统有害的物质排放等，说明虽然水生生态系统保护与恢复被纳入了水综合管理系统，但重点仍旧是污染控制，包括点源、面源、地下水及湖泊等。《欧盟水框架指令》发布于 2000 年，是至今最为具体、严格和详细的水资源管理框架，一项区域性法令既确定了管理目标、指标、标准，又确定了实施时间及达标要求，这是前所未有的。其间，涉及“生态”的内容主要有：在流域管理计划中确定地表水、地下水和需保护区域；框架指令生效 15 年后，保护、加强和恢复地表水体实现好的地表水状态目标，所有人工和重大改变水体实现好的生态潜力和地表水化学状态目标；对特别保护的地表水和地下水或直接依赖于水的栖息地和物种区域进行登记，建立保护区域；监测指标中有地表水的流量、水位或流速及生态和化学状况、生态潜力，地下水的化学和水量状况。可见，该框架指令中的流域管理计划包括了地表水、地下水、重要生物栖息地等分区管理计划，明确了地表水体和地下水的状态目标或生态潜力目标，目标监测中包括物理、化学和生物指标，是一个全面的定性与定量的管理体系。

从以上欧洲地区的相关跨境河流国际条约的区域分布及发展上看，多瑙河、莱茵河及其他河流在水质改善、生态恢复实践与区域性公约的形成与发展中形成了一个相互推进发展过程。从相关条约、公约中对“生态”或“生态系统”的表述上看，从最开始的“物种/生物多样性、河流生态、生态条件、生态分类”向“良好状态、生态潜力、物种保护区、栖息地”以及“天然功能、天然特征、(鱼类的)生存条件、生态需求”不断丰富其内涵，逐步推进对“河流生态系统”要素、结构与功能的内涵明确规定。系统的组成要素方面有水体/水域的物理要素、化学要素和生物要素；系统结构方面有地表水、地下水、泥沙、悬浮物质、河床、河岸、湿地、河流、湖泊、自然景观、天然水道等；系统功能方面有饮用水水源、栖息地、敏感区、脆弱区、(地表水)状态目标、富营养化、生物污染、(鱼类的)生存条件与自由迁徙等。可以说，欧洲国际河流的生态系统管理已经实现了从关注污染控制方案、技术和监督向基于生态良好的系统管理方向发展，构建了一个全面的定性与定量的管理体系，从水资源综合管理系统、流域管理体系、分区管理计划到包括物理、化学和生物监测指标和不同水体生态状态目标或生态潜力目标实施框架。

三、非洲国际河流生态系统管理

21 世纪初，在西方国家，特别欧洲国家的支持与协助下，非洲国际河流的合作管理得以推进，非洲国家通过效仿的方式签订了一个区域性公约和一个流域性公约，分别是 2000 年由南共体 14 国修订完成的《南部非洲发展共同体共享水道修正案》和 2003 年由布隆迪、刚果(金)、坦桑尼亚和赞比亚 4 国签订的《坦噶尼喀湖可持续管理公约》(表 5-4)，仅从条约名称：“共享水道”和“可持续管理”就可以看到它们在签订条约时的时代特征。

表 5-4　非洲国际河流条约及联合国水道公约中的生态/生态系统管理

Table 5-4　Ecological or/and ecosystem issues involved in the treaties of international rivers' in Africa and the UN watercourse convention

年份	条约名称	流域	与“生态”/“生态系统”相关的条款内容
2000	《南部非洲发展共同体共享水道修正案》	区域内河流	增强共享水道的可持续、公平和合理的利用；促进适当技术的应用；防止、减少和控制污染，防控可能对其他水道国或其环境造成重大损害，包括对人类健康或安全、对有益水利用或对水道生物资源造成损害的水污染和环境退化，协商制订共同的水质目标和标准，建立将禁止、限制、调查或监测进入水道的物质清单，防止将外来物种或新物种引入

续表

年份	条约名称	流域	与“生态”/“生态系统”相关的条款内容
2003	《坦噶尼喀湖可持续管理公约》	刚果河	保证不造成跨境负面影响；防止、控制和减少点面源、船只、流域内有毒或有害物质对湖及环境的污染；对可能的跨境负面影响计划和规划尽早通知秘书处、其他缔约国，进行环境影响评价，对影响进行协商，制订协调或联合预警和应急计划，以减小不利影响的风险；交流水文、气象、生态特征及水质监测等流域和生物多样性信息
1997	《国际水道非航行使用法公约》	全球	保护和保全国际水道生态系统，预防、减少和控制可能造成重大损害，包括对人体健康或安全、对水的有益使用或对水道生物资源造成损害的污染；协商预防、减少和控制污染的措施和方法；防止可能对水道生态系统有不利影响，造成重大损害的外来物种或新物种引入；保护和保全包括河口湾在内的海洋环境

从非洲产生了两个公约(表 5-4)的情况看，一个是区域性公约，一个是多边条约，一定程度上体现了非洲地区国际河流利用和保护中有代表意义的原则和内容。

(1)2000 年，南共体将其于 1998 年生效的《南部非洲发展共同体区域内共享水道系统议定书》重新修订为《南部非洲发展共同体共享水道修正案》。修正案中细化和新增了污染控制、避免重大跨境损害方面的内容，在生态或水生生物保护方面，增加了污染或环境退化可能对水生生物造成损害的防控条款，以及防止外来物种入侵或物种引入条款。生态问题即当地水生生物保护问题。

(2)2003 年，作为非洲著名大河——刚果河流域中的一个重要湖泊——坦噶尼喀湖，其周边的 4 个国家签订了一个多边的《坦噶尼喀湖可持续管理公约》，其目标是建立一个流域委员会负责湖泊污染的协调管理。该公约对“生态”的相关描述较少，仅为交流各国管辖范围内的湖泊生态特征和生物多样性信息，在没有明确生态特征具体内涵时，该公约中的生态问题即生物多样性问题，即(水生)生物物种信息。

由以上可见，关于非洲国际河流管理中的生态问题，在 21 世纪初时，非洲的国际河流流域国或区域性国际机构对流域生态或流域生态系统管理的核心内容是水污染对水生生物的危害和生物物种的保护。

四、联合国《国际水道非航行使用法公约》中的生态系统管理

《国际水道非航行使用法公约》是 1997 年联合国大会通过的第一个国际河流水资源利用与管理的公约，该公约最终于 2014 年在达成签约国数量要求后正式生效，是目前为止唯一一个生效的、旨在实现跨境水资源最佳利用与保护的全球性框架公约。

该公约(表 5-4)在其第四部分“保护、保全和管理”中，相关规定有：保护和保全国际水道生态系统；预防、减少和控制可能造成重大损害，包括对人体健康

或安全、对水的有益使用或对水道生物资源造成损害的污染；协商预防、减少和控制污染的措施和方法；防止可能对水道生态系统有不利影响，造成重大损害的外来物种或新物种引入；保护和保全包括河口湾在内的海洋环境。从这些规定内容看，作为一个全球性框架公约，该公约将跨境流域生态和生态系统问题概括为水生生物、水道及包括河口湾在内的环境问题。

第三节 国际河流生态系统管理案例——大湖流域

一、流域概况

大湖流域(the Great Lakes)，是指位于北美中东部美国与加拿大边界地区的五个相互连接的深水湖及其汇入河流构成的一个汇流区。五个湖泊从西向东分别是苏必利尔湖、密歇根湖、休伦湖、伊利湖和安大略湖，湖区南北宽约 1104km、东西长(从苏必利尔湖至安大略湖)约 1376km，湖泊水面面积约 24.4 万 km^2，流域总面积约 52 万 km^2(图 5-1 和表 5-5)，湖区拥有超过 1.7 万 km 的湖岸线，2000km^2 的滨湖湿地。流域自流入苏必利尔湖的圣路易斯河(St. Louis River)起，经五湖、圣劳伦斯河，加上各入湖河流及其支流、人工渠道，至圣劳伦斯湾到大西洋，构成了一个美加内陆与大西洋之间的通道。五大湖区是美国与加拿大之间的天然边界，1909 年美国与加拿大签订的边界协定确定了两国间大湖区边界的具体走向，其中除密歇根湖外，其余 4 个湖泊均为美国与加拿大之间的界湖，两国在大湖流域以湖为界的边界线约为 1200km；大湖总水量约 $2.27\times10^4km^3$，因其面积之大、水量之多、湖水之深、水浪之激等，也被称为“内陆海”(US-EPA，2021a；World Atlas，2021a)。其淡水储量约占美国淡水量的 90%，北美地表淡水的 84%，世界淡水资源的 21%，构成了世界最大的淡水水体(以水面面积计)，也是世界上 14 大湖泊之一，更是世界上最大的地表淡水生态系统之一，支撑了拥有 3500 多种动植物的复杂生态系统。各湖及其支流的鱼类群落是北美鱼类种群的主要代表，其中湖泊中的重要鱼类包括：白鱼、湖鲱、湖鳟、鲑鱼，以及大量分布于较浅、较温暖的水域中的白鲈、大眼蓝鲈、鲈鱼和鲇鱼等 170 多种。

大湖流域拥有许多岛屿和半岛，岛屿约 3.5 万个，其中，位于休伦湖中的马尼图林岛(Manitoulin Island)，面积约 2760km^2，是世界上淡水湖中最大的岛屿，其岛上还有大量的湖泊，其中的马林图湖又是世界上淡水岛屿上最大的湖泊，位于苏必利尔湖西北部的罗亚尔岛(Isle Royale)，面积 535km^2，是五湖的第二大岛，也是世界第四大湖泊岛屿。著名的半岛有安大略半岛、密歇根上半岛和密歇根下半岛。

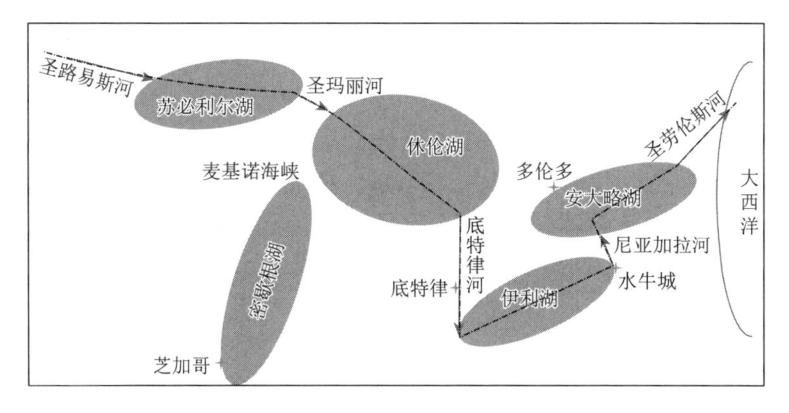

图 5-1　大湖流域水系概图

Figure 5-1　The river system of the Great Lakes watershed

表 5-5　低水位状态下大湖流域五大湖基本情况

Table 5-5　Background information of the five lakes at low water

项目	苏必利尔湖	密歇根湖	休伦湖	伊利湖	安大略湖	合计
长/km	563	494	332	388	311	
宽/km	257	190	295	92	85	
平均水深/m	147	85	59	19	86	
最大水深/m	406	282	229	64	244	
水量/km^3	12100	4920	3540	484	1640	22684
湖面面积/万 km^2	8.21	5.78	5.96	2.57	1.896	24.416
流域面积/万 km^2	12.77	11.8	13.41	7.8	6.403	52.183
换水周期/年	191	99	22	2.6	6	
各湖汇水区/流域内人口/万人	67.3	120.5	300	124	560	1171.8

资料来源：NOAA-Great Lakes Environmental Research Laboratory，2021；US-EPA，2021a。

(1) 苏必利尔湖 (Lake Superior)：位于大湖流域的西、北端，海拔约为 184m，湖面面积 8.21 万 km^2，如果以湖面面积计，它不仅是五湖中最大的，也是最深和最冷的，更是世界上最大的淡水湖。该湖东西长 563km，南北宽 257km，平均水深 147m，最大水深 406m，也是五湖中最深的湖。该湖通过圣玛丽河 (St. Mary River) 以平均 2140m^3/s 的水量注入休伦湖，湖体水量的换水周期约为 191 年。湖周边涉及加拿大的安大略省和美国的明尼苏达州、威斯康星州以及密歇根州，较大的居民区或城市有安大略省桑德贝和苏圣玛丽，明尼苏达州的德卢斯、密歇根州的马凯特等。

(2)密歇根湖(Lake Michigan)：位于苏必利尔湖以南、休伦湖以西，是美国的内湖，湖周涉及美国 4 个州，分别是密歇根州、威斯康星州、伊利诺伊州和印第安纳州，湖面面积约 5.78 万 km^2，以湖面面积算，是五湖中的第三大湖，但如果以水量计的话，则居五大湖中的第二(表 5-5)；该湖南北长 494km，东西宽 190km，平均水深 85m，最大水深 282m。密歇根湖向北流，通过麦基诺水道(Straits of Mackinac)以平均 1350m^3/s 的水量汇入休伦湖(Beeton，2020)，该湖沿岸著名城市是伊利诺伊州的芝加哥和密歇根州的本顿港。

(3)休伦湖(Lake Huron)：基本与密歇根湖位于同一纬度上，无论湖面面积还是流域面积均略大于密歇根湖，湖面面积 5.96 万 km^2，为五大湖中的第二大湖，位于加拿大安大略省与美国密歇根州之间，该湖东北宽 295km，南北长 332km，平均水深 59m，最大水深 229m。该湖经圣克莱尔河(St. Clair River)和底特律河(Detroit River)以平均 5180m^3/s 的出水量注入伊利湖。沿湖较大的居民点有安大略省的萨尼亚市，密歇根州的底特律。

(4)伊利湖(Lake Erie)：位于五大湖的最南端，海拔约为 173m，湖体总体呈西南—东北向，湖南岸是美国的密歇根州、俄亥俄州、宾夕法尼亚州和纽约州，北岸仍为加拿大的安大略省，湖面面积为 2.57 万 km^2，就湖面面积来说，该湖在五大湖中位居第四，但水量是五大湖中最小的，也是最浅和最暖的。该湖东西长 388km，南北宽 92km，平均水深 19m，最大水深 64m，且在湖深方面呈西浅东深的状况。伊利湖以平均 5720m^3/s 的出水量，通过尼亚加拉河(Niagara River)和尼亚加拉瀑布(Niagara Falls)与安大略湖相连，其间有部分水量通过韦兰运河(Welland Canal)从伊利湖直接调到安大略湖用于发电，该湖沿岸较大的城镇有纽约州的布法罗，宾夕法尼亚州伊利，俄亥俄州的托莱多和克利夫兰等。

(5)安大略湖(Lake Ontario)：位于流域东部，湖面面积约 1.9 万 km^2，是五湖中最小的，湖北及西北岸为加拿大的安大略省，南及东南岸为美国的纽约州。该湖东西长 311km，南北宽 85km，平均水深 86m，最大水深 244m，是五大湖中第二深的湖泊，以平均 6850m^3/s 的出水量通过圣劳伦斯河连接到圣劳伦斯湾和大西洋。沿湖分布有较多和较大的城市，包括加拿大的多伦多、金斯顿和哈密尔顿以及纽约州的罗切斯特。

大湖流域的水源补给主要为降水，流域内降水空间分布呈现：从西向东、从北向南逐步增加的特征。各湖年平均降水量分别为：苏必利尔湖 760mm，密歇根湖和休伦湖 790mm，伊利湖 860mm，安大略湖 910mm。湖泊水位年内变化总体上在 0.3～0.6m，最高水位通常出现在每年夏季的中期，最低水位则在冬季后期。

大湖流域在水资源开发进程中存在一定程度的流域外调水情况，既有调入也有调出，但调出入水量基本相当，即从哈得孙湾(Hudson Bay)的汇入河流中通过长湖(Long Lake)—奥戈基河(Ogoki River)调水入苏必利尔湖，将密歇根湖的水通过芝加哥运河和芝加哥河调出入德斯普兰斯河(Des Plaines River)和伊利诺伊河(Illinois River)。湖水量的调入与调出以及大量的消耗性用水造成湖泊水位的变化，包括水位上升引起湖岸侵蚀、对湖岸土地所有者财产造成损失，而水位下降则对航运、基础设施等造成影响(Beeton，2020)。

二、流域经济发展及水资源利用概况

(一)流域社会经济发展简况

大湖流域分别涉及加拿大的安大略省和魁北克省(小部分)，美国的明尼苏达州、密歇根州、威斯康星州、伊利诺伊州(部分)、印第安纳州(部分)、俄亥俄州、宾夕法尼亚州(部分)和纽约州(部分)共8个州和2个省158个县、13个主要的城市群(US-EPA，2021a)。2015年，五大湖流域人口约1.17亿[关于流域内人口，美国环境保护局在其2021年4月更新的网站上数字为:流域内人口超过3000万，美国一侧人口和加拿大一侧人口分别占美国总人口的约10%、占加拿大总人口的30%以上。据美国和加拿大的2020年人口统计数据，美国一侧8个州总人口约7600万，加拿大2个省的总人口约2300万，因此，至2020年底流域内8州、2省的总人口约为9800万(US-REAP，2021；Canadian Demographics，2021)]，提供510万个工作岗位，GDP为6万亿美元，约等于当时美国GDP的1/3；如果将其视为一个独立整体的话，它则会是世界第三大经济体，甚至大于美国与墨西哥、中国、英国、德国和日本的贸易总和；仅美国和加拿大双边贸易额就达2780亿美元，相当于两国间贸易额的25%，每年的货物运输量超过2亿t。流域内主要产业包括：制造业(汽车、航空及造船等)、农业、采矿与能源、航运与物流、教育与卫生、旅游和金融等。五大湖区不仅是北美工业发展的核心区，也是一个门类齐全综合发展的区域，为此五大湖区的经济被称为“北美增长的引擎”(Desjardins，2017)。

大湖流域社会经济发展的动力首先源于17世纪以来其从大西洋直通北美洲内陆的便利水路通道，之后大湖周边广阔森林和肥沃土地资源促进了区域林业和农业的发展，吸引了大量人口迁入和聚集，沿岸及近岸地区丰富的矿产资源，如煤、铁、铜、盐等逐步得到开发。经过一个多世纪的大规模开发，五大湖区已经成为制造业、国际航运、创新研究与发展的中心，形成了多个沿湖城市群，如沿密歇根湖西岸的威斯康星州密尔沃基、拉辛至西南岸的伊利诺伊州芝加哥、南岸的印第安纳州加里，沿伊利湖西岸从密歇根州底特律向南延伸、南岸的俄亥俄州托莱多、桑达斯基、洛雷恩和克利夫兰等，以及沿安大略湖北岸的多伦多、哈密尔顿等。大湖的丰沛水资源不仅支持了以上资源的开发，而且也支撑了湖周大型工业与大城市的发展(Michigan Sea Grant，2019)。

大湖流域在塑造美国和加拿大的自然、社会和经济格局方面发挥着重要作用，包括以下几个主要方面(World Atlas，2020b)。

(1)渔业：几千年以来，大湖流域就是周边居民的重要食物来源，深浅不一、水温不一的湖泊为众多的鱼类提供了理想的栖息地，商业捕鱼曾经是湖区的主要产业之一。但因最具商业价值物种的减少导致规模化商业捕鱼崩溃，目前的商业捕捞的鱼种数量有限。产业发展的重点已转向以鲑鱼(银鲑、契努克鲑)、鳟鱼(湖鳟、虹鳟)和蓝鲈为基础的休闲渔业，并且已发展成为主要产业(US-EPA，2021b)，甚至成为极具吸引力的旅游休闲项目。

(2)水力发电：丰沛的水资源支撑了流域内的水电开发，并使之成为流域内的主要产业之一。

(3)农业：五大湖流域丰富的水源与肥沃的土地资源，使之成为发展种植业和畜牧业的理想区域。五大湖流域美国一侧，湖周近 50%的县域以农业发展为主，农业产值占美国农业总产值的 7%；加拿大一侧，该国 25%的农业位于流域内，每年产生 90 亿美元的产值，占该国农业总产值的近 25%(US-EPA，2021b)；流域主要的农产品包括水果、蔬菜、大豆、玉米、猪肉、牛肉和奶制品。

(4)林业及木材加工业：五大湖周边地区曾经是绵延数千英里(1 英里≈1.609 千米)主要由松树和桦树组成的原始森林。1910 年之后，城市扩张、木材工业的发展以及有害食木昆虫的传入，森林被大规模砍伐，即便如此，林木业至今仍然是该地区最大的产业之一，特别是加拿大一侧。为了实现林木业的可持续发展，加拿大政府制定和实施了非常严格的环境法规，通过林业发展、林场建设和伐木管理，木材工业仍然是该地区的主要经济贡献者。

(5)纸浆和造纸业：该产业与该地区发达的木材工业密切相关。自 19 世纪起，随着新闻和出版业的兴起，该产业发展较快，但随着近年来电子媒体的发展，此项产业的产量及发展明显萎缩。

(6)观光旅游与娱乐业：宽阔的湖体与水面，为众多涉水活动的开展提供了可能性和场所。五大湖区的旅游、观光、娱乐业发展潜力巨大，极具开发优势和价值。以尼亚加拉瀑布为例，通过美加两国的合作开发，其早已成为吸引世界各地游客的全球著名景点之一，促进了周边地区相关产业的发展。目前，赛艇和帆船在湖区已经发展成为广受欢迎的活动；高质量的沙滩沿湖岸延伸，各级政府在其所拥有的土地上开辟出大量可供露营、野餐和休憩的公园区以发展旅游业。

通过对美国统计局等发布的信息汇总(表 5-6)，可以总体了解五大湖流域周边地区的社会经济发展及其在两个流域国内的地位。

(1)美国一侧 8 个州，2020 年人口约 7637 万人，约占美国总人口的 23%，人口密度约为 60 人/km^2，超过美国人口密度平均水平(35 人/km^2)的近 1 倍；2020 年，8 个州的地区生产总值合计约为 5.18 万亿美元，占美国地区生产总值的 24.1%，人均地区生产总值为 6.78 万美元，略高于全美平均 6.5 万美元/人的水平，其中 3 个州的人均地区生产总值高于美国平均水平，其余 5 个则低于平均水平；俄亥俄州是 8 个州中人口最少、人均地区生产总值最低的州。总体上看，美国一侧 8 个州以 13.5%的国土面积创造了美国近 1/4 的地区生产总值和支撑了近 1/4 人口的生计。

(2)加拿大一侧的五大湖流域支撑了加拿大近 40%的经济活动，涉及 2 个省。其中安大略省位于加拿大中南部，土地面积约 107.6 万 km^2，该省 99%的人口和 95%的农业用地均在流域内(Queen's Printer for Ontario，2021)。2020 年，安大略省人口约 1470 万，占加拿大总人口的 38.6%，地区生产总值约为 6735 亿美元，占加拿大地区生产总值的 41%，人均地区生产总值约为 4.58 万美元，高于加拿大全国平均 4.31 万美元的水平。对外贸易位于前 5 位的出口国分别美国、英国、德国、墨西哥和中国，位于前 5 位的主要出口产品分别是汽车及零部件、贵金属及宝石、机械设备、塑料制品、电力机械；位于前 5 位的进口国分别是美国、中国、墨西哥、日本和德国，位于前 5 位的主要进口产品分别是汽车及零部件、机械设备、电力机械、贵金属及宝石、医药制品(Ministry of Finance，2021)。魁北克省位于加拿大东部、大湖、圣劳伦斯河至大西洋的航道门户上，土地面积约 154.2 万 km^2，是加拿大面积最大的省，约占加拿大国土面积的 17%(Chepkemoi，2018)。2020 年，人口约 850 万，约占加拿大总人口的 22.3%，是加拿大 13 个省级行政区中的人口第二大省(Canada Population，2021)，2020 年，魁北克省地区生产总值约为 3490 亿美元，约占加拿大地区生产总值的 21.2%，人均地区生产总值约 4.11 万美元(Finances Quebec，2020)，略低于加拿大全国平均水平。总体上，位于五大湖流域内的加拿大两省人口合计为 2320 万人，地区生产总值超过 1.02 万亿美元，人均地区生产总值为 4.41 万美元，高于加拿大全国平均水平。其中，其人口和地区生产总值分别占该国总人口的 60.8%和地区生产总值的 62.2%。此外，流域内两省的人口密度约为 9 人/km^2，是加拿大人口平均密度(4 人/km^2)的 2.25 倍，即加拿大一侧两省以 26.22%的国土面积支撑了该国 13 个省区经济社会发展的半壁江山。

(3)比较美国与加拿大在大湖周边的基本情况可见，加拿大位于流域及周边区域的面积大于美国相关州在流域内的面积，但美国一侧人口是加拿大一侧的 3 倍多，人口密度是加拿大一侧的 6 倍多，美国一侧地区生产总值是加拿大一侧的

5 倍多，人均地区生产总值方面，加拿大一侧的平均值相当于美国 8 州中的最小值，即五大湖流域美国一侧的社会经济发展程度明显高于加拿大一侧。

表 5-6 2020 年大湖流域两国 8 州、2 省社会经济概况

Table 5-6 Social economic profiles of 8 states of USA，2 provinces of Canada in the Great Lakes Basin in 2020

流域国	州/省	面积/万 km^2	人口/万人①②	GDP		
				总值/亿美元②③	占比/%	人均/(万美元)
美国	明尼苏达	22.5	570.9	3836.9	1.8	6.72
	密歇根	25.1	1008.4	5416.2	2.5	5.37
	威斯康星	17.0	589.8	3493.0	1.6	5.92
	伊利诺伊	15.0	1282.3	9014.8	4.2	7.03
	印第安纳	9.4	679.0	3781.3	1.8	5.57
	俄亥俄	11.6	184.1	818.1	0.4	4.44
	宾夕法尼亚	11.9	1301.2	8150.8	3.8	6.26
	纽约州	14.1	2021.5	17295.8	8	8.56
	大湖区小计	126.6	7637.2	51806.9	24.1	6.78
	全国	937	33144.9	215396.9	100	6.50
加拿大	安大略省	107.6	1470	6734.6	41.0	4.58
	魁北克省	154.2	850	3490.1	21.2	4.11
	大湖区小计	261.8	2320	10224.7	62.2	4.41
	全国	998.5	3813.1	16434.1	100	4.31

资料来源：①US Census，2020；②Statista Research Department，2021；③O’Neill，2021。

(二)流域水资源利用简况

五大湖流域丰富的水资源不仅为周边区域成千上万的居民提供饮用水，也成为当地经济发展的动力和基础性资源。经过长期的发展，目前五大湖流域的主要用水目标为：市政用水、农业用水、工业用水、水力发电用水、热力发电冷却用水等。从 2016 年每天从五大湖流域取水 420 万美制加仑(相当于 1.59 万 m^3)看，各用水目标的占比从大到小为：热力发电冷却用水占 66.7%，市政用水(居民生活用水、城市商业及公共用水)占 13.5%，工业用水占 10.8%，水力发电用水占 5.2%，农业用水(包括灌溉和畜牧)占 1.5%(Rosenthal，2017)。由此可见，流域内主要的用水目标是：①为周边的火力发电厂和核能发电厂提供大量的冷却用水，间接地服务于流域内的社会经济发展；②市政供水，五大湖流域为周边区域的城市居民、商业等提供了大量生活、卫生及公共设施用水；③工业用水，为周边众多的各类工矿企业提供了大量生产用水；④水力发电用水，五大湖流域的水电开发集中于湖泊间的连接河流上，如圣玛丽河、尼亚加拉河和圣劳伦斯河等，是流域内热力发电的补充性能源。

根据大湖委员会(Great Lakes Commission，2021)建立的“大湖区域水利用数据库”(the Great Lakes regional water use database)及其根据数据库内容发布的《2020年大湖区域水利用摘要报告》将其记录的日平均数据进行累积计算和计量单位转换，以及将报告中用水行业进行一定合并(将“公共供水”与“商业与机构供水”合并为“市政用水”，将“灌溉供水”与“牲畜供水”合并为“农业用水”，将“热力发电一次性冷却用水”和“热力发电循环性冷却用水”合并为“热力发电冷却用水”，将“河道外水力发电用水”与“河道内水力发电用水”合并为“水力发电用水”)之后，最终确定了五大湖流域的具体用水情况，见表5-7。

表5-7　2020年五大湖流域内各州/省、流域及行业用水情况

Table 5-7　Water use by jurisdiction，by basin and by sector in the Great Lakes Basin in 2020

区域及行业		取水量/亿 m^3			引水量/亿 m^3		耗水量	
		地表水	地下水	合计	流域内	跨流域	耗水量/亿 m^3	占取水量比例/%
州/省	明尼苏达州	55.2	0.1	55.3	0.0	0.2	0.3	0.5
	威斯康星州	46.8	1.6	48.4	0.0	0.0	1.6	3.3
	密歇根州	106.1	7.8	113.9	0.0	0.0	8.5	7.5
	伊利诺伊州	21.0	0.0	21.0	0.0	13.8	0.004	0.0
	印第安纳州	19.7	1.4	21.1	0.0	1.1	4.5	21.3
	俄亥俄州	15.2	1.1	16.3	0.0	0.0	1.8	11.0
	宾夕法尼亚州	0.38	0.04	0.42	0.0	0.0	0.05	11.9
	纽约州	3268.3	0.6	3268.9	0.0	0.6	3.6	0.1
	安大略省	3729.7	3.7	3733.4	0.0	−37.8	4.8	0.1
	魁北克省	15.8	1.1	16.9	0.0	0.0	2.5	14.8
流域	苏必利尔湖	450.3	0.2	450.5	0.0	−37.6	0.4	0.1
	密歇根湖	134.2	8.6	142.8	0.0	14.8	11.5	8.1
	休伦湖	574.7	1.7	576.4	0.6	0.0	2.2	0.4
	伊利湖	859.6	4.0	863.6	77.7	0.1	5.5	0.6
	安大略湖	2068.2	1.1	2069.3	−78.3	0.6	5.2	0.3
	圣劳伦斯河	3191.1	1.6	3192.7	0.0	0.0	2.9	0.1

续表

区域及行业		取水量/亿 m^3			引水量/亿 m^3		耗水量	
		地表水	地下水	合计	流域内	跨流域	耗水量/亿 m^3	占取水量比例/%
行业	市政用水	65.6	6.9	72.5	0.0	11.7	8.1	11.2
	农业用水	5.8	5.6	11.4	0.0	0.0	6.2	54.4
	工业用水	51.3	4.5	55.8	0.0	0.5	7.4	13.3
	热力发电冷却用水	345.1	0.1	345.2	0.0	0.0	5.3	1.5
	水力发电用水	6796.0	0.0	6796.0	0.0	−37.8	0.0	0.0
	其他	14.3	0.2	14.5	0.0	3.5	0.6	4.1
美国一侧小计		3532.7	12.64	3545.32	0.0	15.7	20.354	0.6
加拿大一侧小计		3745.5	4.8	3750.3	0.0	−37.8	7.3	0.2
合计		7278.2	17.44	7295.62	0.0	−22.1	27.654	0.4

资料来源：Great Lakes Commission，2021。

(1)流域内各州/省用水：流域内10个州/省中，取用地表水量最大的两个州和省分别是加拿大的安大略省和美国的纽约州，分别占流域总取地表水量的51.2%和44.9%，两地的用水量之和占流域总取地表水量的96.1%，州/省际差异极为明显，这与上文界湖两侧区域发展水平较为契合，两个州/省是湖体两侧发展水平最高的；另一个地表水用水量明显较高的是密歇根州，但其取水量仅占总流域的1.46%。从流域内外引水情况看，安大略省从本流域向其他流域调出近38亿 m^3 的水量，而伊利诺伊州、印第安纳州、纽约州和明尼苏达州则分别有一定水量从其他流域调入，其中伊利诺伊州的调水量最大，接近14亿 m^3。从流域内取用水后产生的耗水情况看，水消耗量较大的地区主要是密歇根州、安大略省、印第安纳州、纽约州和魁北克省，但从耗水量占取水量的比例看，耗水比例较高的地区则是印第安纳州、魁北克省、宾夕法尼亚州、俄亥俄州和密歇根州，说明州/省间产业发展结构存在明显差异。

(2)流域内各湖及入海河流用水：从五大湖流域各子流域的取用水情况看，地表水取水量最大的是圣劳伦斯河和安大略湖，然后是伊利湖，在边界河湖上存在从东向西，即入海口向内陆取水量逐步下降的特征，密歇根湖作为完全位于美国一侧的湖泊，地表水取水量是最小的，但地下水取水量是最大的，其次是伊利湖。从流域内外调水情况看，流域内湖泊间进行水调配发生于安大略湖、伊利湖和休伦湖之间，即从安大略湖调入伊利湖和休伦湖，而跨流域调水则产生于除休伦湖和圣劳伦斯河外的4个湖，其中仅苏必利尔湖是将水调出且水量较大，密歇根湖有较大的水量从其他流域调入，安大略湖和伊利湖也有调入水量，各水域间没有实现调入与调出水量的平衡。从耗水情况看，密歇根湖的实际耗水量、耗水量占取水量的比例均是流域内最大的。

(3)流域内各行业间用水：从流域内主要行业的用水量、用水水源及用水效率看，水力发电用水量最大，约占总取水量的93%，并存在通过将本流域水资源调出进行水力发电的情况，该用水量是跨流域调水量最大的一项，但是水力发电用水没有造成水量消耗。第二大用水行业是热力发电冷却用水，其约占总取水量的4.7%，用水水源以地表水为主，也有少量地下水水源，在用水过程中因蒸发而产生了一定的水量消耗，虽然其消耗量占取水量的比例很小，却在总消耗水量中占比19.17%，是重要的消耗性用水行业之一。从通常所说的三类用水，即工业、农业和市政用水结构来说，三者的用水量合计为21.7亿m^3，其中，市政用水在三者中最大，其次是工业用水，农业用水明显小于前两者，三者间用水结构(农业∶工业∶市政为8∶40∶52)，是一个以第三产业和第二产业占绝对优势的产业发展格局。从用水水源看，三者均在不同程度上以地下水作为其水源，其中，农业用水中，地表水和地下水的取水量基本相当，地下水的占比是各类用水中最高的，是农业生产的重要水源。从耗水量看，市政用水的耗水量最大，其次是工业用水，最小的是农业用水，但是从耗水率，即耗水量占其取水量的比例看，农业用水过程的消耗率最大，达到54.4%，也可以说，农业生产过程中大量水被消耗后，剩余约45.6%(5.2亿m^3)的水量成为流域回水，而工业用水和市政用水的耗水率明显小于农业用水，二者水平相当，分别为13.3%和11.2%，即产生了较大的流域回水量，两者约112.8亿m^3。从统计的行业用水情况看，除水力发电用水没产生耗水量外，其他各类用水，无论市政、农业、工业、热力发电冷却用水，还是其他行业用水，均或多或少地产生了河道/流域回水，即对五大湖流域产生了点源、面源乃至热污染。

(4)整体上看，2020年流域内总取用水量近7300亿m^3，约占五大湖总水量(表5-5)的3.22%。五大湖边界两侧的美国和加拿大用水量大体相当，加拿大的总取水量较美国多约205亿m^3，但美国比加拿大采用了更多的地下水，美国在用水过程中从外流域调水入密歇根湖用于市政和工业供水，而加拿大则将苏必利尔湖的水调出流域用于水力发电，总体上美国和加拿大在用水过程中造成从本流域调出水量共22.1亿m^3，两国在用水过程中共产生27.654亿m^3的耗水量，美国和加拿大的耗水量分别为20.354亿m^3和7.3亿m^3，美国消耗量远大于加拿大。

三、流域水质与生态问题

由上文可见，五大湖周边分布着大量的居民点和城市，特别是伊利湖、安大略湖和密歇根湖南部，已经成为人口密集区，并且成为北美地区极为重要的社会、经济和工业发展的聚集区。但区域发展的同时，对五大湖流域水体水质造成了污染，加之虽然五大湖流域水体大、流域面积大，但湖泊整体上每年的水体交换量不到1%，这意味着一旦污染物质，特别是持久性化学物质进入湖泊后将在水体中滞留多年，其中许多物质将会在食物链中积聚。五大湖流域有很好的科学研究基础，如水文学的相关研究始于1848年科学考察，重点区域在苏必利尔湖北岸；1860年所有湖泊建立了水位监测站，并于1882年绘制完成了五湖的水域边界；湖区的动植物和湖流研究分别始于19世纪70年代和90年代初。20世纪以来对湖区的研究主要是为了应对一系列危机，包括：20世纪20年代湖鲱捕捞业的没落促进了对伊利湖的研究；30年代海鳗的入侵以及二战后湖泊污染和富营养化，促进了国际研究开展和采取联合缓解措施。水体水质变化被人们所关注的时间大约在20世纪初，与湖周出现大量居民点的时间基本相同；湖泊的滥用、水污染，与1950年后越来越多的海滩被迫关闭相关。自1980年以来，许多研究者关注湖岸线侵蚀和全球气候变化的可能影响，如20世纪期间，除了苏必利尔湖外所有湖泊的大多数化学物质的浓度出现明显升高；伊利湖、密歇根湖和安大略湖的氯化物、钠和硫酸盐浓度显著增加；氯浓度几乎是1900年的4倍，30年间伊利湖的氮浓度增长5倍、磷浓度增长3倍，其中营养物质的输入促进了藻类的生长，其浓度的增加加速了湖泊水体富营养化进程。总体而言，大湖中的有毒污染物主要源于几十年的工业废料、未处理污水外溢、城市污水和采矿废水的排放，以及农业面源和未处理废水导致过量营养物质进入湖泊(The National Wildlife Federation，2020)。水污染对当地社会经济产生了许多直接或间接的影响，包括增加了废水处理成本，高经济价值鱼类因水质恶化而消失或大幅减少从而造成当地商业渔业受损，对旅游业造成负面影响和河湖沿岸财产(如房屋、土地)贬值等。1972年开始美国和加拿大着手改善五大湖流域的水质(附表4)，系列行动计划的结果显示，水质的改善使得一些鱼类种群数量逐步回升，但是通过长期观测也发现“流域内的动植物种群和结构变化与排入湖区的化学物质含量的增加、部分湖区溶解氧的耗竭以及城市附近湖底污泥沉积有关”。

在关注污染和控制污染的同时，五大湖生态系统也不时出现问题，包括鱼类种群数量发生了急剧变化。1880年之后受河道筑坝、支流污染的影响，五大湖流域出现大西洋鲑鱼消失、白鱼分布区缩小、过度捕捞湖鲟、引入鲤鱼等问题，包括1927年胡瓜鱼进入密歇根湖，并在短时间内迅速在湖区内蔓延，但20世纪80年代初该鱼数量急剧下降；20世纪30年代，食肉性海鳗迁入上游湖泊并建立了繁殖种群，导致50年代初密歇根湖和休伦湖的湖鳟种群和其他大型食肉性鱼类数量急剧减少；1931～1954年西鲱鱼(当地俗称大头鱼)迁入上游湖泊时，因几乎没有遇到物种竞争和天敌而很快就成为湖区内数量最多的物种，但西鲱鱼缺乏商业价值且定期死亡，进而造成了流域两国需要为湖滩地带每年清理大量死亡西鲱鱼而承担昂贵费用，为此，一项控制西鲱种群数量的国际计划在湖区持续开展并在其数量得到控制的情况下，于 20 世纪 60 年代将湖鳟鱼重新引回湖区，同时引入银鲑和契努克鲑用于发展湖区的竞技渔业和控制西鲱，意外引入的物种，如小型鲈鱼会掠食当地物种的卵，底栖的虎虾鱼则与本地种争夺食物和栖息地，20 世纪 80 年代刺水蚤(一种甲壳类动物)和斑马贻贝进入湖区并形成了庞大的种群，进而威胁到当地物种。从总体情况看，大湖流域大多数入侵物种是通过远洋船舶的压舱水引入的，而目前正在泛滥的亚洲鲤鱼则是通过连接密歇根湖和密西西比河水系的人工水道入侵的。非本地和入侵的动植物损害了五大湖流域生态系统健康，如海鳗、斑马贻贝及目前的亚洲鲤鱼，也危害当地的渔业，污染了海滩，堵塞了排水设施，导致当地物种灭绝。据统计，五大湖流域已经有超过 180 种非本地物种入侵，平均每 28 周就会发现一个新物种(The National Wildlife Federation，2020)。

长期的点面源污染、沿海湿地的破坏和物种入侵等使五大湖生态系统处于被破坏的临界点。五大湖流域环境严重恶化的被关注地区。被关注地区(是指在美国与加拿大 1997 年签订的《对 1978 年〈大湖水质协定〉的补充法案》之附件 2“补救行动计划和全湖管理计划”的“未达到总体和具体目标的相关区域”)有 26 个位于美国，还有 5 个位于美加边境上。由此可见，在大湖区的水污染、生态系统问题持续出现的情况下，自 1978 年条约要求大湖流域水环境治理要考虑生态系统管理方法和目标(表 5-2)，并持续至今。

四、流域生态系统管理

(一)国际联合委员会等机构的相关职能

美国与加拿大之间的“国际联合委员会”(IJC)是依据两国于 1909 年签订的《边界水域条约》条款规定而建立的。IJC 被授予了两大职责，批准影响跨境水位和流量的工程项目，调查跨境/界问题并提出解决问题的方案建议。为了支撑 IJC 履行其职责，它被授权发布项目批准令和应任何一方政府的要求就跨境问题开展研究并提出问题解决建议。IJC 做出决策和建议时需要充分考虑两国流域内的各类用水需求，包括饮用水、商业航行、水力发电、农业生产、生态系统健康、工业用水、渔业及湖岸财产维持等。针对五大湖流域不时出现的各类问题，IJC 开展了以下几个方面的工作(International Joint Commission，2021)。

(1)共享水资源利用的管理：IJC 需要对会影响边界水域天然水位和流量的工

程用水(如水电大坝和引水工程)做出决策。IJC 在批准项目时，为了保护边界另一侧的利益可要求项目申请方就项目的设计或运行提出要求，为此，IJC 可委派一个机构监督项目对运行要求的执行情况，如水电大坝下游流量维持情况。截至 2021 年，由 IJC 批准的项目包括位于五大湖、圣劳伦斯河、圣克罗伊河(St. Croix River)和哥伦比亚河上的水电项目；还负责维持伍兹湖(Lake of the Woods)流域的水位，以及对苏里斯河(Souris River)、圣玛丽河和米尔克河(Milk River)流域各类用水进行分配。

(2)水质改善调查与监督：1909 年美加两国签订《边界水域条约》时，就“一国对边界水域或跨境水流造成一定程度的污染进而可能对另一国(居民)的健康或财产造成损害”达成共识，为此，授权 IJC 可在两国政府的要求下，对两国边界区域的湖泊、河流的水质情况开展调查、监测并提出行动建议。至今，IJC 负责了圣克罗伊河、雷尼河(Rainy River)和雷德河(Red River)的水质管理工作，并投入了大量精力帮助双方政府清洁五大湖水域并防止可能的进一步污染。

(3)空气质量管理：空气污染不仅对河流和湖泊造成危害，而且影响人类健康，特别是对患有慢性支气管炎和哮喘等呼吸道疾病的人。多年来，美国与加拿大政府要求 IJC 关注并调查边境地区的空气污染问题。为此，IJC 专门成立了“国际空气质量咨询理事会”。此外，基于美国与加拿大在 1991 年签订的《空气质量协定》，IJC 被要求收集并综合公众对空气质量改善进程的意见，每两年由政府发布一次数据。

(4)问题调查与解决建议：基于职责之一，当 IJC 收到一方政府的要求，对某一跨境问题开展研究并提出解决问题的建议时，IJC 需要任命一个由每个国家数量相同的、相关领域或专业人员构成的专家组而非某个特定组织或地区的代表组成的委员会来承担该项工作。在生态系统被关注之前，IJC 承担的大部分咨询与建议工作集中于水与空气质量问题，以及共享水资源的开发和利用问题。尽管 IJC 的建议并不具有约束力，但通常会被两国政府接受。例如，IJC 建议两国控制污染排放、净化工业及居民点废水，得到两国政府的同意，进而促使两国达成了 1972 年的《大湖水质协定》。之后，IJC 调查认为持久性有毒物质长期存在于大湖流域水环境中会对动物和人类的食物来源造成危害，进而促使两国在 1978 年达成新的《大湖水质协定》，该协定中增加了消除大湖区持久性有毒物质的规定。

依据 1909 年美国与加拿大的《边界水域条约》第 7 条的规定，建立并维持一个由 6 名委员组成的 IJC，两国分别由 3 名人员担任委员会委员，IJC 委员由两国最高政府机构或领导人——美国由总统、加拿大由内阁提名，参议院批准后任命，并成立各自的委员会分部，即组建国家委员会，其中 1 名委员为分部主席(图 5-2)。建立 IJC 的目的是调查、解决和防止两国边界水纠纷。在认识到五大湖流域湖泊及湖泊间连接河流出现了越来越严重的水体污染、生态破坏问题后，美国与加拿大在 1972 年签订的《大湖水质协定》基础上，于当年就在 IJC 之下设立了“大湖区域办公室”(Great Lakes Regional Office，GLRO)，其在美国的密歇根州底特律和加拿大的安大略省温莎设有办公室。建立 GLRO 的主要目的和作用包括：①支持 IJC 及其相关专业工作组在履行双边协定中规定的职责；②评估两国政府清理五大湖污染严重区域的工作成效，协助两国政府共同努力来保护和恢复五大湖流域生态系统；③使公众了解湖泊所存在的问题，并让利益攸关方参与全过程，确保所有声音都得到倾听。50 年来，GLRO 的科学家和工作人员支持两国相关咨询工作组开展主要的跨境污染问题调查，并向两国政府提供相应的决策咨询报告。GLRO 主任曾说“GLRO 一直在解决五大湖最棘手的问题，从物种入侵到化学物质排放控制，我们已率先向两国政府发出警告，并提供急需的科学数据和分析以帮助其解决问题”(IJC，2013)。

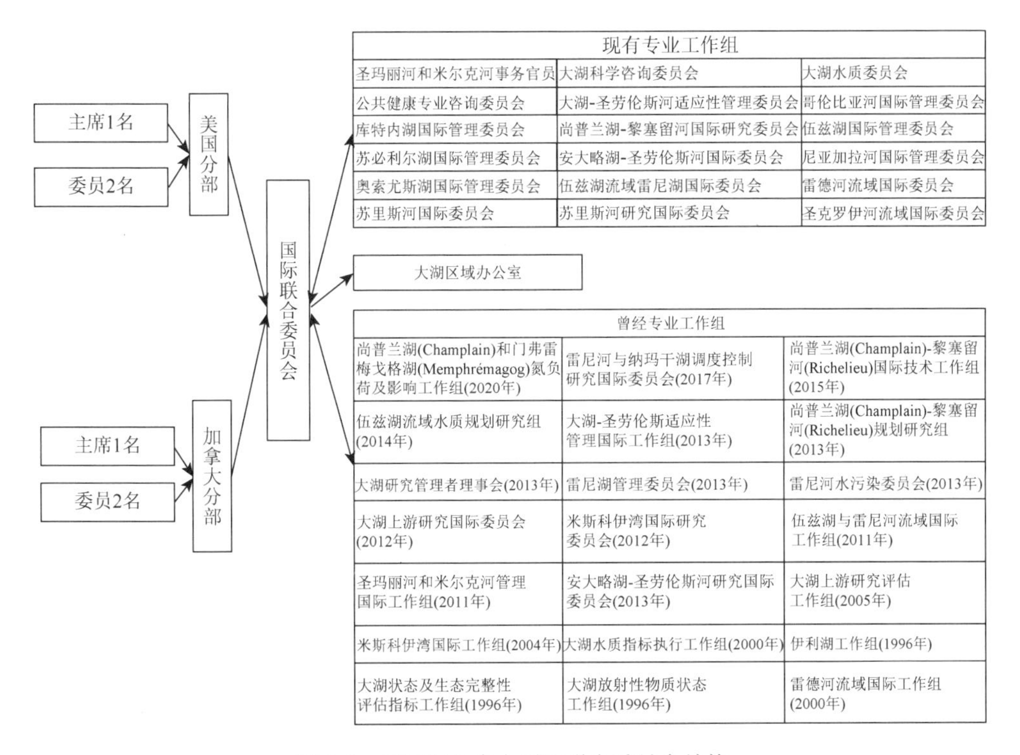

图 5-2 美国与加拿大国际联合委员会结构

Figure 5-2 Structure of the International Joint Commission between USA and Canada

IJC 自建立以来已经协助解决了两国间产生的 100 多个分歧事件。为了解决两国间的边界水域公平分配、水污染等问题，截至 2021 年底，IJC 先后共建立了针对具体问题的工作组、管理委员会等39个，已完成工作任务的工作组有21个，目前正在开展工作的委员会工作组有18个，其中有多个工作组在围绕五大湖流域开展工作。主要工作组或委员会包括：

(1)大湖水质委员会(Great Lakes Water Quality Board)。2012年的《对1978年〈大湖水质协定〉的补充法令/议定书》(《2012大湖水质协定》)规定，该委员会是IJC执行该协定的主要顾问。具体职能包括：协助IJC审查和评估执行协定进展情况，包括对IJC的进度评估报告内容提供咨询意见；确定大湖新出现的问题，并向IJC建议预防和解决大湖复杂挑战的战略和办法，包括就有关当局在执行这些战略和办法时提供咨询意见；就协定及其附件涉及事项提出专家意见或建议；应IJC要求，审查和评论其报告草案，并就与大湖水域有关的问题提供咨询意见；为公众提供参与本委员会会议和活动的机会。

(2)大湖科学咨询委员会(Great Lakes Science Advisory Board)。依据2012年《对1978年〈大湖水质协定〉的补充法令/议定书》(《2012大湖水质协定》)的授权，该咨询委员会主要负责：就相关研究向IJC和大湖水质委员会提供建议；就IJC或大湖水质委员会与IJC协商后交付的科学问题提供咨询意见。具体职能涉及：根据IJC和水质委员会的要求，对相关报告、计划等(如五大湖流域生态系统中水质问题的识别、评价和解决方案的科学报告、意见或进展，准备开展两国或国际合作以及促进科学家、管理者和机构间交流、合作与协调的项目确定，IJC或两国政府应关注的科学问题等)提出建议、分析、评估或支持。该委员会可建立两个常设委员会负责完成以上具体工作，两个常设委员会分别是协调委员会和科学委员会，其中，协调委员会由政府或非政府的管理者组成，科学委员会则由政府或非政府机构的专家组成。水质委员会与科学咨询委员会之间的关系为科学咨询委员会为水质委员会提供行政支持、公共信息服务和技术协助。

(3)大湖、圣劳伦斯河适应性管理委员会(Great Lakes-St. Lawrence River Adaptive Management Committee)。为了对应3个负责河湖水位及流量管理的委员会(苏必利尔湖国际管理委员会、尼亚加拉河国际管理委员会和圣劳伦斯河国际委员会)的工作，而成立该委员会。其总体目标是向以上相关委员会提供IJC批准建设的水利设施对边界水域水位及流量的影响，以及水位流量变化对社会经济及环境效益的影响信息。为达成此目标，该委员会需负责：审查与评价现有计划在管理安大略湖-圣劳伦斯河系统水位和水流，以及苏必利尔湖的出湖流量的有效性；研究该河湖系统在时间尺度上的可能变化，以及从已知变化下出现的新问题和/或为应对变化条件下是否有必要对管理计划进行修改；应以上委员会和/或IJC要求，对可能长期影响其水管理决定的其他问题进行分析和评价；承担以中长期为主的管理计划的审查和评估。此外，为了更好地将水位和流量调节与水质问题联系起来，该委员会将与大湖科学咨询委员会和大湖水质委员会共同开展关联分析活动，其相关报告与 IJC 的三年期进度报告相对应。

(4) 安大略湖-圣劳伦斯河国际委员会(International Lake Ontario-St. Lawrence River Board)。该委员会是依据 IJC 的 2016 年批准令成立的，其主要工作职责为：保证安大略湖的出湖流量满足 IJC 实施 2014 年规划的指令要求；负责与公众、利益攸关方就湖泊水位及流量管理、调节问题保持交流与联系，以提高公众对 2014 年规划中高水位与低水位风险的认识；与大湖、圣劳伦斯河适应性管理委员会一起监督大湖流域管理计划的实施情况。IJC 的 2016 年批准令结合 2014 年规划中对安大略湖-圣劳伦斯河流量要求确定为该河湖系统的流量水位管理标准。2014 年规划期望在更多地遵循水位自然变化规律的范围内，创造适宜的水位流量条件以恢复安大略湖和圣劳伦斯河上游沿岸湿地，改善鱼类及野生生物栖息地。与此同时，该规划也希望与以前规划(如 1958 年规划)相比可以通过水流调节延长安大略湖秋季休闲泛舟时间，更好地维持系统航行水位和适度增加发电效益。

(5) 苏必利尔湖国际管理委员会(International Lake Superior Board of Control)。该委员会是依据 IJC 的 1914 年批准令——批准增强圣玛丽河水电开发而建立的，其主要职责包括：设定苏必利尔湖出湖流量，监督各类控制性工程的运行。与这些职责相关的具体工作包括研究制定和改善水流调节计划，监督控制性工程设施的维修与维护，指导圣玛丽河的流量测量以确定各类控制性工程的排放水能力。此外，该委员会需要就以下事务向 IJC 提供咨询意见：对湖泊不利的水文条件，控制性工程的改扩建，圣玛丽河的水位、流量变化及其对圣玛丽急流的影响。

(6) 尼亚加拉河国际管理委员会(International Niagara Board of Control)。该委员会是基于 1953 年 IJC 在就其履行尼亚加拉河水位和流量管理职责的咨询意见而建立的，其主要职责为：监督奇帕瓦-格拉斯岛池(Chippawa-Grass Island Pool)控制工程的水位调节，在伊利湖-尼亚加拉河上安装冰障，在 IJC 指令下监督电力企业对控制性工程的运行，与尼亚加拉河国际委员会(依据 1950 年尼亚加拉河条约而成立的一个机构)一起确定尼亚加拉瀑布和尼亚加拉河水电站的可利用水量。

(7) 伍兹湖流域雷尼湖国际委员会(International Rainy-Lake of the Woods Watershed Board)。伍兹湖、雷尼湖和雷尼河是苏必利尔湖的入湖河流系统。该委员会于 2013 年由国际雷尼湖管理委员会和负责伍兹湖、雷尼湖河水质问题的雷尼河国际污染委员会合并而成，并将其工作范围与职责扩大至伍兹湖、雷尼湖整个流域的水质管理。组建该委员会是为了美加两国协调整个跨境流域的水质工作，确保遵守 IJC 指令中对雷尼河和雷尼湖的水位与流量要求。为此，该委员会需制订伍兹湖、雷尼湖水质研究计划，以确定解决跨境水问题所需开展的科学研究工作，需优先开展的研究包括：营养物质富集和有害藻华发生、水体外来物种入侵、气候变化指标和适应措施制定、硫化物和重金属造成的地下水和地表水污染。

(8)尚普兰湖-黎塞留河国际研究委员会(International Lake Champlain-Richelieu River Study Board)。该河湖系统是圣劳伦斯河下游河段的汇入河流。该委员会由IJC于2016年成立，主要承担流域内洪水产生原因、影响、风险和潜在解决方案的研究。

(9)公共健康专业咨询委员会(Health Professionals Advisory Board)。该委员会成立于1995年，负责向IJC及其下属相关委员会就跨境环境健康领域内的现行和紧急出现的临床与公共健康问题提供建议，就更有效地传播跨境环境健康/卫生知识和信息提出建议。

(二)大湖流域主要管理目标

自1909年的《边界水域条约》签订及IJC成立之后，两国政府协调和解决了不同流域水资源开发利用中各类问题以及近年来在气候变化下边界水域面临的新问题，如哥伦比亚河的水电开发合作、圣玛丽河与雷尼河引水量分配、苏必利尔湖水位及流量控制等。20世纪70年代开始，五大湖流域出现明显的水质恶化、生态退化以及藻华等问题后，IJC组织多领域专家，成立大湖区域办公室，由专业工作组开展了大量相关问题研究，与公众、利益相关者以及两国政府进行广泛的交流和沟通，逐步推动五大湖流域的水资源利用、生态系统的保护。相应的管理目标涉及以下几个方面。

(1)水位及流量管理：1909年《边界水域条约》第3条规定“边界一侧的任何水利用，无论是临时的还是永久的，无论是引水、调水还是其他利用，影响边界另一侧水域的天然水位或流量的，必须获得所在地的美国或加拿大政府和IJC的批准”。为此，会影响跨境水位和流量的大坝或引水工程建设都必须得到IJC的批准。即使项目得到批准，IJC仍然会为了保护两国的利益对工程的设计或运行提出要求。在五大湖流域，IJC批准了五大湖、圣劳伦斯河上的水电开发项目，并对伍兹湖流域的水位进行管理控制。其中，在IJC建立的工作组中有伍兹湖流域雷尼湖国际委员会、苏必利尔湖国际管理委员会、安大略湖-圣劳伦斯河国际委员会涉及五大湖流域的水位及流量问题。

(2)水质管理：1909年《边界水域条约》第4条规定“边界两侧的一国不应污染流经两国的共同边界水，进而损害另一国的健康或财产”。该条款及两国政府的授权使得IJC自成立以来拥有了水质管理工作职能，包括如果两国政府对边界河流或水体水质有疑问或产生分歧，则可以要求 IJC 对相关问题开展研究，IJC 协助双方履行条约承诺；两国政府也可以要求 IJC 调查或监控水质，或向它们通报 IJC 在履行职责过程中发现的水质问题。IJC 设立的专业工作组中有 3 个负责或涉及五大湖流域水质管理，分别是大湖水质委员会、大湖科学咨询委员会和公共健康专业咨询委员会。

(3)气候变化研究：1997 年，两国政府要求 IJC 制订一项 21 世纪两国应对环境挑战的战略。虽然气候变化此时已开始受到关注，但引发环境问题的因素仍集中于增长(人口与经济)、城市化、能源需求等。IJC 在该年底提交的“IJC 与 21 世纪”中引入了“国际流域倡议”(international watersheds initiative，IWI)的概念。在之后的研究中，由于气候变化影响边界水域的水质与水量，IJC 于 2009 年和 2015 年提交给双方政府的 IWI 报告中将其列入应受关注的环境挑战之一，并依托大湖水质委员会开展了流域内气候变化适应与恢复能力的评估。

(4)流域管理：1998 年美加两国政府致信 IJC，要求其实施“国际流域倡议”并为其提供特别经费支持，目的是在生态系统层面解决水的问题，而不仅仅局限于某个单一问题，如大坝、污染源等。IWI 成立初期，IJC 在努力加强跨境流域现有委员会职能的同时，将同一流域内职责不同的委员会进行合并，如伍兹湖流域雷尼湖国际委员会。2005 年，IJC 发布的“IWI 第二次报告”中提出增加公众宣传与协调，进一步开展科学研究以更好地了解流域生态系统，之后通过合并原河流(单一目标)委员会和增加流域当地人员作为委员会委员的方式，扩大和建立了雷德河流域(2005 年)与圣克罗伊河流域(2007 年)国际委员会，用生态系统方法解决水质与水量问题。截至 2021 年底，IJC 共确定了 IWI 的三个战略行动方案：跨境信息数据的统一计划、水质模拟计划和气候变化对流域的影响。2019 年，IJC 批准了其 2019～2023 年跨境问题的工作重点，其中涉及 IWI 的工作包括气候变化对跨境流域的影响及适应性管理，以双边协同管理、监督和恢复跨境水质，推动当地人的参与和传统知识的应用。

(三)大湖流域管理项目的实施与成效

自 IJC 的“国际流域倡议”推进实施以来，在美加两国特别经费的支持下，2015～2021 年 IJC 共推进和实施了 116 个项目、22 个领域，涉及 13 个子流域、流域或区域，其中五大湖流域及其子流域内的项目共 31 个、4 个主题(表 5-8)，由 4 个工作组(大湖、圣劳伦斯河适应性管理委员会、安大略湖-圣劳伦斯河国际委员会、苏必利尔湖国际管理委员会和伍兹湖流域雷尼湖国际委员会)具体参与执行。从以上不同主题及其主要工作内容的项目可以看到近年来美加两国在五大湖流域合作的重点如下。

表 5-8　2015～2021 年大湖流域内完成和执行流域管理项目(部分)情况

Table 5-8　Projects completed or implementing for watershed management in the Great Lakes in 2015—2021

主题	项目名称	时间	核心内容
水生生态系统健康	伍兹湖流域雷尼湖报告	2021 年	包含营养物质与藻华、气候变化、污染物、水生入侵物种、水位/水文/侵蚀、鱼类与渔业等问题的流域管理方案，需融入当地知识
	伍兹湖流域水生入侵物种风险评价	2019 年	明确应关注的入侵物种，确定需重点预防风险的区域
	适应性管理下的安大略湖沿岸湿地生境监测	2015～2019 年	搜集沿岸 16 个湿地海拔与季节性水位对植被种群的影响；延长 2006 年以来的数据，评价 2012～2014 年植被覆盖变化，用于支持湖泊水位变化的适应性管理、模型验证与评价
		2015 年	利用湿地数据、来水情况，制作模型工具，测试草地沼泽指标算法，为适应性管理提供信息
	圣劳伦斯湖冬季水位下降的潜在生态影响评估	2019 年	认识大坝运行影响下冬季水位下降的潜在生态影响，基于 GIS 的湖泊低水位情景的生态敏感性分析，确定实地调查区域
	安大略湖-圣劳伦斯河 2017 年高水位影响评价	2017 年	利用 3 年高水位期航片和其他信息，评估高水位对市政和工业用水、水电、航运及沿线生态系统健康等的潜在影响
	大湖沿岸湿地状况的科学评价	2017 年	用遥感技术评估水位驱动下的湿地植被变化，用于验证现有模型和评估水位调节计划
	安大略湖沿岸湿地的芦苇基线范围	2016 年	确定每类湿地内的芦苇范围，研究和探讨水位与湖沿岸湿地芦苇面积之间的关系
	圣玛丽河生态水力模型开发与应用	2016 年	为开发该河二维水力学的综合生态系统响应模型，确定模型关键目标和考核指标；搜集和整理可用数据及模型
	塞纳河水温项目	2015 年	搜集塞纳河水位、温度和鱼类数据，确定鲟鱼春季产卵时间
	圣劳伦斯河下游环境指标计算机代码更新	2015 年	40 个环境考核指标的计算机代码优化与升级
水量	美加跨境流域来水组成演算	2015～2017 年	用加拿大降水分析法(Canadian precipitation analysis，CaPA)、加拿大陆地数据同化系统(Canadian land data assimilation system，CaLDAS)和全球环境多尺度(global environmental multiscale，GEM)大气模型的降水数据，以 1995～2012 年 7 天平均数据为基础进行日降水、蒸发和径流演算，提高大湖、圣劳伦斯河系统水位和水流预测精度
	伍兹湖流域雷尼河数字模型更新	2015 年	更新现有的二维水动力模型，实现网络可视化，包括对 2014 年高水位和大坝溢洪道漫顶的模拟结果
	基于大湖水平衡：建立一个减少误差和不确定性的历史记录	2015 年	基于水量平衡、减少监测误差与不确定性，估算大湖流域水量，服务于模型框架构建、决策；解决月和年际区域水量平衡计算，以及季节性和长期变化对水文、气候和人为驱动因素的响应
	改善圣玛丽河急流管理的辅助工程和流量监测	2015 年	对不同闸门开放方式进行流量监测，确保下泄流量符合苏必利尔湖管理批准令中的水流条件
	伍兹湖流域雷尼湖流统计(StreamStats)模型	2015 年	拓展 StreamStats 模型应用区域，实现流域全覆盖，为跨境水资源决策提供信息
	大湖管理与汇流数值模型更新计划	2015 年	开发一个不同来水情景下有效、准确地模拟湖泊水位和连接河道水流的数值模型，满足不同使用者需求

续表

主题	项目名称	时间	核心内容
信息交流、沟通与传播	安大略湖-圣劳伦斯河水位管理短片	2019 年	高水位下安大略湖-圣劳伦斯河系统的管理措施及其细则
	低水位对圣劳伦斯湖鱼类和水生生境的影响评估和公共宣传	2018 年	汇编该湖已知鱼类和关键栖息地相关信息，制作报告和视频等，认识低水位对鱼类和水生栖息地的影响，指导水位管理
	水教育计划纳入明尼苏达学校课程项目	2017 年	制定 1～12 年级的水教育工具(water education tools，WET)指南，传播伍兹湖流域新闻，发展地方预防和解决问题的知识、技能和能力，包括将当地相关知识纳入课程计划和活动
	2017 年高水位信息沟通情况评价、对安大略湖-圣劳伦斯河用水的影响调查	2017 年	评价 IJC 在高水位期间与公众的沟通交流情况
		2017 年	调查对洪水和高水位敏感的污水处理、取水、排水的市政公共设施部门，一些关键工业设施和对沿岸及下游码头和游艇俱乐部在 2017 高水位期受到的影响，帮助完善对关键问题和阈值的估计、对管理方案的评估
水质	雷尼湖生态系统健康目标与警戒水平	2017 年	制订该湖水质和生态系统健康量化目标及警戒水平
	圣玛丽河基质分类	2017 年	在下游选定地区搜集声呐图像和地表样本，基质和栖息地分类，支持综合环境响应模型开发，量化评价流域生态影响

(1)水生生态系统健康项目：共 15 个。从项目内容看，除 2015 年“圣劳伦斯河下游环境指标计算机代码更新”项目仅涉及环境考核指标的计算机代码优化更新问题外，其余项目均关注流域内水位、流量等水文要素与生物、生态要素的关联关系的监测、调查及分析，近几年特别关注水生物种入侵、适应性管理问题。其中“适应性管理下的安大略湖沿岸湿地生境监测”项目是一个持续性项目，从其工作内容看，该项目从 2006 年起就得到两国政府及 IJC 的关注，该项目对安大略湖加拿大一侧沿岸 16 个湿地，包括其海拔、季节性水位、湿地植被类型及盖度等进行了连续监测，为流域适应性管理、生态系统响应模型构建及验证提供了基础信息。

(2)水量项目：共 8 个，项目执行时间集中于 2017 年之前，是两国政府和 IJC 当时关注的重要问题。项目实施的目标是基于再生降水数据、水量平衡方法等提高流域内降水、水位、流量计算精度，揭示五大湖流域水量在不同时间尺度上对气候、水文及人为活动驱动下的响应，这对流域内生态系统项目具有支撑作用。

(3)信息交流、沟通与传播项目：共 6 个，关注了湖泊及水库高水位和低水位对相关用水目标、鱼类及栖息地的影响，希望加强与公众的沟通与交流、推进水教育模块在在校学生课程中的嵌入，以推动河湖系统水位管理、公众对流域现状及问题的认识与了解，以及当地知识在流域管理中的应用。

(4)水质项目：共两个，从其具体内容发现项目实际推动的是水质与流域生态系统健康、与生态影响、与水位和流量内容密切相关的问题揭示，并非单纯的水质问题。

除了以上两国合作实施的系列项目，两国也分别在各自境内开展了一些流域保护和研究工作，如下。

(1)美国方面：五大湖流域内的美国 8 个州目前建立了“湖岸区管理行动计划”，专注于州属湖岸区的相关问题。在联邦层面上，建立了两个联邦湖口自然保护区，分别位于苏必利尔湖和伊利湖，保护面积共约 700km^2。2010 年，16 个联邦机构共同出资创立“大湖恢复倡议”(Great Lakes Restoration Initiative，GLRI)，目标是解决区域内面临的各类问题，相关资金由“大湖联合机构工作组”负责管理和实施(NOAA-Office for Coastal Management，2021)。该倡议的主要目标包括：对被关注区的清淤、防止和控制入侵物种、减少引发藻华暴发的营养物质排放、为保护当地物种而恢复其生境、以科学为基础的适应性管理(NOAA-Regional Collaboration，2021)。

(2)加拿大方面：2020 年，加拿大联邦政府与安大略省起草《大湖水质与生态系统健康协定》，规定了两级政府各自应承担的大湖保护和恢复行动计划，防止有毒有害藻类富集和暴发，改善废水、雨水管理，减少塑料污染和过量融雪剂的使用，恢复本地物种和栖息地，提高五大湖流域对气候变化的适应能力。该协定是联邦政府与省政府之间的第 9 个协定，同时还支持加拿大与美国之间的《大湖水质协定》和加拿大-安大略之间的《伊利湖行动计划》，以减少磷进入伊利湖的数量，解决有毒有害藻类生长(Queen’s Printer for Ontario，2021)。2012 年，为实现大湖水域的清洁、健康和韧性，安大略省发布《安大略省大湖战略草案》(Ontario’s Great Lakes Strategy)，该草案保护和恢复大湖流域生态系统的行动计划包括：增强社区参与能力；保护水以促进人类和生态健康；改善湿地、滩地和沿湖地区环境；保护生境/栖息地和物种；加强认识和适应，确保环境可持续的经济机会和创新。该战略行动计划由该省的多个政府部门共同实施，如环境部，自然资源部，农业、粮食与农村事务部，市政和住房部，原住民事务部，经济发展和创新部，旅游部，文化和体育部，运输部和政府间事务部等(Ministry of the Environment，Conservation and Parks，2021)。

总之，近年来美加两国和 IJC 在五大湖流域开展了许多与流域生态系统，特别是水生生态系统相关的工作，一些问题似乎与严格意义上的生态系统有一些出入，但是越来越多的项目关注到了水量、水质、气候变化与生物、生态要素之间的关联效应，甚至正在推进公众在流域管理决策中的知情、参与，这与流域综合管理、生态系统管理的理念越来越接近。

至于大湖流域生态系统的管理成效，对 IJC 自 2012 年(流域新水质协定签订年）以来发布的时事新闻中与五大湖流域生态系统和水质相关的内容进行分析，结果见表 5-9。

表 5-9　2012 年以来美加国际联合委员会发布的水质和生态系统管理问题要闻

Table 5-9　News releases on the issues of water quality and ecosystem from IJC since 2012

流域	时间	新闻标题	涉及的水质、生态系统内容
安大略湖-圣劳伦斯河	2014 年	重申 2014 年计划	水流调节、湿地恢复
	2021 年	安大略湖和圣劳伦斯河上游洪水风险降低，超高流量将继续	流量管理
雷尼湖-伍兹湖	2013 年	合并成立该流域新的国际流域委员会	营养物质、有害藻华、物种入侵、硫化物和重金属污染
	2014 年	邀请公众就水质研究计划发表意见	物种入侵
	2015 年	要求政府支持 32 项流域研究计划	营养物质、水污染、入侵物种
	2016 年	解决流域问题的公众会议	有毒蓝藻、物种入侵
	2019 年	就春季水位和水生生态系统健康指标征求公众意见	藻华、营养物质、污染物、水生入侵物种
	2019 年	就其流域环境应急规划、准备和响应的评估报告征求意见	油污染
苏必利尔湖、密歇根湖、休伦湖、安大略湖	2020 年	近岸水域水藻暴发，离岸/近湖区鱼类营养物质短缺	入侵物种、营养物质和渔业
伊利湖	2012 年	2012～2015 年大湖优先事项	营养物质（磷）、藻华
	2013 年	大湖所面临的挑战论坛	
	2013 年	营养污染和有害藻类挑战专家研讨会	有害藻华、（点面源）营养物质
	2013 年	IJC 大湖区域办公室成立 40 周年庆	营养物质（磷）、有害藻华
	2013 年	伊利湖生态系统重点报告草案征求公众意见	
	2014 年	伊利湖水质恶化报告	
	2014 年	保护伊利湖、控制藻华的建议	
	2014 年	伊利湖藻类：专家讨论与公共论坛	
大湖	2012 年	新水质协定签订	物种入侵
	2013 年	第 16 个大湖水质报告：重大成就，但仍需持续的投入和行动	有毒化学品（汞）、营养物质与藻华、物种入侵、气候变化、16 项生态系统关键指标
	2013 年	强调大湖发展指标	16 项生态系统健康指标（化学-化学品、生物-鱼、物理-水温）、3 类人类健康指标（饮用水质量、海滩安全和食用鱼风险）
	2014 年	16 项评价大湖健康的关键物理、化学和生物指标报告	
	2014 年	将大湖人类健康指标提供给政府考虑	3 类：饮用水质量、海滩安全和食鱼风险

续表

流域	时间	新闻标题	涉及的水质、生态系统内容
大湖	2015 年	建议提高对大湖大气汞沉降的监测	大气汞沉降
	2016 年	保护大湖不受跨流域调水和输水影响	调水控制
	2016 年	寻求解决大湖微塑料问题的公众意见	微塑料污染
	2016 年	推进 2014 计划	水位与流量控制、湿地、栖息地
	2017 年	评估政府恢复和保护大湖的进展报告草案征求公众意见	新型持久性有毒污染物、水生陆生入侵物种、伊利湖中和西部营养物质
	2017 年	制订具体目标，加快大湖恢复，保护饮用水，消除未处理污水排放	磷负荷、面源管理、有害藻华、有毒化学品
	2019 年	公众 2019 年参与大湖流域保护活动	水生入侵物种
	2020 年	为了预测水质威胁，开发大湖预警系统	
	2020 年	大湖水位及其他问题在线会议	水位管理
	2020 年	气候变化和其他生态系统压力间的相互作用	栖息地丧失、物种入侵、营养物质、有毒化学物质等

(1)直接相关新闻共有 32 篇，主题关注区域除了整个大湖流域外，还关注了流域内的部分区域或子流域：伊利湖、雷尼湖-伍兹湖、安大略湖和除伊利湖之外的 4 个湖；各区域产生的新闻数量显示其被关注程度，可见，整个大湖流域是被长期重点关注的，体现了流域的整体性；在子流域上，被关注得比较多的是伊利湖和雷尼湖-伍兹湖流域。从各个区域的新闻内容和发布时间看，各个流域或子流域被关注的水质和生态系统内容之间存在明显不同，说明大湖流域内不同区域面临的具体问题有所差异。

(2)伊利湖：由前文可知，从湖面面积、水深和水量几个方面来看，该湖是五湖中浅水湖、小湖，如果大湖区产生水质或系统问题，该湖应该会最先表现出来。其在 2012～2014 年受到密集关注，之后被纳入大湖流域整体中予以考虑。从发布的内容上可以发现，该湖面临的主要水质和生态问题是通过面源(农业、畜牧业)和点源(城市)排污造成营养物质，特别是磷的超量输入，造成湖区藻华暴发面积扩大(2011 年藻华面积超过 5000km^2)和频率增加，该湖西部水域的微囊藻和鱼腥藻暴发，其分泌的毒素对野生动物和人类健康构成威胁。因此，伊利湖核心问题是水质问题，重点是控制点面源营养物质(特别是磷)的排放。

(3)雷尼湖-伍兹湖流域：自 2013 年起该子流域受到持续关注，从涉及的水质和生态系统问题的内容看，该流域有不少棘手的生态和水污染问题。首先是与伊利湖一样的营养物质排放造成水域藻华和有毒蓝藻的暴发问题，其次是水生外来物种入侵问题，以及地表水和地下水的重金属及硫化物污染问题，也有 2019 年政府规划中有油管在流域内布设、公众担心可能出现的漏油问题。

(4) 安大略湖-圣劳伦斯河：从 IJC 在 10 年中对该河湖系统所关注或发布信息来看，安大略湖的水位、圣劳伦斯河的水流是备受关注的问题。IJC 希望通过对河湖系统水位和流量的管理，综合平衡多方用水者间的利益，如将水位和流量调整到更为自然的波动范围内，恢复湖周和河道两岸湿地，减小洪水对周边居民的威胁，减少湖岸和河岸侵蚀而保护周边财产，保证水力发电站的运行和应对或适应气候变化的影响等，即将水位和流量管理与生态恢复、用水利益保证等目标相结合进行综合平衡，实现多方共赢。

(5) 苏必利尔湖、密歇根湖、休伦湖和安大略湖 4 湖：在继伊利湖出现水质和生态系统问题以及 IJC 和两国政府积极反应之后，近几年在 4 湖的一些近岸和离岸区域也产生了类似于伊利湖曾经出现的问题，如大量营养物质的输入造成近岸水域水藻暴发，离岸/近湖水域因水藻滋生消耗了大量的营养而使得该类水域鱼类饵料减少，加之外来物种入侵，造成当地渔业产量下降。对于这些问题，IJC 呼吁两国政府采取行动，探索基于生态系统的方法来管理入侵物种、营养物质和渔业，通过湖泊建模、监测和管理来揭示两个区域(近岸和近湖区)之间的营养物质和生物群落的关系，澄清近岸藻类过度生长与营养物质、近湖区鱼类数量下降之间的关系。

(6) 大湖流域：2012 年至今的 32 个涉及大湖整个流域水质或生态问题的新闻报道共 15 个，占比约 46.9%，是被关注的核心区域。从涉及的水质及生态问题看，除了以上各子流域或区域所表现出来的问题(如外来物种入侵、营养物质超标及其引发的藻华乃至有害藻华和面源管理问题、水位和流量控制等)外，还关注到了一些区域性问题[如气候变化影响、有毒化学品(如汞及来源)和新的持久性有毒物质问题、生态系统及人类健康关键指标构建问题、微塑料污染问题、陆地外来物种入侵和湿地及栖息地恢复等]，既体现了流域面临的一些重要问题，也体现了湖泊生态系统现状评价的工作进展，如大湖生态系统化学、物理和生物完整性健康评价指标及周边人类健康指标体系的构建。

自 1978 年美加两国政府签订《大湖水质协定》以来，双方通过多种渠道，特别是建立双边的 IJC 机构推动了改善水质、维持和保护生态系统各项行动，取得了重大成就。在 2013 年 IJC 发布的第 16 个两年度大湖水质报告中如此描述大湖的水质及生态系统状况：大湖水质显著改善，但一些污染物，如营养物质超标等情况的重现令人担忧。2012 年新水质协定中维持和改善大湖的化学、生物和物理完整性是核心内容，利用 IJC 建立的 16 项关键指标对湖泊健康状况进行评估，其中，化学完整性指标，7 个指标中多数指标显示良好或稳定，有毒化学物质(汞)和营养物质的减少速度趋缓甚至出现逆转；生物完整性指标，5 个指标的评价结果好坏参半，如作为食物链重要组成部分的一种深水片脚类动物(霍氏双孔尖头钩虾，*Diporeia hoyi*)，曾经在大湖水域中大量存在，但现在已在密歇根湖、休伦湖、安大略湖和伊利湖的大片区域完全消失，1987～2006 年共有 34 种新的非本地物种在大湖区建立种群，对生态系统造成广泛和严重的破坏，而自 2006 年《压载水管理条例》修订以来湖区内仅发现两种新入侵种，且是由其他渠道引入的；物理完整性指标，两个指标显示地表水温度上升、冰盖面积减少，引起大湖变暖对本地冷水鱼类维持和藻类繁殖增加等影响的担忧。IJC 在其《恢复和保护大湖工作进展评估报告(草案)》中得出，双方政府的大量投资加快了污染区恢复，减少了进入湖区的污染物和营养物质，恢复了生态系统健康，特别是沿岸湿地状况得到明显改善；双方在减少多氯联苯、二噁英等有毒污染物方面取得了重大进展，但以多溴二苯醚为代表的新污染物同样具有毒性和持久性，需要立即予以关注；伊利湖西部和中部的水质仍旧处于不可接受状态，双方政府计划将入湖营养物质减少 40%的承诺值得称赞；为阻止水生外来物种的入侵而确立的《压载水管理条例》和预防方案已取得了良好的效果，但已有的水生和陆生入侵生物，如芦苇、亚洲长角甲虫等仍威胁着生态系统健康。与此同时，IJC 呼吁“双方政府制定具体目标，加快大湖恢复，保护饮用水，消除未经处理的污水排放”。其间，IJC 赞赏双方政府在加快清理污染区域污染物，为减少伊利湖有害藻华暴发而确立了新的磷排放目标等方面取得重大进展，建议政府对未经充分处理或未经处理的污水实现零排放设定时间表，对农业肥料使用和动物排泄物管理实施强制标准，将伊利湖西部水域确定为受损地区加快恢复。针对有毒化学品排放有效管控进展缓慢问题，虽然苏必利尔湖实现了汞减少 80%、二噁英减少 85%等显著成效(IJC，2019)，但 IJC 仍然认为双方政府在新水质协定实施的头三年里，只确定了 8 种重点控制的化学品，没有落实对其双边管理策略中的“零排放”要求。对于有毒污染物应实现产品生命周期中每个阶段有毒物质的释放控制。

至今，美加两国对五大湖流域水质和生态系统长达 50 年的合作管理，使水质明显改善，生态系统特别是湿地和重要栖息地加快恢复，外来物种入侵态势得到遏制，一些重点污染物包括一些有毒化学品的排放得到有效控制。但是，五大湖流域仍面临一些新的和一些已有的问题或挑战，如气候变化和人类活动加剧对该流域的不同影响，包括累积影响、复合效应(Great Lake Science Advisory Board，2020)；外来物种入侵特别是水生物种入侵(如亚洲鲤鱼)对生态系统造成的巨大压力；有毒和持久性化学品(如多溴二苯醚、汞等)问题；营养物质过量排放(如磷)引发水藻滋生及其扩散效应问题等。

参 考 文 献

Beeton M A. 2020. Great Lakes. [2021-08-09]. https://www.britannica.com/place/Great-Lakes.

Canada Population. 2021. Quebec Population 2021. [2021-08-23]. https://www.canadapopulation.net/quebec-population/.

Canadian Demographics. 2021. Canada Population 2021. [2021-08-15]. https://canadapopulation.org/.

Chepkemoi J. 2018. Canadian Provinces and Territories. [2021-08-23]. https://www.worldatlas.com/articles/canadian-provinces-and-territories-by-land-and-freshwater-area.html.

Desjardins J. 2017. The Great Lakes Economy：The Growth Engine of North America. [2021-08-15]. https://www.visualcapitalist.com/great-lakes-economy/.

Finances Quebec. 2020. Québec's Economic and Financial Situation 2020-2021. [2021-08-23]. http://www.budget.finances. gouv.qc.ca/budget/portrait_juin2020/en/documents/QC_Financial_Situation_June2020. pdf.

Great Lake Science Advisory Board. 2020. A Stressful Interaction：Climate Change and Other Ecosystem Stressors Often Have Greater Influence When Combined. A Stressful Interaction：Climate Change and Other Ecosystem Stressors Often Have Greater Influence When Combined | International Joint Commission (ijc.org) [2021-10-08].

Great Lakes Commission. 2021. Great Lakes Regional Water Use Database：Summary Reports for 2020 (ML/day). [2021-08-25]. https://waterusedata.glc.org/graph.php?type=summary&year=&units=litres.

IJC. 2013. IJC's Great Lakes Regional Office Celebrates 40th Anniversary. [2021-09-01]. https://www.ijc.org/en/ijcs-great-lakes-regional-office-celebrates-40th-anniversary.

IJC. 2013. IJC Releases 16th Biennial Report on Great Lakes Water Quality：Notes Significant Achievement but Sustained Investment and Action Needed. [2021-10-08]. https://www.ijc.org/en/ijc-releases-16th-biennial-report-great-lakes-water-quality-notes-significant-achievement-sustained.

IJC. 2017a. IJC Draft Report for Public Comment Assesses Governments' Progress to Restore and Protect the Great Lakes. [2021-10-08]. https://www.ijc.org/en/ijc-draft-report-public-comment-assesses-governments-progress-restore-and-protect-great-lakes.

IJC. 2017b. IJC calls on governments to set specific targets to accelerate Great Lakes restoration，protect drinking water and eliminate releases of untreated sewage. [2021-10-08]. https://www.ijc.org/en/ijc-calls-governments-set-specific-targets-accelerate-great-lakes-restoration-protect-drinking.

IJC. 2019. IJC Thanks You for Stepping in and Speaking Out for the Great Lakes in 2019. [2021-10-08]. https://www.ijc.org/en/ijc-thanks-you-for-stepping-in-and-speaking-out-great-lakes-2019.

IJC. 2021. Great Lakes Water Quality. [2021-09-09]. https://www.ijc.org/en/what/glwq.

International Joint Commission. 2021. Role of the IJC. [2021-08-31]. https://www.ijc.org/en/who/role.

Michigan Sea Grant. 2019. Great Lakes and the Economy. [2021-08-16]. https://www.michiganseagrant.org/topics/resilient-coastal-communities/great-lakes-and-the-economy/.

Ministry of Finance. 2021. Ontario Fact Sheet. [2021-08-23]. https://www.fin.gov.on.ca/en/economy/ecupdates/factsheet.html.

Ministry of the Environment，Conservation and Parks. 2021. Ontario's Great Lakes Strategy. https://www.ontario.ca/page/ontarios-great-lakes-strategy#：~：text=That%20is%20why%20the%20Government% 20of%20Ontario%20has，to%20conserve%20biodiversity%20and%20deal%20with%20invasive%20species.

NOAA-Great Lakes Environmental Research Laboratory. 2021. About Our Great Lakes：Lake by Lake Profiles. [2021-08-15]. https://www.glerl.noaa.gov/education/ourlakes/lakes.html.

NOAA-Office for Coastal Management. 2021. Agencies work together to accomplish more. [2021-08-06]. http://www.coast.noaa.govlstates/fast-facts/great-lakes.html.

NOAA-Regional Collaboration. 2021. Great Lakes Region. [2021-08-20]. https://www.regions.noaa.gov/great-lakes/index.php/regional-snapshots/.

O'Neill A. 2021. The 20 countries with the largest gross domestic product (GDP) in 2020. [2021-08-24]. https://www.statista.com/statistics/268173/countries-with-the-largest-gross-domestic-product-gdp/.

Queen's Printer for Ontario. 2021. Canada and Ontario Mark 50th Anniversary of Great Lakes Agreement by Signing Ninth Agreement. [2021-08-22]. https://news.ontario.ca/en/release/1000209/canada-and-ontario-mark-50th-anniversary-of-great-lakes-agreement-by-signing-ninth-agreement.

Rosenthal D. 2017. Who uses the Great Lakes' water? [2021-08-25]. https://www.greatlakestoday.org/post/who-uses-great-lakes-water.

Statista Research Department. 2021. US GDP-Statistics & Facts. [2021-08-24]. https://www.statista.com/topics/772/gdp/.

The National Wildlife Federation. 2020. The Great Lakes. [2021-08-11]. https://www.nwf.org/Educational-Resources/Wildlife-Guide/Wild-Places/Great-Lakes.

US Census. 2020. List of States by Population. [2021-08-24]. https://state.1keydata.com/state-population.php.

US-EPA (United States Environmental Protection Agency). 2021a. Physical features of the Great Lakes. [2021-08-03]. https://www.epa.gov/greatlakes/physical-features-great-lakes.

US-EPA (United States Environmental Protection Agency). 2021b. Facts and Figures about the Great Lakes. [2021-08-03]. https://www.epa.gov/greatlakes/facts-and-figures-about-great-lakes.

US-REAP (United States Regional Economic Analysis Project). 2021. Southeast vs. Great Lakes Comparative Trends Analysis：Population Growth and Change，1958—2020. [2021-08-15]. https://united-states.reaproject.org/analysis/comparative-trends-analysis/population/tools/950000/930000/.

World Atlas. 2021a. The Great Lakes. [2021-08-04]. https://www.worldatlas.com/lakes/the-great-lakes.html.

World Atlas. 2021b. Role of the Great Lakes in the economy of US and Canada. [2021-08-16]. https://www.worldatlas.com/articles/role-of-the-great-lakes-in-the-economy-of-us-and-canada.html.

第六章　结　　语

本书第四章和第五章对国际河流水环境（水质）管理和生态系统管理分别进行了阐述，从中可以发现这两个主题是交织在一起的，无法将它们截然划分开。首先，从时间上看，跨境水污染及其影响先受到关注，继而相关流域国合作开展了水污染控制工作，污染治理成效趋缓以及生态系统问题提上日程，推进了以流域生态系统组成、结构和功能完整性为指导的国际河流生态系统管理，如美国和加拿大之间的大湖流域的生态系统管理，其目标为实现流域生态系统健康，而健康状态的评价指标包括物理、化学和生物三类（表 5-2），并于 2014 年确定了 16 个包括重点化学品、鱼和水温在内的关键评价指标（表 5-9）；欧洲的莱茵河保护要求其生态系统应维护和改善包括悬浮物、泥沙污染和地下水等河流水质问题，保护生物多样性及野生动植物栖息地，改善鱼类的生存条件，恢复其自由迁徙等，即要保护生物个体、生物群体及其维持与发展所必需的环境条件等（表 5-3）。其次，从第四章和第五章的案例分析结果中看到莱茵河流域的生态系统管理效果似乎好于大湖流域的管理成效，仅从这一点上看，将莱茵河案例与大湖流域案例在章节上进行对调似乎更为合理。但在梳理国际河流水质管理和生态系统管理过程中，莱茵河的水质管理历程更长一些，包括联合机构的发展在内，存在较为明显的转折点，因此，目前的章节安排和最终希望给读者展示的结果也不会因为这样的编排而产生误导。

本书编写的总体思路源于上册集中阐述国际河流水资源利用与管理中的问题现状及主要的理论构架，而下册则集中于以时间为序列的不同国际河流水资源利用和管理目标的发展和演变过程，以及其间产生的一些基本规则、范式并附之于一些典型案例给予具体说明，因此可以说，本书的上下两册是一个包括理论、方法和案例在内的整体，基本能够为国际河流水资源利用和管理模式、流域国在不同的合作目标和阶段上出现的问题及解决路径提供一个概览，为未来中国国际河流水资源的开发利用与管理提供一些可借鉴的思路和方法。

附　　录

附表 1　国际条约中界河(段)边界划分规定

Annexed Table 1　The provisions on delimitation of border lines along the international rivers among international treaties

时间	条约名称	签约国	划界标准	涉及其他用水
1884 年	《关于国际边界沿科罗拉多河延伸的公约》	美国、墨西哥	常规河道中线为界	无
1862 年	《关于波希米亚和巴伐利亚边境制度和其他领土关系的条约》	奥地利、德国	中间河道/河道中线	限制取水量、后期开发；由授权专家负责监督管理
1864 年	《边界条约》	葡萄牙、西班牙	以主河道为界	边界河流水资源共同使用；对可航道行河段准备出台专门条约
1891 年	《关于确定影响范围条约》	葡萄牙、英国	以中心线为界	赞比西河等对所有国家实行自由航行；各国间拥有平等航行权
1903 年	《关于刚果与扎伊尔边界的公约》	法国、比利时	以河流深泓线为界	无
1906 年	《关于黄金海岸与法属苏丹边界的换文》	英国、法国	以河流深泓线为界	无
1906 年	《关于从几内亚湾至尼日尔河领地范围的协定》	英国、法国	以河段深泓线为界	无
1907 年	《关于英国在东非乌干达与埃塞俄比亚的边界协定》	英国、埃塞俄比亚	以河流深泓线为界	边界附近部落用水照旧，游牧期间可就近利用水井，与其他部落权利相同
1913 年	《关于塞拉利昂与法属几内亚之间边界的协定》	英国、法国	以深泓线为界，局部以河岸为界	无
1920 年	《和平条约》	苏俄、拉脱维亚	河流与湖泊均以中心线界	自由通行与捕鱼
1926 年	《关于定界问题的条约》	德国、波兰	可通航河道以主航道中线为界；其他河道以平均水位上的河道中心线为界	无
1929 年	《定界协定》	海地、多米尼加	界河段以河流深泓线为界；界湖以经纬线走向和延伸长度确定	河湖上的航行与捕鱼另立条约约束。边界河流用水不得使水位低于平均水位

续表

时间	条约名称	签约国	划界标准	涉及其他用水
1933 年	《关于缅甸与暹罗[①]之间边界协定的换文》	英国(印度)、暹罗	以深水河道为界	无
1933 年	《关于确定边界法律地位的公约》	巴西、乌拉圭	以河道河床为界	对河流水资源拥有平等使用权
1933 年	《关于校正格兰德河在埃尔帕索-华雷斯河谷段的公约》	美国、墨西哥	自然河道以中心线为界；人工河道以水道轴线/最深线为界	无
1935 年	《边界协定》	多米尼加、海地	以河流深泓线为界	无
1936 年	《定界协定附加议定书》	多米尼加、海地	以河流轴线为界；部分以河岸为界	无
1937 年	《关于坦噶尼喀和莫桑比克-里斯本之间边界协定的换文》	英国、葡萄牙	无岛屿河道以深泓线为界；当分属不同国家的岛屿与河岸间河道不是最深河道时，以汊道深泓线为界	用水权为各方 50%；捕鱼权为各自管辖范围内
1946 年	《关于边界问题解决的协定》	泰国、法国(老挝)	以河道或距泰国一侧河岸最近河汊深泓线为界	无
1947 年	《关于肯尼亚与埃塞俄比亚边界的补充规定的换文》	英国、爱尔兰、埃塞俄比亚	以深泓线为界	无
1954 年	《关于解决边界和财政问题协定》	苏联、伊朗	以最深河道中线为界	无
1958 年	《边界协定与换文》	伊朗、巴基斯坦	中间河道/河道中线	无
1959 年	《关于东巴基斯坦边界分歧协定》	印度、巴基斯坦	以主河道中线为界	无
1960 年	《中华人民共和国和缅甸联邦边界条约》	中国、缅甸	不通航河流以河道中心线为界，通航河流以主航道中心线为界；如果河道改道，除双方另有协议外，边界线维持不变	无
1961 年	《关于乌拉圭河边界条约》	阿根廷、乌拉圭	以主河道中心线为界	无
1961 年	《关于拉普拉塔河主权联合声明》	阿根廷、乌拉圭	以水流主流向直线为界	无
1962 年	《中华人民共和国和蒙古人民共和国边界条约》	中国、蒙古国	以干流河道中心线为界；如果干流改道，除另有协议外，界线维持不变	无
1963 年	《中华人民共和国政府和巴基斯坦政府关于中国新疆和由巴基斯坦实际控制其防务的各个地区相接壤的边界的协定》	中国、巴基斯坦	以河流的河床中心线为界	无
1963 年	《边界化学品问题决议》	美国、墨西哥	开挖河道以中心线为界	无

① 泰国的旧称。

续表

时间	条约名称	签约国	划界标准	涉及其他用水
1963 年	《关于边界制度与边界合作事务的条约》	匈牙利、罗马尼亚	不通航河流、渠道等以河流中线或主河道中线为界；通航河流以主航道中线为界；难以确定中线的溪流，以与两岸等距点连线为界；岸线难以确定的河流以平均水位水面中线为界	无
1966 年	《关于两国间纳夫河(Naaf)河段定界协定》	缅甸、巴基斯坦	以最深河道中线为界	无
1970 年	《关于新边界通过阿拉克塞斯河水利工程综合设施和米尔穆甘(Mil-Mugan)导流大坝走向条约》	伊朗、苏联	水库以水面积平分线为界，河道以中心线为界	无
1973 年	《拉普拉塔河及相关海域边界条约》	阿根廷、乌拉圭	水流流向至两岸端点连线的交点	无
1974 年	《陆地边界协定》	印度、孟加拉国	以河流中心线为界	无
1975 年	《关于边界及关系的条约》	伊拉克、伊朗	以深泓线为界	无
1983 年	《关于在 Basic Garabi 开发项目区沿乌拉圭河深泓线定界协定换文》	阿根廷、巴西	以深泓线为界	无
1991 年	《中华人民共和国和苏维埃社会主义共和国联盟关于中苏国界东段的协定》	中国、苏联	主航道中心线、河流水流或主流中心线为界；兴凯湖以入湖河流水流中心点与出湖河口水流中心点连线为界	无
1994 年	《中华人民共和国和哈萨克斯坦共和国关于中哈国界的协定》	中国、哈萨克斯坦	非通航河流以河流中心线或主流中心线为界	无
1994 年	《和平条约》	以色列、约旦	以主河道中心线为界；边界遵循自然变化，除另有协议	无
1996 年	《中华人民共和国和吉尔吉斯共和国关于中吉国界的协定》	中国、吉尔吉斯斯坦	非通航河流以水流中心线或主流中心线为界	无
1999 年	《中华人民共和国和吉尔吉斯共和国关于中吉国界的补充协定》	中国、吉尔吉斯斯坦	非通航河流以水流中心线或其主流中心线为界	无
1999 年	《中华人民共和国和越南社会主义共和国陆地边界条约》	中国、越南	非通航河流以水流或主流中心线为界，通航河流沿主航道中心线而行	无
2004 年	《中华人民共和国和俄罗斯联邦关于中俄国界东段的补充协定》	中国、俄罗斯	通航河流沿主航道中心线，非通航河流沿河流或主流中心线为界	无
2004 年	《关于确定和维持陆地和水体共同边界、建立波兰-德国常设委员会协定》	德国、波兰	可通航河道与深泓线一致；不通航河道以平均水位线的两岸连线中线为界；分汊河道以主河道中线为界	无

附表 2 国际河流航行问题的相关国际条约

Annexed Table 2 International treaties related to navigation on international rivers

时间	条约名称	缔约国	涉及河流与湖泊	航行规则摘要
1815 年	《维也纳大会最后规约》	英国、俄国、普鲁士、奥地利、法国	莱茵河、多瑙河、摩泽尔河等	各河自可通航处至河口，应完全自由航行，不得妨碍商业航行。法案所确立的航行政策应得到遵守，作为一个共同框架将有利于所有国家的商业发展
1856 年	《巴黎条约》	英国、法国、奥斯曼帝国、撒丁王国和俄国	多瑙河	在黑海建立中立区，周边水域与港口向所有国家商船开放；在多瑙河及其河口沿用《维也纳大会最后规约》所确立的国际河流航行原则。宣布这些原则将成为欧洲公法的组成部分，保证其未来的实行。组建一个由缔约国代表组成的委员会负责自由航行的实施
1866 年	《边界条约附加规则》	葡萄牙、西班牙	杜罗河、塔霍河与米尼奥河	两国人民可在杜罗河、塔霍河与米尼奥河可通航河段上自由航行，包括其他可通航边界河流。航行等必须遵守两国间现有协定和各国现行规定
1868 年	《莱茵河航行公约修订案》	荷兰、英国、德国、瑞士、比利时、法国	莱茵河	在该修订案规定条件下，莱茵河对所有国家用于货物和人员运输的船只实行自由航行
1871 年	《关于沿维斯瓦河、桑河航运与水利工程的条约》	奥地利、俄国	维斯瓦河	两国计划制订维斯瓦河和桑河部分界河段总规则，以维持通航长度，实现两国设想的实质利益
1885 年	《柏林大会总议定书：关于刚果河和尼日尔河航行、自由贸易等法令》	奥地利、土耳其、德国、法国、英国、意大利、瑞士、西班牙、丹麦、俄国、美国、比利时、荷兰、葡萄牙	刚果河、尼日尔河	刚果河、尼日尔河对所有国家用于货物或乘客运输的商船，实行平等的、自由通行。所有航道和河口，对沿岸国和非沿岸国实行无差别对待，任何公司或个人不享有任何特权
1888 年	《美国总统对关于哥斯达黎加和尼加拉瓜边界条约理解分歧的裁决》	哥斯达黎加、尼加拉瓜	圣胡安河	哥斯达黎加军舰不得在圣胡安河上航行，但其商船或税务船可在圣胡安河航行
1904 年	《关于纽芬兰、中西非间边界条约》	法国、英国	冈比亚河	冈比亚河下游段向法国商船开放
1904 年	《关于埃及和摩洛哥的宣言》	法国、英国	冈比亚河	确保苏伊士运河、直布罗陀海峡的自由通行
1909 年	《边界水条约》	美国、加拿大	密歇根湖及其连通河道	在遵守相关法律法规情况下，所有可通航边界水域向以商业目的的两国居民和船只平等自由地开放
1910 年	《关于解决拉普拉塔河管辖权的法令》	阿根廷、乌拉圭	拉普拉塔河	航行和水利用将继续，不受任何改变

续表

时间	条约名称	缔约国	涉及河流与湖泊	航行规则摘要
1915年	《关于固定苏里南与法属圭亚那之间边界的公约》	法国、荷兰	马罗尼河	双方自由航行
1921年	《关于可通航水道制度的国际公约》	阿尔巴尼亚、奥地利、比利时、玻利维亚、巴西、保加利亚、智利、中国、哥伦比亚、哥斯达黎加、古巴、丹麦、英国、西班牙、意大利、日本等39国	天然可通航国际河流	在任何分隔或穿越不同国家的天然可通航水道上，所有缔约方的国民和船只应受到完全平等、无差别对待。每个缔约国在其主权或管辖范围有权实行其管理规则、采取措施维持治安等，但这些规定必须是合理的、绝对平等的
1921年	《关于多瑙河最后地位的公约》	比利时、奥地利、法国、英国、德国、希腊、意大利、罗马尼亚、克罗地亚、捷克斯洛伐克、塞尔维亚	多瑙河	从乌尔姆到黑海的整个多瑙河可航行航线上，在沿岸各国港口之间以及在同一国家港口之间，向所有国家的货物和乘客，以完全平等和不受限制地开放。水道管辖权由沿岸国行使
1922年	《关于两国边界河道捕鱼和维护河道的公约》	芬兰、苏联	凯米河、帕斯维克河、武奥克萨河等	开放航道，使水自由流动，开通内河及通海航行
1922年	《关于制订易北河航行条约的公约》	英国、捷克、德国、法国、意大利、比利时和斯洛伐克	易北河	易北河无限制向各国船只开放，但必须符合该公约的规定；不适用于渡船和从一岸到另一岸的通行
1942年	《和平、友好与边界的法令》	厄瓜多尔、秘鲁	圣弗朗西斯科河等	秘鲁将拥有与巴西和哥伦比亚一样的，厄瓜多尔将拥有在亚马孙河及其北部支流航行的权利
1947年	《商业条约》	苏联、芬兰	边界水域	一方商业船只上的船员、旅客及货物在另一方口岸和水域通过、停留、停泊，应被无差别对待。双方有权经对方领土、出入第三国，自由转运货物
1947年	《商业与航行条约》	苏联、捷克斯洛伐克	边界水域	双方应相互给予旅客、行李和货物在其领土内自由过境的权利，与给予其他国家过境的条件相同
1948年	《关于苏联-波兰边界的协定》	苏联、波兰	布格河(Bug)等	缔约方船舶有权在边界可通航河流的主航道上自由航行；在边界湖泊上，船只航行至边界线；船只只能在白天行驶，夜晚需停靠或停泊各自河岸或水域；除被迫靠泊外，船只不得停于航道中间
1948年	《多瑙河航行制度公约》	罗马尼亚、捷克斯洛伐克、苏联、保加利亚、南斯拉夫、匈牙利、乌克兰、奥地利	多瑙河	在平等的基础上，多瑙河对所有国家国民、商业船只和货物自由开放；各航段的航行应按照各段主管当局或流域国制定的航行规则进行。禁止任何非多瑙河流域国的军舰在多瑙河航行
1948年	《关于苏联-芬兰边界制度的条约》	苏联、芬兰	边界水域	双方船只有权自由通过边界湖段和河段；边界横穿湖泊和河流，船只只能航行至边界线；只能在白天行驶，夜晚需停靠各自河岸或水域；船只不得停靠另一方河岸或停泊在水域上，危急情况除外

续表

时间	条约名称	缔约国	涉及河流与湖泊	航行规则摘要
1951年	《关于黑龙江等国境界河航行及建设协定》(附航行规则)	中国、苏联	黑龙江等	双方船舶可在黑龙江、乌苏里江、额尔古纳河及松阿察河的主要航线上无阻碍通行；在兴凯湖航行时，仅准达到国界线处，不得越过；除兴凯湖外，双方在主要航线上享有同等航行权利
1954年	《关于修订与补充1952年圣劳伦斯河海上航道工程协定的换文》	加拿大、美国	圣劳伦斯河	沿用1909年的《边界水条约》：向两国船只及居民自由开放
1957年	《关于国境及其相通河流和湖泊的商船通航协定》	中国、苏联	黑龙江等	双方商船在黑龙江下游及出海口、松花江、乌苏里江、额尔古纳河、喀喇额尔齐斯河、伊犁河、松阿察河的通航全程和兴凯湖，以及有关港口，在通航季节内自由通行
1960年	《关于边界制度与边界事件处置程序的协定》	苏联、芬兰	边界水域	双方船舶有权在边界湖泊和河流中自由航行。与边界线交叉的湖泊和河流，船舶只能航行到边界线。只能白天航行，夜间停靠、停泊自己岸边和水域
1963年	《关于成立米林湖联合委员会协定的换文》	巴西、乌拉圭	米林湖	改善航行，促进经济联系，推动米林湖开发；两国主管当局应给予一切可能的便利，使有关地区的所有船只能够自由通行
1964年	《边界河道协定》	苏联、芬兰	凯米河、奥兰加河、奥卢河等	保持边界水道主要航道水流流动，航运自由通行。边界水道运输应适用1960年《关于边界制度与边界事件处置程序的协定》的规定
1968年	《关于建立一个多瑙河劳伊考-格纽(Rajka-Gönyü)河段管理局的协定》	捷克、斯洛伐克、匈牙利	多瑙河	遵循1948年《多瑙河航行制度公约》
1978年	《关于冈比亚河地位的公约》	冈比亚、几内亚、塞内加尔	冈比亚河	缔约国享有航行自由和平等待遇。冈比亚河及其支流的航行向缔约国国民、商船和货物，以及由一个或多个缔约国特许的船只开放，且各国间平等
1985年	《理事会1985年第2919/85关于在莱茵河航道上通行船只的管理法令》	比利时、德国、法国、荷兰、英国和瑞士	莱茵河	缔约国包括每一个具有平等地位的国家，包括在缔约国当局公共注册处登记的船只，属于莱茵河航行船只，可自由通行

续表

时间	条约名称	缔约国	涉及河流与湖泊	航行规则摘要
1997 年	《关于在黑海地区海域和雷兹瓦亚河河口地区边界定界的协定》	保加利亚、土耳其	雷佐沃河/雷佐夫斯卡河(Mutludere/Rezovska/Rezvaya)	在该海湾设立公共航行区；悬挂任何一方旗帜的船只有权在整个航行区航行。一方船只在另一方内部水域航行，须经许可。缔约国国民和船舶只能在其分区内进行活动
2001 年	《澜沧江-湄公河商船通航协定》	中国、老挝、缅甸、泰国	湄公河	悬挂缔约一方国旗并在该缔约方领土上登记的商船，可在中国思茅港和老挝琅勃拉邦港间自由航行。一方船舶在另一方港口只能承运两国入出境货物和旅客，不得经营其他缔约方国内港口之间的货物和旅客运输。一方船舶及船员和旅客在另一方境内停留和通过期间，应遵守共同航行规则及另一方法律和法规

附表 3　边界水域捕鱼条约及规则(摘要)

Annexed Table 3　International treaties on fishing on boundary water bodies and brief information of the relative rules

时间	条约名称	缔约国	所在地区(缔约方/水域)	规则摘要
1866 年	《边界条约附加规则》	葡萄牙、西班牙	欧洲/欧洲	平等捕鱼
1904 年	《关于纽芬兰、中西非间边界条约》	法国、英国	欧洲/非洲、北美洲	边界线内捕鱼；平等捕鱼
1913 年	《关于塞拉利昂与法属几内亚边界的协定》	法国、英国	欧洲/非洲	平等捕鱼
1922 年	《关于两国边界河道捕鱼和维护河道的公约》	芬兰、苏联	欧洲/欧洲	划定保护河段；规定渔具及捕鱼方式；水利工程需建过鱼设施；规定休渔期、禁渔区
1922 年	《关于拉多加湖捕鱼和海豹的公约》	芬兰、苏联	欧洲/欧洲	划定捕鱼区；规定捕鱼期，禁止夜间捕鱼；持证捕鱼、渔船定期登记，可在对方水域捕鱼；规定渔具
1926 年	《关于接受坦噶尼喀湖-卢旺达-乌干达边界法案的换文》	比利时、英国	欧洲/非洲	维持原捕鱼权
1928 年	《关于保护和发展边界水域鱼和渔业资源的条约》	波兰、捷克斯洛伐克	欧洲/欧洲	持证捕鱼；规定捕鱼渔具、方式和捕捞尺寸；规定捕鱼期/休渔期，禁止夜间捕鱼；保证产卵区及河段畅通；防止污染；禁止引入外来鱼种；维持资源量
1930 年	《关于保护、维持与扩大弗雷泽河流系统鲑鱼渔业资源的公约》	美国、加拿大	北美洲/北美洲	建立渔业委员会；持证捕鱼；各自水域内捕鱼；规定渔具；规定物种鱼禁渔区；确定年度捕捞量并平均分配
1931 年	《关于边界水域捕鱼的公约及渔业委员会机构及行动的规则》	拉脱维亚、立陶宛	欧洲/欧洲	持证捕鱼；边界线内捕鱼；除事先通知外，禁止夜间捕鱼/钓鱼；规定禁渔期及种类；规定捕鱼渔具(渔网网眼)、方式、捕捞尺寸等；防止污染

续表

时间	条约名称	缔约国	所在地区(缔约方/水域)	规则摘要
1933 年	《关于确定边界法律地位的公约》	巴西、乌拉圭	南美洲/南美洲	边界线内水域捕鱼
1934 年	《关于确定边界水道统一休渔期和批准夜间捕鱼的协定》	匈牙利、捷克斯洛伐克	欧洲/欧洲	持证捕鱼；规定禁渔期，限定夜间捕鱼时间；限定捕鱼船数量、捕鱼人、捕鱼方式；规定禁渔区
1934 年	《关于拉多加湖捕鱼和海豹的公约》	芬兰、苏联	欧洲/欧洲	各自水域内捕鱼，禁止进入对方水域的范围；持证捕鱼；规定捕鱼期；限定捕鱼船数量；规定捕鱼方式；保护产卵区
1935 年	《的的喀喀湖渔业开发的初步公约》	玻利维亚、秘鲁	南美洲/南美洲	建立科学委员会，研究渔业资源开发
1937 年	《关于坦噶尼喀和莫桑比克-里斯本之间边界协定的换文》	英国、葡萄牙	欧洲/非洲	平等捕鱼
1938 年	《关于在帕斯维克河捕鱼新规则的公约》	芬兰、挪威	欧洲/欧洲	划定捕鱼区；规定河道上捕鱼范围(河宽/界线)；规定渔具(渔网网眼尺寸)、捕鱼方式、捕捞尺寸；规定禁渔期
1938 年	《关于塔纳河捕鱼区捕鱼新规则的公约》	芬兰、挪威	欧洲/欧洲	划定捕鱼区；持证捕鱼，但需付费，可到对方渔区钓鱼；捕鱼证收益两国平分；规定渔具(渔网网眼尺寸)和捕鱼方式、捕捞尺寸；规定不同区域的禁渔期(年与周)
1948 年	《关于苏联-波兰边界的协定》	苏联、波兰	欧洲/欧洲	边界线内捕鱼；禁止夜间捕鱼；禁止捕鱼方式；禁渔期规定等另订协定
1948 年	《关于苏联-芬兰边界制度的条约》	苏联、芬兰	欧洲/欧洲	边界线内捕鱼；禁止夜间捕鱼；规定捕鱼方式；防止污染；保护河岸；保护渔业资源等另订协定
1949 年	《关于对塔纳河捕鱼区捕鱼新规则公约第4条进行补充达成协定的换文》	芬兰、挪威	欧洲/欧洲	调整 1938 年《关于塔纳河捕鱼区捕鱼新规则的公约》中捕鱼证收费标准
1953 年	《关于塔纳河捕鱼区捕鱼规则的协定》	芬兰、挪威	欧洲/欧洲	划定捕鱼区；持证捕鱼，但需付费，可到对方渔区钓鱼；捕鱼证收益两国平分；规定渔具(渔网网眼尺寸)和捕鱼方式、捕捞尺寸；规定不同区域的禁渔期(年与周)
1954 年	《大湖流域渔业公约》	美国、加拿大	北美洲/北美洲	建立委员会，资源调查
1956 年	《关于解决萨尔河问题的条约》	法国、德国	欧洲/欧洲	划分捕鱼河段
1957 年	《关于边界河流与湖泊捕鱼的法令》	南斯拉夫、阿尔巴尼亚	欧洲/欧洲	规定捕鱼尺寸；规定休渔期；规定不同鱼类捕捞量
1958 年	《关于多瑙河水域捕鱼的公约》	保加利亚、罗马尼亚、苏联、南斯拉夫	欧洲/欧洲	边界水域内捕鱼；水利设施需保证鱼类洄游；防止污染；规定全水域及不同河段的休渔期；建立全年禁渔廊道；规定捕捞种类、捕捞尺寸、渔具(渔网网眼尺寸)；禁止引入外来物种(动植物)
1959 年	《关于比达索河及费及耶海湾捕鱼的公约》	法国、西班牙	欧洲/欧洲	划定各自捕鱼区；规定不同捕鱼种类、休渔期及禁渔区；规定捕鱼尺寸、渔具与方式；上报年度鲑鱼捕捞量，特定时段限定捕捞量(每人鱼线、鱼钩数量)
1960 年	《关于边界制度与边界事件处置程序的协定》	苏联、芬兰	欧洲/欧洲	边界线内捕鱼；规定捕鱼方式，特定区域禁止捕捞的种类；禁止夜间捕鱼；休渔期等可另订协定

续表

时间	条约名称	缔约国	所在地区(缔约方/水域)	规则摘要
1960年	《关于塔纳河捕鱼区捕鱼新规则的协定》	芬兰、挪威	欧洲/欧洲	划定捕鱼区；持证捕鱼，并付费，可到对方渔区钓鱼；发放捕鱼证收益两国平分；规定渔具(渔网网眼尺寸)、捕鱼方式和捕捞尺寸；规定不同区域、不同鱼种的禁渔期(年与周)；规定钓鱼时间
1960年	《关于埃姆斯河河口区域合作制度的条约》	德国、荷兰	欧洲/欧洲	划定捕鱼区；平等捕鱼
1961年	《关于两国边界与合作及相互协助解决边界问题的协定》	波兰、苏联	欧洲/欧洲	边界线内捕鱼；规定捕鱼方式；禁止夜间捕鱼；划定禁渔区；规定特定河段捕捞种类
1963年	《关于两国边界及边界事务合作的条约》	匈牙利、罗马尼亚	欧洲/欧洲	边界线内捕鱼；规定捕鱼方式，特定河段捕捞种类；禁止夜间捕鱼；规定禁渔期；保证大坝上下游一定水流
1964年	《边界河道协定》(附换文)	苏联、芬兰	欧洲/欧洲	边界线内捕鱼；禁止夜间捕鱼；规定捕鱼方式、在特定区域禁止捕捞的种类；休渔期等可另订协定；保持河道通畅，如河道阻塞(包括水坝)应采取保护鱼类措施
1964年	《关于在莫诺河水道捕鱼区捕鱼的协定》	芬兰、挪威	欧洲/欧洲	划定捕鱼区；共同渔区内平等捕鱼；持证捕鱼，需付费，可到对方渔区钓鱼；捕鱼证收益两国平分；负责各自一侧河道上的鱼道建设；规定渔具(渔网网眼尺寸等)、捕鱼方式、捕捞尺寸；规定不同区域、不同鱼种的禁渔期(年与周)
1964年	《确保共同边界清晰及解决相关边界问题的协定》	奥地利、匈牙利	欧洲/欧洲	规定捕鱼方式
1971年	《边界河流协定》	芬兰、瑞典	欧洲/欧洲	渔区周边居民捕鱼优先权；规定渔区范围(1/3河宽)；防止水污染；保持资源量
1972年	《关于塔纳河捕鱼区联合捕鱼规则的协定》(附捕鱼规则)	芬兰、挪威	欧洲/欧洲	划定捕鱼区；持证捕鱼，需付费，可到对方渔区钓鱼；捕鱼证收益两国平分；规定渔具(渔网网眼尺寸等)、捕鱼方式、捕捞尺寸；规定不同区域、不同鱼种的禁渔期(年与周)；规定钓鱼时间；每年发布捕鱼区域；防止污染；保证干支流河道通畅
1973年	《拉普拉塔河及其入海口条约》	阿根廷、乌拉圭	南美洲/南美洲	缔约方可捕鱼；同意采取共同保护措施；规定不同鱼类的捕捞量，捕捞量平分；规定不同鱼类的繁育期禁捕
1973年	《关于两国边界与合作及相互协助解决边界问题的协定》	苏联、捷克斯洛伐克	欧洲/欧洲	边界线水域内捕鱼
1977年	《关于莫诺河捕鱼区联合捕鱼规则的协定》(附捕鱼规则)	芬兰、挪威	欧洲/欧洲	持证捕鱼，并交税；禁止非渔区居民使用船只捕鱼；规定特定区域捕鱼方式、时间及渔网数量；规定渔网捕捞的休渔期
1980年	《关于日内瓦湖捕鱼的协定》	法国、瑞士	欧洲/欧洲	规定特定鱼种的休渔期；规定渔具；规定捕捞时间(月、周)
1980年	《适用于米尼奥河国际边界段的捕鱼规则》	葡萄牙、西班牙	欧洲/欧洲	持证捕鱼，并付费；禁止在干支流汇合口捕鱼；规定渔具使用、时间、各种鱼的捕捞尺寸等；规定休渔期
1988年	《渔业合作协定》	中国、苏联	亚欧/亚洲	边界线内水域捕鱼

续表

时间	条约名称	缔约国	所在地区(缔约方/水域)	规则摘要
1989年	《关于塔纳河捕鱼区联合捕鱼规则的协定》(附捕鱼规则)	芬兰、挪威	欧洲/欧洲	划定捕鱼区；持证捕鱼，需付费，可到对方渔区钓鱼；捕鱼证收益两国平分；规定渔具(渔网网眼尺寸等)、捕鱼方式、捕捞尺寸，不同河道上渔网设置方式；规定禁渔期、捕鱼期的禁渔日；规定钓鱼时间；保证干支流河道通畅，规定干支流汇合区的捕捞方式；支流渔区各自管理
1991年	《关于杜河边界段捕鱼与保护水生生境的协定》	法国、瑞士	欧洲/欧洲	持证捕鱼；边界水域分为两类水域；规定各种鱼类在不同水体禁止捕捞的时间(年、月)；规定捕捞尺寸和个人捕捞量；保护重要鱼类栖息地
1992年	《关于适用于边界河段捕鱼制度协定的换文》	葡萄牙、西班牙	欧洲/欧洲	规定捕鱼范围(河宽与对岸距离)；规定捕捞尺寸和捕捞量；规定不同鱼类的禁渔期；规定不同河段、河宽下的捕捞方式；禁止引入外来物种；禁止改变河床、河岸结构
1996年	《关于保护和开发巴拉那河与巴拉圭河边界段渔业资源的协定》	阿根廷、巴拉圭	南美洲/南美洲	边界线内河道捕鱼；水利设施建设需保证鱼类洄游；新水环境下发展渔业繁殖与恢复；防止污染；设置鱼类保护区
2003年	《边界制度条约》	罗马尼亚、乌克兰	欧洲/欧洲	边界线内水域捕鱼；规定捕鱼方式；边界水域渔业保护与开发另订协定

附表 4　1950～1979 年国际河流水质管理条约概况

Annexed Table 4　General information of the treaties related to water quality issues in the international rivers in 1950—1979

年份	条约	签约国/组织	河流	条款摘要
1950	《就污染水域建立三方常务委员会协议》	卢森堡、比利时、法国	莱茵河等 3 河	水污染控制技术研究；制订行动议程、程序规则；确定污染状态(污染源、污染程度等)；收集可行技术；评估各国间污染比例
1954	《穆拉河界河段水域经济问题协定》(含附件)	南斯拉夫、奥地利	多瑙河	界河段水质调查，确定界河起终点水质状况；实施工程措施；确定费用分担比例
1957	《边界分歧与事件解决程序条约》	苏联、伊朗	阿特拉克河等	维持界河水域清洁，避免人为污染；界河段清淤，费用平均分摊；境内河段各自负责；清淤物处置，避免造成二次污染
1961	《关于建立国际委员会保护摩泽尔河免受污染协议》	卢森堡、德国、法国	莱茵河	确定污染的特征、程度及来源，提出适当防污措施；各自承担境内相关分析、研究及费用；共同项目费用共同承担
1961	《建立国际委员会保护萨尔河免受污染的协议》	德国、法国	莱茵河	确定污染的特征、程度及来源，提出适当防污措施；各自承担境内相关分析、研究及费用；共同项目费用共同承担
1962	《保护日内瓦湖水体免受污染公约》	法国、瑞士	罗讷河	调查、确定污染程度及来源，向政府提出行动建议
1965	《委员会第 218 号会议纪要的协定》	美国、墨西哥	科罗拉多河	为控制水流进入墨西哥的盐度，美国在莫雷洛斯大坝下游修建一条排水渠以及一个入河排水控制工程，并承担工程建设费用
1972	《委员会第 241 号会议纪要的协定》	美国、墨西哥	科罗拉多河	参照 1971 年的年平均盐度，美国采取措施，将水体年平均盐度减少至少万分之一，改善科罗拉多河进入墨西哥的水质

续表

年份	条约	签约国/组织	河流	条款摘要
1972	《大湖水质协定》(含附件与附录)	美国、加拿大	圣劳伦斯河	规定具体和临时水质目标；禁止、减少造成水体污染的人为排放，包括污泥、油类、有害有毒及营养物质等；减少和控制城市、工农业、航运等污染排放；按标准建设和运行城市与工业污水处理设施，大幅消减汞、有毒重金属、持久性有毒有机污染物、辐射性物质排放，控制磷和其他营养物质排放；建立监测系统、突发污染事件联合应急计划，评估与确认有害污染物，与水质目标一致的各方水质标准。8个附件，按年减少伊利湖和安大略湖入湖磷总量；不同规模城市污水处理厂、畜牧、工业废水磷控制目标(浓度与总量)或削减量等，大型城市污水处理厂磷排放不超过100万gal/d(1gal = 3.78543L)、小厂的平均浓度不超过1mg/L等；城市和工业废水除磷、清洁剂限磷或减磷、畜牧业排磷控制；8个具体目标：溶解氧、pH(6.7～8.5)、Fe含量不超过0.3mg/L、总磷、放射性物质等；5类临时目标：温度、汞和其他有毒重金属、持久性有机污染物等
1972	《美国与墨西哥联合公报》	美国、墨西哥	科罗拉多河	开展详细研究，采取实际行动改善流入墨西哥的水流水质，委派一位特别代表立即开始寻求一个永久、最佳和公正的解决方案，使得进入墨西哥的水与帝国大坝下泄水流的水质一样
1972	《关于保护意大利与瑞士间水体免受污染的公约》	意大利、瑞士	多瑙河、莱茵河、波河	调查、确定污染特征、程度及来源，向政府提出行动建议和法规草案；与专业机构建立联系，获取污染控制的科学和技术信息
1972	《关于建立圣约翰河及其支流水质管理委员会协定》	美国、加拿大	圣约翰河	制订改善水质的规划，并定期评估其执行情况；交换可能影响水质的计划、规划和行动信息；向政府提供改善水质的建议；调查水污染特征、程度和污染源分布情况；确定实现国际水质目标的需求，包括大幅减少污染程度的方案、措施及时间表，采取与水质和流量有关的措施
1973	《关于减少苏必利尔湖和休伦湖磷排放总量的协定》	美国、加拿大	圣劳伦斯河	确定苏必利尔湖和休伦湖磷排放总量，以及1973～1977年的年度磷减排量
1973	《延长第241号会议纪要的协定》	美国、墨西哥	科罗拉多河	用低盐度水源替代高盐度的原供水水源，降低进入墨西哥的水盐度

续表

年份	条约	签约国/组织	河流	条款摘要
1973	《关于永久和最佳地解决科罗拉多河盐度问题协定》	美国、墨西哥	科罗拉多河	按条约向墨西哥提供一定的水质和水量；供水水渠与排水水渠分开，出境前进行脱盐、减盐处理；提供无偿援助以解决排水区土地盐碱问题；供水盐度年平均不超过115mg/L + 30mg/L；水流中不含放射性物质或核废料
1974	《跨境水管理领域合作协定》	捷克斯洛伐克、德国	多瑙河	提供水量水质现状和可能变化信息；开发和采用统一的水量水质供需平衡方法；开展水质测试和分析，交换突发事故和紧急情况下的水质演变、恶化的预测信息；基于经济和技术能力保持或改善水质
1976	《关于保护莱茵河免受化学污染的公约》(含附件)	荷兰、联合国欧洲经济委员会、卢森堡、德国、瑞士、法国	莱茵河	基于现有研究结果和技术，逐步消除附件 1、减少附件 2 所列物质对地表水的污染；附件 1 物质的排放需获政府事先核准，且不得超过浓度限制；规定现有排放的条件(如时间)，并根据条件变化更新。委员会：设定排放浓度限制/标准，如最大浓度；设定附件 1 中物质排放管理的时间框架；利用国际测站数据，评估排污管理后排放物质的含量变化，调整削减措施。各国管制附件 2 物质的排放，并在两年内制定国家减排规划、水质目标、执行期限；附件 2 物质排放应事先获得所在国排放标准的核准。附件 1 的危险物质包括：在水中会产生有机磷化合物、有机锡化合物、致癌物质、汞及汞化合物、镉及镉化合物、持久性矿物油和石油碳氢化合物等 8 类具有有毒、持久和生物累积的物质。附件 2 的 9 类物质(如非金属、金属及其化合物)，20 种(如锌、铜、镍、铬等物质)；未列入附件 1 的杀菌剂及其衍生物；有毒或持久性有机硅化合物和物质；无机磷和磷化合物、影响水体含氧量的氨氮物质等。规定具体物质最大排放浓度及一定时间内的最大排放量；危险物质排放的削减期限
1976	《关于保护莱茵河免受氯化物污染的公约》(含附件、换文等)	荷兰、卢森堡、德国、瑞士、法国	莱茵河	法国逐步实现氯减排量，将钾盐矿废水的氯原始含量在 10 年内削减、注入地下；各方防止氯离子质量增加；监测氯排放大于 1kg/s 的排放点。法国削减总成本按德法各 30%、荷兰 34%、瑞士 6%分担。如果氯注入地下或再回收对环境和地下水有更严重危害时，法国应停止注入地下方案，在危害消除后恢复；如造成损失，依据减排受益情况协商补偿。确定河道最大氯离子浓度；德国与荷兰界河段氯含量不超过 200mg/L。法国每年平均至少减少 60kg/s 氯离子排放量，协定生效后的 18 个月开始；各方氯离子的排放浓度
1977	《关于控制由碳氢化合物或其他污染物排放造成突发/意外水污染的机构行为协定》	法国、瑞士	罗讷河	针对碳氢化合物/烃类等物质排放，制订紧急干预计划，与相关机构协调行动，提出污染控制建议；一方难以解决的突发污染事件，可寻求另一方协助，其间应保证：人员及物品即时过境，过境设备报关、免税；人员自由进入污染影响区域等

续表

年份	条约	签约国/组织	河流	条款摘要
1978	《大湖水质协定》（含附件与附录）	美国、加拿大	大湖、圣劳伦斯河	设定总体和具体目标；确认流域“有毒物质”、“有害物质”及不同物质的“有害排放量”；分区分目标管理；采用相同的水质目标、制订和实施合作项目等；边界水域的具体目标受双方和联合委员会监督，并可适当补充。12个附件：禁止以有害量排放有毒物质，控制每个湖的污染物负荷，增加水量不可代替水质治理；城市、工业（包括发电厂）污水处理设施在规定时间完成并投入使用，污水处理厂的尾水达到磷排放等目标要求；实质性消除持久性有毒物质、控制热污染和放射性物质排放；特定污染物的浓度和/或负荷限制；确定城市和工业污染物削减清单；减少和控制农业、林业等污染物排放（营养物质、有毒物质和沉积物）。有毒有害物质清单及控制标准：①持久性有毒化学品，包括：9种有机杀虫剂最大浓度，10种持久性有毒无机物（重金属，如镉、铬等，其他如氟化物、总可溶解固体）的最高浓度。②非持久性有毒化学品，包括：3种有机杀虫剂的最大浓度和当地物种敏感但未指定杀虫剂的浓度等，氨氮、硫化氢的最大浓度，以及溶解氧、pH、营养物质（磷）和腐败物质的最小量、阈值、最大量等。相关物理指标（水温、固体悬浮、可沉淀特征及透光率）的规定；微生物（细菌、真菌等）和放射性物质的规定
1979	《关于解决边界卫生问题的建议书》	美国、墨西哥	科罗拉多河、格兰德河	确定共同水质标准、具体行动方针及时间表；制订必要的工程规划和设计、工作与费用分担，经双方政府批准；各自委员会以最快的速度和时间建设、运行和维护；通报边界卫生问题解决方案进程

附表 5　1980～1999 年国际河流水质管理条约相关条款内容概况

Annexed Table 5　Basic contents of some articles in the treaties related to water quality issues in the international rivers in 1980—1999

年份	条约名称	国家/组织	涉及河流	条款摘要
1980	《解决新河界河段卫生问题建议书》	美国、墨西哥	新河	减少新河界河段的家庭与工业污水排放，并就将以上污水的最终沉积物运出边境地区制定长期行动方案
1983	《关于合作保护和改善边界地区环境的协定》	美国、墨西哥	科罗拉多河、格兰德河、蒂华纳河、亚基河	建立保护、改善和维护环境意识，考虑其变化影响问题，采取必要措施防止和控制边界污染，制订紧急情况通报的合作框架；“边界区域”是指双方陆地/海洋边界处向内陆延伸 100km 的范围；在各自领土内采取适当措施防止、减少和消除影响另一方边界地区的污染源，就寻求环境问题解决方案进行合作；对附件涉及的技术问题进行具体安排；同意依法解决边界区的空气、陆地和水污染；合作形式包括，计划协调、环境监测和环境影响评价、科学教育与定期信息资料(如各自境内污染排放)交流；各指定一位协调员负责相关事务；每年至少在双方边界区轮流举行一次高级别会议
1983	《对 1978 年〈大湖水质协定〉的补充协定》	美国、加拿大	圣劳伦斯河	替代和补充 1978 年《大湖水质协定》附件 3 第 3 段表格中磷负荷减排指标，以缓解饮用水味道和气味问题、满足生态系统目标；磷负荷减排分配应遵循两国间的平等权利；为维持苏必利尔湖和休伦湖开放水域的贫营养状态及相应的藻类生物量，美国努力消除密歇根湖藻类滋生问题；依据伊利湖和安大略湖的入湖磷估算量及磷负荷目标，确定减排量，并在两国间分配伊利湖的减排磷量；审查进一步减少安大略湖磷排放措施，在一年内确定两国的减排份额；减排规划和措施包括洗涤剂磷含量限制，城市污水处理厂、工业废水和非点源等排放控制
1984	《关于继续保护和改善圣约翰河界河段水质协定的换文》	美国、加拿大	圣约翰河	采取措施、进一步制度安排，改善界河段水质；建议水质委员会协助两国相关机构，就界河开发、协调、实施计划和措施进行合作
1985	《关于有害物质排放造成内陆边界区域环境污染的协定》	美国、墨西哥	科罗拉多河、格兰德河、蒂华纳河、亚基河	建立边境地区污染事件联合应急计划并提供合作措施，使危险程度、负面影响最小；“污染事件”是指在边界一侧有毒物质排放或危险性排放，对公共健康、福祉或环境造成或可能造成迫切的、实质性负面影响；协商和即时交换信息，就边界区共同问题做出具体安排；各方委派官员——现场协调员/咨询与联络协调员负责相关事务；建立联合响应工作组，制订联合响应程序等 6 项职责；联合响应后通过外交渠道回应

续表

年份	条约名称	国家/组织	涉及河流	条款摘要
1985	《关于解决加州圣迭戈-蒂华纳边界卫生问题第一阶段处理设施建议书》	美国、墨西哥	蒂华纳河	墨西哥蒂华纳市过去20年间人口快速增长，造成废水大幅增加，污水处理厂经常处于非运行状态，未处理废水进入蒂华纳河、跨越边界进入美国；墨“综合方案”第一阶段的污染处理厂建设，明确日污水处理量及尾水水质，除部分尾水用于灌溉外，其余通过管道和水渠入海；委员会提交双方政府批准：墨西哥建设、运行和维护污水处理厂，包括备用装置，防止未处理废水跨越边界；尾水水质在边界段、海岸达到接触性娱乐用水水质标准(大肠杆菌最大数量为10个/mL)
1987	《关于改善新河水域水质联合项目的第274号会议纪要》	美国、墨西哥	新河	改善边界河段水质；购置排水管道清洁设备，恢复两个泵站，修建一个新泵站
1987	《对1978年、1983年〈大湖水质协定〉补充协定的补充法令》	美国、加拿大	圣劳伦斯河	查明并努力消除附件2所列区域、关键污染物、受点源影响地区的持久性有毒物质，制订和实施补救行动计划、全湖管理计划。查明沉积物污染状况、程度，评估其对大湖的影响，减少和控制对沉积物的污染。确定、评估和控制现有和潜在被污染地下水及其水源，开发地下水污染物采样及分析方法和程序等。采用标准方法确认：确实存在或者可能进入流域内，对或可能对人和其他生物有毒性作用的物质；苏必利尔湖，湖鳟产量应大于0.38kg/hm^2、自生产量稳定、污染物没有对鱼及其质量产生负面影响；尖头钩虾(*Pontoporeia hoyi*)数量保持在220～320个/m^2(水深100m及以下)、30～160个/m^2(水深100m以上)，作为关键生物指标维持其贫营养系统状态。“关键污染物”是指(可能)造成“有益水利用功能削弱”的物质，“功能削弱”指鱼类和野生动物种群退化、栖息地丧失等14项，“点源影响区”是水质无法达到总体和具体目标的水域；提供相关区域或关键污染物的持续历史记录、采取的补救措施和方法及之后的环境条件变化情况；确定全湖管理计划中的关键污染物，制订削减计划和时间表等。禁止以有害量或者浓度排放废水；鼓励通过废物总量或毒性或两者兼顾减少污染物尤其是持久性有毒物质；发展采用其他影响生物健康的指标。明确土地利用的水污染贡献，消除和减少非点源污染的方案和措施；标识、保存和恢复(如必要)受废物排放影响的重要湿地等；研究、监督监测和执行以减少(持久性)有毒物质通过大气沉降进入湖区的措施
1987	《关于保护和改善边界地区环境的协定》	危地马拉、墨西哥	坎德拉里亚河、克洛坦阿卡河、格里哈尔瓦河、翁多河、苏奇特河	最大可能采取措施以防止、减少和消除各自境内污染源对边界地区的影响。协调解决共同关注的空气、陆地和水污染以及其他环境问题，包括通过外交渠道签订具体协定和附件；建立国际边界与水委员会及特别工作组，就边界地区环境保护与改善、污染物的测试、分析和评估进行协商；采取措施建立边界自然保护区，以维持各类生态系统及其生态过程；促进和采取必要措施保护濒危物种；与政府相关部门协调、与当地社区合作，防止濒危动植物的非法贸易；依据各自法律政策，对在边界地区可能产生重大环境影响的项目进行评估，并考虑采取适当措施防止或消除负面影响；各自承担本协定实施的参与成本

续表

年份	条约名称	国家/组织	涉及河流	条款摘要
1989	《关于改善格兰德河水质联合措施的第 279 号会议纪要》	美国、墨西哥	格兰德河	建议政府批准：联合项目建设(6 个)；加强对河流水质监测；此河段的污水排放标准采用美国标准，以达到联合项目的控制标准；美国污水处理厂尾水水质标准为：①定性标准。排污口附近的排出水不得含悬浮固体或有持久性泡沫，所含物质浓度不得对人体、动物或水生生物产生有害或有毒作用，或可能对接受水体的有益利用产生重大影响。②量化标准。规定了溶解氧(不小于 2.0mg/L)、pH(6.0～9.0)、大肠杆菌(30 天平均值小于 200 个/100mL)、五日生化需氧量(BOD_5)(30 天平均值小于 200mg/L)等含量标准；各国在境内采用更为严格的排放限制；项目实际建设成本两国平均承担，运行与维护成本分担在项目运行前协商；对排入联合项目的工业污水进行预处理，以保证污水处理厂的有效运行；新厂建设前联合制订河段水质监测计划；墨西哥保留中水回用权利等
1990	《边界卫生问题解决方案的概念性规划第 283 号会议纪要》	美国、墨西哥	蒂华纳河	建议政府批准：墨西哥参与美国“国际污水处理厂”建设，建设成本由美国承担，运行与维护由两国平均分担，墨西哥应 10 年内付清分担金额，每年支付固定金额，美国承担差价；墨西哥承担污水收集工程的建设、运行和维护成本，以及部分或全部的供电、污泥运输和处理费用；双方保留境内再利用处理厂中水的权利；中水利用工程建设成本按各国回用利益比例分担。该纪要批准后，制订和实施水质监测采样和分析计划，保证未经处理的工业和家庭污水不直接排入河道并跨越边界；如出现污水收集系统崩溃等问题，墨西哥应采取应急措施、阻止污水排放、修复系统，可通过委员会请美国协助
1990	《易北河保护国际委员会公约》	捷克、欧经委、德国、斯洛伐克	易北河	在国际委员会内合作防止污染；努力保证河流水资源作为饮用水和农业用水目标；尽可能是一个拥有健康的、物种多样性的自然生态系统；应用最新技术减少排放和采取措施减少各种污染源；调查主要有害物质点源排放，估计面源水污染；建议污水排放限值、具体水质目标，制订水质分类的标准方法等 13 项
1991	《对〈关于保护莱茵河免受氯化物污染的公约〉的附加法案》(1994 年底生效)	荷兰、卢森堡、德国、瑞士、法国	莱茵河	德国-荷兰界河段氯含量不超过 200mg/L；保证饮用水供给；氯含量超标期间，法国不仅要减少 20g/s 的氯排放，还应将削减排放的氯暂时储存于地下，并通报储存量及成本。当法国钾矿产量下降至满足规定条件时，储存的氯可以以生态友好并兼顾其他用水目标的情况下排出。荷兰应在规定技术条件下限制氯排放浓度以保证艾塞尔湖用为饮用水水源；各国氯控制成本合计后，按德法各 30%、荷兰 34%、瑞士 6%分担；各国氯排放浓度、排放增减可相互抵消，但荷兰饮用水水源地除外，监测氯浓度超过 1kg/s 的排放点。附件 1“法国钾矿氯排放追加削减技术修正案”规定：一旦德-荷界河段氯浓度超标，法国须启动为期一年的盐临时储存措施，日期从各方都支付减排费用日计。氯控制成本分别支付给荷兰和法国。本法案用于解决界河段氯含量超标问题，实施 3 年后评估结果

续表

年份	条约名称	国家/组织	涉及河流	条款摘要
1992	《跨境水道和国际湖泊保护与利用公约》	联合国欧洲经济委员会	普遍	采取一切适当措施预防、控制和减少跨界影响，特别是(可能)造成跨界水污染，保护和必要时恢复生态系统；污染防治措施不应直/间接造成污染转移；遵循预防原则、污染者付费原则、水资源可持续利用原则等；应用低和无废物技术从源头上防止、控制和减少污染物的排放；对于点源污染，国家主管部门事先颁发排污许可证，制订污水排放限制、更为严格的排放标准，并监测和控制；应用现有最佳技术减少工业和城市营养物质排放；对城市污水至少采用生物处理或等效工艺，必要时采用循序渐进的方法；减少面源(特别是农业面源)营养物质和有害物质输入等；考虑国际公约或条约的禁止和限制的工业及有害物质清单；确定跨界影响的水质目标和标准(参考附件 3)；建立跨境水体监测计划。商定跨界水域污染参数、定期监测和评估污染物排放量及浓度，如污染物排放监测方案、数据处理和评价程序以及登记方法和运行规则等；交流监测与排放数据、排放许可或规定信息等。水质目标和标准应考虑：维持及必要时改善现有水质目标，在一定时间内将平均污染负荷(特别是有害物质)减少到一定程度，特定用水目标(如饮用水、灌溉等水源)、有关敏感和受保护的水体(湖泊和地下水)的具体要求，基于生态分类和化学指标法的水质维护和改善中长期评价结果，考虑达到目标的程度、个别情况需求、基于排放限制而采取的额外保护措施
1992	《关于长期解决国际边界地区污水及水质问题的概念性规划的第288号会议纪要》	美国、墨西哥	新河	提交政府批准：墨西哥规划两个污水独立处理系统，以消除(部分)未处理的家庭和工业废水排入新河(New River)的总体行政规划。系统一：由污水收集网络(下水管网、泵站、沉污池等)组成，用于处理两个主排污管的污水；正在实施的综合卫生计划，清理沿岸无规划居民点、固体废物随意倾倒点，特定区域的水土流失控制工程，包括土地和街道绿化、开放型排水沟的暗渠化等，具体工程和措施 11 项，包括中水利用计划及标准、查明可能影响相关工程和措施成效的物质。系统二：依照估计人口和城市发展、工业发展规模，实施工业污水控制计划，包括污水前处理、生产流程改造等，消除对边界水体的负面影响；对城市区域农业污水排放的渠化或削减等，避免流入新河水道及其支流的排水系统水质进一步恶化、尽快查清流入污水处理系统后会削弱处理效果和阻碍削减目标实现的污染物质等 9 项。美方愿意对概念性规划中的组成部分给予经费支持；保证规划实施后排入新河的水满足双方政府达成共识的水质标准
1992	《关于监测边界水质第 289 号会议纪要》	美国、墨西哥	格兰德河	执行格兰德河界河段(埃尔帕索—墨西哥湾)水体取样和分析计划，包括：采样点位置、参数、取样过程、实验室分析、结果控制等，以确定现有有毒物质情况；开发建设一个合适的美墨边境地表和地下水水质监测计划和数据库
1993	《关于共同解决咸海和周边环境危机、改善环境、确保社会经济发展的协议》	塔吉克斯坦、乌兹别克斯坦、哈萨克斯坦、吉尔吉斯斯坦、土库曼斯坦	咸海	维持河流、水库和溪流水质，防止工业和城市、被污染的和采矿废水排入；基于各方接受条款，增加入海水量，确保入海水流维持可接受水平并加以保护；恢复受损生态系统的平衡；解决清洁饮用水供应；协调发展战略，满足人民对环境安全的要求；保护迁徙动物，建立自然保护区；建立国家间理事会、常设执行委员会、水资源协调委员会，起草解决咸海危机和恢复环境行动协调计划，创建共同环境监测信息系统和发行信息通报；俄罗斯以观察员身份参与、提供财政和技术援助，推动科学和技术合作，建立环境监测系统，提供专家服务等

续表

年份	条约名称	国家/组织	涉及河流	条款摘要
1994	《默兹河保护协定》	比利时、法国、荷兰	默兹河等	建立两个国际委员会，保护和利用河流水资源、改善水质。委员会应确定对河流水质有重大影响的污染源，明确、收集和评估各方境内相关信息；基于统一的监督网络，协调水质监督计划；对所有污染源分类，明确各方目标和行动计划，包括针对所有污染源类型、点面源的措施；协调评估行动计划效率；鼓励相关领域的科研合作和信息交流，包括防止突发污染事件发生、建立预警系统
1994	《跨境水域联合利用与保护协定》	摩尔多瓦、乌克兰	多瑙河	禁止未经事先同意造成水体状况变化的行为，包括：可能导致水情和主河道变化、共享水道利用困难，以及造成水体、渔业、土地、构筑物或者其他利益损失或损害等；预防、减少和控制可能使水域成分或质量(相对于核准参数)恶化的物质、放射性元素或能源的直接和间接汇入。制订能够兼顾跨境水体水质的水资源综合管理与保护的联合开发规划；合作开发防止对水资源有不利影响的污染方法和技术；维持适当水位以确保饮用水供应、渔业和生态系统保护目的；评估生物资源的状况，确定管理制度和鱼类捕捞限额；根据双方同意的监测方案，确定监测地点、水质参数清单(可更新和修订)，评估水质和监测污染程度
1994	《多瑙河保护与可持续利用合作公约》	多瑙河流域国(流域内面积超过2000km^2)	多瑙河	努力控制有害物质、洪水和冰害事故对水的危害，防止、控制和减少危险物质和营养物进入流域；协助减少流域污染源对黑海造成的污染负荷；维持和改善水域环境和水质状况；防止和控制废物及有害物质(可能)引起跨境影响，污水、营养物质和有害物质以及热污染排放，渔业和内河航行造成的水污染；独自或联合应用议定的定量和定性参数、方法记录流域水资源状况，限定污水排放时间、减少非点源营养物质或有害物质排放，以及植保剂和杀虫剂在农业中的应用，防止对现有/未来饮用水水源的地下水及区域的污染，降低意外污染风险；评估不同生境要素对河流生态的重要性，提出改善河流水生和河岸生态条件的措施；按污染负荷和浓度，规定各工业产业排污限额；基于最佳污染源削减和/或废水净化、生物处理技术等，确定有害物质、城市污水排放限值；制订防止或减少面源(特别是农业)有害和营养物质排放补充条款；各国应保证各自的排放限制和标准逐步与公约规定一致；用国际法或其他程序评估环境影响/效应等；定期核查点面源排放、措施及实际效力，建立分阶段措施清单，以及基于紧迫性和有效性拟定通过联合行动优先解决的排放及措施清单；建立一致的或可比的监测与评价方案，开发协调或联合的监测系统，定期评价河流水质状况和措施进展等。工业产业清单，包括供热、能源和采矿部门、冶金类，无机化学类、有机化学类等9类；危险物质清单，包括单一有害物(汞、镉、DDT等40种)，有害物质重金属及其化合物、有机氟氯碳化合物等8类)，并可增补。确定特定河段及地表水水质目标和标准指导原则：在一定时间内降低平均污染负荷和浓度(特别是有害物质)至一定程度、满足具体的水质要求(如饮用水和灌溉用水目标)、满足敏感和需特别保护的水体及其环境(湖泊、河岸保护区和湿地)等

续表

年份	条约名称	国家/组织	涉及河流	条款摘要
1995	《关于解决边界卫生状况规划项目设施第294号会议纪要》	美国、墨西哥	科罗拉多河、格兰德河、蒂华纳河、亚基河	利用美国银行资金支持边界社区建污水处理设施；可获支持社区包括居民健康受到威胁、有益水利用受到损害、社区支持但自身经费不足等；各国委员会组织专家支持社区完成项目建设
1995	《环境保护领域合作协定》	爱沙尼亚、立陶宛、拉脱维亚		调查区域环境问题，增强环境保护的国家和国际模式效果；就减少跨境环境污染、保护海洋、废物处理技术、拟定环境标准、有害废物协调管理等开展合作；以联合计划和项目的拟定与实施，环境标准和法律法规的协调与发展等方式合作
1996	《保护奥得河国际委员会公约》	捷克、欧盟、德国、波兰	奥得河	防止、持续减少污染，推进现代技术交流；保护水域不受渔业、航运和其他水利用的污染；开展点面源污染调查，估算行业和主要污染物排放量；基于未来用水目标、保护近海和河流（水生及沿岸）生态系统天然特征，制订联合水质、水量监测和分析方案、水体分类标准，提出水质目标、废水排放限值，（必要时）评估河流生态系统、水污染状况；建议减少污染，特别是城市和工业、点面源的行动方案，包括减排时间表、成本估计等；提出预防及处理突发污染事件的保障措施，建立统一预警系统；记录生境要素的生态重要性，起草维护、恢复和保护河流生态系统草案等
1996	《关于对沿莱茵河及内陆水体航行的船只污水的收集、储存和排放公约》	荷兰、卢森堡、德国、瑞士、比利时、法国	莱茵河	禁止将废物或货物倾倒、排入莱茵河通航水道；废物接收站应按规定程序收集船上废物；对油性及其他废物、生活污水及垃圾等的接收和处置收费；最大限度地限制船上废物数量和避免不同废物混合；禁止直接将油性废物倾倒至水道，油性废物必须单独收集，禁止在船上燃烧垃圾等；规定废物处理费用的收取标准
1997	《关于国际污水处理厂的建设、运行及维护成本分配协定》	美国、墨西哥	蒂华纳河	就国际污水处理厂建设、运行与维护，墨西哥将分10年向美国支付建设成本，从开始运行起每年固定支付168万美元；运行与维护费以0.034美元/m^3（最大处理能力1100L/s）由美国支付给墨西哥，每年具体支付额可根据墨西哥上年经济情况调整；如果蒂华纳市污水通过管道送至国际污水处理厂处理，墨西哥需以同样价格支付费用，每季度支付一次，超量部分另算；委员会将确定处理厂的污染物浓度阈值、监测边境处可能超量的入流量；如墨西哥临时增加预处理量，委员会有必要安排适当的输送和处理设施等

续表

年份	条约名称	国家/组织	涉及河流	条款摘要
1997	《对1978年〈大湖水质协定〉的补充法案》	美国、加拿大	圣劳伦斯河	总体目标：避免直接或间接将以下物质排入水体：产生腐烂或其他令人反感的污泥，或对水生生物或水禽有不利影响的物质；不美观或有害漂浮物质；单独或混合到一定量后会因颜色、气味、味道等变化而影响水利用，或对人和其他生物造成有毒或有害影响的物质和热物质，或会使水生生物大量生长的营养物质。具体目标包括：为边界水域水质达到的最低水平而制订更为严格的要求；在边界水域和具有突出自然资源价值的区域，为维持或提高现有水质条件而采取一切合理和可行的措施；不可通过增加流量替代治理措施来达到具体目标要求；具有管辖权的机构需尽早确定因自然原因使部分具体目标无法实现的区域；对于没有达到一个或多个总体和具体目标的区域，在持久性有毒物质消除前，应确认“点源污染影响区”等；防止污染物复合效应对水利用的影响，建立每个湖泊的污染负荷控制目标；建立城市污水处理厂建设与运行标准，如尾水符合磷排放要求等；将废水排入城市污水处理设施的工业企业进行前处理；开发和实施减少雨洪、污水混合排放方案等；建立工业企业的污水排放限制(如特定污染物浓度和/或负荷限制)标准，确定污染物治理/减少/消除水平；实质性消除持久性有毒物质、控制热排放和放射性物质排放措施；提出所有城市和工业企业污染物削减清单，每年修订。17个附件：附件1具体目标，含持久有毒有机物-农药，如艾氏剂、氯丹、DDT等9类，其他邻苯二甲酸酯类化合物，如二丁酯等3类，在水体、鱼体或鱼体可食用部分、鱼体组织中的最高浓度，以及无机物-金属类，如砷、镉、铬等9种，其他无机物，如氟化物，在未经过滤的水样中的浓度最高值；非持久性有毒有机物，含农药3类，在未经过滤的水样中的浓度最高值等；2种无机物的最高浓度；溶解氧、pH、营养物质(磷)和可产生污染的物质的最小值、阈值、差异极值、浓度等；物理特征，如石棉要求最低水平，水温要求不得产生对水利用有不利影响的变化，固体物质要求不产生腐烂沉积，水体透光性要求最大损失量，放射性要求规定衰减率。附件2补救行动计划和全湖管理计划，相关定义：未达到总体和具体目标的“被关注区域(area of concern)，对人体健康和水生生物造成威胁以及具有生物累积效应的“关键污染物”，“有益利用的损害”“点源影响区”。对总体目标的补充：补救行动和全湖管理应体现用一个系统和综合生态系统方法来恢复和保护“被关注区域”和“开阔水域”的有益水利用；对点源影响区治理的要求，等。附件3磷控制中，包括各湖、区域及河段1976年的本底磷负荷及未来磷负荷；3个表定量化确定了各湖的削减量以及伊利湖削减目标在两国间的分解。附件5船只废物排放，确定限制排放或禁止排放区域；附件7清淤，建立一个分委员会对清淤规则和标准进行检查，对重要清淤工程进行登记并评估其环境影响和产生的污染负荷，制定污泥分类标准等；确定和保护受清淤及处理/填埋威胁的重要湿地等。附件11监督与监测，制定大湖生态系统健康指数以协助对具体目标完成情况的评价，如用湖龟作为指示种评价苏必利尔湖等

续表

年份	条约名称	国家/组织	涉及河流	条款摘要
1997	《国际水道非航行使用法公约》	联合国成员国	联合国公约	预防、减少和控制可能造成的重大损害，包括对人体健康或安全、对水的有益使用或对水道生物资源造成损害的国际水道污染；协商以期商定预防、减少和控制污染的措施和方法，如订立共同的水质目标和标准，确定处理点源和非点源污染的技术和方法，制订禁止、限制、调查或监测进入水道的物质清单；防止可能对水道生态系统的不利影响，造成重大损害的外来物种或新物种引入；保护和保全包括河口湾在内的海洋环境
1997	《关于建设蒂华纳市废水泵送和处置系统、修复圣安东尼奥污水处理厂建议书》	美国、墨西哥	蒂华纳河	启动现工程的后备系统，提高污水处理能力；工程包括 4 大部分，美国承担部分建设成本，墨西哥通过贷款承担工程所需剩余部分；委员会将监测污水处理设施的跨境影响，以及受水海域水质状况(亲水娱乐标准：大肠杆菌最大可接受数量为 10 个/mL)；将联合监测从边界线向入海水域扩展，在边界南北两侧至少设置两个监测点，各负责一个，利用监测结果修正措施；明确污水处理厂的最大处理能力等
1997	《跨境环境影响评估公约》	联合国欧洲经济委员会	区域内跨境河流及水域	独自或共同采取所有适当和有效措施，防止、减少和控制计划开发活动的重大负面跨境环境影响；建立环境影响评价程序，按附件 2 准备环境评价文件；开发方应保证通知可能受影响方；附件 3 确定重大负面影响的判识标准。开发活动(附件 1)应尽早通知受影响方，且不晚于通告本国公众时间，而受影响方应在规定时间内回复；如无法确认是否会受到重大负面跨境影响，可向咨询委员会寻求建议。附件 1 可能产生重大负面跨境影响的开发活动名单，共 16 类；涉水项目，包括综合性化学装置、贸易港口与水运航道、废物处理设施、大坝与水库、地下水年取水量超过 1000 万 m^3、日产 200t 及以上的纸浆和纸工厂
1997	《道加瓦河流域水质管理协定草案》	白俄罗斯、拉脱维亚、俄罗斯	道加瓦河	协调环保和资源利用的法律法规、遵循损害/损失补偿原则；保护合理利用，防止跨境水污染；开发和实施无污染和资源节约技术；污水和污染物治理与处理
1998	《环境与自然资源利用合作协定》	哈萨克斯坦、吉尔吉斯斯坦、乌兹别克斯坦	咸海	协调国家间生态保护和资源利用法律法规，建立损害补偿机制；制订和实施环境保护联合计划和项目；协调、联合审查可能引起跨境负面影响的新项目；为维护生物多样性，设立特别保护区域；保护和合理利用水土资源，防止跨境水污染；建立边界区域特殊情况预警系统等；对有危险性环境情况、采取的措施、调查结果和影响估计向可能受影响邻国及时通告

续表

年份	条约名称	国家/组织	涉及河流	条款摘要
1998	《保护和持续利用两国间河流水资源的合作协定及附加法案》	葡萄牙、西班牙	杜罗河等5河	定期和系统地交换有关信息；独立或联合采取技术、法律、行政或其他必要措施实施本协定；合作防止、减少、消除或控制跨境影响、水体环境恶化、突发事件及污染影响等，实现水域良好状态或生态潜力；确定水质目标或标准、各类水体用水目标和具体保护目标；防止地表水、地下水恶化，改善水质等；协调污染预防和控制程序，制订污染排放上限；协调预防、消除、减少和控制河口、邻近陆地和海域水体的陆源污染；预防突发污染事件的发生、减少对人及环境的影响；确定和估算城市、工业、农业或其他类型的、可能产生大面积污染的直接排放，特别是第8条规定物质排放；确定需要保护的水域，如饮用水水源、敏感区、脆弱区、水生物种保护区、具有特殊保护地位的区域；需要特别监测的12类污染物质清单，包括有机氟氯化合物等，在或者通过水生环境具有致癌性、诱变性或者明显影响繁殖力的物质和制剂，持久性碳氢化合物、具有持久性和生物累积效应的有毒有机物、氰化物、金属及其化合物、砷及其化合物、农药和杀虫剂，会造成水体营养化的物质，对氧平衡会产生负面影响的物质(如BOD、COD)和悬浮物质；需进行跨境影响评价的15类项目，如边界河段或支流上、距边界10km内，长度超过1000m的水渠；地表水取水量超过规定值、或跨流域调水($>5hm^3/a$)的，地下水取水量超过$>10hm^3/a$($1hm^3=10^6m^3$)的；每个地下水层人工回灌超过$10hm^3/a$的；污水处理厂处理能力超过15万人的；经水文网测量，污染负荷超过2000人，且距边界不到10km的废污水排放的；冷却水造成水温上升超过3℃的；森林砍伐面积达到或超过$500hm^2$的；3种项目需提交跨境影响评价报告：距离边界河段小于100km的；单独或与其他现有项目相加导致水流情势产生重大变化；造成12类物质排入河流
1999	《莱茵河保护公约》	荷兰、卢森堡、德国、瑞士、法国、欧盟	莱茵河	实现河流生态系统的可持续发展，特别是：尽可能通过避免、减少或消除点源(工业和城市)、面源(农业和交通)以及经地下水和航运进入水体的有害物质和营养物质产生的污染，维护和改善河流水质，包括悬浮物质、泥沙和地下水质量；通过预防意外和突发事件，保证和提高设施安全；减少有害物质的生物污染，保护生物多样性；维护、提高和恢复溪流天然功能，确保流量管理考虑到泥沙输运以及促进河流、地下水和冲积区之间的相互作用；维持、保护和恢复天然冲积平原特征，水体、河床河岸及邻近区域的野生动植物天然栖息地，改善鱼类的生存条件，恢复其自由迁徙；保证对水资源的生态友好和合理管理；对水体进行技术开发、进行洪水预防和保护时考虑生态需求；保证莱茵河作为饮用水的用水目标；改善泥沙质量使得清淤时不会对环境产生负面影响；帮助恢复北海环境；遵循预防原则、源头治理优先、污染者付费、不增加损害、实现可持续发展、应用最先进技术和最佳环境实践及不转嫁环境污染等9原则。加强合作并相互通报；境内执行国际监测计划、河流生态系统研究并向委员会通报结果；各自境内采取自主措施并保证，可能影响水质的污水排放、对生态系统产生重大影响的技术措施须事先获得授权或遵守排放限额规定或符合规定；逐步减少有害物质的排放，以期最终消除；监督排污授权和规定遵守情况；对授权和规则进行定期审查和调整；尽可能减小事故造成污染的风险，并在紧急情况时采取必要措施；一旦发生可能威胁河流水质或突发洪水事件，应及时向委员会和受影响缔约方通报

续表

年份	条约名称	国家/组织	涉及河流	条款摘要
1999	《关于1992年〈跨境水道和国际湖泊保护与利用公约〉的水与健康法令》	联合国欧洲经济委员会	区域内跨境河流及水域	采取一切适当措施，在实现水资源可持续利用、不危害人类健康的水质和保护水生态系统的综合水管理系统框架内，预防、控制和减少与水有关的疾病。保证在数量或浓度上不含会对人类健康有潜在危险的微生物、寄生虫和其他物质的卫生饮用水充足供给；充分保护人类健康和环境的适当卫生标准；有效保护作为饮用水源及其有关的水生态系统不受农业、工业和其他有害物质的排放污染，以有效减少和消除有害物质排放；充分保障人类健康不受娱乐、水产养殖、废水灌溉或在农业和水产养殖使用污泥而引起的与水相关疾病的威胁；监测可能导致与水有关疾病暴发或发生情况，以及对此风险做出反应的有效系统等；遵循预防原则和污染者支付原则；尽可能以流域为基础、在适当的行政一级采取行动进行水资源综合管理；为所有人提供公平的、充足的水量水质用水机会等；确定各国为每个人提供饮用水和卫生用水的目标及完成时间；建立并发布国家和/或地方指标：饮用水水质应参考世界卫生组织的饮用水质量准则，集中供水和卫生用水的国土面积或人口规模或比例；污水处理系统尾水水质；污泥处置或再利用和用于灌溉的污水水质，考虑世界卫生组织和联合国环境规划署发布的农业和水产养殖废水及排泄物安全使用指南等；以流域或地下含水层为基础，制订跨境、国家和/或地方水资源管理计划等；缔约方之间有跨境水资源的应适当合作以相互协助防止、控制和减少与水相关疾病的跨境效应，特别是：关于跨境水资源及面临问题与风险交换信息和共享知识；鼓励建立联合或协调的水管理计划、监督和预警系统及应急计划，以响应重大威胁，特别是水污染事件或极端气象事件

附表 6　2000 年以来国际河流水质管理条约相关条款摘要

Annexed Table 6　Basic contents of some articles in the treaties related to water quality issues in the international rivers since 2000

签约时间	条约名称	国家/组织	流域	条款摘要
2000 年	《南部非洲发展共同体共享水道修正案》	南部非洲发展共同体	区域内跨境河流及水域	促进和实现共享水道协定的签订及其管理机构的建立；增强共享水道的可持续、公平和合理的利用；促进研究和技术发展、能力建设以及水道管理中适当技术的应用；在资源开发与保护、改善环境之间保持适当平衡；交流水文、水质和环境条件等资料和数据；交流和协商开发计划，通告可能有负面影响(包括环境影响)的计划等。防止、减少和控制污染，单独和适当时联合防控可能对其他水道国或其环境造成重大损害，包括对人类健康或安全、对有益水利用或对水道生物资源造成损害的水污染和环境退化，协商制订共同的水质目标和标准，建立将禁止、限制、调查或监测进入水道的物质清单，防止将外来或新物种引入
2000 年	《欧盟水框架指令》	欧盟国家	区域内跨境河流及水域	环境目标：在流域管理计划中确定地表水、地下水和保护区域的框架和目标，如防止所有地表水体状况恶化；以期在框架生效 15 年后，保护、加强和恢复地表水体实现好的地表水状态目标，所有人工和重大改变水体实现好的生态潜力和地表水化学状态。一个水体涉及多个目标的，按最严格目标实施；对每个流域区需特殊保护的地表水和地下水或直接依赖于水的栖息地和物种区域进行登记、建立保护区域。地表水、地下水和保护区域监测：地表水包括流量、水位或流速及生态和化学状况、生态潜力；地下水包括其化学和水量状况；监测应在框架生效 6 年内开始执行，并按照附件 5(水体状态)规定；依照欧洲经济理事会(EEC)法令对所有排入地表水体的物质进行管控；如果法令及附件 9 等中的水质目标或标准有差异，按严格标准或目标执行；制订适用于所有流域区和/或国际河流的措施，包括“基本”措施和“补充”措施，基本措施是保障水质、水资源保护、点面源及地下水污染控制、消除重点物质污染等 12 项最低要求，“补充”措施是在基本措施之外为实现环境目标的措施以及附件 6B 载有的措施；措施计划应在 9 年内建立。水污染控制战略：防止污染物对水生环境或通过其构成重大风险，包括对饮用水利用的危害；逐步减少有重大风险的污染物，从中列出重点污染物清单，并在两年内至少提出对应的点源控制计划和环境质量标准，在 4 年内对清单进行评估；依据理事会相关危险污染物条例或国际协定，确定重点危险污染物，(逐步)停止重点危险物质的排放，并规划完成时间表；提出适用于地表水、沉积物或生物体中重点污染物浓度的质量标准；拟订防止其他污染物造成的水污染战略，包括因事故造成的污染
2002 年	《萨瓦河流域框架协定》	波黑、克罗地亚、斯洛文尼亚、南斯拉夫	多瑙河	交流河流水情，航运制度，立法、行政管理及技术措施等信息资料；各国有权在其境内公平合理地共享河流水资源有益利用，共享份额应依据国际法相关因子确定；各方应就保证流域水情完整性，消除和减少跨境影响达成一致，并就此单独出台法规；合作和采取一切适当措施防止对其他缔约方造成重大损害；为保存、保护和改善水生生态系统、航运等提供充足的水量和适宜的水质；防止水(洪水、地下水升高、侵蚀和冰灾)的有害影响；解决因不同水利用、利益造成的冲突；对河流水情超常影响而建立一个协调或联合措施和预警系统，如突发污染事件、人工设施崩溃或不适当泄水、洪水、干旱等

续表

签约时间	条约名称	国家/组织	流域	条款摘要
2003 年	《喀尔巴阡山地区保护与可持续开发框架公约》	黑山、罗马尼亚、捷克、匈牙利、波兰、塞尔维亚、斯洛文尼亚、乌克兰	多瑙河	促进将水资源与土地使用规划结合的可持续利用；推行地表水和地下水资源可持续管理政策，确保可持续、平衡和公平用水，适当污水处理和卫生条件实现充足优质的地表水和地下水供应；推进保护天然水道、湖泊和地下水资源、湿地及其生态系统，避免自然和人为活动负面影响等政策的出台；发展应对洪水和突发水污染事件跨境影响的协调/联合措施和行动，并合作防止、减少损害；就涉及跨境影响的项目进行协商、评价环境影响以避免跨境有害影响；推动建立对自然和人为的环境风险和危害进行预警、监测和评估系统
2003 年	《坦噶尼喀湖可持续管理公约》	布隆迪、刚果(金)、坦桑尼亚、赞比亚	刚果河	各国应保证境内活动不造成跨境负面影响，采取适当措施消除不利影响的(潜在)因素，防止、减轻不利影响，降低其风险和程度；防止和减少对湖及环境的污染，保证不将废物排入湖中，除非获得相关机构的许可；防止、控制和减少从点面源、船只、流域内有毒或有害物质的制造、运输、使用和处置中的污染；制订最低标准，以确保预防和缓解措施的协调实施；对可能的跨境负面影响计划和规划尽早通知秘书处、其他缔约国，进行环境影响评价，并应与相关国家、秘书处就防止、减少或消除影响进行协商；采取必要措施控制或减少境内(可能)造成不利影响的事故或紧急情况发生，并立即通知秘书处、可能受影响方，制订协调或联合预警和应急计划，以减小不利影响的风险；交流水文、气象、生态特征及水质监测等流域和生物多样性信息
2003 年	《自然与自然资源保护非洲公约》	非洲联盟	区域内跨境河流及水域	维持以水为基础的基本生态过程，保护人类健康不受污染和水传播疾病的影响，防止污染物排放对其他国家造成损害；制订和实施地下水和地表水规划、保护、管理等政策，采取必要措施预防和控制水污染，特别是制订污水排放和水质标准等；跨境水资源相关方应就合作开发、管理和保护进行协商，如需要则建立国家间委员会进行合理管理、公平利用和解决分歧；单独或共同与相关国际组织协作，防止、减轻和最大限度消除，特别是放射性、有毒和其他有害物质及废物对环境的有害影响；制订、加强和实施具体的国家标准，包括环境质量、排放限值等
2009 年	《〈萨瓦河流域框架协定〉的航行水污染防止议定书》	波黑、克罗地亚、塞尔维亚、斯洛文尼亚	多瑙河	有效防止、控制和减少船舶在航行中造成的污染；在航道上建立足够的废物接收网络，并协调有关活动；禁止船舶和水上设施将可能造成水污染或碍航或危险物品及物质排放或倾倒进航道；工作人员应将垃圾量控制到最低限度、避免不同废弃物混合；发生废弃物倾倒或发现此情况，应向最近的管理当局和附近船只通报；禁止将含油废弃物排入水体，油水分离后排入水体的油渣浓度不得超过 5mg/L；禁止在船上焚烧生活垃圾、特殊废物等
2011 年	《跨界河流水质保护协定》	中国、哈萨克斯坦	伊犁河等	协商确定双方可接受的跨界河流水质标准、监测规范和分析方法；对水质进行监测、分析和评估；各自制订和采取必要措施，预防跨界河流污染、努力消除污染以使跨界影响降至最低；信息交流，包括水质监测、分析和评估结果，可能造成跨界影响的重大突发事件、跨界河流污染，以及预防污染所采取的措施；促进新技术应用；交流跨界河流水质领域研究成果；根据各自法律向社会通报跨界河流水质状况及其保护措施等

续表

签约时间	条约名称	国家/组织	流域	条款摘要
2012年	《对1978年〈大湖水质协定〉的补充法令/议定书》(《2012大湖水质协定》	美国、加拿大	圣劳伦斯河	总目标：恢复和维持高质量饮用水水源，不受环境质量约束娱乐用水目标；支持健康和有生产力的湿地和其他生境。具体目标：①湖泊生态系统目标。依据总目标所需的临时或长期生态条件(温度、pH、溶解氧等物理参数，浮游生物、鱼类等生物参数)，建立每个湖泊及入湖河流的具体目标。②实质性目标。数字指标用于管理具体物质或组合物的标准。减少、控制和防止源于城市、工业、农业等，大量油脂和危险污染物质、放射性物质和被确定的其他环境物质排放，水生入侵物种(防止引入，控制或减少扩散，如可行则消除现有入侵种)，恢复和保护物种及栖息地等。建立和实施生态系统方法恢复被关注区域的有益利用，评估每个湖泊的状态，解决负面影响的环境压力。防止和控制船舶的石油类和有害污染物质、垃圾及货物残余、废污水等6类有害污染物排放；制定被关注化学品控制战略，减少化学品及产品在整个生命同期内的人为排放，利用技术手段减少或消除化学品的利用与排放等；确认和评价被关注化学品所有源(点源、面源、支流和大气)进入水体的负荷，评估化学品及其产品的影响；开展现有生境的基础调查，两年内开发和实施生境与物种保护战略。其中，湖泊生态系统目标：尽量减少磷负荷过重造成水体缺氧，特别是伊利湖；将藻类生物量控制在有害水平以下，蓝藻生物量在不会对水域构成威胁的毒素浓度水平下；在苏必利尔湖、密歇根湖、休伦湖和安大略湖开放水域及伊利湖东部水域维持贫营养状态，将伊利湖西部和中部开放水域维持在中营养水平。实质性目标：制订每湖的磷负荷目标和分配配额；规定各湖开放水域临时总磷浓度和负荷目标，其他营养物质的负荷及负荷分配；减少城市污水处理厂磷负荷控制计划(如总磷最大排放浓度标准)及工业源、农业及农村非农场点面源磷负荷计划，将家用洗衣剂、洗洁精和清洁剂中的磷按重要性降低至0.5%等
2012年	《关于德涅斯特河流域可持续开发与保护领域的合作条约》	摩尔多瓦、乌克兰	德涅斯特河	公平合理利用水资源，确保获得清洁饮用水人权；任何水利用不具有优先权，水资源充足时应特别考虑到人类和生态系统需求；建立流域可持续利用和保护委员会；单独和在适当时联合防止、控制、减少或消除水污染，避免可能导致流域生态系统状况恶化的行动，防止或减轻不利的水影响(洪水、淤积、侵蚀等)；协商污染控制方法，如共同采用的水质目标和标准，处理点面源污染方法，建立应被禁止、控制、调查或监测进入水域的物质清单；控制附件1中所列开发活动及污染物排放，制订排放限值、环境质量标准、排放事先许可程序和管理方法，并为此协调相关计划；利用或促进最佳实用技术和环境实践的应用与交流；点源排放要求事先获得许可，并由缔约方国家主管当局根据规定管理；面源(主要是农业和林业)污染控制应以最佳环境实践为基础，考虑附件2规定和委员会的有关决定和建议；按照附件5制订、协调流域水生生物资源调查、利用、保护和繁殖措施；防止引入可能对流域生态系统造成不利影响的外来物种；消除鱼类洄游的人为障碍；保护重要湿地、自然景观、生态系统和流域内候鸟、哺乳动物，水域保护区制度的建立和实施；定期单独和酌情联合评估流域水和生态系统状况，预防、控制和减少跨境影响措施的有效性；按照《跨境环境影响评估公约》程序，对相关活动进行跨境环境影响评估；定期向委员会交流和提供流域水状态的合理可用数据和信息，特别是水文、水化学、水生生物、气象、生态等

续表

签约时间	条约名称	国家/组织	流域	条款摘要
2017年	《关于在莱茵河和其他内河航行船只污水收集、储存和排放的公约及其实施条例的修订》	比利时、法国、德国、卢森堡、荷兰、瑞士	莱茵河	禁止公约规定的航道上向大气中释放挥发性气体；挥发性气体排放应遵守2000年《危险品内河国际运输欧洲协定》、欧洲理事会《关于内陆危险货物运输》的2008/68/EC指令和《关于控制汽油储存和从储油站向加油站分发所产生的挥发性有机化合物的排放》94/63/EC指令的规定；禁止将货物的任何部分或废物倾倒、排放或允许流入航道，或向大气中排放气体，另有规定的气体除外；货物残余及废物的卸载、清洗，排气应遵照附录3a标准执行；附录3a的表1～表3所列货物产生的挥发气体不得释放到大气中，除非符合表中规定的排气条件；货物挥发气体应予以去除，除另有规定外；除气必须在经过认证的接收站按规定进行；除气标准表中未列入的气体均可排出，但在封闭船闸、桥下或人群密集区等不允许排气等